电子科学与工程系列图书

高频开关变换器的数字控制

Digital Control of High-Frequency Switched-Mode Power Converters

[意] 卢卡·科拉迪尼（Luca Corradini）
[美] 德拉甘·马克西莫维奇（Dragan Maksimović）
[意] 保罗·马塔韦利（Paolo Mattavelli） 著
[美] 里根·赞恩（Regan Zane）
张卫平 毛鹏 张懋 译

机械工业出版社

本书全面地介绍了开关功率变换器的数字控制。第1章简介了开关变换器连续时间域经典的平均状态建模方法。第2章介绍了数字控制的基本结构。第3章介绍了开关变换器离散域直接建模的方法并得到 z 域的小信号动态模型。在此基础上，第4章介绍了如何直接设计数字补偿器。第5章介绍了模/数（A/D）转换器的幅度量化误差和数字脉冲宽度调制器（DPWM）。第6章介绍了数字补偿器的实现。最后，第7章介绍了整定技术。

本书可为从事电力电子或数字控制的相关研究和应用的工程技术人员提供参考，也可作为高等院校相关专业学生的研究生教材使用。

图书在版编目（CIP）数据

高频开关变换器的数字控制/（意）卢卡·科拉迪尼（Luca Corradini）等著；张卫平，毛鹏，张懋译. —北京：机械工业出版社，2017.8（2024.6 重印）

（电子科学与工程系列图书）

书名原文：Digital Control of High – Frequency Switched – Mode Power Converters

ISBN 978-7-111-57605-1

Ⅰ.①高… Ⅱ.①卢…②张…③毛…④张… Ⅲ.①变换器－数字控制 Ⅳ.①TN624

中国版本图书馆 CIP 数据核字（2017）第 185744 号

机械工业出版社（北京市百万庄大街22号 邮政编码 100037）
策划编辑：刘星宁 责任编辑：刘星宁
责任校对：刘秀芝 封面设计：马精明
责任印制：单爱军
北京虎彩文化传播有限公司印刷
2024年6月第1版第5次印刷
169mm×239mm · 16印张 · 327千字
标准书号：ISBN 978-7-111-57605-1
定价：89.00元

电话服务	网络服务
客服电话：010-88361066	机 工 官 网：www.cmpbook.com
010-88379833	机 工 官 博：weibo.com/cmp1952
010-68326294	金 书 网：www.golden-book.com
封底无防伪标均为盗版	机工教育服务网：www.cmpedu.com

译 者 序

随着电力电子技术的飞速发展以及其在各领域的应用不断深入，系统的功能和结构日趋复杂化和多样化，系统的控制要求也随之提高。以往人们通常采用模拟电路对电力电子系统进行控制，而大型的模拟电路控制平台往往具有设计成本昂贵、硬件检测维护困难、抗干扰能力不强等诸多缺点。近年来，由于微处理器和数字信号处理技术飞速发展，数字控制技术开始越来越普遍应用于电力电子系统中。数字控制技术已经成为目前研究和工程应用的一个主流发展方向。

本书全面地介绍了开关功率变换器的数字控制。首先介绍了开关变换器连续时间域经典的平均状态建模方法。然后介绍了数字控制系统和模拟控制器的区别和联系，并从工程角度提出如何借用原有的连续时间域经典的模型设计数字控制器。接着从学术角度严谨地介绍了开关变换器离散域内建模，控制器离散域的设计，A/D的位数和 DPWM 分辨率的选择，控制器的实现。最后还介绍了在线整定技术。

本书对数字控制的基础和关键问题做了一一说明，概念和思路清晰。本书参考了大量的文献，对数字控制的优势，如在线频域特性测量技术和整定技术都做了相应说明，为工程实践者提供了解决思路，为研究者提供了研究思路。此外，本书既提供了大量的 Matlab 仿真结果又提供了丰富的基于 FPGA 实现的工程实例。对于入门和教学都有着重要的帮助。

最后感谢北方工业大学绿色电源实验室和机械工业出版社同仁的支持，在此谨致谢意。

限于译者的水平，本书可能存在一些翻译不当之处，欢迎读者提出宝贵的修改意见和建议。

北方工业大学　张卫平

原书前言

在连续时域分析、开关变换器的平均模型和模拟控制理论等框架内，人们已经建立电力电子学基础[1-5]。然而，电力电子变换器的控制和管理功能逐步趋于数字化实现，使其基础研究领域延伸至离散时间建模域和数字控制技术。动态系统的数字控制的教科书和课程通常介绍了基础知识，但并未提供深入理解和涉及基于数字控制功率变换器的特殊知识。本书试图填补这一空白，将系统而严谨地介绍基于数字控制的高频开关变换器的基础知识。本书的目标是使读者能够理解、分析、建模、设计功率变换器的数字控制环。其内容涵盖了从系统级传递函数到采用主流硬件描述语言（HDL）如 VHDL 或者 Verilog 的实际设计。

本书可作为主修电力电子课程的电气工程研究生的教科书或者作为研究数字控制的功率变换器的工程师和研究人员的参考书。本书假定读者已经熟悉电力电子的基本规律以及连续时间域建模方法和控制技术。熟悉采样系统和离散时间系统的分析有助于理解本书，但这些知识点不是必需的。本书的开始部分会对这些重要的概念进行介绍，此外附录 A 也总结了离散时间系统的基础知识点。对于一些更加复杂的研究背景，读者可参考一些教科书，例如参考文献［7，8］。

本书结构如下：导论概述了数字控制的高频开关变换器，阐述了研究热点背后的动机，小结了当前关于该领域分析、建模、控制和实现的现状，总结了目前数字控制器的优点（友好的系统能量管理接口，控制功能可编程实现，动态响应和效率的提升，实用的自整定技术）。

第 1 章回顾了开关变换器连续时间域平均状态建模方法。许多专业图书都介绍了平均小信号建模方法，这部分内容并不是简单的重复，而是意在重点介绍平均小信号建模方法背后的建模方法和假设条件。了解平均建模方法的原理和约束条件有助于理解对数字控制的功率变换器建模时需要不同的建模方法。

第 2 章介绍了数字控制的变换器中的关键器件，这使得读者无须关注建模的细节就能快速了解模拟控制和数字控制的区别。本章结尾讨论了采用连续时间域平均模型设计数字环路的方法，在实际工程中常采用这种方法，但是这种方法是一种近似方法，仅考虑了采样影响和数字控制延迟。

第 3 章介绍离散域建模的方法，将数字控制的变换器视为一个数据采样系统，推导 z 域而不是 s 域下的小信号动态模型。此外，本章讨论了一些建模实例，以便建立离散时域建模的理论框架。本章进一步建立了连续时间建模与离散建模之间的变换关系。这个变换关系与拓扑结构无关。介绍了一个简单直接向前离散化公式，将变换器的平均小信号模型转化为精确的离散时间域模型。

第4章在第3章提出的离散时间域模型基础上分析了如何直接设计数字补偿器。有关文献介绍了很多设计方法，本书重点介绍了双线性变换法。这种方法的最大的优点是整个设计过程类似连续时间域的设计过程，数字控制的变换器以及数字补偿器都可假设为连续时间域系统，所以直接数字化的设计可利用模拟控制时频域下的设计指标。本章还提到电压模式、电流模式、多环控制的DC-DC变换器以及功率因数校正（PFC）整流器中标准的数字比例积分（PI）补偿器和比例积分微分（PID）补偿器的设计。

第5章介绍了模-数（A/D）转换器的幅度量化误差和数字脉宽调制（DPWM）。数字控制的DC-DC变换器是闭环系统，且存在直流工作点。本章开始部分阐述了该系统中的极限环振荡出现的原因。其次，为避免这种现象的发生，提出了无极限环振荡的条件并给出基本的设计指导建议。本章最后简要概述了DPWM和A/D的结构以及如何实现相关平衡。

第6章介绍了如何实现数字补偿器。首先要考虑补偿器系数的缩放和量化，确定环路幅值增益的误差和穿越频率处的相位误差。其次论述了如何在定点运算环境下实现控制规律，并且提出在控制结构中确定不同信号的字长的方法。考虑到本书重点在于数字控制在高频开关变换器中的应用，本章重点介绍了控制规律的实现过程，并附有VHDL或Verilog硬件语言例程。本书同样也关注在软件中、在微处理器上如何实现这些控制规律。

数字控制的优点在于可自整定，这既有潜力又有挑战。由于这个问题的重要性，故第7章总结了高频开关变换器的数字自整定技术。在简单讨论了数字自整定的基础后，详细提出了两种自整定技术：注入式和继电器式。

本书的目的旨在重点强调数字控制系统设计中的基本理论问题和实际应用技术之间的区别，以便消除离散建模或数字控制理论难以理解和实际应用十分困难的困惑。基于这一想法，本书在理论推导的同时给出了Matlab说明实例。在大多数情况下，几条Matlab命令就能直接完成系统级补偿器的设计，并将结果快速地转化为HDL代码和实施步骤。此外，设计案例贯穿于全书，并在Matlab环境中得到仿真验证。

目　录

导　论

电能变换与控制的应用领域十分广泛，从片上的亚毫瓦功率管理电路到数百千瓦乃至兆瓦电动机驱动和电力系统。电能变换与控制的目标是高效率，以及在特定环境下具有良好的静态和动态特性。实现其目标有赖于电力电子技术，即采用无源元件（电感和电容）和功率半导体器件（类似于开关）构成的开关变换器。在大功率应用场合，控制和监视任务通常非常复杂，但是功率半导体器件的开关频率也非常低，例如通常为几十千赫兹。相对于整个系统的成本和功率等级而言，控制器的成本以及功率损耗相当低。在这些应用中，数字控制实现复杂的控制、管理和监控任务具有技术和成本优势。所以，经过多年，基于广泛使用的微处理器或专用微处理器以及数字信号处理器（DSP）或可编程逻辑器件等数字控制方法和数字控制器在高功率等级的电力电子装置中应用广泛。

在随处可见的中低功率的开关电源中却极少使用数字管理或数字控制，包括分布式供电调节器、非隔离或隔离的直流变换器、单相功率因数校正（PFC）电源、单相逆变器、照明系统等。在这些应用场合，开关频率范围通常在几百千赫兹至几兆赫兹，需要更高的动态响应。控制器的成本及其功耗占有系统的重要份额。此外，在许多应用中，已有的模拟控制器能够满足需求，而且可以使用已成熟的模拟分析、建模和设计方法[1-5]。然而，高频开关功率变换器中的数字控制已从概念验证发展到商业数字脉冲宽度调制（DPWM）控制芯片，并且在越来越多的应用中采用。

“数字电源”这一概念越来越多地渗透到高频电力电子应用中，其主要原因有：

1）数字集成电路不断增强的处理能力以及成本的持续下降。

2）系统集成的需求以及功率管理复杂性和监视功能的增加使得在开关功率变换器中需要数字界面和可编程[9-11]。

3）高性能的数字控制技术以及新颖的方法提高了性能或者是提供了全新的功能。这些都是使用传统模拟控制方法很难实现的[12-14]。

“数字电源”这一概念包含以下几方面：

1）数字电源管理，这涉及系统级控制和变换器的监控、分布，通常基于串行通信母线实现[9-11]。功率管理包含开通、关断、系统的时序控制、调节变换器控制环路的设定、修改控制环路的参数、监视和上传测量的状态和变量等[15,16]。相对于开关周期而言，这些功能实现的时间较长。

2）数字控制，这包含时域和频域内变换器的建模和控制技术，相对于开关周期而言，这些控制行为的实现时间和开关周期差不多。

3）数字控制的实现，这可分为两类。

① 基于软件的控制器，其中控制算法以代码的形式在普通微控制器上或在特定的微控制器上抑或是在 DSP 上执行。参考文献［17］提供了一个实例：使用微控制器实现数字控制完成 PFC 功能。

② 基于硬件的控制器，基于自定义的集成电路或者现场可编程门阵列（FPGA）芯片实现数字控制[18,19]。参考文献［20－22］提供实例：基于硬件实现数字控制。

本书系统而严谨地介绍了高频开关功率变换器的分析、建模和数字控制环路设计的基础知识。目的在于使得读者理解和分析功率变换器，并在此基础上完成建模，最后进行数字控制环路的设计和实现，即从系统级的传递函数到具体实现的详细技巧。本章的目的在于介绍本书关注的问题，激发读者学习本书其余章节涉及的理论和实际问题。此外，本章还介绍了一些先进的控制技术，包括改善动态响应的方法、系统辨识、数字控制环路的整定以及在线效率优化。

1. 数字控制的开关变换器

到目前为止，已经有很多 DPWM 结构和实现方法。许多标准的微控制器和 DSP 芯片具有多个高分辨率 PWM 和模/数（A/D）转换通道，这使得软件实现数字控制和管理功能成为可能。目前这些领域的发展非常迅速，基于软件的实现方法仍然比较适合低开关频率的开关变换器。但是当开关频率为几百千赫兹到兆赫兹时，采用特定的基于硬件实现方式的控制环路会更好些。图 1 介绍了数字控制器的

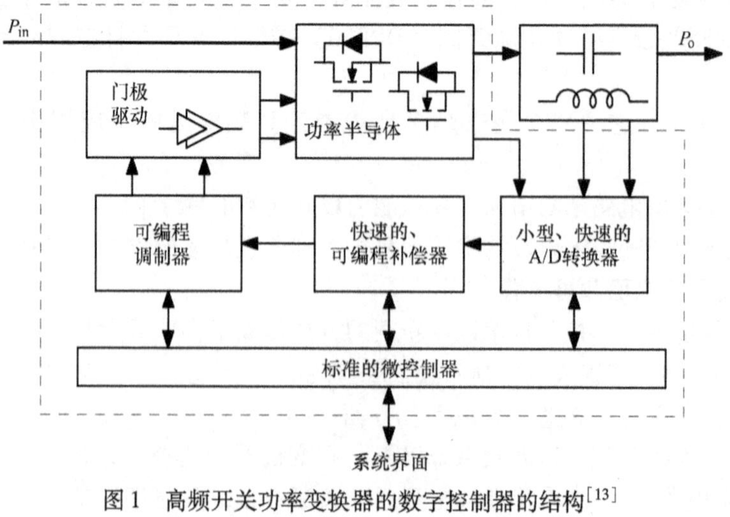

图 1　高频开关功率变换器的数字控制器的结构[13]

实现框图[12,13]。控制环路为数字控制，使用专用可编程 A/D、DPWM 和补偿器以获得高性能的闭环动态特性，而微控制器完成编程、能量管理和系统界面。商业化的 DPWM 控制器是一个开关功率变换器专用可编程外围硬件和高水平管理与通信的软件实现的组合体。

图 1 中的控制器可以使用标准的数字超大规模集成电路（VLSI）设计流程设计、实现和测试。首先使用硬件描述语言（VHDL 或 Verilog）实现逻辑功能，然后在 FPGA 开发平台上进行原型和实验验证，最后产生相对小的、低门数、低功耗、低成本的集成电路实现模拟解决方案的动态特性。同时 DPWM 控制器提供了人机界面，具有灵活的可编程功能、能量管理功能，降低了无源元件的数量以及实现过程和温度的灵敏度，具备实现高级功能的潜力。

图 2 为基于硬件实现方式的数字控制同步降压（Buck）变换器的详细框图。A/D 转换器抽样输出电压 $v_o(t)$，该电压与设定参考值 V_{ref} 相比较产生了数字电压误差信号 $e[k]$。由离散时间 PID 控制器根据误差信号产生了占空比命令 $u_x[k]$。在基本的控制器中，补偿器的增益 K_i、K_p 和 K_i 需要设计使之满足环路设计指标（穿越频率、相位裕度，详见第 6 章）。完成补偿器的设计后，增益可用数字乘法器实现，如图 2 所示。因为仅需几个字节便足以表示误差信号 $e[k]$，整个补偿器也可采用查表实现[21-24]。更为先进技术是图 2 所示的数字整定模块，即调整补偿器的增益，使其实际动态响应满足期望的指标。第 7 章介绍了整定技术。最后，DPWM 模块产生了互补的门极驱动信号 $c(t)$ 和 $c'(t)$，并具有一定的死区时间。算上各种

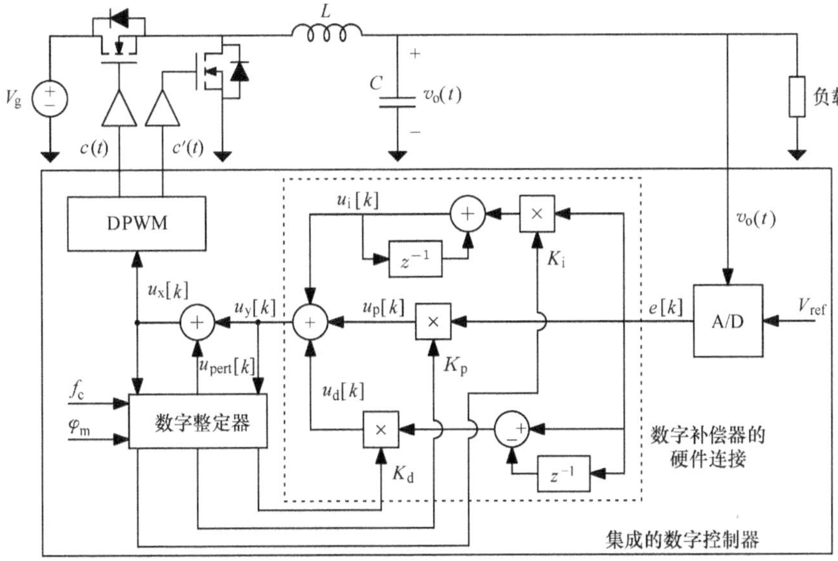

图 2　数字控制的负载点（POL）同步降压 DC-DC 变换器（数字控制环路的分析、建模、设计和实现见第 1~6 章。加入的整定模块在第 7 章讨论）

增强功能，这样的控制器需要 10000 等效的逻辑门电路实现。如果采用 0.35μm 的 CMOS 工艺，转换后的集成电路面积约为 1/3mm²。此外，高密度的 CMOS 工艺电压等级高，适合用于功率电子，这使得高频开关功率变换器用的数字控制器的功耗和成本可接受。集成数字控制器的例子见参考文献［21，22，24－33］。

观察一个实例。如图 2 所示（无数字整定器），参考文献［34］介绍了数字控制同步降压变换器的例子，输入 5V，输出 1.6V。滤波器的参数为：$L=1.1\mu H$，$C=250\mu F$，开关频率为 500kHz。A/D 转换器是窗口式转换器[26]，使用阈值反相器量化方法[35]。A/D 转换范围大约为 200mV，等效输出电压的量化步长为 3mV。使用混合计数器/环形振荡器 DWPM，时间量化间隔为 390ps，占空比的分辨率为 0.02%。采用 VHDL 代码编写了数字式 PID 补偿器并在 FPGA 上实现，补偿后的穿越频率为 $f_c \approx f_s/10 = 100kHz$。图 3 为当负载从 0A 跳跃至 8A 时系统的阶跃响应。阶跃响应存在电压偏差，响应时间和高性能模拟 PWM 控制器的响应时间差不多。

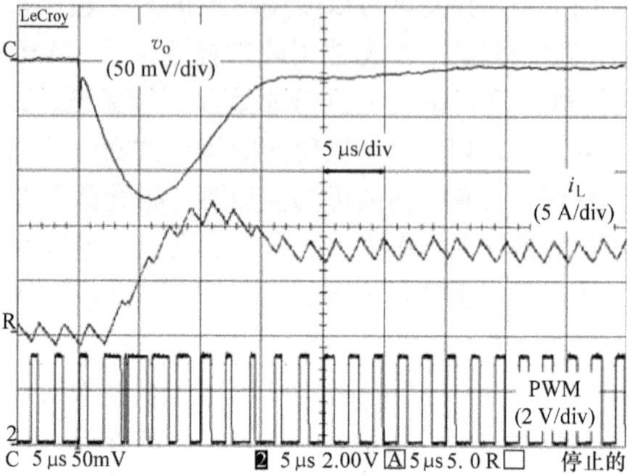

图 3　数字控制的负载点降压变换器采用传统 PID 补偿时 0～8A 负载阶跃响应[34]（v_o，50mV/div；i_L，5A/div；时间尺度，5μs/div）（© 2009 IEEE）

（1）分析、建模和控制技术

由图 2 可知，基本的数字控制环路的概念类似于第 1 章介绍的电压模式的模拟 PWM 控制。然后第 2 章介绍了数字控制和模拟控制的两个区别：时间量化和幅值量化。时间量化是因为控制器是离散时间控制系统。该系统处理模拟抽样信号，调整后产生离散时间控制信号。为了设计高性能的控制环路，需要考虑延迟和混叠带来的影响。第 2 章和第 3 章使用连续时间平均建模方法设计数字环路，该方法在实际中经常使用。这种设计方法只能近似考虑混叠效应和延时效应。更加严格的是第 3 章详细介绍的离散建模[36]。第 4 章介绍了根据离散建模方法在数字域直接设计补偿器传递函数。和模拟设计的指标类似，数字系统设计的频率指标为环路的穿越频率 f_c 和相位裕度 φ_m。

（2）实现技术

在数字控制变换器中，调节的精度和准确度由 A/D 和 DPWM 的分辨率决定。第 5 章介绍幅值量化特性。这些非线性特性导致稳态时存在扰动，譬如极限环[37,38]。第 5 章介绍如何设计避免产生极限环，同时也简单介绍了高分辨率 DPWM 和 A/D 的实现方法。

第6章介绍了数字补偿器的实现。首先要对补偿器系数进行缩放和量化。系数量化后对穿越频率处的环路增益和相位误差要满足要求。第6章介绍了PID补偿器的结构，例如图2中的并联PID实现结构。第6章还介绍了定点实现控制规律的方法，并且提供了在不同结构中判定信号字长的方法。考虑到本书重点在于高频开关功率变换器，故着重介绍了基于硬件的控制规律实现方式，提供了VHDL或者Verilog代码。同时本书还关注了基于软件和微控制器上控制规律的实现。

本书的第1~6章围绕开关功率变换器介绍分析、建模、设计、电压环、电流环、多环数字反馈环。基于理论概念，系统研发了Matlab的分析程序，使得读者能够快速地完成离散建模和系统级，补偿器的设计，进而到达实现阶段。本书通过很多实际例程阐述其技术应用。

2. 采用数字控制时的系统和性能改善

系统控制提升了系统灵活性、可编程性、系统界面的集成性和能量管理功能。此外，由于数字控制器实现的控制策略更加复杂，在很多方面都具有相当多的优势。本节重点介绍数字控制领域的一些优势，譬如：提高系统的动态响应，嵌入频率测量，控制环路整定，在线效率优化等。

（1）提高动态特性

标准的模拟或者数字控制器的设计方法来源于线性小信号模型和频域补偿器的设计。考虑到功率级的开关特性和大信号运行时状态变量的瞬态特性，采用开-关控制可以提高动态响应。很多文献研究了在模拟域和数字域开关曲面控制[39]以及许多其他时域设计方法。数字实现特别适合能够增强动态特性的控制方法。例如：开关行为的序列使得最小时间响应，即对于外部扰动比如负载阶跃变化时时间最优的响应。例如：对于降压变换器而言，其时间优化响应对应着精确的开通与关断一次的开关动作序列。很多文献提出了各种数字控制方法适合时间最优的响应[34,35,40-60]。

这些控制器被证明对于负载的阶跃变化的响应接近于极限。例如，图4为负载阶跃时参数独立的时间最优控制器的响应[34]，主电路为图3所示的同步降压变换器。当负载变化时，单一的开关行为迅速出现，迅速恢复输出电压至调节值。和图3中标准的PID补偿器相比，电压的变化和响应时间都大大降低了。因为当时间最优控制事件发生时控制动作饱和，所以变换器的内部状态量譬如电感电流可能会产生超调。参考文献[57]提出一种广义的数字时间最优控制方法，其中包括了对电感电流的限制。

还有很多其他控制方法也可改善动态响应。多采样技术（变换器的波形在一个开关周期内采样多于一次）[61-63]、异步采样技术[35,64,65]、混合信号控制技术[66,67]等都可以减小环路的延迟。参考文献［68-70］介绍了含固定开通时间的多采样技术。此外，在DC-DC[71,72]或者PFC电路[73]中采用非线性控制方法提高动态响应。参考文献［74，75］介绍了在多相结构中提高动态性能的办法。如何改善更加复杂的控制器以及功率级改变时的动态响应是另一个研究热点。比如：参考文献

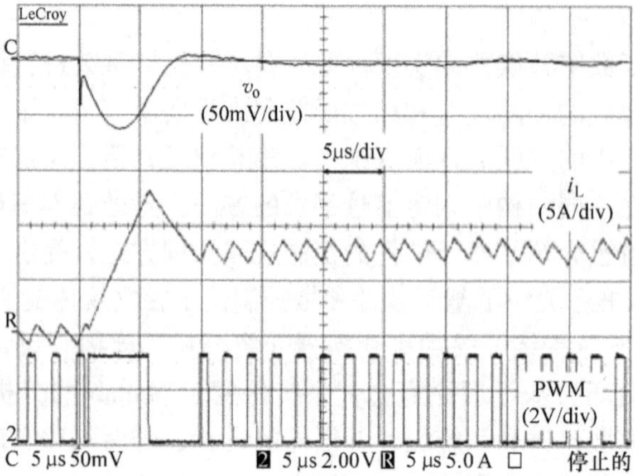

图 4　数字控制的负载点降压变换器采用时间最优控制时 0～8A 负载阶跃响应[34]（v_o：50mV/div；i_L：5A/div；时间尺度：5μs/div）（© 2009 IEEE）

[76] 中提出如何使用数字控制带辅助开关的功率级电路使之动态响应改善。参考文献 [77] 改善了这种方法并提出负载 - 控制器相互紧密作用的关系表达式。

（2）嵌入式频率特性测量

使用网络分析仪测量控制器㊀的小信号频率特性，是基于传统频域设计控制器的一个重要实验验证环节[1,78]。参考文献 [79，80] 提出可在数字控制器中加入类似的非参数频域系统辨识功能。为了简单总结这种方法，图 5 所示为含有附加系

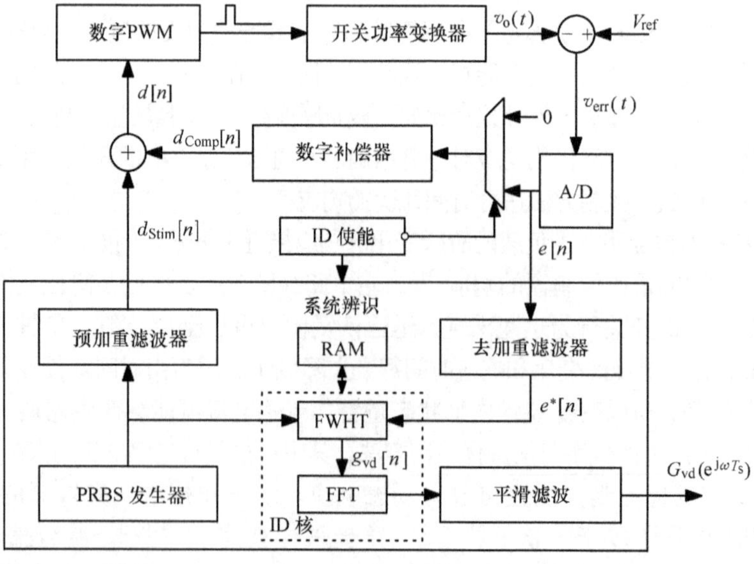

图 5　含频率响应测量能力的数字控制的 PWM 变换器[80]（© 2008 IEEE）

㊀ 应为变换器——译者注。

统辨识功能的数字控制框图。辨识过程包含考虑占空比命令加入伪随机二进制序列（PRBS），互关联扰动信号与待测量的输出响应获得系统的脉冲响应，快速傅里叶变换（FFT）获得系统的频率特性。采用快速 Walsh - Hadamard 变换（FWHT）得到互相关。注意：这种方法仍然要用到 DPWM 和 A/D 模块。为了减少开关和量化噪声，系统辨识方法还包含优化扰动的幅值，对注入信号和采样信号进行预加重和去加重处理，使频域特性变得平滑。这种方法已经应用至多个变换器中[80]，比如，15V 转 30V 的升压（Boost）DC - DC 变换器，开关频率 f_s 为 195kHz。图 6 为辨识过程中的时域波形，图 7 为辨识后的频率特性，和离散时间建模得到的结果一致。

在线辨识频率特性可以应用于设计、故障诊断或自整定。然而，应用成功与否有赖于频率特性的辨识精度、过程的自动化程度以及成本。即使用逻辑门的数目或系统复杂度、辨识过程所需要的时间以及对输出的影响程度。参考文献［80］研究结果表明，在 DPWM 控制器中嵌入频率特性测量是可行的，而且成本相对较低。辨识频率特性大约需要数百毫秒，输出电压的扰动幅度也会保持在一个很小范围内。

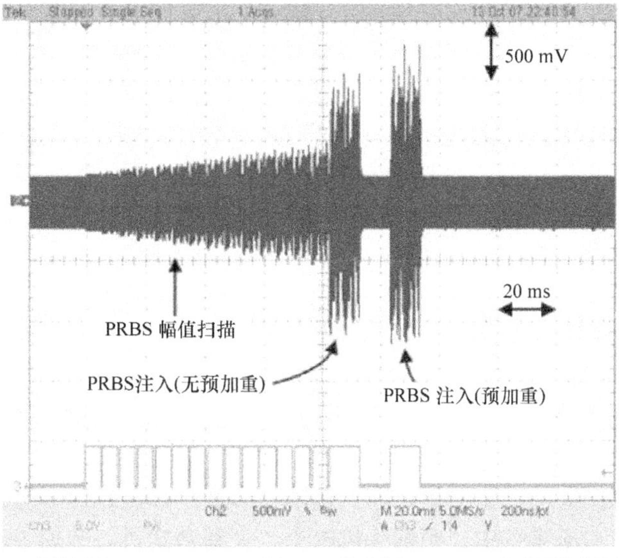

图 6　开关频率 195kHz，15V 转 30V 的升压 DC - DC 变换器系统辨识过程中的输出电压[80]（© 2008 IEEE）

（3）整定

利用数字控制器的可编程特性可以自动改变控制器的参数从而整定实际系统的频率特性。理想的整定数字控制是即插即用的，可以根据功率变换的关键特性以及负载调整控制器的参数，使之达到设定的指标。这种能力有别于传统的设计流程。

数字整定控制算法具有很多优点，该领域也是目前研究的热点问题。第 7 章概述了数字整定高频开关功率变换器的方法，并给出了两种整定方法：注入式方法和继电器式整定方法。

基于注入式自整定技术[92,93,95,97]，图 2 给出了如何在数字控制器中嵌入自整

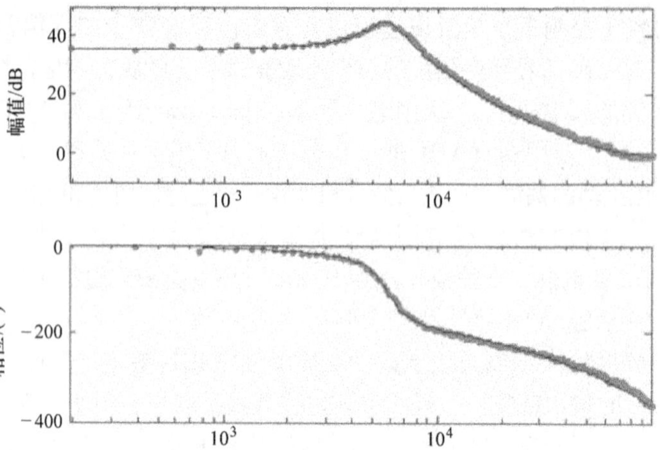

图7　通过图5和图6中系统辨识过程得到的控制端－输出端的幅值和相位响应[80]（© 2008 IEEE）

定器。整定系统注入数字扰动信号 u_{pert} [k] 进入反馈环路，叠加至PID补偿器的输出 $u_y[k]$。控制命令 $u_x[k]=u_y[k]+u_{pert}[k]$ 调制变换器。同时，信号 $u_y[k]$ 和 $u_x[k]$ 分别是注入点之前和之后的监视信号。整定过程调节补偿器的增益，最终 $u_x[k]$ 和 $u_y[k]$ 的交流分量在注入频率处存在正确的幅值相位关系。这表明环路增益在期望的穿越频率 f_c 处满足设计要求且相位裕度为 φ_m。整个调节过程需要的硬件适度，在实际中很容易实现。

（4）效率优化

变换器的效率是一个非常关键的指标。在改善效率方面，数字控制器具有潜在的优势：①它可以精确地调节开关频率或开关波形的其他时间参数[27,102-107]；②它能够通过功率开关分割或者其他门极驱动参数[109,110]和相移[58,111]或者控制多相结构中的电流分布规律[111-113]等手段实现功率级在线重构；③它也可以通过算法或预编程方法实现效率在线优化[102,103,114-117]。

高频功率变换器从传统的模拟控制技术变成数字控制，这对标准的设计产生了重要的影响。在功率系统中，小到手机电子，大到台式机，数据中心以及通信设施中，可编程性、监视功能、数字系统界面以及系统级能量管理变得无处不在。在这些系统中，数字控制使得改善动态响应成为可能，这也降低了无源滤波器的大小。同时数字系统也能使得变换器级或系统级的效率优化。随着能量成本的增加和对环境问题的关注，在数据中心和计算机电源中，人们使用了需要能量优化措施提高功率变换器的效率和功能质量。可以预测未来能效项目的技术指标将会对离网供电系统更加强调效率、功率因数和谐波失真等。此外，在新能源领域中这也具有极大的影响。例如，分布式集成变换器模块或者光伏发电系统中的微型逆变器采用数字控制可改善最大功率点的跟踪、错误检测和效率优化。在电动汽车领域具有同样的影响，不仅仅在逆变器控制上采用数字控制，在电池管理和充放电上都能看见数字控制的影子。

第1章
DC-DC变换器的连续平均建模

开关系统需要反馈实现期望的调节性能。例如，在典型的DC-DC变换器中，调节的目的在于当输入电压和负载变化时维持输出电压不变。在环路设计的前期，需要获得变换器从控制端到输出端精确的小信号传递函数，然后基于频域设计理论中的闭环增益、穿越频率、相位裕度和增益裕度等指标设计环路。

平均小信号建模是开关变换器应用最广泛的建模方法。这种方法是在一个开关周期内对变换器的行为取平均，这样使得不连续的、时变特性转化为连续时不变非线性系统模型。然后在一系列的线性化步骤后获得了线性时不变模型，可以使用线性系统理论的相关工具分析该模型。变换器被描述成了一个连续时间线性系统，可以以线性等效电路模型的形式来表示。

目前，平均法是最为广泛接受的理解开关变换器动态性能的方法。除了简单而直观的特点外，平均法普及的另一个原因是，成功地运用于由鲁棒性强、使用方便的模拟控制集成电路支撑的许多实际模拟设计。

本章主要回顾了开关变换器分析和建模的主要方法。特别是详细介绍了平均小信号建模法，并强调了该方法所使用的假设条件。这为理解数字控制设计中的交流小信号建模法的局限性提供了铺垫，并引出了离散时间模型（该模型可以消除这种局限性）。

本章1.1节对脉冲宽度调制（PWM）DC-DC变换器进行了简单地回顾。1.2节总结了变换器稳态分析和建模方法。1.3节解释了在开关变换器控制环设计中动态建模的必要性，并引入平均小信号建模方法。在1.4节，概述了在变换器建模中一种通用的方法——状态空间平均法。1.5节以模拟控制为例阐述了该方法。在下一章，这些例子将会被再次提及，用以说明数字建模和控制的基本方法。为了完整交代PWM控制变换器的分析、建模及控制的背景，1.6节讨论了占空比特性、PWM变换器控制变量等问题。1.7节对本章关键内容进行总结。

1.1 PWM变换器

本书重点介绍PWM变换器，这种变换器在开关周期 T_s 内，存在两个或两个以上的子拓扑相互切换。例如，图1.1所示为PWM升压变换器，当开关处在1的位置时，表示开关周期中 DT_s 部分；当开关处在 0 的位置时，表示开关周期的 $D'T_s \triangleq (1-D)T_s$ 部分。占空比 D 满足 $0 \leqslant D \leqslant 1$，决定了一个开关周期内开关处在位置 1 的部分。在 PWM 变换器中，D 是系统的控制输入，可通过控制器进行调整以实现电压或电流的调节。

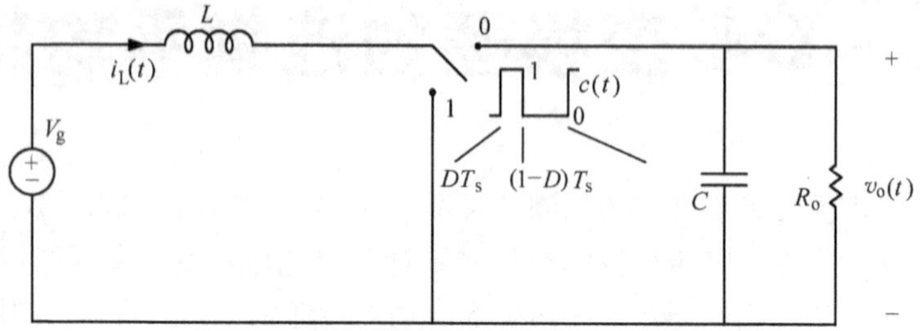

图 1.1　PWM 升压变换器

图 1.2 所示为 PWM 变换器的典型波形。$c(t)$ 为门级驱动信号，$v_o(t)$ 为输出电压。假设变换器的占空比是以频率为 $f_m \ll f_s$ 的正弦调制信号，输出电压包含低频

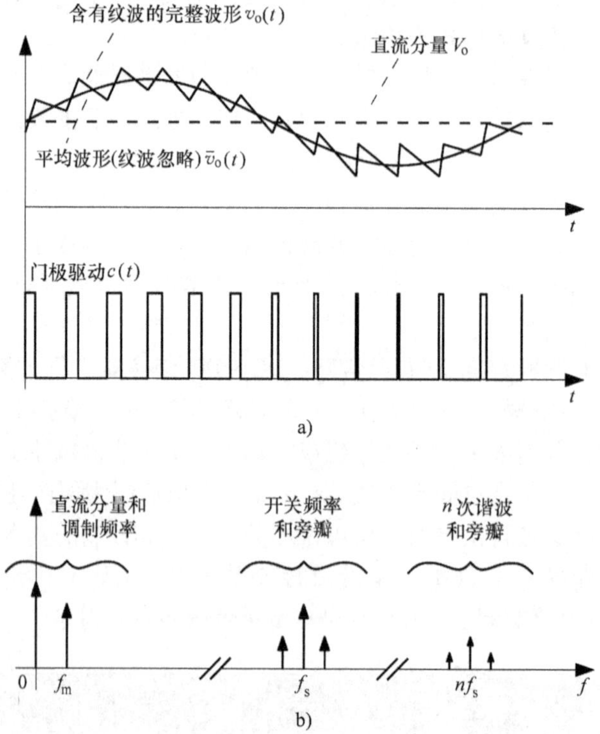

图 1.2　a）占空比正弦调制时变换器的典型波形和 b）输出电压的频谱示意图

成分 $\bar{v}_o(t)$ 以及高频开关纹波。$v_o(t)$ 的低频成分包含直流分量 V_o 和调制频率为 f_m 的分量。根据调制理论，$\bar{v}_o(t)$ 是 $v_o(t)$ 的基波分量。而高频成分为开关频率 f_s 的基波及其谐波以及在调制过程中产生的位于 $nf_s \pm f_m$ 的边带分量。

在平均建模法中，分离变换器信号中的低频成分和高频成分至关重要。为了更加精确，引入平均算子 $\langle \cdot \rangle_T$。

$$\boxed{\langle x(t) \rangle_T \triangleq \frac{1}{T}\int_{t-T/2}^{t+T/2} x(\tau)\mathrm{d}\tau} \tag{1.1}$$

式中，$\langle x(t) \rangle_T$ 表示在一个周期 T 内信号 $x(t)$ 的平均值。根据该定义，图1.2中 $v_o(t)$ 的低频成分 $\bar{v}_o(t)$ 可用 $v_o(t)$ 在一个周期内的平均算子表示：

$$\boxed{\bar{v}_o(t) \triangleq \langle v_o(t) \rangle_{T_s}} \tag{1.2}$$

平均建模法本质的简化是描述 $\bar{v}_o(t)$ 的动态特性，并非 $v_o(t)$ 的动态特性，忽略了变换器中的高频成分。这种方法的利弊和这种近似有关。

1.2　变换器的稳态

变换器工作在稳态时，每一个变换器的状态变量以及每一点处的电压和电流都是周期性的，其周期值等于开关周期 T_s。当变换器所有的输入（包括占空比）是稳定的，在瞬态过渡过程完成后，变换器达到稳态。接下来总结了稳态时PWM变换器的特点，更多的介绍可参考电力电子书籍[1-5]。

开关变换器的稳态分析包含：用变换器的输入量表示所有电压和电流的直流分量。由于系统波形的周期特性，稳态分析基于两个基本规律：

1）电感伏秒平衡。由于所有电感电流都是周期性的，因此在一个开关周期内，电感磁通量的净增量为零：

$$L(i_L(T_s) - i_L(0)) = \int_0^{T_s} v_L(\tau)\mathrm{d}\tau = 0 \tag{1.3}$$

上式可以等效描述为在一个开关周期内，电感两端的平均电压值为零：

$$\boxed{\bar{v}_L(t) = 0} \tag{1.4}$$

2）电容电荷（A·s）平衡。所有电容电压是周期性的，在一个开关周期内，电容不会吸收电荷，也不会释放电荷：

$$C(v_C(T_s) - v_C(0)) = \int_0^{T_s} i_C(\tau)\mathrm{d}\tau = 0 \tag{1.5}$$

上式可以等效描述为在一个开关周期内，流过电容的电流平均值为零：

$$\boxed{\bar{i}_C(t) = 0} \tag{1.6}$$

使用上述两个条件以及基本的电路分析的方法可以分析变换器的稳态问题。事实上，使用小纹波近似可以大大简化计算过程。开关纹波即变换器中电压或电流的交流成分。在稳态中，开关纹波是以开关周期 T_s 为周期的函数。电容电压 $v_C(t)$ 和电感电流 $i_L(t)$ 纹波峰-峰值分别表示为 Δv_C 和 Δi_L。

小信号纹波近似是指通过忽略电感电压纹波和电容电流纹波来近似分析变换器，即将所有电容 C 看作是电压值为 V_C 的直流电压源，将所有电感 L 看作是电流为 I_L 的直流电流源。

$$\boxed{\frac{\Delta v_C}{\bar{v}_C} \ll 1 \Leftrightarrow v_C(t) = V_C = \text{常数}}$$
$$\boxed{\frac{\Delta i_L}{\bar{i}_L} \ll 1 \Leftrightarrow i_L(t) = I_L = \text{常数}} \tag{1.7}$$

伏秒平衡和电荷平衡直接根据电感和电容特性以及稳态运行模式的周期性推导而出。而小信号纹波近似是为了简化分析稳态解而做出的假设，这种假设也符合变换器实际运行状况。我们经常也使用另一种小信号纹波近似——线性纹波近似。根据线性纹波近似，$v_C(t)$ 和 $i_L(t)$ 中的纹波成分为三角波。实际上，实际系统很容易满足线性纹波近似，特别是电感上的电流波形。只要电容电压满足小纹波近似，即使峰-峰值纹波电流相对直流分量而言比较大，不可能被忽略，电感电流事实上仍然会保持三角波形。

需要注意的是，上述讨论默认变换器工作在连续导通模式（CCM），在该模式下，小信号纹波近似和线性纹波近似适用于变换器的所有状态变量。而当变换器工作在不连续导通模式（DCM）时，以上所提及的假设并不成立，其分析方法会涉及更多内容。更多关于 DCM 模型的详细内容见参考文献［1，121-123］。

1.2.1 升压变换器举例

图 1.3 所示为升压变换器拓扑中，实际电感由理想电感 L 和电阻 r_L 表示，该电阻表示电感的铜损。其他元器件假设是理想元器件。

当开关处在位置 1 时，变换器工作在一个开关周期的 DT_s 区间内，电感两端的电压为

$$v_L(t) = V_g - r_L I_L \tag{1.8}$$

其中，根据小信号纹波近似，$i_L(t) \approx I_L$。同理，$v_C(t) \approx V_C$，输出电容电流为

$$i_C(t) = -\frac{V_C}{R_o} \tag{1.9}$$

同理，当开关处在位置 0 时，变换器工作在 $D'T_s = (1-D)T_s$ 区间内，此时有

$$\begin{aligned} v_L(t) &= V_g - r_L I_L - V_C \\ i_C(t) &= I_L - \frac{V_C}{R_o} \end{aligned} \tag{1.10}$$

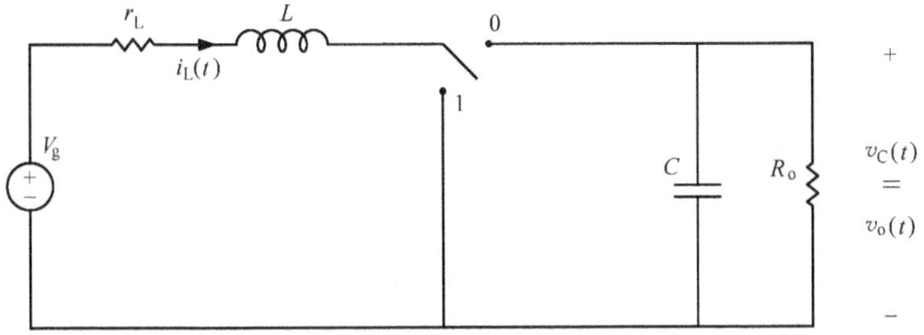

图1.3 升压变换器

图1.4所示为小纹波近似后的电感电压 $v_L(t)$ 和电容电流 $i_C(t)$ 的波形。根据式（1.4）所示的伏秒平衡和安秒平衡，有

$$\begin{aligned}\bar{v}_L(t)&=D(V_g-r_LI_L)+D'(V_g-r_LI_L-V_C)=0\\ \bar{i}_C(t)&=D\left(-\frac{V_C}{R_o}\right)+D'\left(I_L-\frac{V_C}{R_o}\right)=0\end{aligned}\tag{1.11}$$

解可得

$$\begin{aligned}I_L&=\frac{V_g}{D'^2R_o}\frac{1}{1+\dfrac{r_L}{D'^2R_o}}\\ V_C&=\frac{V_g}{D'}\frac{1}{1+\dfrac{r_L}{D'^2R_o}}\end{aligned}\tag{1.12}$$

根据上面的方程可得变换器的电压转换比为

$$M(D)\triangleq\frac{V_o}{V_g}=\frac{V_C}{V_g}=\frac{1}{D'}\frac{1}{1+\dfrac{r_L}{D'^2R_o}}\tag{1.13}$$

对于理想升压变换器而言，$r_L=0, M(D)=1/D'$。

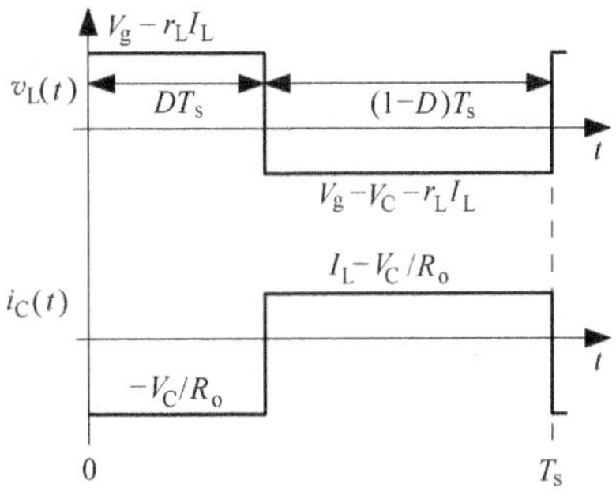

图1.4 升压变换器实例：基于小纹波近似时的关键波形

1.2.2 开关纹波估计

一旦直流变换器的各项参数给定，即可估计稳态下电感电流和电容电压纹波波形及幅值。

以升压变换器为例，如图1.4所示，电感电压的波形 $v_L(t)$ 近似为分段式的常数信号。因此，电感电流波形近似为三角波，其斜率由 $v_L(t)$ 决定。为了简单起见，忽略电感串联电阻 r_L，在开关周期的任一区间内，对 $v_L(t)/L$ 进行积分，可得电流纹波的峰-峰值 Δi_L。

$$\Delta i_L = \frac{1}{L}\int_0^{DT_s} v_L(\tau)\,\mathrm{d}\tau = \frac{V_g}{L}DT_s = \frac{T_s}{L}V_g\left(1 - \frac{V_g}{V_o}\right) \tag{1.14}$$

同理，对 $i_C(t)$ 进行积分可得电容电压的纹波波形，如图 1.4 所示。若要得到更精确的结果就不能使用小信号纹波近似，此时，根据已知的电感电流 $i_L(t)$ 导出电容电流 $i_C(t)$，相应波形如图 1.5 所示。

同推导 Δi_L 类似，在开关周期的任一区间内，对 $i_C(t)/C$ 进行积分，可求得输出电压纹波峰－峰值

$$\Delta v_C = \frac{1}{C}\int_0^{DT_s} |i_C(\tau)|\,\mathrm{d}\tau = \frac{V_o}{R_o C}DT_s = \frac{T_s}{R_o C}(V_o - V_g) \tag{1.15}$$

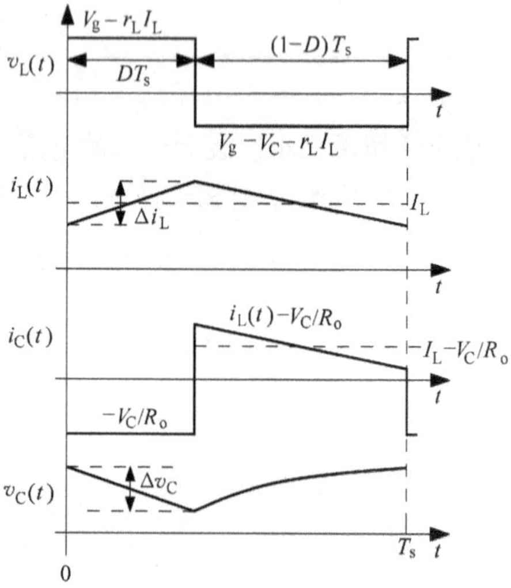

图 1.5　升压变换器实例：纹波波形的估算

1.2.3　基本变换器的电压转换比

系统地运用伏秒平衡和安秒平衡理论以及小纹波近似，可以直接地分析任何 PWM 变换器的稳态。表 1.1 列举了三种基本变换器拓扑在理情况下（无寄生损耗），工作在 CCM 时的电压转换比。

表 1.1　三种基本变换器工作在 CCM 时理想的电压转换比

变换器	变比
降压 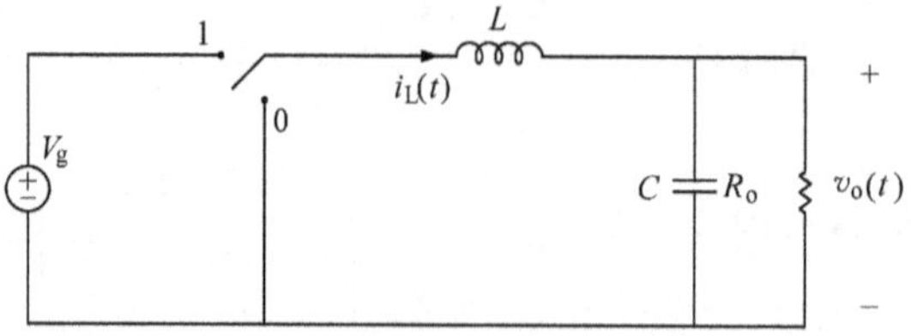	$M(D) = D$
升压 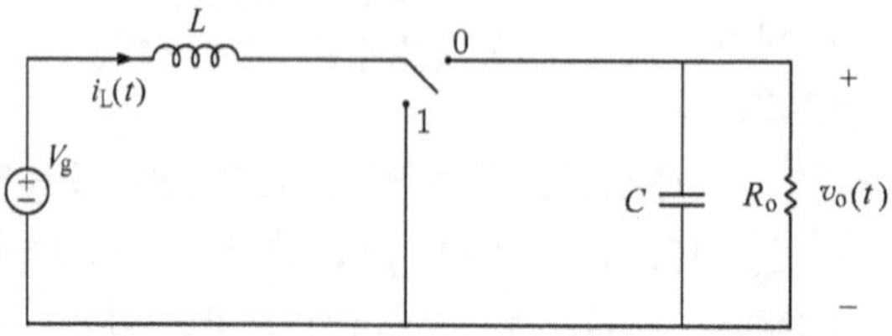	$M(D) = \dfrac{1}{1-D}$

（续）

<table>
<tr><th>变换器</th><th>变比</th></tr>
<tr><td>降压－升压
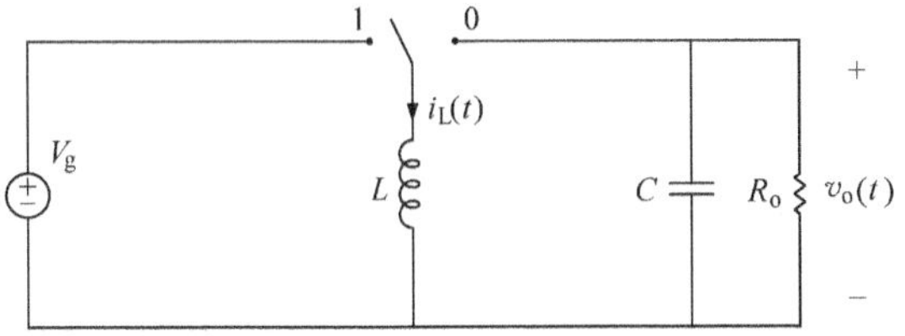
</td><td>$M(D)=-\frac{D}{1-D}$</td></tr>
</table>

1.3 变换器的动态和控制

本节重点讨论变换器的平均小信号模型。以电压模式控制的同步降压变换器为例，回顾小信号建模法的基本概念。系统框图如图 1.6 所示。所谓“同步”，是指降压变换器采用了整流开关（或副开关），它取代了整流二极管的无源整流方式。如图 1.6 所示，降压变换器采用互补 PWM 波 $c'(t)$驱动可控开关实现整流：

$$c'(t)\triangleq 1-c(t) \tag{1.16}$$

同步整流的主要优点在于相对二极管整流，整流开关在导通期间有较小导通压降，当需要调节的输出电压比较低时，同步整流电路是必要的。另外，由于整流开关的双向电流导通特性，可保证变换器在在空载时仍然可工作在 CCM。

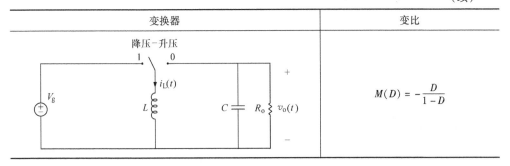

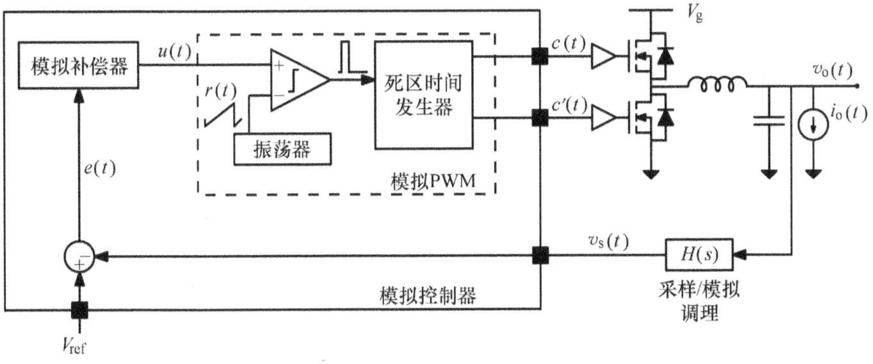

图 1.6　电压模式模拟控制的同步整流降压变换器

图 1.6 中，负载由一个独立的电流源而不是电阻来表示。对于很多电子负载而言，这种建模方法是合理的，变换器的输出电流取决于负载内在特性，而与输出电压无关。

变换器使用反馈控制以实现在给定固定参考值 V_{ref}时调节输出电压 $v_o(t)$。然后，V_{ref}和采样信号 $v_s(t)$相减可得到输出电压的控制误差信号 $e(t)$，其中 $v_s(t)$是 $v_o(t)$经过滤波和缩放得到的信号。如图 1.6 所示，输出信号 $v_o(t)$的采样、缩放和模拟滤波由传递函数 $H(s)$ 表示。

模拟的连续时间补偿器对误差信号进行处理后产生了控制命令信号 $u(t)$。如图 1.7 典型的模拟控制波形所示，控制命令信号 $u(t)$ 与后沿 PWM 调制器载波 $r(t)$ 相比，最后产生门级驱动信号 $c(t)$。

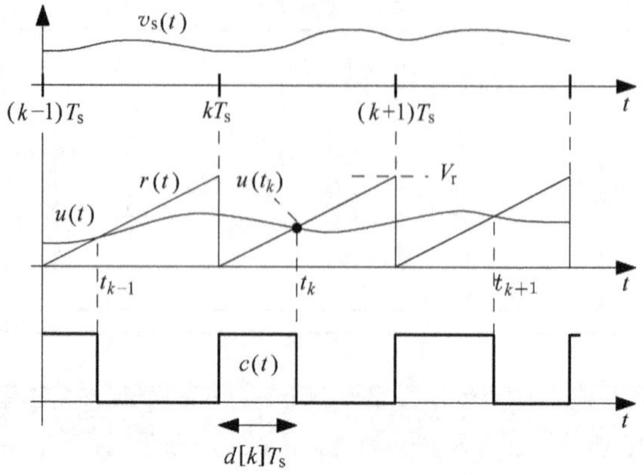

图 1.7 典型的模拟控制波形

建模的最终目的是推导出控制环路的小信号模型。正如所预期的那样，这个过程包括了在静态工作点附近，对变换器的行为做小信号求平均和线性化处理。下面，使用式（1.2）表示一个开关周期内开关变换器参数的平均值。

1.3.1 变换器的平均和线性化

图 1.8a 所示为降压变换器，对电压 v_x 使用滑动平均值算子［式（1.1）］，可得

$$\bar{v}_x(t) \approx d(t)\,\bar{v}_g(t) \tag{1.17}$$

变换器的平均输入电流为

$$\bar{i}_g(t) \approx d(t)\,\bar{i}_L(t) \tag{1.18}$$

由此可构造出平均等效电路⊖，如图 1.8b 所示[1]，此电路是时不变电路，但仍然是非线性的。

在电路方程中的扰动量，经过一系列的线性化，可得

$$\begin{aligned}\hat{\bar{v}}_x(t) &\approx D\hat{\bar{v}}_g(t) + V_g\hat{d}(t) \\ \hat{\bar{i}}_g(t) &\approx D\hat{\bar{i}}_L(t) + I_L\hat{d}(t)\end{aligned} \tag{1.19}$$

$\hat{\bar{x}}(t) = \bar{x}(t) - X$ 是 $\bar{x}(t)$ 分离了直流成分 X 后的小信号成分。图 1.8c 为经过线性化后的降压变换器的平均小信号等效电路。根据等效电路模型，可得从控制到输出的传递函数 $G_{vd}(s)$ 为

⊖ 当 $x(t)$ 含有少量的开关分量时即 $x(t)$ 可视为其基波信号时，假设 $\langle c(t)x(t)\rangle_{T_s} \approx d(t)\langle x(t)\rangle_{T_s}$ 是合理的。当 $x(t)$ 存在三角开关纹波时，$x(t)$ 不能简单地视为其基波信号，但是这种情况下即使 $x(t)$ 中存在大纹波分量，这个近似仍然是合理的。综上，当 $x(t)$ 满足 1.2 节所述的小纹波或者线性纹波近似时，我们可以大胆地假设 $\langle c(t)x(t)\rangle_{T_s} \approx d(t)\langle x(t)\rangle_{T_s}$。

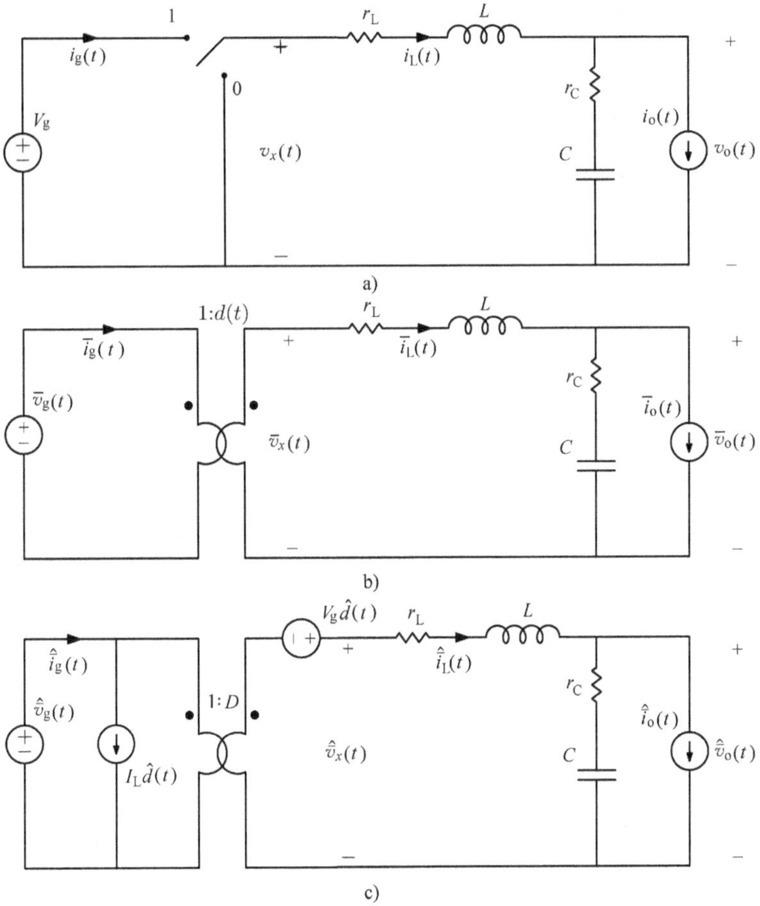

图 1.8　a）降压变换器及其 b）平均模型和 c）小信号模型

$$G_{vd}(s) \triangleq \left.\frac{\hat{v}_o(s)}{\hat{d}(s)}\right|_{\hat{v}_g=0,\hat{i}_o=0} = V_g \frac{1+sr_C C}{1+s(r_C+r_L)C+s^2LC} \tag{1.20}$$

$$= G_{vd0}\frac{1+\dfrac{s}{\omega_{ESR}}}{1+\dfrac{s}{Q\omega_0}+\dfrac{s^2}{\omega_0^2}}$$

其中

$$\begin{aligned} G_{vd0} &\triangleq V_g \\ \omega_{ESR} &\triangleq \frac{1}{r_C C} \\ \omega_0 &\triangleq \frac{1}{\sqrt{LC}} \\ Q &\triangleq \frac{1}{r_C+r_L}\sqrt{\frac{L}{C}} \end{aligned} \tag{1.21}$$

变换器的小信号模型是一个二阶系统，ω_0 是谐振频率，Q 为品质因数。在 $s=-\omega_{ESR}$处有一个左半平面零点，这个零点源于输出电容的等效串联电阻 r_C。

1.3.2 脉冲宽度调制器的建模

为了导出变换器完整的交流小信号模型，有必要对脉冲宽度调制器（PWM）进行交流小信号建模。在数字和模拟控制中，PWM 的小信号特性差异甚大。

PWM 主要有两大类：

1）自然采样 PWM（NSPWM）：产生一个连续时间调制信号 $u(t)$，主要应用于模拟控制中。

2）规则采样 PWM（USPWM）：由离散时间调制信号 $u[k]$来描述，$u[k]$每一个开关周期内更新一次，然后在整个开关区间内保持不变。USPWM 普遍应用于数字控制环路中，控制信号在时间上是离散的。然而，值得注意的是，在模拟控制中也可以使用 USPWM：连续时间控制信号 $u(t)$连接到采样保持器的输入端，然后使用模拟比较器将其输出与 PWM 载波相比较。

以模拟连续时间控制开关变换器中的 NSPWM 为例，如图 1.7 所示，第 k 个开关周期的占空比 $d[k]$为

$$d[k]=\frac{u(t_k)}{V_r} \tag{1.22}$$

式中，t_k 为在第 k 个开关周期中，$u[t]$与 PWM 载波 $r(t)$相交的时刻；V_r 为 PWM 载波的幅度。因此，在第 k 个开关周期内，占空比 $d[k]$与调制信号 $u[t]$交汇点处是对应的。只有在 u 和 r 相交时，才会进行采样，这就是为什么这类调制器被称为自然采样调制器。当稳态值 U 附近存在小信号扰动 $\hat{u}$，每一个采样瞬间发生的位置都是相同的，其 PWM 的性能和规则采样一样。

由式（1.22）可知，$d[k]$是 $u[t]$与 PWM 载波相交点的瞬时值。自然采样后的信号 $u[t]$和 PWM 波的相交不会出现任何延迟，因此，习惯上将模拟控制中的 PWM 调制器看作是一个增益模块。令 $\hat{u}$ 和 $\hat{d}$ 分别为关于稳态值的小信号控制信号和占空比，PWM 的传递函数为

$$G_{PWM}(s)\triangleq\frac{\hat{d}}{\hat{u}}=\frac{1}{V_r} \tag{1.23}$$

注意，在式（1.23）中忽略了 PWM 的信号传输延迟，忽略了门极驱动电路的延迟（门级驱动电路位于 PWM 和功率开关之间）。这些延迟远远小于开关管的开关周期 T_s。所以，**自然采样 PWM 在小信号动态特性中仅仅表现为一个常数增益，对控制环路的动态特性没有其他任何作用。**

不同于自然采样 PWM，规则采样 PWM 的确在环路里引入等效小信号延迟。第 2 章将进一步论证和说明两者之间的重要差异。

1.3.3　系统环路增益

图 1.9 所示为一个闭环开关变换器的完整的小信号模型框图。图中，$G_c(s)$表示需要设计的补偿器的传递函数。

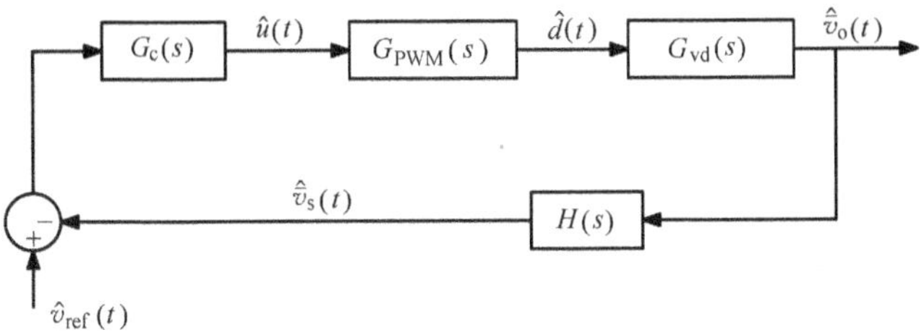

图 1.9　模拟电压模式控制时小信号模型框图

从框图可知，系统环路增益 $T(s)$ 可由反馈环路的开环传递函数得出，如图 1.10 所示，通过计算从$\hat{u}_x$到$\hat{u}_y$ 的传递函数可得

$$\boxed{T(s) \triangleq -\frac{\hat{u}_y(s)}{\hat{u}_x(s)}\Big|_{\hat{v}_{ref}=0} = G_c(s)G_{PWM}(s)G_{vd}(s)H(s)} \tag{1.24}$$

当 $G_c(s)=1$ 时，环路未补偿，未补偿环路 $T_u(s)$ 为

$$\boxed{T_u(s) \triangleq G_{PWM}(s)G_{vd}(s)H(s)} \tag{1.25}$$

由式（1.20）、式（1.23）和式（1.24）可得

$$T_u(s) = \frac{G_{vd0}}{V_r}\frac{1+\dfrac{s}{\omega_{ESR}}}{1+\dfrac{s}{Q\omega_0}+\dfrac{s^2}{\omega_0^2}}H(s) \tag{1.26}$$

式（1.26）是利用频域技术设计补偿器的基础。模拟补偿器的设计使用了传统的连续时间线性系统的控制技术，其主要目的在于确保闭环系统具有足够的稳定裕量和足够的控制带宽。

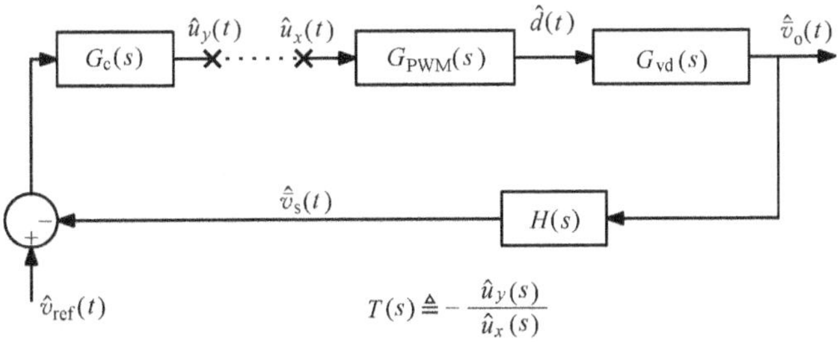

图 1.10　系统环路增益 $T(s)$ 的定义

1.3.4 基本变换器的平均小信号建模

1.3.1 节介绍了求平均和线性化的方法可以应用到任何变换器拓扑，并可求出相应的小信号等效电路。图 1.11 中分别为降压、升压和降压 - 升压变换器的平均小信号等效电路。模型中，$\hat{v}_g(t)$和 $\hat{i}_o(t)$分别是输入电压和输出电流的小信号成分，表示系统的扰动。$\hat{d}$ 表示控制输入的小信号成分。当 $\hat{d}$ 作用于电路后，形成了依赖工作点的电流和电压发生源。通过简单的线性电路分析，便可得出从控制到输出的和从输入到输出的传递函数。更多详细推导见参考文献[1]。参考文献 [124] 讨论了考虑输出电容 ESR 对系统动态特性的影响。

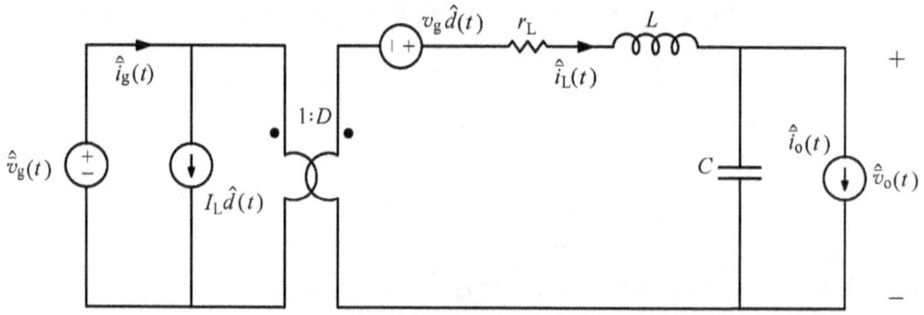

a)

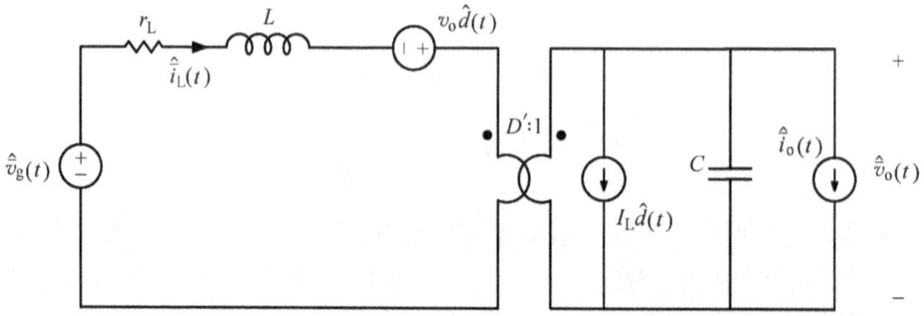

b)

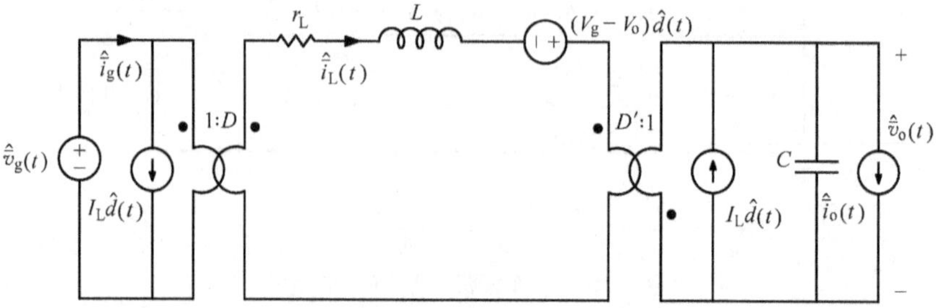

c)

图 1.11 a）降压、b）升压和 c）降压 - 升压变换器的平均小信号模型

注意上述小信号模型是基于变换器的静态工作点（V_g，I_o，D）得出的，使用平均模型方法得到的低频动态特性是准确的，事实上在接近 Nyquist 频率处，这种方法的近似误差也是可以被接受的。然而，第3章要讨论的离散时间小信号模型依赖于变换器特定时间点处的波形。

1.4 状态空间平均法

状态空间平均法[119,120]是1.3.1节介绍的平均小信号建模法的通用数学表达。在这些表达式中，平均模型是以状态空间表达式的形式导出的。

令变换器交替工作在两种子拓扑，工作状态为 S_0 和 S_1，其线性状态空间方程为

$$\begin{aligned}\frac{\mathrm{d}\boldsymbol{x}}{\mathrm{d}t} &= \boldsymbol{A}_c\boldsymbol{x}(t)+\boldsymbol{B}_c v(t)\\ \boldsymbol{y}(t) &= \boldsymbol{C}_c\boldsymbol{x}(t)+\boldsymbol{E}_c v(t)\end{aligned} \tag{1.27}$$

式中，$\boldsymbol{x}$、v、$\boldsymbol{y}$ 分别为状态、输入和输出向量；矩阵 $\boldsymbol{A}_c$、$\boldsymbol{B}_c$、$\boldsymbol{C}_c$ 和 $\boldsymbol{E}_c$ 为变换器每个子拓扑的状态空间模型；$c\in\{0,1\}$ 表示拓扑的工作状态。

通常，利用 PWM 信号 $c(t)$ 和 $c'(t)=1-c(t)$，变换器的状态空间方程可表示为

$$\begin{aligned}\frac{\mathrm{d}\boldsymbol{x}}{\mathrm{d}t} &= c(t)[\boldsymbol{A}_1\boldsymbol{x}(t)+\boldsymbol{B}_1 v(t)]+c'(t)[\boldsymbol{A}_0\boldsymbol{x}(t)+\boldsymbol{B}_0 v(t)]\\ \boldsymbol{y}(t) &= c(t)[\boldsymbol{C}_1\boldsymbol{x}(t)+\boldsymbol{E}_1 v(t)]+c'(t)[\boldsymbol{C}_0\boldsymbol{x}(t)+\boldsymbol{E}_0 v(t)]\end{aligned} \tag{1.28}$$

对上述方程运用滑动平均算子$\langle\cdot\rangle_{T_s}$，基于小信号纹波或线性纹波近似，可得平均大信号状态空间模型

$$\begin{aligned}\frac{\mathrm{d}\bar{\boldsymbol{x}}}{\mathrm{d}t} &= [\mathrm{d}(t)\boldsymbol{A}_1+d'(t)\boldsymbol{A}_0]\bar{\boldsymbol{x}}(t)+[\mathrm{d}(t)\boldsymbol{B}_1+d'(t)\boldsymbol{B}_0]\bar{\boldsymbol{v}}(t)\\ \bar{\boldsymbol{y}}(t) &= [\mathrm{d}(t)\boldsymbol{C}_1+d'(t)\boldsymbol{C}_0]\bar{\boldsymbol{x}}(t)+[\mathrm{d}(t)\boldsymbol{E}_1+d'(t)\boldsymbol{E}_0]\bar{\boldsymbol{y}}(t)\end{aligned} \tag{1.29}$$

正如预期，滑动平均算子将非线性时变系统平滑为时不变非线性系统，并用一组时不变非线性状态方程来表示该系统。基于这组方程，可以首先估算变换器的静态工作点，然后使用扰动和线性化的步骤获得系统的小信号模型。

1.4.1 变换器的静态工作点

令输入 $d=D$，$\bar{\boldsymbol{y}}(t)=\boldsymbol{V}$，状态向量 $\bar{\boldsymbol{x}}(t)=\boldsymbol{X}$，输出向量 $\bar{\boldsymbol{y}}(t)=\boldsymbol{Y}$，有

$$\begin{aligned}0 &= [D\boldsymbol{A}_1+D'\boldsymbol{A}_0]\boldsymbol{X}+[D\boldsymbol{B}_1+D'\boldsymbol{B}_0]\boldsymbol{V}\\ \boldsymbol{Y} &= [D\boldsymbol{C}_1+D'\boldsymbol{C}_0]\boldsymbol{X}+[D\boldsymbol{E}_1+D'\boldsymbol{E}_0]\boldsymbol{V}\end{aligned} \tag{1.30}$$

第一个方程描述的是电感伏秒平衡和电容电荷平衡。假设 $\bar{i}_L(t)$和 $\bar{v}_C(t)$是常数，但是幅值未知，可根据第一个方程求得状态变量，以及输出向量的值。

定义

$$\begin{aligned}\boldsymbol{A} &\triangleq D\boldsymbol{A}_1 + D'\boldsymbol{A}_0\\ \boldsymbol{B} &\triangleq D\boldsymbol{B}_1 + D'\boldsymbol{B}_0\\ \boldsymbol{C} &\triangleq D\boldsymbol{C}_1 + D'\boldsymbol{C}_0\\ \boldsymbol{E} &\triangleq D\boldsymbol{E}_1 + D'\boldsymbol{E}_0\end{aligned} \tag{1.31}$$

可得状态方程的稳态解和输出解为

$$\begin{aligned}\boldsymbol{X} &= -\boldsymbol{A}^{-1}\boldsymbol{B}\boldsymbol{V}\\ \boldsymbol{Y} &= [-\boldsymbol{C}\boldsymbol{A}^{-1}\boldsymbol{B} + \boldsymbol{E}]\boldsymbol{V}\end{aligned} \tag{1.32}$$

1.4.2 平均小信号状态方程模型

对式（1.29）即变换器静态工作点$(\boldsymbol{V}, D)$附近做线性化处理。相关变量均以稳态值和小信号交流分量的形式表示

$$\begin{aligned}\hat{\bar{\boldsymbol{x}}}(t) &\triangleq \bar{\boldsymbol{x}}(t) - \boldsymbol{X}\\ \hat{d}(t) &\triangleq d(t) - D\\ \hat{\bar{\boldsymbol{v}}}(t) &\triangleq \bar{\boldsymbol{v}}(t) - \boldsymbol{V}\end{aligned} \tag{1.33}$$

变换器的状态空间平均小信号模型为

$$\boxed{\begin{aligned}\frac{\mathrm{d}\,\hat{\bar{\boldsymbol{x}}}}{\mathrm{d}t} &= \boldsymbol{A}\,\hat{\bar{\boldsymbol{x}}}(t) + \boldsymbol{F}\,\hat{d}(t) + \boldsymbol{B}\hat{\bar{\boldsymbol{v}}}(t)\\ \hat{\bar{\boldsymbol{y}}}(t) &= \boldsymbol{C}\,\hat{\bar{\boldsymbol{x}}}(t) + \boldsymbol{G}\,\hat{d}(t) + \boldsymbol{E}\hat{\bar{\boldsymbol{v}}}(t)\end{aligned}} \tag{1.34}$$

其中

$$\boxed{\begin{aligned}\boldsymbol{F} &\triangleq (\boldsymbol{A}_1\boldsymbol{X} + \boldsymbol{B}_1\boldsymbol{V}) - (\boldsymbol{A}_0\boldsymbol{X} + \boldsymbol{B}_0\boldsymbol{V})\\ \boldsymbol{G} &\triangleq (\boldsymbol{C}_1\boldsymbol{X} + \boldsymbol{E}_1\boldsymbol{V}) - (\boldsymbol{C}_0\boldsymbol{X} + \boldsymbol{E}_0\boldsymbol{V})\end{aligned}} \tag{1.35}$$

假设初始状态 $\hat{\bar{\boldsymbol{x}}}(0)=0$，对式（1.34）进行拉普拉斯变换可得系统的强迫响应为

$$\begin{aligned}s\,\hat{\bar{\boldsymbol{x}}}(s) &= \boldsymbol{A}\,\hat{\bar{\boldsymbol{x}}}(s) + \boldsymbol{F}\,\hat{d}(s) + \boldsymbol{B}\,\hat{\bar{\boldsymbol{v}}}(s)\\ \hat{\bar{\boldsymbol{y}}}(s) &= \boldsymbol{C}\,\hat{\bar{\boldsymbol{x}}}(s) + \boldsymbol{G}\,\hat{d}(s) + \boldsymbol{E}\,\hat{\bar{\boldsymbol{v}}}(s)\\ \Rightarrow \hat{\bar{\boldsymbol{y}}}(s) &= (\boldsymbol{C}(s\boldsymbol{I}-\boldsymbol{A})^{-1}\boldsymbol{F} + \boldsymbol{G})\hat{d}(s) + (\boldsymbol{C}(s\boldsymbol{I}-\boldsymbol{A})^{-1}\boldsymbol{B} + \boldsymbol{E})\hat{\bar{\boldsymbol{v}}}(s)\end{aligned} \tag{1.36}$$

根据以上方程可导出设计控制回路所需的传递函数矩阵。例如，从控制到输出的传递函数矩阵

$$\boxed{\boldsymbol{W}(s) \triangleq \left.\frac{\hat{\bar{\boldsymbol{y}}}(s)}{\hat{d}(s)}\right|_{\hat{\bar{\boldsymbol{v}}}=0} = \boldsymbol{C}\,(s\boldsymbol{I}-\boldsymbol{A})^{-1}\boldsymbol{F} + \boldsymbol{G}} \tag{1.37}$$

从输入到输出的传递函数矩阵为

$$\boxed{\boldsymbol{W}(s)\triangleq\left.\frac{\hat{\boldsymbol{y}}(s)}{\hat{\boldsymbol{v}}(s)}\right|_{\hat{d}=0}=\boldsymbol{C}(s\boldsymbol{I}-\boldsymbol{A})^{-1}\boldsymbol{B}+\boldsymbol{E}} \tag{1.38}$$

1.4.3　升压变换器举例

本节将推导如图1.3所示的非理想升压变换器的状态空间平均小信号模型。

开关处在位置1时，可得电感回路方程为

$$\frac{\mathrm{d}i_\mathrm{L}}{\mathrm{d}t}=\frac{v_\mathrm{g}(t)-r_\mathrm{L}i_\mathrm{L}(t)}{L} \tag{1.39}$$

电容回路方程

$$\frac{\mathrm{d}v_\mathrm{C}}{\mathrm{d}t}=\frac{\mathrm{d}v_\mathrm{o}}{\mathrm{d}t}=-\frac{v_\mathrm{C}(t)}{R_\mathrm{o}C} \tag{1.40}$$

注意，本例中假设输出电容ESR为零，则输出电压 $v_\mathrm{o}(t)=v_\mathrm{C}(t)$。

定义状态向量 $\boldsymbol{x}\triangleq[i_\mathrm{L}\quad v_\mathrm{C}]^\mathrm{T}=[i_\mathrm{L}\quad v_\mathrm{o}]^\mathrm{T}$，则子拓扑1时的状态方程为

$$\frac{\mathrm{d}\boldsymbol{x}}{\mathrm{d}t}=\underbrace{\begin{bmatrix}-\frac{r_\mathrm{L}}{L} & 0\\ 0 & -\frac{1}{R_\mathrm{o}C}\end{bmatrix}}_{A_1}\boldsymbol{x}(t)+\underbrace{\begin{bmatrix}\frac{1}{L}\\ 0\end{bmatrix}}_{B_1}v_\mathrm{g}(t) \tag{1.41}$$

另一方面，当开关处在位置0时，有

$$\frac{\mathrm{d}i_\mathrm{L}}{\mathrm{d}t}=\frac{v_\mathrm{g}(t)-r_\mathrm{L}i_\mathrm{L}(t)-v_\mathrm{o}(t)}{L} \tag{1.42}$$

和

$$\frac{\mathrm{d}v_\mathrm{o}}{\mathrm{d}t}=\frac{i_\mathrm{L}(t)}{C}-\frac{v_\mathrm{o}(t)}{R_\mathrm{o}C} \tag{1.43}$$

子拓扑0时的状态方程为

$$\frac{\mathrm{d}\boldsymbol{x}}{\mathrm{d}t}=\underbrace{\begin{bmatrix}-\frac{r_\mathrm{L}}{L} & -\frac{1}{L}\\ \frac{1}{C} & -\frac{1}{R_\mathrm{o}C}\end{bmatrix}}_{A_0}\boldsymbol{x}(t)+\underbrace{\begin{bmatrix}\frac{1}{L}\\ 0\end{bmatrix}}_{\boldsymbol{B}_0}v_\mathrm{g}(t) \tag{1.44}$$

定义系统的输出等于状态向量，即 $\boldsymbol{y}(t)=\boldsymbol{x}(t)$，因此，$\boldsymbol{C}_1=\boldsymbol{C}_0=\boldsymbol{I}$，$\boldsymbol{E}_1=\boldsymbol{E}_0=0$。计算出平均模型中的矩阵 $\boldsymbol{A}$、$\boldsymbol{B}$、$\boldsymbol{C}$ 为

$$\boldsymbol{A}\triangleq D\boldsymbol{A}_1+D'\boldsymbol{A}_0=\begin{bmatrix}-\frac{r_\mathrm{L}}{L} & -\frac{D'}{L}\\ \frac{D'}{C} & -\frac{1}{R_\mathrm{o}C}\end{bmatrix}$$

$$\boldsymbol{B}\triangleq D\boldsymbol{B}_1+D'\boldsymbol{B}_0=\begin{bmatrix}\frac{1}{L}\\ 0\end{bmatrix} \tag{1.45}$$

$$\boldsymbol{C} \triangleq D\boldsymbol{C}_1 + D'\boldsymbol{C}_0 = \begin{bmatrix} 1 & 0 \\ 0 & 1 \end{bmatrix}$$

根据式（1.32），可得变换器静态工作点

$$\boldsymbol{X} = \begin{bmatrix} I_L \\ V_o \end{bmatrix} = \begin{bmatrix} \dfrac{1}{r_L + D'^2 R_o} \\ \dfrac{1}{D'} \dfrac{1}{1 + \dfrac{r_L}{D'^2 R_o}} \end{bmatrix} V_g \tag{1.46}$$

和预期一样，该结果与式（1.12）相同。

对于小信号模型，当 $\boldsymbol{B}_1 = \boldsymbol{B}_0$ 时，计算矩阵 $\boldsymbol{F}$ 得

$$\boldsymbol{F} = (\boldsymbol{A}_1 - \boldsymbol{A}_0)\boldsymbol{X} = \begin{bmatrix} \dfrac{V_o}{L} \\ -\dfrac{I_L}{C} \end{bmatrix} \tag{1.47}$$

当 $\boldsymbol{C}_1 = \boldsymbol{C}_0$ 时，$\boldsymbol{G} = 0$，控制传递矩阵为

$$\boldsymbol{W}(s) = \boldsymbol{C}(s\boldsymbol{I} - \boldsymbol{A})^{-1}\boldsymbol{F} + \boldsymbol{G} = \begin{bmatrix} G_{id}(s) \triangleq \dfrac{\hat{i}_L(s)}{\hat{d}(s)} \\ G_{vd}(s) \triangleq \dfrac{\hat{v}_o(s)}{\hat{d}(s)} \end{bmatrix}$$

$$= \begin{bmatrix} \dfrac{2V_o}{r_L + D'^2 R_o} \dfrac{1 + s\dfrac{R_o C}{2}}{\Delta(s)} \\ \dfrac{V_o}{D'} \dfrac{1 - \dfrac{r_L}{D'^2 R_o}}{1 + \dfrac{r_L}{D'^2 R_o}} \dfrac{1 - s\dfrac{L}{D'^2 R_o - r_L}}{\Delta(s)} \end{bmatrix} \tag{1.48}$$

其中

$$\Delta(s) \triangleq 1 + s\frac{r_L}{D'^2 R_o}\left(\frac{R_o C + \dfrac{L}{r_L}}{1 + \dfrac{r_L}{D'^2 R_o}}\right) + s^2 \frac{LC}{D'^2} \frac{1}{1 + \dfrac{r_L}{D'^2 R_o}} \tag{1.49}$$

1.5 设计实例

本节基于 1.3.1 节和 1.4 节获得的变换器小信号模型以及标准频域补偿器设计

技术，介绍了模拟控制设计的实例。

1.5.1 电压模式控制的同步降压变换器

图 1.12 所示为图 1.6 的系统在电压模式下，模拟控制器的设计应用实例。控制系统为一个模拟集成电路，包含误差放大器和模拟 PWM。控制补偿器由误差放大器及其外围无源补偿网络组成。

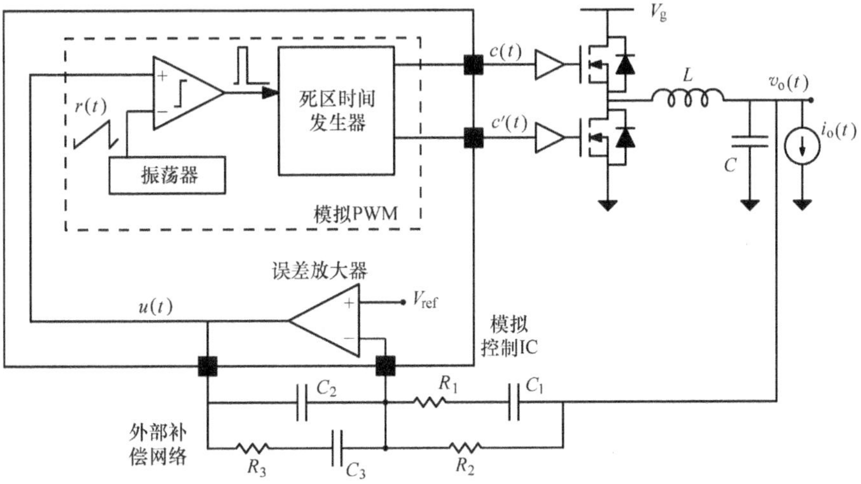

图 1.12 同步降压变换器实例：模拟电压模式控制示意图

表 1.2 列出了该设计的设计指标和功率级参数。如表 1.2 所示，功率级非理想参数包括一个非零电感串联电阻 r_L 和非零电容 ESR r_C。

表 1.2 同步降压变换器的参数

参数	值
输出电压 V_g	5V
输出电压 V_o	1.8V
负载电流 $I_{o,max}$	5A
开关频率 f_s	1MHz
滤波电感 L	1μH
电感等效电阻 r_L	30mΩ
滤波电容 C	200μF
电容等效串联电阻 r_C	0.8mΩ
PWM 载波幅值 V_r	1V
电压采样增益 H	1V/V

1.3 节里介绍了系统的小信号模型，式（1.26）为未补偿环路增益的表达式。图 1.13 为 $T_u(s)$ 的幅值和相位伯德图，其直流增益为

$$T_{u0} \triangleq T_u(s=0) = \frac{G_{vd0}}{V_r}H = \frac{V_g}{V_r} = 5 \Rightarrow 14\text{dB} \tag{1.50}$$

系统谐振频率为

$$\omega_0 = \frac{1}{\sqrt{LC}} \approx 2\pi \cdot (11\text{kHz}) \tag{1.51}$$

由 r_C 决定的零点为

$$\omega_{ESR} = \frac{1}{r_C C} \approx 2\pi \cdot (1\text{MHz}) \tag{1.52}$$

根据设计指标，穿越频率应设置在 $f_c = 100\text{kHz}$，即 1/10 的变换器的开关频率，目标相位裕度设置为 $\varphi_m = 55°$。在 $f = f_c$ 处，未补偿时环路增益的相位约为 $-171°$，需要超前补偿器在 f_c 附近提升 $\theta = 46°$的相位裕度。通过增加一对零极点来实现该补偿器

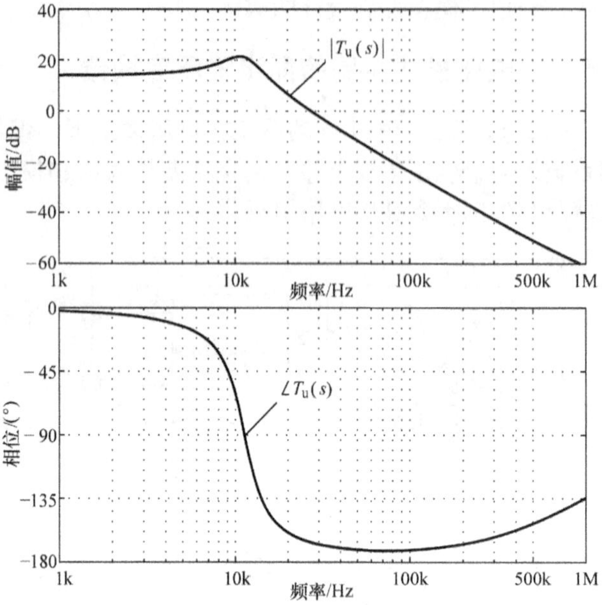

图 1.13　同步降压变换器实例：未补偿的环路增益 $T_u(s)$ 的伯德图

$$G_{PD}(s) \triangleq G_{PD0}\frac{1+\dfrac{s}{\omega_z}}{1+\dfrac{s}{\omega_p}} \tag{1.53}$$

下标 PD 表示“比例微分”，这是普遍使用的超前补偿器。

零极点产生的最大相位增量出现在

$$\omega_{max} = \sqrt{\omega_z \omega_p} \tag{1.54}$$

相位增益为

$$\angle G_{PD}(j\omega_{max}) = \arctan\left(\sqrt{\frac{\omega_p}{\omega_z}}\right) - \arctan\left(\sqrt{\frac{\omega_z}{\omega_p}}\right) = \frac{\pi}{2} - 2\arctan\left(\sqrt{\frac{\omega_z}{\omega_p}}\right) \tag{1.55}$$

由于补偿器所提供的相位超前的相位值应为 $\theta = 46°$，根据 $\omega_c = \omega_{max} = \sqrt{\omega_z \omega_p}$ 可得 ω_z 和 ω_p 的值为

$$\begin{aligned} \omega_z &= \omega_c\sqrt{\frac{1-\sin\theta}{1+\sin\theta}} = 2\pi \cdot (40\text{kHz}) \\ \omega_p &= \omega_c\sqrt{\frac{1+\sin\theta}{1-\sin\theta}} = 2\pi \cdot (250\text{kHz}) \end{aligned} \tag{1.56}$$

在目标穿越频率 f_c 处，整个环路增益为 1，可得直流环路增益 G_{PD0} 为

$$|T(\mathrm{j}\omega_c)| = |T_u(\mathrm{j}\omega_c)| G_{PD0}\sqrt{\frac{1+\left(\frac{\omega_c}{\omega_z}\right)^2}{1+\left(\frac{\omega_c}{\omega_p}\right)^2}} = 1 \tag{1.57}$$

解得

$$G_{PD0} = \frac{1}{|T_u(\mathrm{j}\omega_c)|}\sqrt{\frac{1+\left(\frac{\omega_c}{\omega_p}\right)^2}{1+\left(\frac{\omega_c}{\omega_z}\right)^2}} \approx 6.2 \Rightarrow 15.8\mathrm{dB} \tag{1.58}$$

超前补偿器的幅值和相位伯德图如图1.14所示。

最后，添加一个积分环节。即在直流处增加一个补偿极点来消除稳态调节误差。通常的做法是通过提高低频环路增益来提高调节性能。通常由一个滞后环节实现：

$$G_{PI}(s) \triangleq G_{PI\infty}\left(1+\frac{\omega_l}{s}\right) \tag{1.59}$$

该补偿方式被称为比例积分（PI）补偿。

通常，PI项不应该对系统穿越频率和相位增益造成较大的影响。因此，PI项的高频增益$G_{PI\infty}$应该为1，转折频率ω_l应满足$\omega_l \ll \omega_c$，通常选择$\omega_l < \omega_c/10 = 2\pi \cdot (10\mathrm{kHz})$。在本设计实例中，选择

$$\omega_l = 2\pi \cdot (8\mathrm{kHz}) \tag{1.60}$$

完整的比例－积分－微分（PID）补偿器的传递函数为

$$G_{PID}(s) = \underbrace{\left(1+\frac{\omega_l}{s}\right)}_{PI} \cdot \underbrace{G_{PD0}\frac{1+\frac{s}{\omega_z}}{1+\frac{s}{\omega_p}}}_{PD} \tag{1.61}$$

式中，所有转折频率和增益都已经给定。图1.15所示为PID补偿器传递函数的伯德图。

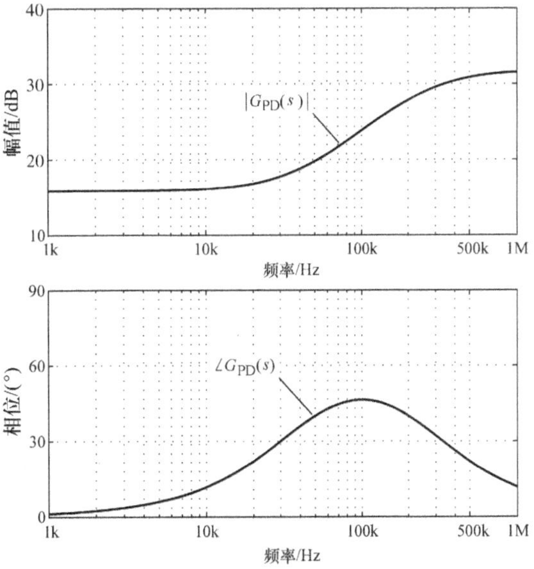

图1.14　同步降压变换器实例：
超前（PD）补偿器传递函数的伯德图

回到图1.12所描述的外部补偿网络，假设$C_3 \gg C_2$，相应的传递函数为

$$G_c(s) \triangleq -\frac{\hat{u}(s)}{\hat{\hat{v}}_o(s)} = \underbrace{\left(1+\frac{1}{sR_3C_3}\right)}_{\text{PI}} \cdot \underbrace{\frac{R_3}{R_2}\frac{1+s(R_1+R_2)C_1}{1+sR_1C_1}}_{\text{PD}} \cdot \underbrace{\frac{1}{1+sR_3C_2}}_{\text{高频极点}} \quad (1.62)$$

下标的大括号标注了不同的补偿部分。根据式（1.61）和式（1.62）进行补偿网络的电路设计。注意式（1.62）额外增加了一个高频极点

$$\omega_{p_2} \triangleq \frac{1}{R_3C_2} \quad (1.63)$$

该极点通常用于衰减补偿器的高频增益，以抑制由反馈环路引入的开关谐波对系统产生不良影响。通常 ω_{p_2} 为

$$\omega_{p_2} = 10\omega_c = 2\pi \cdot (1\text{MHz}) \quad (1.64)$$

以确保增加的极点对相位裕度不会产生较大的影响。图1.16对 $G_{PD}(s)$、$G_{PID}(s)$ 和 $G_c(s)$ 进行了比较。图1.17所示为环路增益的幅值和相位响应。补偿器传递函数中的低频PI调节和高频极点共同导致了相位裕度减小约10°。这种相位裕度的损失可通过提高式（1.55）处设定的相位来解决。

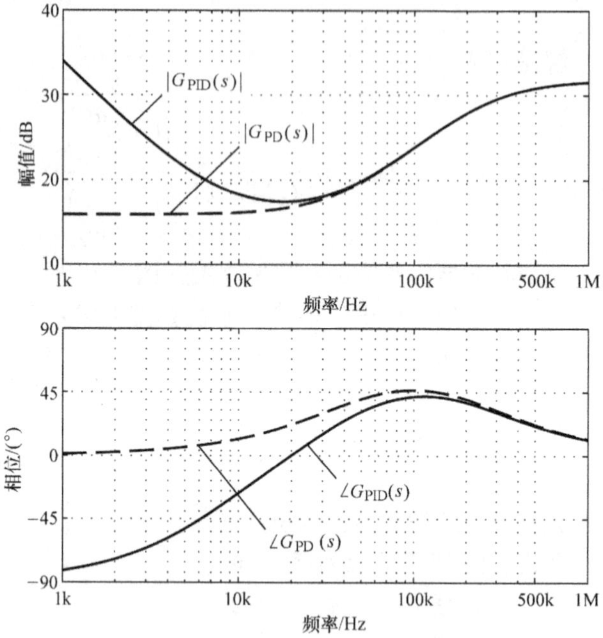

图1.15　同步降压变换器实例：超前（PD）和PID补偿器传递函数的伯德图

通过计算机仿真验证上述补偿器的设计并对其进行修正。最终给出电压控制模式降压变换器的Matlab仿真模型。图1.18所示为采用Middlebrook的方法获得 $T(s)$[1,78]并且验证设计中采用的平均小信号模型[1]。小信号正弦扰动 $u_{pert}(t)$ 以频率 ω_{pert} 作用于闭环系统。经过一系列振荡周期后，得到 $u_x(t)$ 和 $u_y(t)$。经过FFT处理后可得其在 ω_{pert} 时对应的傅里叶分量为 $u_x(\omega_{pert})$ 和 $u_y(\omega_{pert})$。如此重复许多个扰动频率，可得仿真环路增益 $T_{sim}(j\omega_{pert})$：

$$T_{sim}(j\omega_{pert}) = -\frac{u_y(\omega_{pert})}{u_x(\omega_{pert})} \quad (1.65)$$

将仿真得到的离散点叠加在理论环路增益伯德图上，如图1.17所示。

图1.19仿真结果为参考电压从1.79V到1.8V再回到1.79V的一个闭环系统的阶跃响应。图1.20描述的是负载电流从2.5A到5A再回到2.5A的阶跃响应。基于给定的穿越频率和相位裕度，闭环瞬态响应的仿真结果很好吻合了预期结果。

衡量负载的阶跃响应一个重要的指标是闭环输出阻抗 $Z_{o,cl}(s)$。控制环路的小信号输出阻抗表达式为

$$Z_{o,cl}(s) \triangleq -\left.\frac{\hat{v}_o(s)}{\hat{i}_o(s)}\right|_{\hat{v}_{ref}=0,\hat{v}_g=0} \tag{1.66}$$

闭环输出阻抗 $Z_{o,cl}(s)$ 可以用变换器的开环输出阻抗 $Z_o(s)$ 和系统的环路增益来表示[1]：

$$Z_{o,cl}(s) = \frac{Z_o(s)}{1+T(s)} \tag{1.67}$$

其中

$$Z_o(s) \triangleq -\left.\frac{\hat{v}_o(s)}{\hat{i}_o(s)}\right|_{\hat{u}=0,\hat{v}_g=0} \tag{1.68}$$

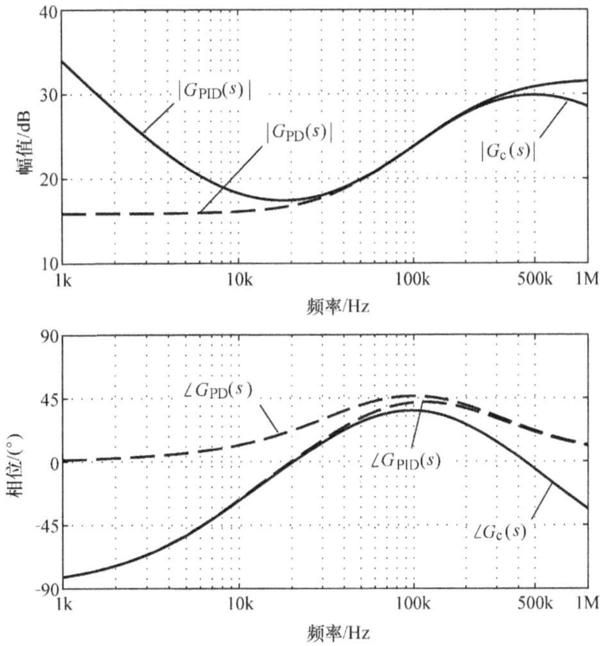

图 1.16　同步降压变换器实例：超前（PD）、PID 以及整个补偿器传递函数的伯德图

通过降压变换器的平均小型号等效模型（见图 1.11）很容易得到开环输出阻抗电压模式控制环路的 $Z_{o,cl}(s)$

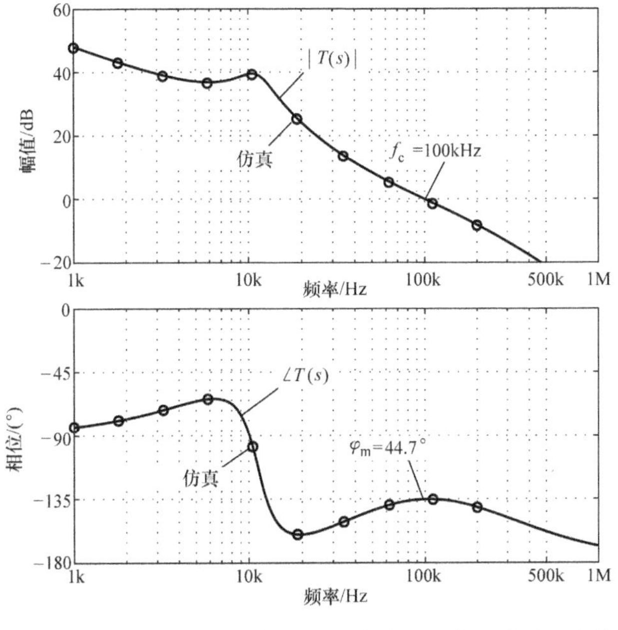

图 1.17　同步降压变换器实例：理论和仿真的系统环路增益的伯德图

$$Z_o(s) = r_L \frac{(1+sr_C C)\left(1+s\frac{L}{r_L}\right)}{1+s(r_C+r_L)C+s^2LC} \tag{1.69}$$

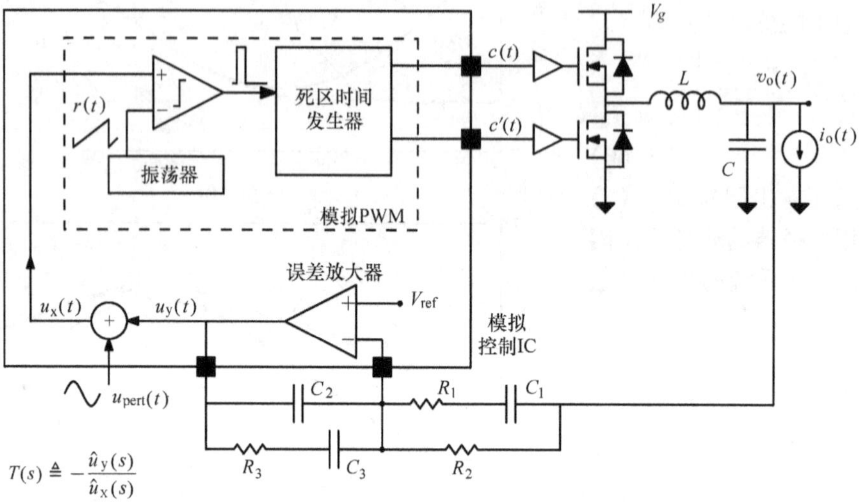

图 1.18　同步降压变换器实例：系统环路增益 $T(s)$ 的仿真

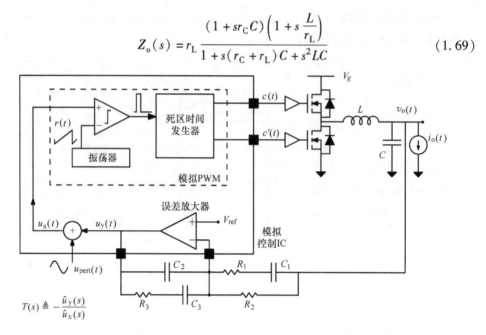

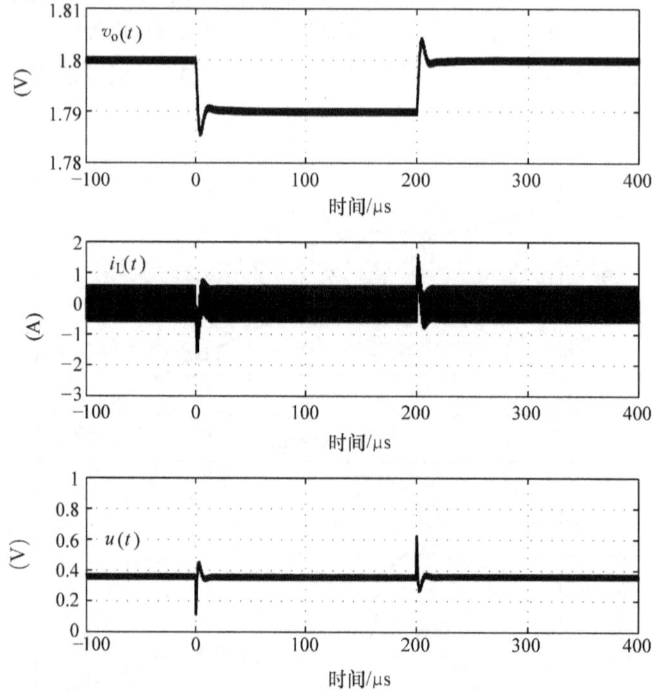

图 1.19　同步降压变换器实例：1.79V↔1.8V 参考信号的阶跃响应

和 $Z_o(s)$ 伯德图如图 1.21 所示。控制带宽内，因为环路增益很大，所以输出阻抗

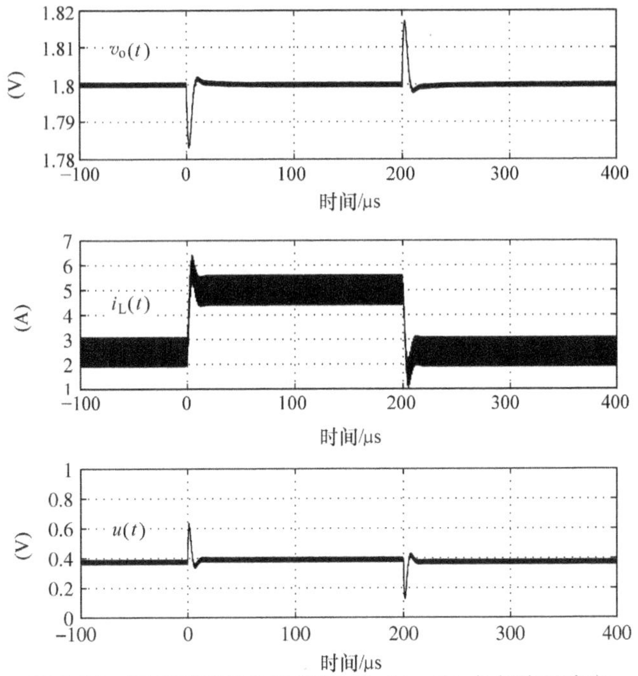

图1.20　同步降压变换器实例：2.5A↔5A 负载阶跃响应

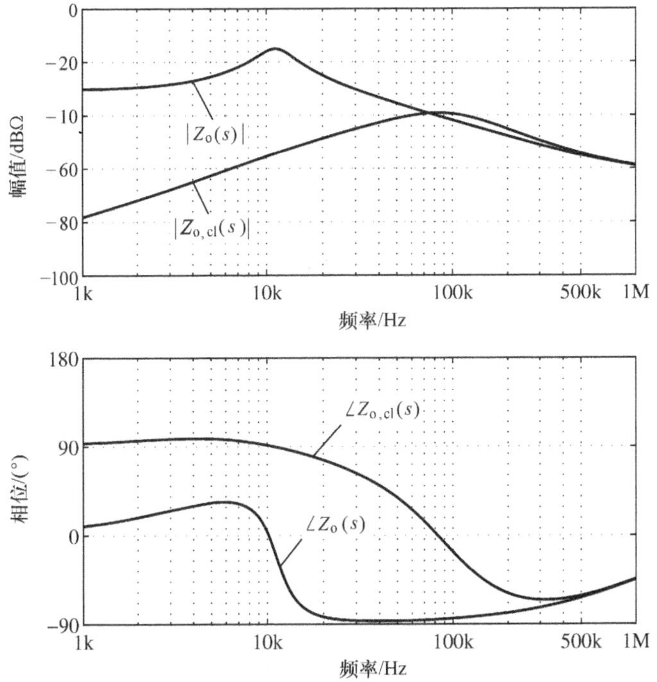

图1.21　同步整流降压变换器实例：开环和闭环输出阻抗伯德图

大大减小。在高频段，环路增益很小，$Z_{o,cl}(s)$和$Z_o(s)$近似相等。

1.5.2 平均电流模式控制的升压变换器

第二个例子采用平均电流模式控制的升压变换器，如图 1.22 所示。变换器的参数如表 1.3 所示。

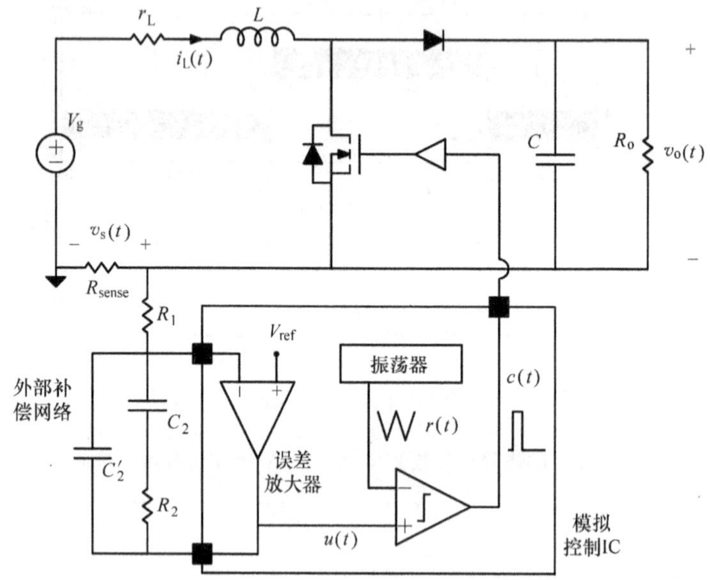

图 1.22 平均电流模式控制的升压变换器

表 1.3 升压变换器的参数

参数	值
输入电压 V_g	120V
输出电压 V_o	380V
功率等级 P_o	500W
开关频率 f_s	100kHz
滤波电感 L	500μH
电感串联电阻 r_L	20mΩ
滤波电容 C	200μF
PWM 载波幅值 V_r	1V
电流采样电阻 R_{sense}	0.1Ω

升压变换器工作时直流输入电压 V_g 为 120V，输出功率为 500W，负载为电阻 R_o。最大功率时，输出电压等于 380V，所以

$$P_o = \frac{V_o^{\ 2}}{R_o} = \frac{(380\text{V})^2}{R_o} = 500\text{W} \Rightarrow R_o \approx 289\Omega \tag{1.70}$$

升压电感电流 $i_L(t)$通过 0.1Ω 的采样电阻 R_{sense}变为电压信号 $v_s(t)$，该电压信号和控制参考信号 V_{ref}相比，产生的误差信号送给模拟补偿器（模拟补偿器是以

运算放大器为基础的电路)。对称的三角波 PWM 和误差放大器的输出电压 $u(t)$ 相比较产生逻辑门控驱动信号 $c(t)$。

在最大功率输出时，忽略寄生参数，稳态时占空比为

$$M(D)=\frac{V_o}{V_g}=\frac{380\text{V}}{120\text{V}}=\frac{1}{1-D}\Rightarrow D\approx 0.68 \tag{1.71}$$

1.4.3 节推导了升压变换器的平均小信号模型，因为增加了额外的采样电阻 R_{sense}，所以升压变换器的平均小信号模型中应该使用 r_L+R_{sense} 代替原有的 r_L。

$$r_L \rightarrow r_L+R_{sense} \tag{1.72}$$

由式（1.48）可知，从控制到电感电流的小信号传递函数 $G_{id}(s)$ 为

$$G_{id}(s)=G_{id0}\frac{1+\dfrac{s}{\omega_z}}{1+\dfrac{s}{\omega_0 Q}+\dfrac{s^2}{\omega_0{}^2}} \tag{1.73}$$

式中

$$\begin{aligned}G_{id0}&=26.3\text{A}\Rightarrow 28.4\text{dB}\\ \omega_z&=2\pi\cdot(5\text{Hz})\\ \omega_0&=2\pi\cdot(152\text{Hz})\\ Q&=3.7\end{aligned} \tag{1.74}$$

未补偿的电流环增益正比于 $G_{id}(s)$，且表达式等于

$$T_u(s)=\frac{R_{sense}}{V_r}G_{id}(s) \tag{1.75}$$

$G_{id}(s)$的伯德图如图 1.23 所示。由于 LHP 零点 $s=-\omega_z$ 的存在，高于谐振频率处传递函数保持了 −20dB/dec 的衰减速率，这样使用简单的 PI 补偿器就可设计出高带宽控制：

$$G_{PI}(s)=G_{PI\infty}\left(1+\frac{\omega_{PI}}{s}\right) \tag{1.76}$$

在之前讨论的电压模式控制的降压变换器中，补偿器中包含一个高频极点滤出采样信号中的谐波分量。同样也不例外，本设计中仍需设置高频极点，且转折频率为开关频率的一半，50kHz，这样补偿器的传递函数表达式为

$$G_c(s)=\underbrace{G_{PI\infty}\left(1+\frac{\omega_{PI}}{s}\right)}_{\text{PI}}\cdot\underbrace{\frac{1}{1+\dfrac{s}{\omega_{HF}}}}_{\text{高频极点}} \tag{1.77}$$

$$\omega_{HF}=2\pi\cdot(50\text{kHz}) \tag{1.78}$$

传递函数的目的之一为：设计穿越频率为 $\omega_c=2\pi\cdot(10\text{kHz})$，且相位裕度 φ_m 为 50°。高频极点位于 50kHz 处，这样对于期望的控制环路会产生相位滞后：

$$\arctan\left(\frac{10\text{kHz}}{50\text{kHz}}\right) \approx 11° \tag{1.79}$$

因此，PI 补偿器在穿越频率处的相位裕度应该为 $\varphi_m' = 50° + 11°$。一旦计算出未补偿时系统在穿越频率处的幅值和相位，很容易计算出 PI 的系数 $G_{PI\infty}$ 和 ω_{PI}。未补偿时系统在穿越频率处的幅值和相位为

$$|T_u(j\omega_c)| \approx 1.2 \Rightarrow 1.6\text{dB}$$
$$\angle T_u(j\omega_c) \approx -90° \tag{1.80}$$

此外可以通过高频近似 $G_{id}(s)$，快速地估算 $T_u(s)$。根据式（1.48），很容易得知，当 $\omega \gg \omega_0$ 时，有

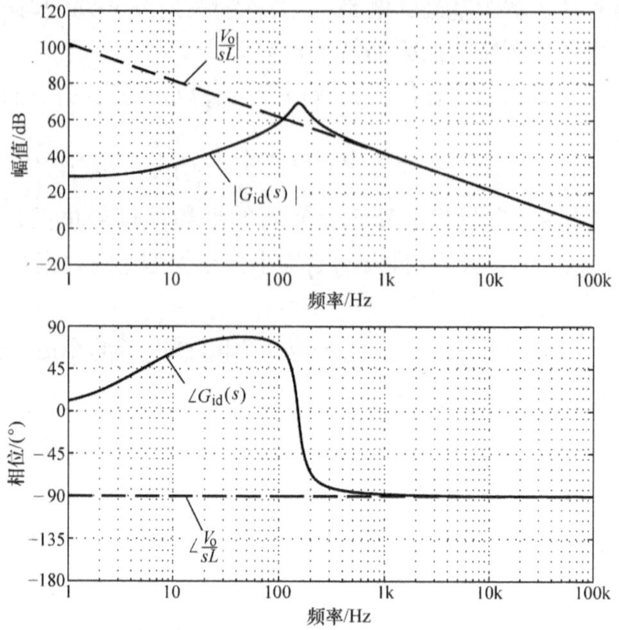

图 1.23　升压变换器实例：从控制到电感电流的传递函数伯德图

$$G_{id}(s) \approx \frac{V_o}{sL} \ (\omega >> \omega_0) \tag{1.81}$$

电感电流的动态特性在控制环路附近近似为一个理想的积分环节，如图 1.23 所示。可以得出：根据式（1.81）可以精确地估算出式（1.80）。

根据需要的相位裕度，推导 ω_{PI}：

$$-\frac{\pi}{2} + \arctan\left(\frac{\omega_c}{\omega_{PI}}\right) + \angle T_u(j\omega_c) = -\pi + \varphi_m' \tag{1.82}$$

$G_{PI\infty}$ 的值可以根据穿越频率 ω_c 处环路增益为 1 得到：

$$G_{PI\infty}\sqrt{1 + \left(\frac{\omega_c}{\omega_{PI}}\right)^2}\,|T_u(j\omega_c)| = 1 \tag{1.83}$$

求解上面两个方程，可得

$$G_{PI\infty} = 0.73 \Rightarrow -2.7\text{dB}$$
$$\omega_{PI} = 2\pi \cdot (5.5\text{kHz}) \tag{1.84}$$

图 1.24 为补偿器传递函数的伯德图，补偿前和补偿后的电流环路增益 $T_u(s)$ 和 $T(s)$ 如图 1.25 所示。图 1.26 为电流参考阶跃变化时系统的闭环响应仿真结果，输入功率从 500W 下降到了 250W。

在补偿器的传递函数确定后，下一步进入电路级设计，计算如图 1.22 所示的运放外围补偿网络的参数（R_1，R_2，C_2，C_2'）。因为误差放大器的增益带宽积有

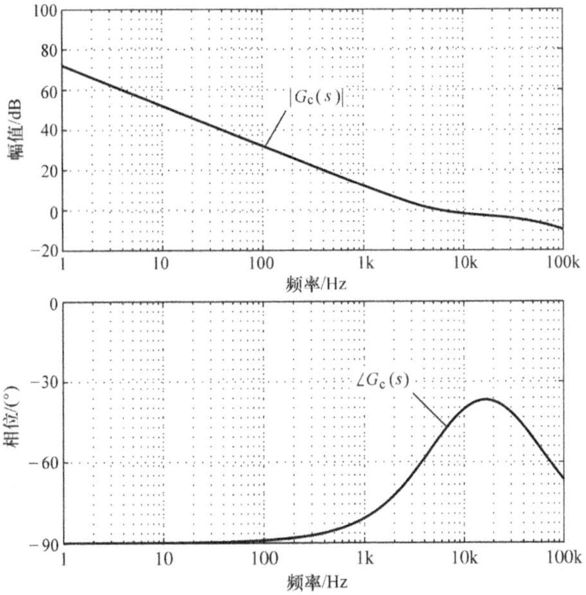

图 1.24　升压变换器实例：补偿器传递函数的伯德图

限，所以补偿器的传递函数为

$$G_c(s) \triangleq -\frac{\hat{u}(s)}{\hat{v}_o(s)} = \underbrace{\frac{R_2}{R_1}\left(1+\frac{1}{sR_2C_2}\right)}_{\text{PI}} \cdot \underbrace{\frac{1}{1+sR_2C'_2}}_{\text{高频极点}} \quad (C_2 \gg C'_2) \tag{1.85}$$

根据式（1.85）和式（1.77）可以计算出补偿网络的参数值。

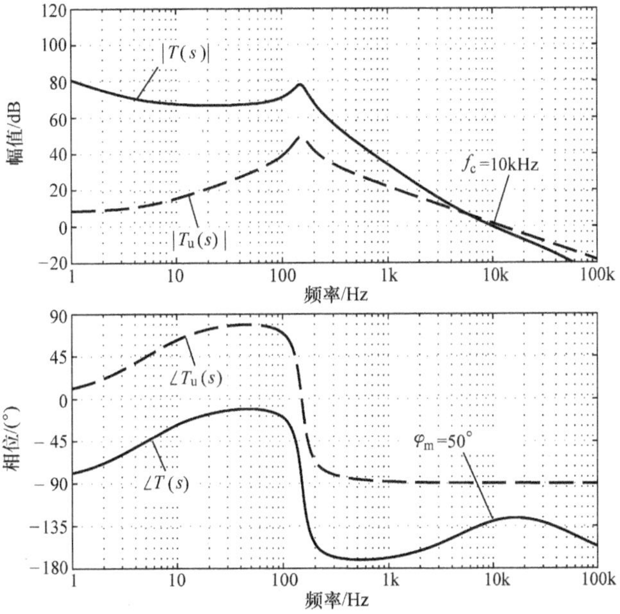

图 1.25　升压变换器实例：补偿前 $T_u(s)$ 和补偿后 $T(s)$ 电流环路增益传递函数的伯德图

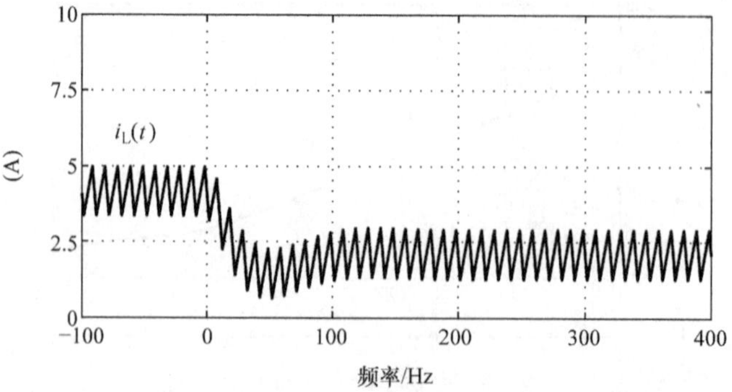

图 1.26 升压变换器实例：500W→250W 参考信号阶跃响应

1.6 占空比 $d[k]$ 和 $d(t)$

在前面的讨论中，逐个周期变化的占空比 $d[k]$ 为一个离散信号。而作为平均模型中变换器的控制输入信号 $d(t)$ 是一个连续时间信号。在讲述平均模型时，有意地将两者合并为一个概念。在结束模拟（连续时间）建模和控制之前，重点阐述占空比 d 的物理意义及其与 $d[k]$ 的关系是很有用的。

由 PWM 波形控制的开关变换器的给定特性可知，$d[k]$ 的物理意义是清晰的：变换器是针对 $d[k]$ 做出响应，而不是 $d(t)$。所以，占空比是一个开关区间，而不是一个瞬时值。所以：

占空比是一个固有的离散时间信号，在模拟控制中也不例外。

然而，在平均模型中以及上文所述的开关变换器的模拟控制输入信号 $d(t)$ 是一个连续时间控制信号。$d(t)$ 的解释详见参考文献［125］：$d(t)$ 是连续时间信号在 PWM 开关时间点 $T_k = DT_s + kT_s$ 处对 $d[k]$ 的插值，即

$$d(t = T_k = kT_s + DT_s) = d[k] \tag{1.86}$$

更加规范的表述是，$d(t)$ 是 PWM 输出信号 $c(t)$ 的基波分量。

$$d(\omega) \triangleq \Re(\omega)c(\omega) \tag{1.87}$$

式中，$\Re(\omega)$ 是理想的低通滤波器，其传递函数的定义如下：

$$\Re(\omega) = \begin{cases} 1, & -\dfrac{\omega_s}{2} < \omega < \dfrac{\omega_s}{2} \\ 0, & \text{其他} \end{cases} \tag{1.88}$$

$d(t)$ 的解释强调了平均模型的优点和限制条件。优点：在奈奎斯特频率 $f_s/2$ 以内，使用平均模型可以很好地研究变换器的行为，因为 $d(t)$ 近似为 PWM 频谱的低频成分。在奈奎斯特频率 $f_s/2$ 附近或者高于奈奎斯特频率，$d(t)$ 和真正变换器控制的输入信号 $d[k]$ 之间存在着较大的差异。

对于模拟的 PWM 而言，$d(t)$ 等于 $u(t)$ 乘以比例因子 $1/V_r$[126]。$c(t)$ 的基波信

号就是控制信号。这与 $d(t)=u(t)/V_r$ 是相一致的。这也证实了在模拟系统建模时将 $d(t)$ 视为模拟控制信号 $u(t)$ 的缩放。

图1.27是频谱的示意图。模拟控制信号 $u(t)$ 与载波信号相比得到序列 $d[k]$，PWM的频谱 $c(t)$ 以及变换器某一点的响应 $v_s(t)$ 的频谱都与 $d[k]$ 有关。另一方面，平均小信号模型重点关注了 $c(t)$ 的基带分量 $d(t)$ 和 $v_s(t)$ 的基带分量 $\bar{v}_s(t)$ 相关。

由于开关频率及其谐波分量没有被补偿器完全滤除干净，那么 $u(t)$ 信号会包含一些开关纹波信号，此时 $u(t)$ 和 $d(t)$ 仅仅是基波分量这一假设会与实际不符合。当混入的开关纹波分量较大时，$u(t)$ 和 $d(t)$ 之间的差异也会变大，那么PWM的小信号增益就不再是 $1/V_r$。需要注意的是：通常在模拟的峰值电流控制中，调制信号中必须增加谐波补偿，这也使得PWM的小信号增益发生变化[1]。

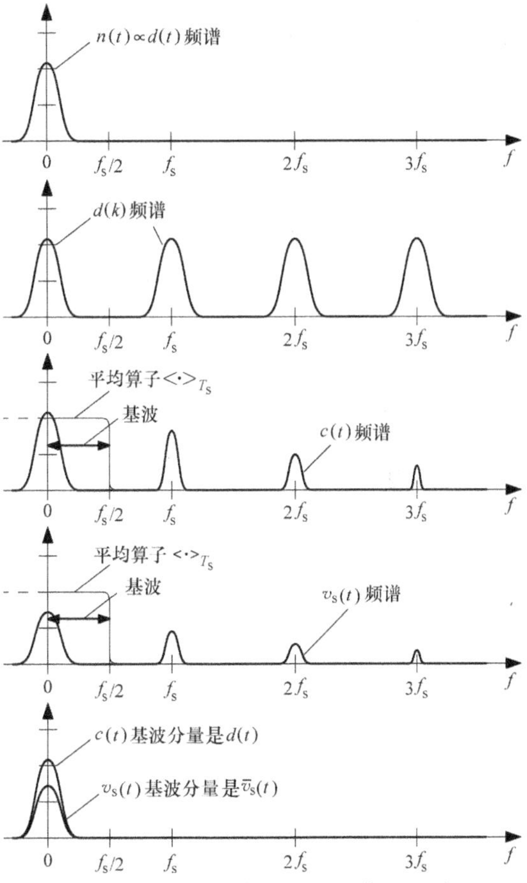

图1.27 模拟控制中关键点信号频谱

1.7 要点总结

1）PWM开关变换器在两种或者多种子拓扑中来回切换，所以开关变换器是时变非线性系统。

2）开关变换器的稳态分析的基础是：伏秒平衡和电荷平衡。通过上述法则，可以计算出小纹波耦合或者线性纹波近似时变换器的平均稳态电流和电压值。

3）变换器动态分析的基础是，对变换器的所有波形使用平均算子，得到非时变的非线性平均模型。对这个平均模型进行扰动和线性化处理，得到线性小信号模型。基于线性小信号模型，可以得到控制环路所需的所有传递函数。平均小信号模型还可以表示为一个等效电路，并用传统电路分析方法求解。通常，期望使用平均模型预测开关变换器的低频动态特性。

4）状态空间平均是平均和线性化处理的通用方法。

5）连续时间模型中的占空比 $d(t)$ 表示PWM信号 $c(t)$ 的基波信号。当考虑“平均”后变换器的动态特性时，$d(t)$ 和 $d[k]$ 之间的区别可以忽略。

第 2 章

数字控制环路

这章介绍了开关变换器数字控制环路中的主要模块，从系统的层面上总体概述数字系统的设计。开关变换器的数字控制和模拟控制主要区别有二：

1）时间量化。控制器是一个离散时间系统，处理被控信号或被调节模拟信号抽样后的信号，并输出离散时间控制信号。

2）幅值量化。控制器中，数据被数字化，即幅值被量化。

时间量化影响系统的小信号动态特性，给系统的控制环路造成了控制延迟，这是在模拟控制环路中所没有的。抽样过程带来的频谱混叠也影响了变换器数字控制时的频率响应。上一章介绍的平均小信号模型并未考虑上述问题。因为平均建模方法已经得到普遍应用，所以本章的第二部分通过介绍几个例子说明在数字控制系统中如何使用平均小信号建模方法，并且着重说明平均建模方法的局限性。如何使用精确建模方法消除这些局限性，可参考第 3 章介绍的“离散时间小信号建模”。

在数字控制中，幅值的量化会引起非线性，造成静态和动态调整性能的下降。这种影响以及相关的设计指导说明将在第 5 章和第 6 章讨论。

2.1 节介绍数字控制环路。2.2 节、2.3 节和 2.4 节介绍数字控制环路中的主要模块，例如，A/D 转换器、数字比较器、数字 PWM（DPWM）的特性和建模。2.5 节介绍因时间量化以及采样造成的环路延迟。2.6 节介绍在数字系统设计中如何使用平均模型以及该方法的局限性。2.7 节总结了本章的要点。

附录 A 简单介绍了离散时间系统和 Z 变换，供读者参考。

2.1 实例学习：电压模式的数字控制

1.5.1 节介绍了降压变换器的电压模式控制。本节介绍如何改为数字控制。图 2.1 为数字控制系统。

类似于模拟控制，输出电压 $v_o(t)$ 首先经过信号调理环节，该环节主要由模拟电路实现，传递函数为 $H(s)$。输出电压取样后的信号送至 A/D 的输入端，并转换为数字序列 $v_s^{\diamond}[k]$，$v_s^{\diamond}[k]$ 的抽样周期为 T，分辨率由 A/D 转换器决定。通常，输出取样后的信号经过 A/D 抽样后表示为 $v_s[k]$，有

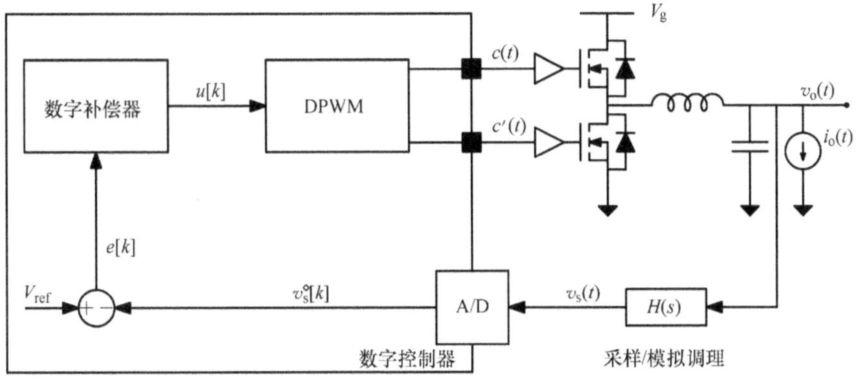

图 2.1　降压变换器电压模式的数字控制

$$v_s[k] \triangleq v_s(t_k) \tag{2.1}$$

式中，t_k 为抽样时刻；$v_s[k]$数字化后，用 $v_s^{\diamond}[k]$表示。

一般选择抽样周期 T 为

$$\boxed{T = T_s} \tag{2.2}$$

即抽样过程与变换器的开关过程同步，抽样频率等于变换器的开关频率。所以，在开关周期的某一固定时刻发生抽样。

控制误差信号 $e[k]$为内置的数字参考信号 V_{ref}和采集到的信号 v_s 之差。该差值经过数字补偿器后产生了数字控制命令信号 $u[k]$（计算过程在一个开关周期内完成）。根据$u[k]$的计算结果，DPWM 在每个调制周期 T_s 开始时锁住 $u[k]$，并产生调制输出信号 $c[t]$，$c[t]$的输出脉宽正比于 $u[k]$。

2.2　A/D 转换

模拟采样信号 $v_s(t)$的量化性能取决于 A/D 转换器的输入量化特性。假设偏移电压和积分以及微分非线性因素忽略不计，转换结果仅仅与 A/D 转换器的分辨率 $n_{A/D}$有关。

图 2.2 给出了 A/D 转换器的示意图及其典型工作波形。A/D 转换器的工作过程可以建模为一个模拟信号的采样器级联一个幅度量化器。无论何种结构的 A/D 转换器，一定存在着转换延迟 $t_{A/D}$。它表示了模拟信号的采样时刻与数字输出信号的更新时刻之间的时间差。

2.2.1　抽样速率

PWM 开关变换器中，状态变量包含基波分量（直流和低频分量）、开关频率f_s

附近的高频分量及其高次谐波分量。预滤波器 $H(s)$ 表示模拟采样电路和信号调理电路的传递函数，用来抑制信号中的高频分量，但是从本质上讲 $H(s)$ 并不能改变信号频谱的成分。无论预滤波器的性能如何，采样信号始终包含和开关频率相关的高频分量。因此，无论抽样速率如何，一定会发生某种程度的频谱混叠现象。如式 (2.2) 所示，抽样速率最常见的选择为，抽样速率等于开关频率。如此选择抽样速率主要有如下考量。

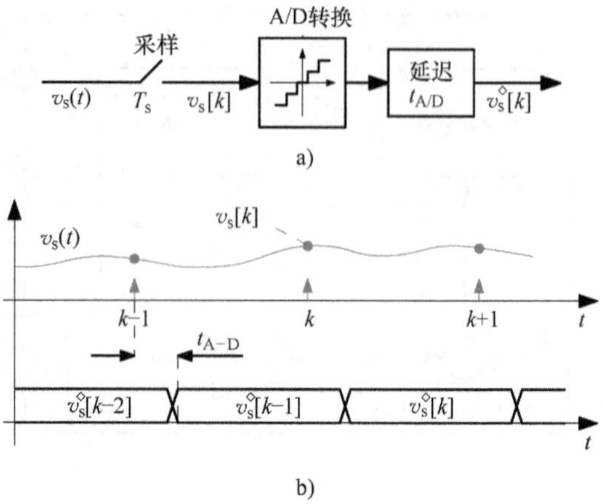

图 2.2　a）A/D 转换器的处理过程和 b）相关波形

首先，变换器的信号呈现严格周期性。为了在数字域中仍然保留这种周期性，不要引入抽样带来的影响，常常选择抽样速率为开关频率的整数倍。这样使得抽样和 PWM 之间形成同步，这对数字控制而言是非常重要的。

其次，考虑当抽样频率大于变换器的频率时会发生什么情况。如图 2.3 所示，抽样频率 $f_{\text{sampling}}=3f_s$ 时，采样使得原始频谱以 $3f_s$ 为周期呈现周期性搬移，使得采样信号的频谱出现周期性叠加。奈奎斯特速率 f_N 等于采样速率的一半。它是周期频谱的截止频率，因此也是数字系统的最高可见频率。

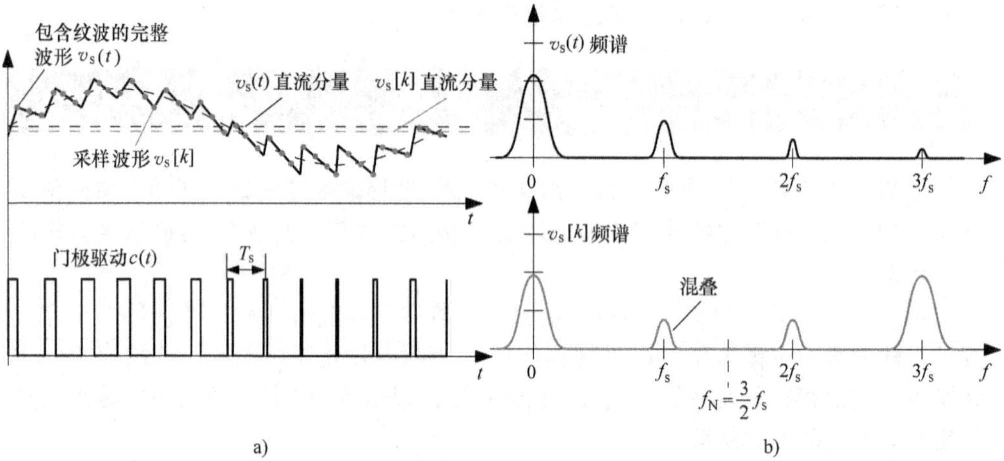

图 2.3　高于开关频率抽样：a）抽样前后采样信号的时域波形和 b）信号的频谱

正如本例所示，抽样使得原有的频谱在直流和 f_s 附近相重叠。因为低频处存在频谱混叠，所以 $v_s(t)$ 的直流分量和 $v_s[k]$ 之间存在差异。采样信号在 f_s 附近频谱分量是 $v_s(t)$ 原始开关纹波的混叠频谱。当以高于开关频率的速率对 $v_s(t)$ 抽样时，开关纹波造成的频谱混叠会在数字系统中形成一种低于奈奎斯特速率的信号。这种情况类似于在模拟补偿器设计时，需要增加额外一个高频极点抑制开关纹波，如 1.5.1 节所述。关于多倍率采样的详细讨论，见参考文献［61，62］⊖。

下面考虑 $f_{\text{sampling}}=f_s$ 时的情况，如图 2.4 所示。频谱混叠仅仅发生在直流分量处，对于低于奈奎斯特速率以下的频谱无任何影响。尤其是在稳态条件时，这种抽样是有益的。在稳态时，频谱混叠表明 $v_s(t)$ 变为一个恒定信号，如图 2.5 所示。换句话说，模拟信号 $v_s(t)$ 中的开关纹波分量仅仅在直流处造成混叠。直流频谱混叠潜在地消除了反馈信号中存在的开关谐波分量。当抽样频率等于开关频率时，模拟控制器中需要引入一个高频极点消除开关噪声，而在数字控制系统中不需要如此处理。必须强调：在如上的分析和考虑中假设采样和 PWM 操作是同步的。

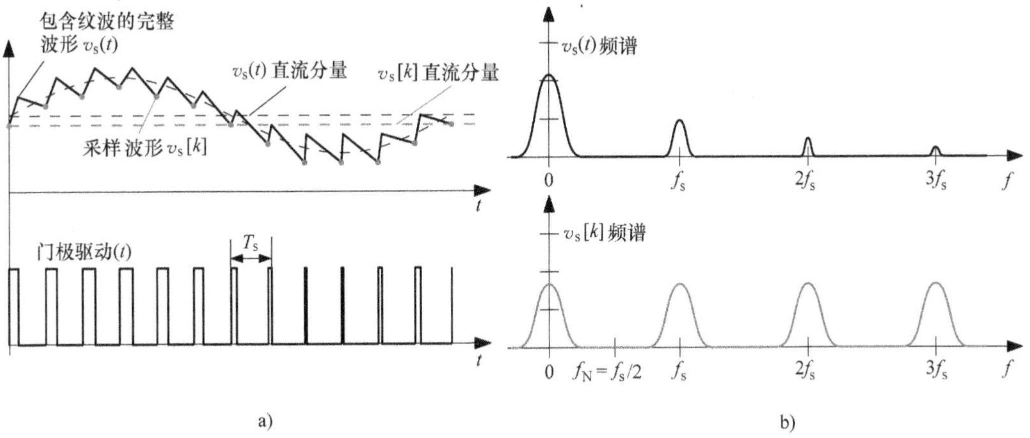

图 2.4　等于开关频率抽样：a）抽样前后采样信号的时域波形和 b）信号的频谱

另一方面，选择 $f_{\text{sampling}}=f_s$ 时的缺点为：调节量即抽样信号 $v_s[k]$ 的直流成分因为存在混叠，和 $v_s(t)$ 的直流分量略有不同。混叠效应在时域中的表现如图 2.5 所示。一旦采样信号 $v_s(t)$ 中的开关纹波远远小于直流分量，混叠造

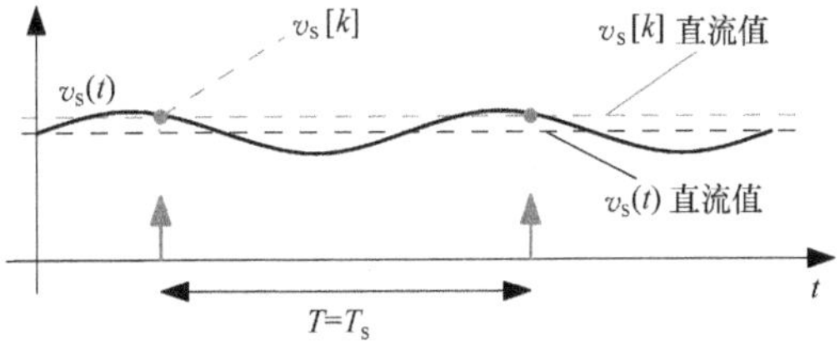

图 2.5　电压采样信号在直流处发生混叠

⊖ 抽样后，影响了直流分量和 f_s 处分量，f_s 处分量可以滤除，但是直流分量无法滤除。——译者注

成的误差可以忽略不计。在一些特定情况下，需要采取一些预处理措施以减弱直流混叠。数字控制的 DC - DC 或者 DC - AC 变换器中，采用平均电流控制时，我们往往希望调节电流波形的平均值，但是电流的纹波又不太小。这种情况下，直流混叠严重，直流成分中存在严重的误差。电流纹波的幅值直接影响了因混叠造成的 $i_L[k]$ 和 I_L 之间的误差。

平均电流控制中经常采取的措施为：使用同步 PWM 调制，在 PWM 载波的波峰或者波谷处抽样，如图 2.6 所示。由于电流波形是三角波并且同步选择抽样时间，尽管占空比变化，变换器的静态工作点也在变化，平均电流抽样后几乎没有任何混叠的现象。需要注意的是这种方法主要依赖于被抽样信号必须是三角波。只有当变换器中的电感电流为 CCM 时，电流波形才是三角波；如果变换器中的电感电流为 DCM 时，这种方法不太适用。

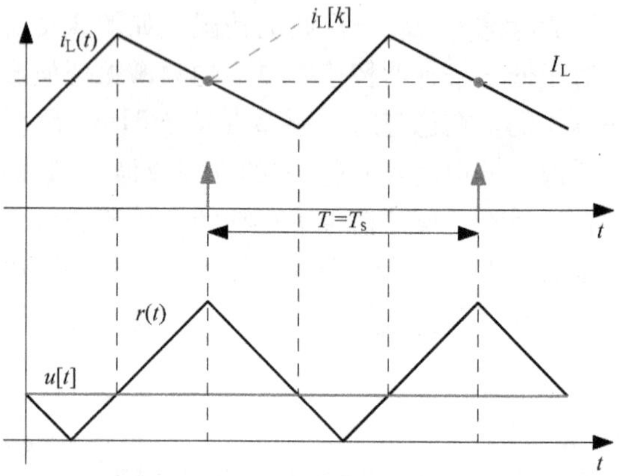

图 2.6 数字平均电流控制时常采用的 PWM 和采样策略

2.2.2 幅值量化

A/D 转换器内部的量化器工作范围为 $[0, V_{FS}]$，分辨率为 $n_{A/D}$ 位。相应的量化步长 $v_s[k]$ 为

$$q_{v_s}^{(A/D)} \triangleq \frac{V_{FS}}{2^{n_{A/D}}} \qquad (2.3)$$

量化范围称之为 A/D 转换器的线性范围，该范围被分为 $2^{n_{A/D}}$ 个电压间隔 B_i，$i=0$，…，$2^{n_{A/D}}-1$，通常称之为二进制。每一位二进制对应电压范围为 $q_{v_s}^{(A/D)}$。A/D 转换器的量化特性 $Q_{A/D}[\cdot]$ 如图 2.7 所示。在线性区间内，A/D 转换器的数字输出为 $v_s^{\diamond}[k]$：

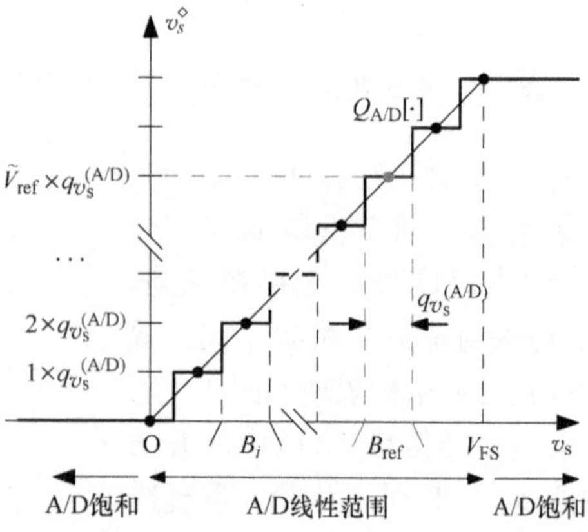

图 2.7 A/D 转换器量化特性

$$v_s^{\diamond}[k] \triangleq Q_{A/D}[v_s[k]]$$
$$= q_{v_s}^{(A/D)}\tilde{v}_s[k],\tilde{v}_s[k] \in \mathscr{Z} \qquad (2.4)$$

式中，$\tilde{v}_s[k]$是个整数，定义了$v_s[k]$包含了多少个$q_{v_s}^{(A/D)}$。A/D 转换器的数字输出为$\tilde{v}_s[k]$的二进制形式。该二进制码使用二进制补码、偏移二进制码等来表示。在线性范围之外，此时模拟输入要么超过了V_{FS}或者低于 0，A/D 转换器处于饱和状态，数字输出保持为最高值或者最低值。

A/D 控制器的数字设定V_{ref}同样可以用分辨率$n_{A/D}$来表示：

$$V_{ref} = q_{v_s}^{(A/D)}\tilde{V}_{ref}, \qquad \tilde{V}_{ref} \in \mathscr{Z} \qquad (2.5)$$

式中，整数$\tilde{V}_{ref}$定义 0 误差时二进制的值，量化间隔B_{ref}也需要重新修订。

2.3　A/D 转换数字补偿器

数字补偿器是一个时钟控制的逻辑表达式，主要根据调节误差$e[k]$用来计算控制命令$u[k]$。如图 2.8 所示，补偿器受到时钟使能信号驱动（该时钟使能信号的周期为抽样周期），经过计算延迟t_{calc}后，计算出了控制命令。这里假设为理想情况下，系统会立刻执行该控制命令。2.5 节会讨论控制的延迟问题。

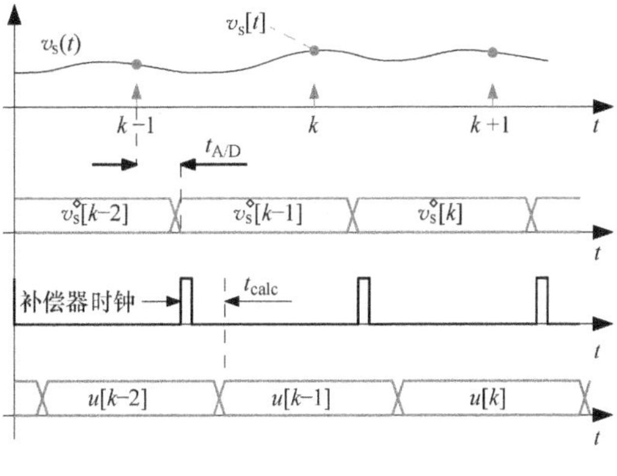

图 2.8　补偿器工作时的时域波形

线性时不变补偿器的实现可由差分方程描述：

$$u[k] = -a_1u[k-1] - a_2u[k-2] - \cdots - a_Nu[k-N] + b_0e[k] + b_1e[k-1] + \cdots + b_Me[k-M] \qquad (2.6)$$

式（2.6）为典型的 PID 数字补偿器，它模拟 PID[127] 的数字化形式。可以通过离散连续时间域 PID 表达式推导出离散 PID 差分表达式。如图 2.9 所示，此为连续域 PID 补偿器的并联实现模式。并联的 PID 结构中系数无交叉，因为比例系数、积分系数和微分系数可以独立调节。模拟 PID 补偿器的表达式为

$$u_p(t) = K_pe(t)$$
$$u_i(t) = K_i\int e(\tau)\,d\tau$$
$$u_d(t) = K_d\frac{de(t)}{dt},$$

$$u(t) = u_p(t) + u_i(t) + u_d(t) \tag{2.7}$$

其 s 域的表达式为

$$G_{PID}(s) \triangleq \frac{\hat{u}(s)}{\hat{e}(s)} = \underbrace{K_p}_{比例项} + \underbrace{\frac{K_i}{s}}_{积分项} + \underbrace{sK_d}_{微分项} \tag{2.8}$$

如式（2.8）所示，为了简化，模拟 PID 补偿器并没有包含高频极点，微分项中没有滤波项[⊖]。

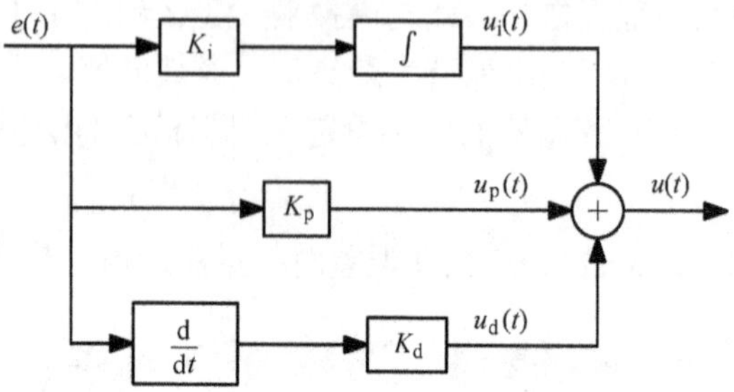

图 2.9　连续时间 PID 补偿器的并联实现框图

许多离散化方法可以将连续时间系统转化为离散时间系统，离散后两者的频率特性近似相等。最简单的方法为后向差分法。该方法用矩形近似连续积分。如图 2.10 所示，在一个抽样周期内的积分，近似为

$$\int_{(k-1)T_s}^{kT_s} x(\tau)\mathrm{d}\tau \approx T_s x(kT_s) \tag{2.9}$$

在 z 域，后向差分离散化可以用 $s-z$ 映射法则来表示：

$$s \rightarrow \frac{1-z^{-1}}{T_s} \tag{2.10}$$

对式（2.7）使用后向差分法则离散化，可得离散的 PID 补偿器表达式为

$$\begin{aligned} u_p[k] &= K_p e[k] \\ u_i[k] &= u_i[k-1] + K_i T_s e[k] \\ u_d[k] &= \frac{K_d}{T_s}(e[k] - e[k-1]) \\ u[k] &= u_p[k] + u_i[k] + u_d[k] \end{aligned} \tag{2.11}$$

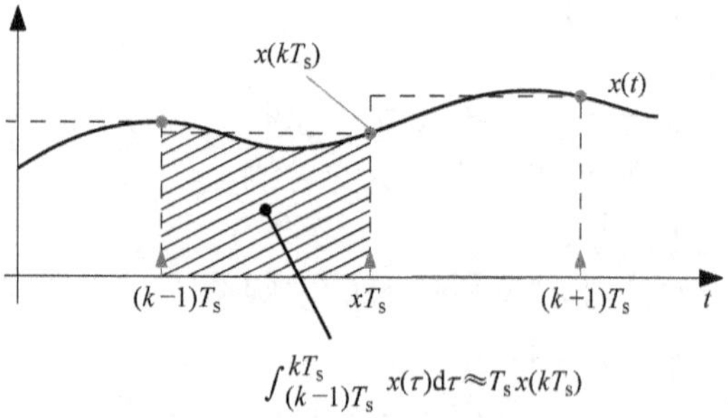

图 2.10　后向差分近似

z 域表达式为

$$G_{PID}(z) \triangleq \frac{\hat{u}(z)}{\hat{e}(z)} = \underbrace{K_p}_{比例项} + \underbrace{\frac{T_s K_i}{1-z^{-1}}}_{积分项} + \underbrace{\frac{K_d}{T_s}(1-z^{-1})}_{微分项} \tag{2.12}$$

图 2.11 为该 PID 补偿器的等效框图。

⊖ 高频噪声会造成微分项输出值变大，工程中一般会串联一个积分项，限制微分项的高频增益。——译者注

另外一种常用的离散化方法为双线性变换法。这种方法采用了更精确的方法实现积分近似，即使用梯形面积近似积分，如图 2.12 所示。

$$\int_{(k-1)T_s}^{kT_s} x(\tau)\mathrm{d}\tau \approx \frac{T_s}{2}(x(kT_s)+x((k-1)T_s)) \tag{2.13}$$

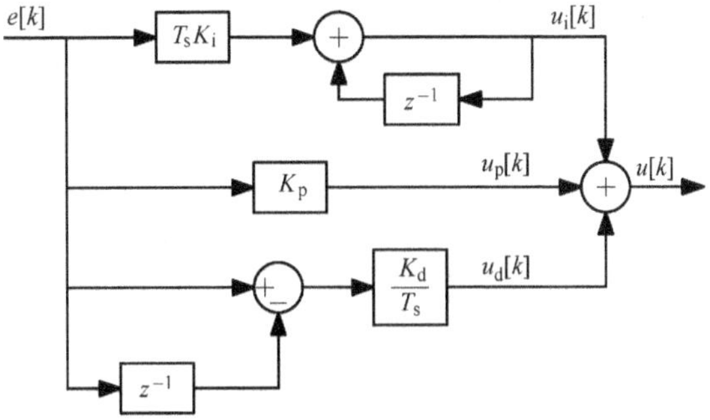

图 2.11　连续时间 PID 补偿器经过后向差分得到的离散差分 PID 补偿器表达式的框图

采用双线性变换，数字 PID 的时域表达式为

$$\begin{aligned}
u_p[k] &= K_p e[k] \\
u_i[k] &= \frac{K_i T_s}{2}(e[k]+e[k-1])+u_i[k-1] \\
u_d[k] &= \frac{2K_d}{T_s}(e[k]-e[k-1])-u_d[k-1] \\
u[k] &= u_p[k]+u_i[k]+u_d[k]
\end{aligned} \tag{2.14}$$

双线性变换法可以用 $s-z$ 映射法则来表示：

$$s \rightarrow \frac{2}{T_s}\frac{1-z^{-1}}{1+z^{-1}} \tag{2.15}$$

对式（2.7）实行双线性变换，可得

$$G_{\mathrm{PID}}(z) \triangleq \frac{\hat{u}(z)}{\hat{e}(z)} = \underbrace{K_p}_{\text{比例项}} + \underbrace{K_i\frac{T_s}{2}\frac{1+z^{-1}}{1-z^{-1}}}_{\text{积分项}} + \underbrace{K_d\frac{2}{T_s}\frac{1-z^{-1}}{1+z^{-1}}}_{\text{微分项}} \tag{2.16}$$

对应的数字实现框图如图 2.13 所示。

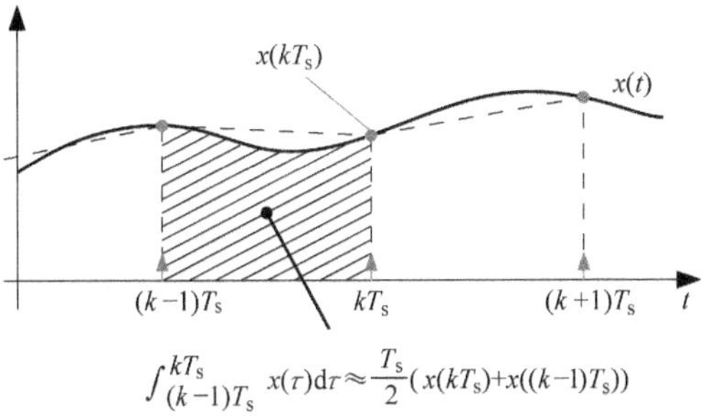

图 2.12　双线性变换近似

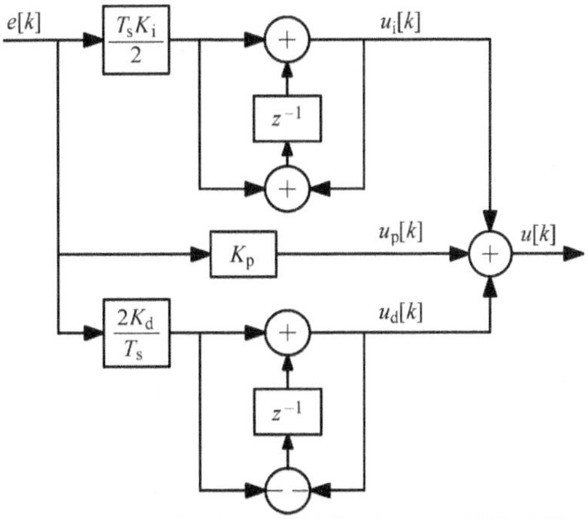

图 2.13　连续时间 PID 补偿器经过双线性变换得到的离散差分 PID 补偿器表达式的框图

图 2. 14 中比较了连续时间 PID 补偿器和双线性变换后数字 PID 补偿器的伯德图。两者的频率特性曲线基本一致，仅仅在接近奈奎斯特抽样频率 $f_s/2=500\text{kHz}$ 附近有所不同。

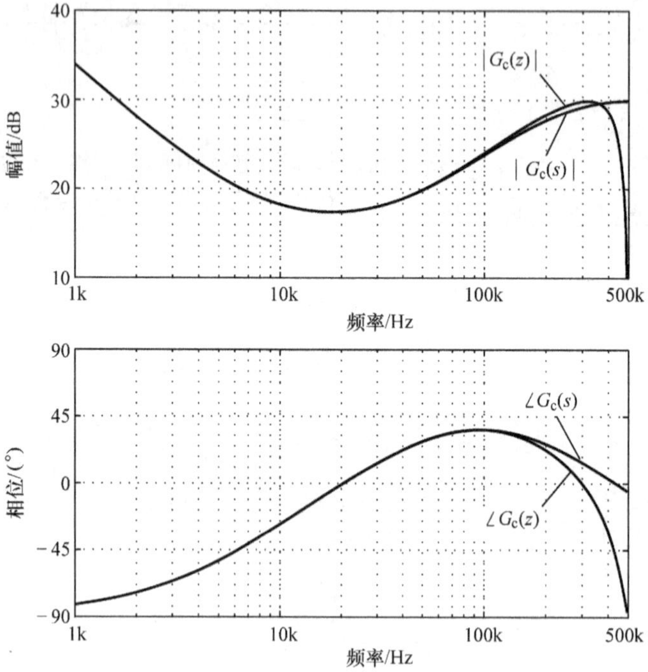

图 2. 14　1. 5. 1 节中模拟 PID 补偿器和经过双线性变换后数字 PID 补偿器的伯德图比较

2. 4　数字 PWM（DPWM）

DPWM 的作用是将控制命令信号 $u[k]$ 变成占空比 $d[k]$，$d[k]$ 正比于 $u[k]$。

图 2. 15 是标准的基于计数器的 DPWM 结构。这种结构是传统模拟 PWM 的数字实现形式。N_r 计数器的计数频率为 f_{clk}，产生了载波信号 $r[nT_{clk}]$，该载波信号的周期为 T_s，即每个开关周期内含有 N_r 个时钟间隔：

$$T_s = N_r T_{clk} \tag{2.17}$$

在每个开关周期开始时间处，例如，当计数器的输出为 0 时，输入控制命令信号 $u[k]$ 被 DPWM 的输入寄存器锁存并保持。当锁存器中的值，即图 2. 15 中的 $u_h[k]$，与载波信号 $r[nT_{clk}]$ 比较后，产生占空比

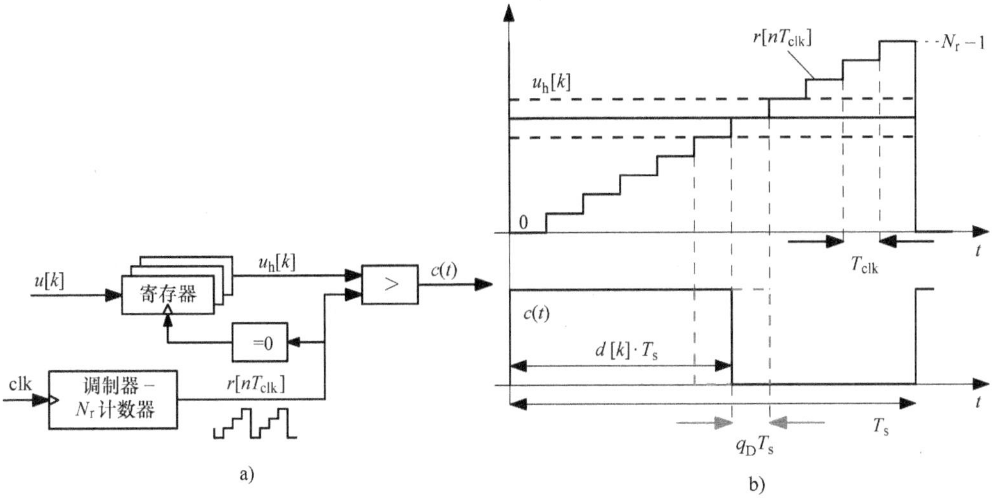

图 2.15　a）基于计数器的 DPWM 和 b）相关波形

$$d[k] = \frac{u[k]}{N_r} \tag{2.18}$$

不论如何执行，DPWM 产生的占空比是确定的。根据 DPWM 的时间分辨率，可以计算出占空比最小的变化范围

$$\Delta t_{DPWM} \tag{2.19}$$

调制的占空比的分辨率 q_D 表达式为

$$q_D \triangleq \frac{\Delta t_{DPWM}}{T_s} \tag{2.20}$$

Δt_{DPWM}和 q_D 为 DPWM 的精度。

当 N_r 为 2 的幂时，调制器的分辨率可以使用等效位 n_{DPWM}来表示，n_{DPWM}和 Δt_{DPWM}及 q_D 的关系式有

$$n_{DPWM} \triangleq \log_2\left(\frac{T_s}{\Delta t_{DPWM}}\right) = \log_2\left(\frac{1}{q_D}\right) \tag{2.21}$$

Δt_{DPWM}的值取决于 DPWM 的结构。对于基于计数器的 DPWM 而言，时间分辨率等于时钟周期：

$$\Delta t_{DPWM} = T_{clk} \tag{2.22}$$

所示

$$q_D = \frac{T_{clk}}{T_s} = \frac{1}{N_r} \tag{2.23}$$

例如，一个 12 位的 DPWM，$N_r = 4096$，开关频率 $f_s = 200\text{kHz}$，那么时间分辨率为 $\Delta t_{DPWM} = 5\mu s/4096 \approx 1.2\text{ns}$，占空比的分辨率 $q_D \approx 0.024\%$。

DPWM 的量化特性可以使用算子 $Q_D[\cdot]$表示：

$$D^{\diamond} = Q_D[D] \qquad (2.24)$$

式中，期望的占空比为 $D = U/N_r$。该值与控制命令 U 及载波的幅值 N_r 有关，$D^{\diamond}$ 为 DPWM 产生的占空比。

占空比的量化特性 $Q_D[\cdot]$ 和 DPWM 的实现方式有关。如图 2.16 所示，该图为 3 位 DPWM 的量化特性。虽然分辨率比较低，但是易于说明问题。DPWM 可用 8 个级别的占空比表示，为 0 ~ 7/8，分辨率 $q_D = 1/8 = 12.5\%$。

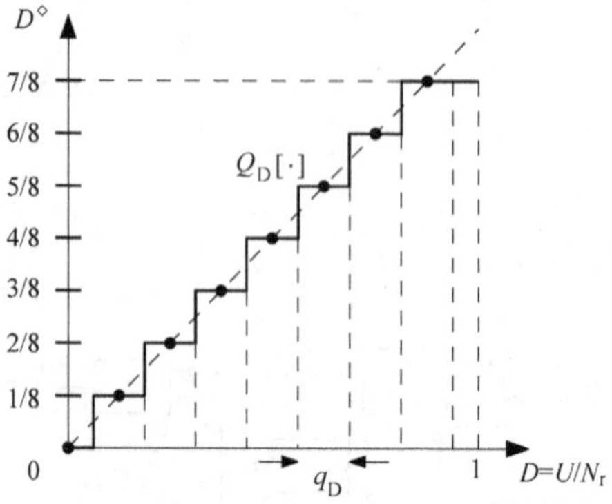

图 2.16 DPWM 占空比的量化特性

2.5 环路中的延迟

数字控制环路和模拟控制环路最大的区别在于数字控制环路中存在着各种延迟，影响系统的频率响应，需要建模并在环路设计中考虑延迟的影响。

2.5.1 控制延迟

如前面各节所述，无论 A/D 转换器和补偿器是何种结构，补偿器总是在采样时刻之后，延迟一段时间再输出数字控制命令 $u[k]$。定义控制延迟 t_{cntrl} 为：数字调制器锁存相应的控制命令 $u[k]$ 时刻与抽样时刻之间的时间间隔。其中 $u[k]$ 是数字补偿器计算的结果。

t_{cntrl} 的值和数字控制的执行方式有关。基于硬件的数字控制器和基于软件的数字控制器两者存在一些区别：

1）基于硬件的数字控制器：该控制器为用户基于 FPGA 自行设计的集成电路，数字补偿器由数字计算模块和寄存器构成，常采用高速 A/D 转换器。

这种控制器中，t_{cntrl} 由 A/D 转换时间以及补偿网络中组合逻辑的延迟决定。尽管开关频率为几百千赫兹甚至更高，但是将该延迟减小至开关周期的小数级别也是非常简单的事。基于硬件的数字控制器的控制时间示意图如图 2.17 所示。

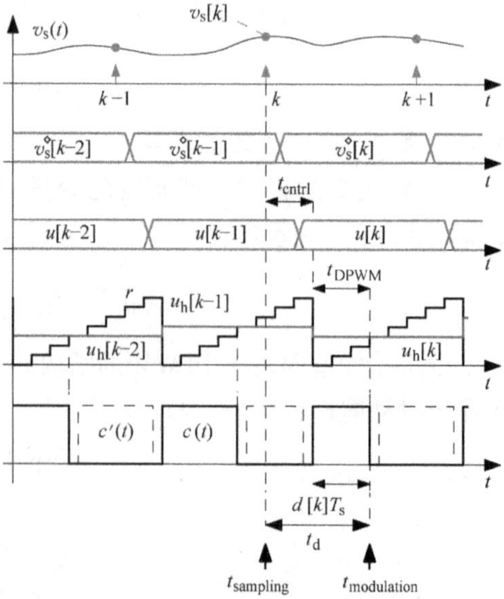

图 2.17 基于硬件的数字控制器典型时间示意图

基于硬件的数字控制器的计算时间很快，在一个开关周期内，即可使得控制命令很快地传递至数

字调制器。所以，如图 2.17 所示，占空比为

$$d[k]=\frac{u[k]}{N_r} \tag{2.25}$$

2）基于软件的数字控制器：控制算法是软件编程，由 CPU 或者 MCU 或者 DSP 执行。这种情况下，t_{cntrl}等于从 A/D 转换时间起至控制算法的开始执行时间。t_{cntrl}和开关周期在一个数量级上。如果延迟为一个开关周期，那么

$$d[k]=\frac{u[k-1]}{N_r} \tag{2.26}$$

相应的时间示意图如图 2.18 所示。

2.5.2　调制延迟

除了控制延迟，在数字系统中的调制延迟也不可忽视。关于调制延迟可以理解为，因数字调制器的抽样特性而引入的小信号延迟。

为了很好地理解调制延迟，比较图 2.17 和图 2.18 与图 1.7 所示的时序图，会发现在时间延迟方面存在着较大的差别。图 1.7 中，控制命令信号 $u[k]$ 和产生的调制边沿之间的延迟为 0。而在图 2.17 和图 2.18 中，存在这样的延迟并用 t_{DPWM} 表示。这种延迟是与抽样特性有关。在调制信号与载波信号比较之前，调制器对调制信号进行了抽样。我们称这种调制器为规则抽样 PWM（USPWM）。数字 PWM 在 2.4 节中已讨论。另外一方面，模拟控制中常常使用自然抽样的 PWM，见第 1 章内容，$u(r)$ 和 $r(t)$ 连续比较，不存在调制延迟[126]。

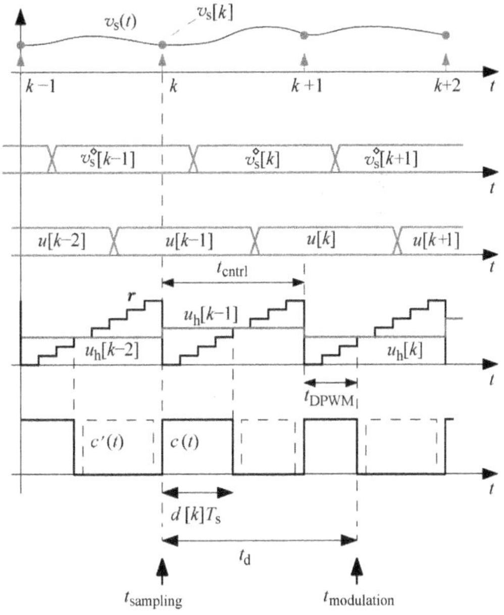

图 2.18　基于软件的数字控制器典型时间示意图

USPWM 的小信号频率响应为

$$G_{PWM}(j\omega)=A_{PWM}(j\omega)e^{-j\omega t_{DPWM}} \tag{2.27}$$

式中，A_{PWM}为角频率 ω 的正实函数；t_{DPWM}为相应的等效的小信号延迟。表 2.1 列出了后沿调制、前沿调制和对称（三角波）调制主要波形及 $G_{PWM}(j\omega)$ 的表达式。通常，在整个频带范围内，A_{PWM}等于或者近似等于 $1/N_r$，所以大多数情况近似假设 $A_{PWM}\approx 1/N_r$，这样的假设精确度可接受。另外一方面，通常调制方式和稳态时候的占空比 D 都影响 t_{DPWM}；但是对称调制除外，对称调制中，t_{DPWM}和占空比无关，$t_{DPWM}=T_s/2$。

表 2.1 USPWM 的小信号频率响应

调制形式	频率响应
前沿 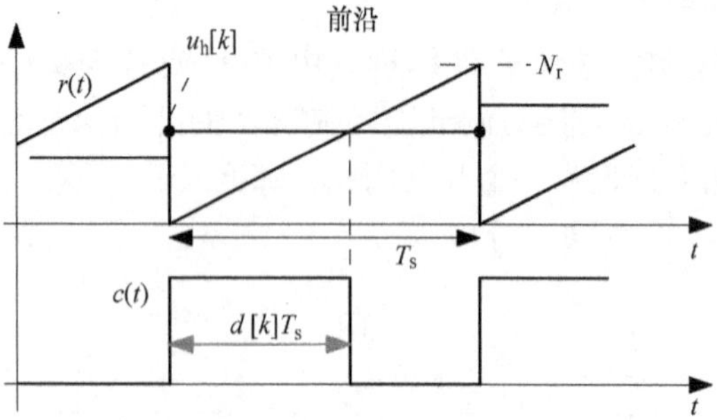	$G_{PWM,TE}(j\omega)=\dfrac{e^{-j\omega DT_s}}{N_r}$
后沿 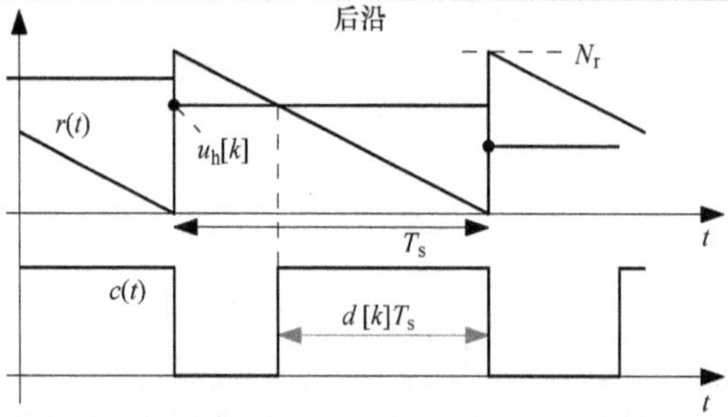	$G_{PWM,LE}(j\omega)=\dfrac{e^{-j\omega(1-D)T_s}}{N_r}$
对称 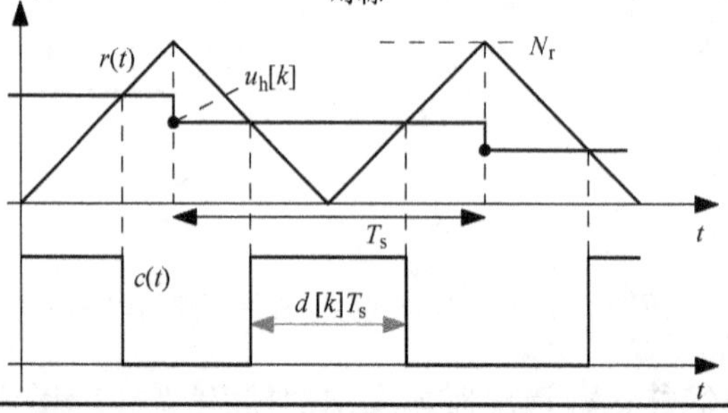	$G_{PWM,Sym}(j\omega)=\dfrac{\cos(\omega DT_s/2)}{N_r}e^{-j\omega\frac{T_s}{2}}\approx\dfrac{e^{-j\omega\frac{T_s}{2}}}{N_r}$

附录 C 给出了式（2.27）详细的推导过程。参考图 2.19，考虑后沿 USPWM，固定命令 U 上叠加一个狄拉克 δ 脉冲函数$\hat{u}[k]=\hat{u}[0]\delta[k]$，该狄拉克 δ 脉冲函数的幅值为$\hat{u}[0]$，且在 $k=0$ 处作用于固定命令 U 上。调制器输出信号 $c(t)$包含了稳态时的 PWM 信号 $c_s(t)$和扰动信号$\hat{c}[t]$。$c_s(t)$是因为 $D=U/N_r$产生的；$\hat{c}[t]$是因为$\hat{u}[k]$产生的。这样的扰动使得占空比变为 $D+\hat{d}$，其中$\hat{d}=\hat{u}[0]/N_r$。输出扰动信号的拉普拉斯变换为

$$
\begin{aligned}
\hat{c}(s) &\triangleq \int_0^{+\infty}\hat{c}(\tau)e^{-s\tau}d\tau \\
&= \int_{DT_s}^{(D+\hat{d})T_s} e^{-s\tau}d\tau \qquad (2.28)\\
&= \frac{1-e^{-s\hat{d}T_s}}{s}e^{-sDT_s}
\end{aligned}
$$

因为$\hat{u}[0]$是小信号，幅值很小，可以进行一阶近似，可得

$$\hat{c}(s) \approx e^{-sDT_s}\hat{d}T_s = e^{-sDT_s}\frac{T_s}{N_r}\hat{u}[0] \tag{2.29}$$

相应的时域表达式为

$$\hat{c}(t) \approx \frac{T_s}{N_r}\hat{u}[0]\delta(t-DT_s) \tag{2.30}$$

换而言之，USPWM 的脉冲响应是将德尔塔函数延迟了 DT_s 且幅值缩小了 T_s/N_r 倍。由式(2.30) 可知，$t_{DPWM}=DT_s$。

对于任意的小信号输入扰动信号$\hat{u}[k]$而言，USPWM 的输出为一串延迟了的狄拉克 δ 脉冲函数相叠加：

$$\hat{u}(t) \approx \frac{T_s}{N_r}\sum_{k=-\infty}^{+\infty}\hat{u}[k]\delta(t-kT_s-DT_s) \tag{2.31}$$

调制延迟为整个环路延迟的重要组成部分。尤其在基于硬件的数字控制器中，控制延迟 t_{cntrl} 可以降低至很小，t_{DPWM}变为影响控制带宽的主要限制因素。

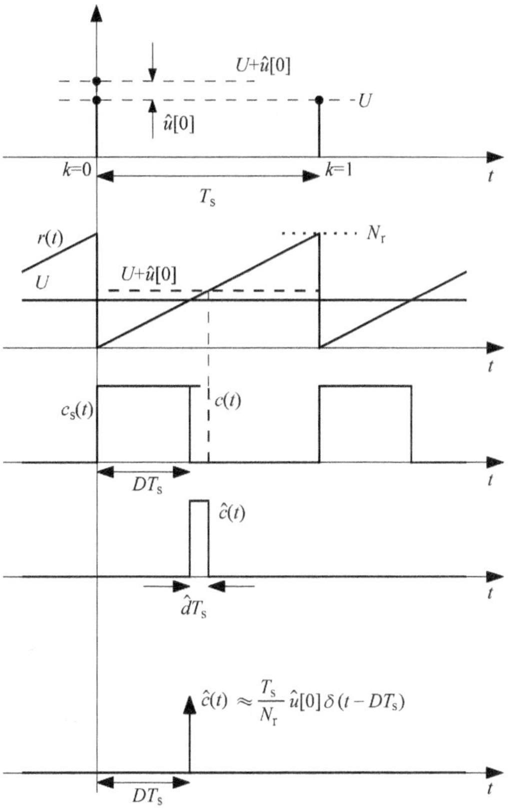

图 2.19 USPWM 的脉冲近似

2.5.3 整个环路延迟

整个环路延迟为控制延迟和调制延迟之和：

$$\boxed{t_d \triangleq t_{cntrl} + t_{DPWM}} \tag{2.32}$$

由图 2.17 和图 2.18 所示的时域波形可以直接确定 t_d。延迟时间的起点为 A/D 转换器开始转换模拟信号的时刻，而终点为稳态 PWM 信号 $c_s(t)$的调制边沿。在后沿调制模式中，终点为 PWM 信号的下降沿。在前沿调制模式，终点为 PWM 信号的上升沿，即下降沿延迟$(1-D)T_s$处。对于对称式 PWM 需要特别注意：对称式 PWM 中 $c_s(t)$的两个沿都被调制了，此时，由表 2.1 可知，$t_{DPWM}=T_s/2$。等效终点为前一个开关周期结束后延迟 $T_s/2$ 处，因此，对称调制的延迟时间和占空比无关。

2.6 数字控制设计中使用平均模型

如第 1 章所述，平均小信号建模的发展与模拟控制设计息息相关。在利用平均建模方法解决电力电子设计问题方面，人们已经积累了丰富的经验，建立了有实用价值的知识体系，正在试图将同样的建模方法应用于数字控制设计。基于下面的观察与思考，本节的目的在于讨论这种方法的精确性，重点介绍其局限性：

1）正如上一节所讨论的，不同于模拟控制中自然采样，数字控制中的 USPWM 会引入调制延迟，该延迟影响了控制环路的动态特性。额外引入的延迟可能影响平均模型。

2）平均模型忽略了变换器的高频部分。高频部分会因为抽样造成混叠影响低频成分。

如果使用平均模型，只能近似地处理上述两个缺陷。一个可能的近似方法是，假设数字控制器抽样采样输出取样信号的平均值，以忽略混叠效应，否则结果就是不确定。事实上，数字控制设计必须基于第 3 章介绍的离散时间的建模方法。

本节我们通过控制环路设计实例说明平均小信号模型的局限性。随后讨论了如何对平均小信号模型进行改进以及使用数字控制方法和模型近似的条件。

2.6.1 平均模型的局限性

仍然以图 2.1 中的数字电压模式控制的降压变换器来举例说明在数字控制系统中应用平均小信号模型的不准确性。图 2.1 中的降压变换器的参数和 1.5.1 节中降压电路的参数一样，见表 1.2。假设数字控制器采用了后沿调制，并且控制时间示意图如图 2.17 所示。为了更好地和模拟系统对比，假设 $N_r=1$，并且忽略了幅值量化。控制延迟 t_{cntrl} 为一个可变参数。

假设变换器采用了平均模型，如 1.3 节所示。连续时间平均模型中，连续时间补偿器的设计过程参考 1.5.1 节，参数没有任何改变。补偿器的传递函数 $G_c(s)$ 最终 s 域表达式为

$$G_c(s) = \underbrace{\left(1+\frac{\omega_1}{s}\right)}_{\text{PI}} \cdot \underbrace{G_{PD0}\frac{1+\dfrac{s}{\omega_z}}{1+\dfrac{s}{\omega_p}}}_{\text{PD}} \cdot \underbrace{\frac{1}{1+\dfrac{s}{\omega_{p2}}}}_{\text{高频极点}} \tag{2.33}$$

其中

$$\omega_1 = 2\pi\cdot(8\text{kHz})$$
$$\omega_z = 2\pi\cdot(40\text{kHz})$$
$$\omega_p = 2\pi\cdot(250\text{kHz})$$

$$\omega_{p2} = 2\pi \cdot (1\text{MHz}) \tag{2.34}$$
$$G_{PD0} = 6.2$$

如 2.3 节所述，通过离散化 $G_c(s)$ 可以获得数字补偿器的传递函数。$G_c(s)$ 频域特性和其双线性变换后的频域特性如图 2.14 所示。补偿器设计的最后步骤是离散化。

将本章介绍的设计方法归纳为如下步骤：

1）根据标准的 $T_u(s)$ 平均模型方法建立变换器的模型。在 s 域中获得未补偿的环路增益 $T_u(s)$ 的表达式。

2）基于传统的模拟控制设计方法，设计出连续时间域的补偿器，获得补偿器 $G_c(s)$ 的 s 域表达式。

3）对 $G_c(s)$ 做双线性变换，获得数字补偿器 $G_c(z)$。

图 2.20 比较了稳态时模拟控制和数字控制的波形（数字控制系统中 t_{cntrl} = 400ns）。模拟控制时，系统调节输出电压 $v_o(t)$ 的直流分量 V_o，等于 V_{ref} = 1.8V。数字控制时，数字控制器调节其采样波形。这个例子说明，由抽样引起的直流混叠效应会影响调节结果，如 2.2.1 节所述。

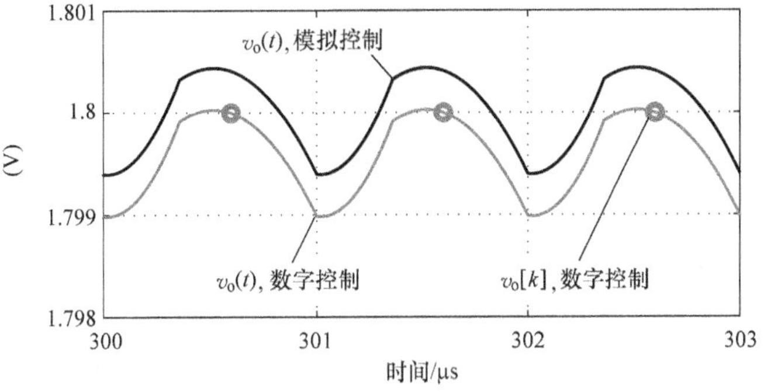

图 2.20　对比模拟控制和数字控制的稳态输出电压波形

下面考虑不同扰动作用时系统的闭环响应。图 2.21 为参考信号 V_{ref} 由 1.79V 跃变至 1.8V 时输出电压时域波形，两者的超调量和调节时间都有明显差别。图 2.22 为负载电流从 2.5A 跃变至 5A 时的输出电压时域波形。虽然离散域和连续域补偿器的频率响应几乎一致（见图 2.14），但是系统的闭环特性还是有所不同。这种差异是由于调制器和功率电路的频域特性有差异造成的。正如预料中的那样，在数字系统环路中，没有考虑整个环路的延迟 t_d。这种延迟造成了额外的相位滞后，最终造成了相位裕度的减少，造成超调量变大和调节时间变长。

下面检验 $t_d = t_{cntrl} + t_{DPWM}$ 对控制系统的影响。t_{cntrl} 和 t_{DWPM} 都会影响系统的相位裕度。图 2.23 中分别对比了 t_{cntrl} 为 0ns、400ns、600ns 时参考信号的阶跃响应。增加 t_{cntrl} 时间会增加 t_d 时间，很明显会降低系统的稳定裕度。另外一个对比，如

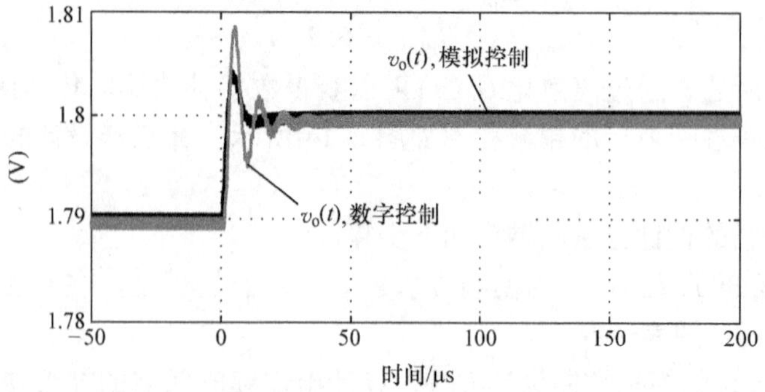

图 2.21 模拟控制和数字控制对比：参考信号 1.79V 阶跃至 1.8V 时的响应

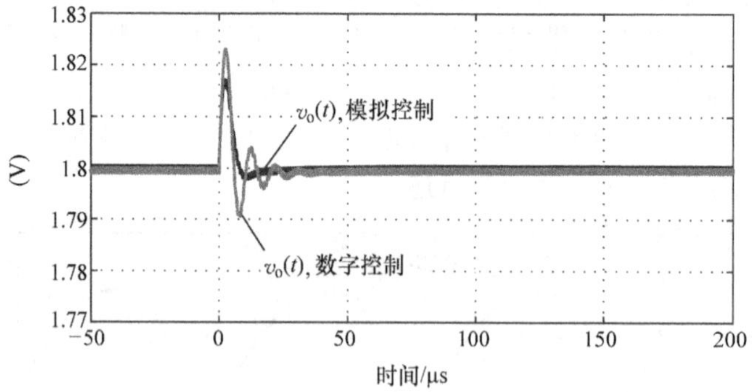

图 2.22 模拟控制和数字控制对比：负载 2.5A 阶跃至 5A 时的响应

图 2.24 所示，重点关注一下模拟控制和数字控制的动态特性的差异。图 2.24 中，t_{DPWM}变化而 t_{cntrl}不变。假设控制设定为 $V_{ref}=3.3V$ 而不是 1.8V。稳态时占空比从 $D=0.36$ 变化至 0.66。平均模型中，这样的占空比变化不会影响降压变换器的小信号动态模型。但是在数字控制中，稳态时的静态工作点变化会造成 t_{DPWM}变化。从表 2.1 可知，$t_{DPWM}=DT_s$。所以调制延迟会随着稳态时占空比 D 成正比例增加。如图 2.24 所示，额外引入的延迟会造成闭环响应明显的不同。$V_{ref}=3.3V$ 时，阻尼小；$V_{ref}=1.8V$ 时，阻尼大。

2.6.2 数字控制的变换器的平均模型

上述例子并不能说明环路延迟在构建补偿器传输函数方面隐含的缺陷。现在的问题是：可不可以使用一种简单的方法将环路的延时引入至平均模型中，解决上述问题呢？在某种条件下，答案是可以的。下面展开讨论：

按照第 1 章所提出的平均模型，无论 PWM 信号是模拟控制器还是数字控制器产生的，平均小信号模型的动态特性都是由 PWM 信号 $c(t)$ 的基波分量$\hat{d}(t)$决定的。如 2.5 节讨论的那样，数字控制本身具有的性质使得环路中引入了环路延迟

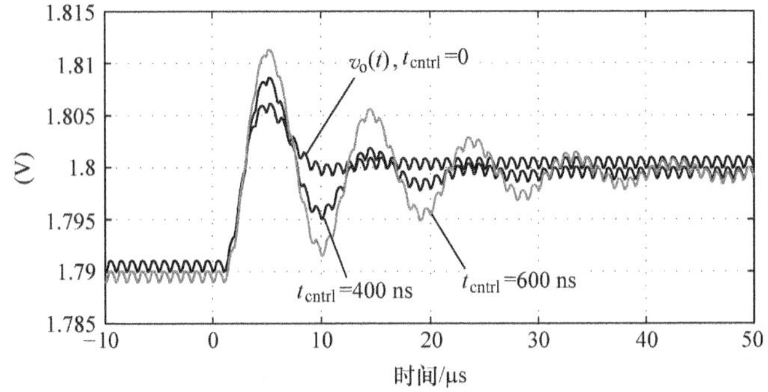

图 2.23　控制延迟的作用：参考信号 1.79V 阶跃至 1.8V 时的输出电压响应

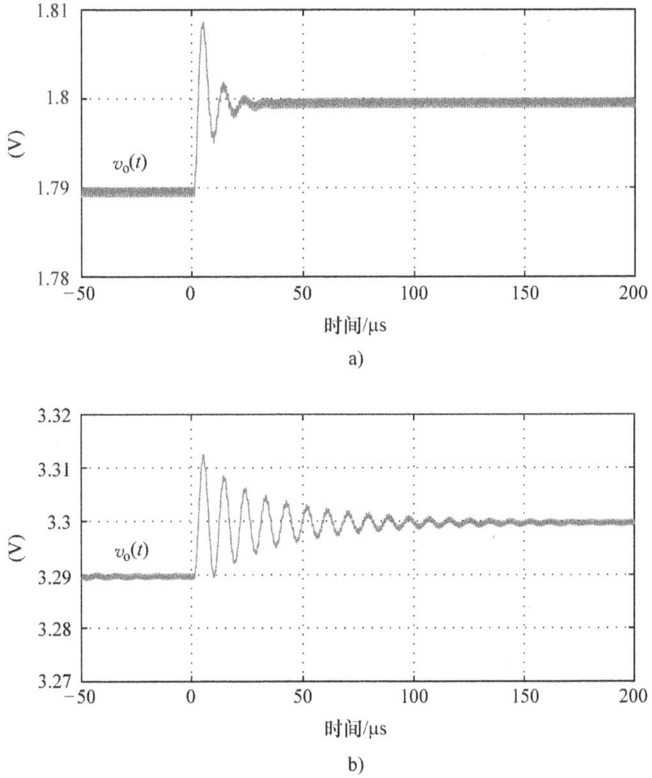

图 2.24　工作点引起的调制延迟对比：a）参考信号 1.79V 阶跃至 1.8V 时的输出电压响应；b）参考信号 3.29V 阶跃至 3V 时的输出电压响应

t_d，t_d 为采样事件发生至调制沿产生的这一段时间。为此，下面定义“等效未补偿环路增益”是平均小信号模型级联环路延迟模型：

$$\boxed{T_u^{\dagger}(s) \triangleq T_u(s)e^{-st_d}} \tag{2.35}$$

考虑环路延迟后，需要基于$T_u^\dagger(s)$而不是$T_u(s)$设计补偿器。式（2.35）的定义常被用来设计控制器。某种程度上讲，它是对动态特性真正的建模。如图 2.25 所示，数字补偿器对应了抽样信号 $v_s[k]$。通常，由于存在混叠效应，$v_s[k]$的基波分量不等于 $v_s[t]$的基波分量。换句话说，数字补偿器对应的动态特性不是$T_u^\dagger(s)$的特性，而是第 3 章提出的离散时间模型对应的动态特性。只有当满足下列假设的情况下，抽样信号近似等于其平均值，即

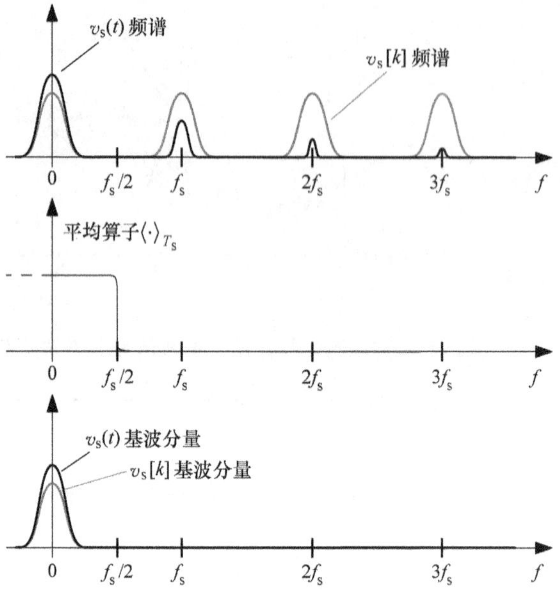

图2.25 $v_s(t)$、$v_s[k]$（上图）和平均算子（中图）以及$v_s(t)$、$v_s[k]$基波（下图）的频谱

$$\boxed{v_s[k] \approx \overline{v}_s(t_k)} \tag{2.36}$$

$v_s(t)$的基波分量和 $v_s[k]$的基波分量近似相等。此时，数字补偿器的行为就如同先抽样再控制了变换器的平均模型一样。式（2.36）就是小混叠近似条件。通常，小混叠近似的有效性必须根据实际工况严格核对。下面讨论小混叠近似条件成立的两个重要工况：

1）被控变量是已经滤除了高频纹波的状态变量，如输出电压。这种情况下，抽样信号的动态特性主要由平均波形主导，和纹波无关。

2）控制器在纹波分量为 0 的特殊时刻对波形进行采样。比如，采用对称调制时，可以采样电感电流的平均值，如图 2.6 所示。此时，纹波的峰 - 峰值虽然很大，产生的混叠很小，小混叠近似条件满足。

在上述条件中可以满足式（2.36）条件，设计过程可以采用上一章提出的方法，唯一需要例外的是，使用 $T_u^\dagger(s)$而不是 $T_u(s)$设计补偿器。

在以上讨论的例子中，假设存在这样的情况：输出电压被很好地滤波和调节。实际的环路特性描述为

$$T^\dagger(s) \triangleq G_c(s)T_u^\dagger(s) = G_c(s)T_u(s)e^{-st_d} \tag{2.37}$$

图 2.26 对比了实际的环路增益 $T^\dagger(s)$和 $T(s)$的伯德图，两者都采用传统的平均小信号模型。此外，也用了数值仿真的方法对比了 $T^\dagger(s)$和 $T(s)$的环路增益。

实际上，因环路延迟 t_d（t_d =600ns）引起的额外增加的相位滞后在 $T^{\dagger}(s)$ 中很好地表示出来。

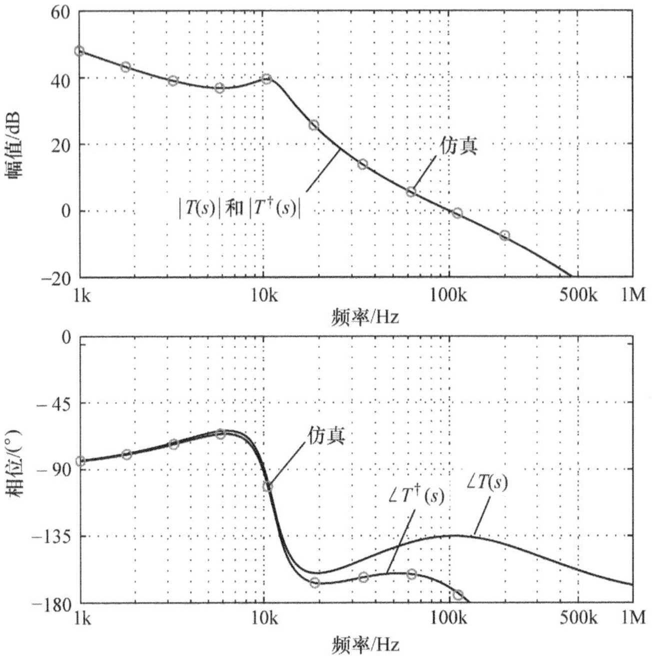

图 2.26　传统的和实际的小信号环路动态特性对比

更深层次关于 $T_u^{\dagger}(s)$ 近似的讨论见第 3 章，并且附有数值实例。

上述讨论说明：最适合建模和设计数字控制系统的方法并非平均建模法。第 3 章中，提出了一种不同的建模方法，即离散时间建模。这种建模方法可以包含本章节内所有聚焦的问题。在所有场合中都可以采用这种方法设计数字控制环路。

2.7　要点总结

1）数字控制环路中的主要器件有 A/D 转换器、数字补偿器和 DPWM。控制器的抽样频率和变换器的开关频率同步。采样频率等于开关频率可以减少混叠效应。

2）在控制环路中，数字控制中的模块引入了延迟，在设计中必须考虑这种延迟。

3）与在模拟控制中使用的自然采样 PWM 不同，USPWM 带来了几乎所有的环路延迟。这种和调制有关的延迟与 PWM 的载波以及变换器的静态工作点有关。

4）传统的连续时间平均小信号模型只能近似表述环路延迟。在小混叠近似条件下，即采样信号等于取样信号的平均值，整个环路的延迟被视为未补偿的 s 域环路增益的传输延迟。通常，这只是一种近似建模方法。

第3章

离散时间建模

近些年，随着高频开关变换器数字控制的发展，离散时间建模技术成为了热门技术，它对变换器动态的描述更加切合实际特性，也更为精确[36,125,128-133]。离散时间建模旨在描述变换器抽样波形的动态特性。在此过程中，并不需要进行平均。

有趣的是，从历史的角度来看，在平均小信号建模有了广泛应用之前，人们就认为抽样数据建模是一种可以准确描述开关变换器动态过程的建模方法[125,128]。最近已经将离散时间建模方法应用于考虑了调制延迟的数字控制中。在设计高速、宽带控制环路时，2.5.2 节中曾介绍的调制延迟理论至关重要[36,131]。

本章将不仅从理论方面，还从实践的角度介绍了离散时间建模方法在 DC - DC 变换器中的应用。3.1 节介绍了离散时间建模的理论基础。3.2 节介绍了一些建模实例，并讨论了其离散时间动态特性中一些有趣的特点。如果使用了平均建模技术，则并不能预测出这些特点。相对于连续时间平均模型而言，离散时间分析及其数学模型难以用等效电路表示。在许多实例中，Matlab 代码可以高效地推导离散时间模型，并对变换器 z 域中从控制端到输出端的传递函数做出快速估算。

3.3 节介绍一类非时变拓扑变换器的建模方法。非时变拓扑变换器是指在开关过程中，变换器的拓扑不会变化，典型例子是降压变换器。对于这类变换器，可以通过离散化平均小信号模型获得其精确的离散时间模型。s 域和 z 域模型之间存在直接联系，这极大简化了数学推导的过程。

3.1 离散时间小信号建模

变换器交替工作在 S_0 和 S_1 两种状态下，两种状态对应两个拓扑，每个工作状态可用以下状态空间的线性方程组描述：

$$\begin{aligned}\frac{\mathrm{d}\boldsymbol{x}}{\mathrm{d}t} &= \boldsymbol{A}_c\boldsymbol{x}(t) + \boldsymbol{B}_c v(t) \\ \boldsymbol{y}(t) &= \boldsymbol{C}_c\boldsymbol{x}(t) + \boldsymbol{E}_c v(t)\end{aligned} \tag{3.1}$$

式中，$c\in\{0, 1\}$ 是 PWM 信号，表示拓扑状态；$\boldsymbol{x}$、v、$\boldsymbol{y}$分别为状态、输入和输出向量。因为主要关注从控制端到输出端的过程，所以假定输入向量为一个常数，即

$$v(t) = \boldsymbol{V} \tag{3.2}$$

离散时间小信号建模的基本思想是非常简单的，或许比平均建模的概念更简单。该方法可以分为以下三步：

1）首先，应依据 k 时变换器的状态向量、输入向量v 以及控制输入向量 $\boldsymbol{u}$ 来表示 $k+1$ 时的状态向量$\boldsymbol{x}$，即可得如式（3. 3）所示的一个非线性状态方程

$$\boldsymbol{x}[k+1]=\boldsymbol{f}(\boldsymbol{x}[k],\boldsymbol{V},\ u[k]) \tag{3.3}$$

式中，$\boldsymbol{f}$为非线性向量函数。

2）假设抽样状态向量与控制输入向量皆为常数，即 $\boldsymbol{x}[k+1]=\boldsymbol{x}[k]=\boldsymbol{X}$，$u[k]=U$，并将其带入式（3. 3），即

$$\boldsymbol{X}=\boldsymbol{f}(\boldsymbol{X},\boldsymbol{V},U) \tag{3.4}$$

求解可得变换器工作点 Q。

因此变换器工作点 Q 定义为

$$\boldsymbol{Q}\triangleq(\boldsymbol{X},\boldsymbol{V},U) \tag{3.5}$$

3）在工作点 Q 附近，对非线性状态方程引入扰动，并将其线性化，由此可得采样小信号状态空间动态特性，即

$$\boxed{\begin{aligned}\hat{\boldsymbol{x}}[k+1]&=\boldsymbol{\Phi}\hat{\boldsymbol{x}}[k]+\gamma\hat{u}[k]\\ \hat{\boldsymbol{y}}[k]&=\boldsymbol{\delta}\hat{\boldsymbol{x}}[k]\end{aligned}} \tag{3.6}$$

其中

$$\begin{aligned}\hat{\boldsymbol{x}}[k]&\triangleq\boldsymbol{x}[k]-\boldsymbol{X}\\ \hat{u}[k]&\triangleq u[k]-U\\ \hat{\boldsymbol{y}}[k]&\triangleq\boldsymbol{y}[k]-\boldsymbol{Y}\end{aligned} \tag{3.7}$$

相较于直流分量 $\boldsymbol{X}$、U、$\boldsymbol{Y}$ 而言，$\hat{\boldsymbol{x}}$、$\hat{u}$、$\hat{\boldsymbol{y}}$分别为抽样状态向量、控制向量以及输出向量的小信号分量。矩阵 $\boldsymbol{\Phi}$ 和 γ 分别为小信号状态矩阵和小信号控制状态矩阵[㊀]

$$\begin{aligned}\boldsymbol{\Phi}&\triangleq\left.\frac{\partial\boldsymbol{f}}{\partial\boldsymbol{x}}\right|_Q\\ \gamma&\triangleq\left.\frac{\partial\boldsymbol{f}}{\partial u}\right|_Q\end{aligned} \tag{3.8}$$

㊀ 回顾向量 $\boldsymbol{f}$ 函数关于向量 $\boldsymbol{x}$ 的导数。该矩阵的列是 $\boldsymbol{f}$ 关于各个 $\boldsymbol{x}$ 的导数：

$$\frac{\partial\boldsymbol{f}}{\partial\boldsymbol{x}}\triangleq\begin{bmatrix}\frac{\partial f_1}{\partial x_1} & \frac{\partial f_1}{\partial x_2} & \cdots & \frac{\partial f_1}{\partial x_n}\\ \frac{\partial f_2}{\partial x_2} & \frac{\partial f_2}{\partial x_2} & \cdots & \frac{\partial f_2}{\partial x_n}\\ \cdots & \cdots & \cdots & \cdots\\ \frac{\partial f_n}{\partial x_1} & \frac{\partial f_n}{\partial x_2} & \cdots & \frac{\partial f_n}{\partial x_n}\end{bmatrix}$$

该矩阵又被称为 $\boldsymbol{f}$ 相对于 $\boldsymbol{x}$ 的雅各比矩阵。

另一方面，矩阵 $\boldsymbol{\delta}$ 还可表示变换器抽样过程中不同的输出矩阵，如式（3.9）所示：

$$\boldsymbol{\delta} \triangleq \begin{cases} \boldsymbol{C}_1 & \text{如果采样发生在子拓扑 } S_1 \text{ 期间} \\ \boldsymbol{C}_0 & \text{如果采样发生在子拓扑 } S_0 \text{ 期间} \end{cases} \tag{3.9}$$

还需注意的是，矩阵$\boldsymbol{E}_c$与控制到输出小信号模型无关。

在 z 域中，式（3.6）变换为

$$\boxed{\hat{\boldsymbol{x}}(z) = (z\boldsymbol{I} - \boldsymbol{\Phi})^{-1}\boldsymbol{\gamma}\,\hat{u}(z)}$$

$$\boxed{\hat{\boldsymbol{y}}(z) = \boldsymbol{\delta}\,\hat{\boldsymbol{x}}(z)} \tag{3.10}$$

从控制端到输出端的小信号传递矩阵 $\boldsymbol{W}(z)$变换为

$$\boxed{\boldsymbol{W}(z) \triangleq \frac{\hat{\boldsymbol{y}}(z)}{\hat{u}(z)} = \boldsymbol{\delta}(z\boldsymbol{I} - \boldsymbol{\Phi})^{-1}\boldsymbol{\gamma}} \tag{3.11}$$

例如，由电感电流和输出电压定义输出向量为$\boldsymbol{y} = [i_L\ v_o]^T$，$\boldsymbol{W}(z)$为

$$\boldsymbol{W}(z) = \begin{bmatrix} G_{iu}(z) \triangleq \dfrac{\hat{i}_L(z)}{\hat{u}(z)} \\ G_{vu}(z) \triangleq \dfrac{\hat{v}_o(z)}{\hat{u}(z)} \end{bmatrix} \tag{3.12}$$

传递矩阵 $W(Z)$表示了使用离散时间建模方法得到的最终结果，这是补偿器设计的立足点。

在学习离散时间建模的常规方法之前，先介绍一个简单但很有意义的例子。这主要是为了之后在阐明该方法的基本思想时，不会因数学的复杂性而怯步。

3.1.1 入门实例：开关电感

认真考虑图 3.1a 中所示的电路以及图 3.1b 对应的时域波形。

两脉冲调制的电压源 V_A 和 V_B 为电阻 R 和电感 L 串联回路供电。在第 k 个开关周期时，RL 两端电压为

$$v_{RL}(t) = c(t)V_A - c'(t)V_B = \begin{cases} V_A, & 0 < t < d[k]T_s \\ -V_B, & d[k]T_s < t < T_s \end{cases} \tag{3.13}$$

假设采用后沿调制器，下降沿是 PWM 信号 $c(t)$唯一调制的边沿。从图 3.1b 可以看出，变换器的稳态周期轨迹的 $i_{L,s}(t)$是稳态 PWM 指令 $c_s(t)$与占空比 $D = U/N_r$ 作用的结果。小信号分量$\hat{i}_L(t)$是由 PWM 扰动$\hat{c} = c(t) - c_s(t)$造成的，其中$\hat{c}(t)$是窄脉冲。其宽度由周期控制的扰动$\hat{u}[k] = u[k] - U = (d[k] - D)N_r$决定。如图 3.1b 所示，假设在每个开关间隔起始点之前的某个时刻，采样电感的电流，以描述采样电流 $i_L[k]$的小信号动态特性。

电路的连续时间微分方程为

$$\frac{\mathrm{d}i_L}{\mathrm{d}t} = -\frac{R}{L}i_L(t) + \frac{1}{L}v_{RL}(t) \tag{3.14}$$

这是一个简单的一阶微分方程，其中 $u_{RL}(t)$ 作为输入信号。可以使用初始条件 $i_L(t_0)$ 直接求解该方程：

$$i_L(t) = e^{-\omega_p t}i_L(t_0) + \int_{t_0}^{t} v_{RL}(\tau)g(t-\tau)\mathrm{d}\tau \tag{3.15}$$

其中

$$\omega_p \triangleq \frac{R}{L} \tag{3.16}$$

和

$$g(t) = \frac{1}{L}e^{-\omega_p t}, t \geqslant 0 \tag{3.17}$$

是系统的脉冲响应。

由式（3.15），并且依据 t_k 与 t_{k+1} 时刻之间的输入信号得到的 t_{k+1} 时刻的瞬时电流表达式为

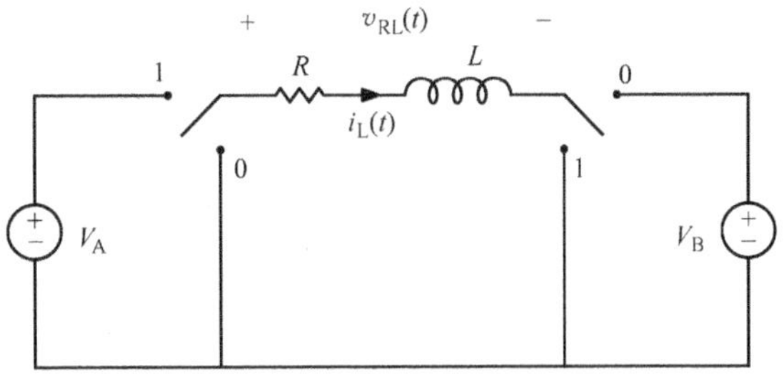

a)

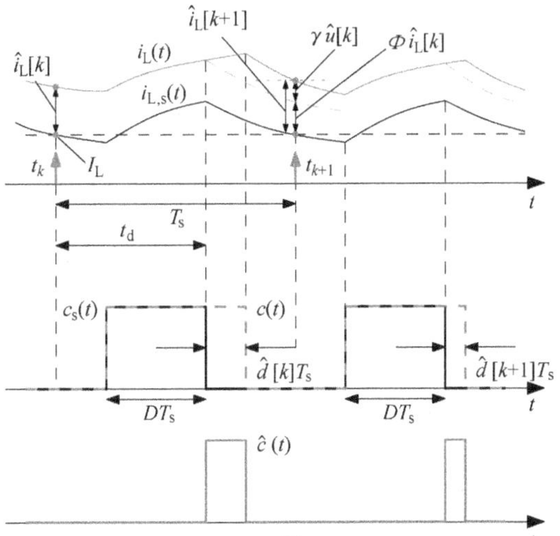

b)

图3.1　a）开关电感及b）离散时间模型推导波形

$$\begin{aligned} i_L[k+1] &= e^{-\omega_p T_s}i_L[k] + \int_{t_k}^{t_k+T_s} v_{RL}(\tau)g(T_s+t_k-\tau)\mathrm{d}\tau \\ &= f(i_L[k], \boldsymbol{V}, u[k]) \end{aligned} \tag{3.18}$$

若系统的输入向量为 $\boldsymbol{V}=[V_A, V_B]^T$，上式是 RL 网络的非线性方程组（3.3）。该方程描述了采样电感电流最一般的、无近似的动态表达式。

为了确定稳态工作点，令

$$i_L[k+1] = i_L[k] \triangleq I_L \tag{3.19}$$

假设恒定的控制输入 U，以及恒定的占空比 D，则

$$v_{RL,s}(t) = c_s(t)V_A - c'_s(t)V_B = \begin{cases} V_A, & 0 \leqslant t \leqslant DT_s \\ -V_B, & DT_s \leqslant t \leqslant T_s \end{cases} \tag{3.20}$$

由式（3.18）得

$$\begin{aligned} I_L(1-e^{-\omega_p T_s}) &= \int_{t_k}^{t_k+T_s} v_{RL,s}(\tau)g(T_s+t_k-\tau)\mathrm{d}\tau \\ \Rightarrow I_L &= \frac{\int_{t_k}^{t_k+T_s} v_{RL,s}(\tau)g(T_s+t_k-\tau)\mathrm{d}\tau}{1-e^{-\omega_p T_s}} \end{aligned} \tag{3.21}$$

我们没有兴趣求得积分的显式表达式，而重点强调的是，i_L 代表采样时刻电感电流的稳态值。它并不是稳态电感电流波形 $i_{L,s}(t)$的平均值：

$$I_L \triangleq i_{L,s}(t_k) \neq \bar{i}_{L,s}(t) \tag{3.22}$$

离散时间模型推导的最后一步为引入扰动，并在式（3.18）所示的稳态工作点附近的 $\boldsymbol{Q}=(I_L, \boldsymbol{V}, U)$做线性化处理，作如下替换：

$$\begin{aligned} &i_L[k] \to I_L + \hat{i}_L[k] \\ &u[k] \to U + \hat{u}[k] \quad （即\, d[k] \to D + \hat{d}[k]） \\ &c(t) \to c_s(t) + \hat{c}(t) \end{aligned} \tag{3.23}$$

输入扰动$\hat{v}_{RL}(t)$作用于 RL 串联回路：

$$\hat{v}_{RL}(t) = \hat{c}(t)V_A - \hat{c}'(t)V_B = (V_A + V_B)\hat{c}(t) \tag{3.24}$$

描述扰动的状态方程为

$$\begin{aligned} \hat{i}_L[k+1] &= e^{-\omega_p T_s}\hat{i}_L[k] + \int_0^{T_s}\hat{v}_{RL}(\tau)g(T_s-\tau)d\tau \\ &= e^{-\omega_p T_s}\hat{i}_L[k] + (V_A+V_B)\int_{t_d}^{t_d+\hat{d}[k]T_s} g(T_s-\tau)d\tau \end{aligned} \tag{3.25}$$

对于$\hat{d}$而言，这个方程仍然是非线性的。对所需的采样电感电流的小信号模型进行一阶泰勒公式展开：

$$\begin{aligned} \hat{i}_L[k+1] &\approx e^{-\omega_p T_s}\hat{i}_L[k] + (V_A+V_B)g(T_s-t_d)\hat{d}[k]T_s \\ &= e^{-\omega_p T_s}\hat{i}_L[k] + \frac{V_A+V_B}{L}e^{-\omega_p(T_s-t_d)}\hat{d}[k]T_s \end{aligned} \tag{3.26}$$

或者

$$\hat{i}_L[k+1] = \boldsymbol{\Phi}\hat{i}_L[k] + \gamma\hat{u}[k] \tag{3.27}$$

且

$$\begin{aligned} &\boldsymbol{\Phi} \triangleq e^{-\omega_p T_s} \\ &\gamma \triangleq \frac{T_s}{N_r}e^{-\omega_p(T_s-t_d)}\frac{V_A+V_B}{L} \end{aligned} \tag{3.28}$$

在 z 域中，对开关 RL 串联网络的小信号的离散时间模型为

$$\begin{aligned} G_{iu}(z) &\triangleq \frac{\hat{i}_L(z)}{\hat{u}(z)} = \frac{1}{z-\boldsymbol{\Phi}}\gamma \\ &= \frac{T_s}{N_r}\frac{V_A+V_B}{L}\frac{e^{-\omega_p(T_s-t_d)}z^{-1}}{1-e^{-\omega_p T_s}z^{-1}} \end{aligned} \tag{3.29}$$

特殊的情况是当 $R \to 0$ 时，在这种情况下，有

$$G_{iu}(z) \xrightarrow{R\to 0} \frac{T_s}{N_r}\frac{V_A+V_B}{L}\frac{z^{-1}}{1-z^{-1}} \tag{3.30}$$

毫不奇怪，一个理想的开关电感的离散时间模型是一个离散时间积分器。一个单步延迟的存在意味着，控制信号 $u[k]$ 在采样时刻 k 变化，在 $k+1$ 时刻时体现。

3.1.2　一般情况

上述推导重点介绍了离散时间建模过程的基本情况。现将推导过程扩展到一般情况。

假设使用后沿调制器。扩展上节开关电感的定义，用 $\boldsymbol{x}_s(t)$ 表示由稳态 PWM 指令 $c_s(t)$ 决定的稳态变量，用 $\hat{\boldsymbol{x}}(t)$ 表示由扰动 PWM 指令 $\hat{c}(t)=c(t)-c_s(t)$ 决定的小信号分量。为了不失其一般性，进一步假设采样发生在拓扑状态 S_0 时，用 t_d 表示从采样时间点到调制信号 $c_s(t)$ 调制边沿的间隔时间。值得注意的是，在 2.5 节中 t_d 表示环路总延迟。

在给定的一个拓扑状态 S_c 下，初始状态为 $\boldsymbol{x}(t_0)$ 时，式（3.1）的通解为

$$\boldsymbol{x}(t) = e^{\boldsymbol{A}_c(t-t_0)}\boldsymbol{x}(t_0) + \int_{t_0}^{t} e^{\boldsymbol{A}_c(t-\tau)}\boldsymbol{B}_c\boldsymbol{V}d\tau \tag{3.31}$$

推导离散时间小信号建模的第一步是：在切换间隔期间重复使用式（3.31），用 $\boldsymbol{x}[k]$、$\boldsymbol{V}$ 和 $u[k]$ 表示 $\boldsymbol{x}[k+1]$。我们必须记住，上述处理过程基于状态向量是时间的连续函数，因此不包括开关瞬间的非连续点。

一旦得到 $\boldsymbol{f}$ 的表达式，步骤 2 和 3 的小信号建模过程并没有太多困难。如图 3.2 所示，有如下结果，状态矩阵的表达式为

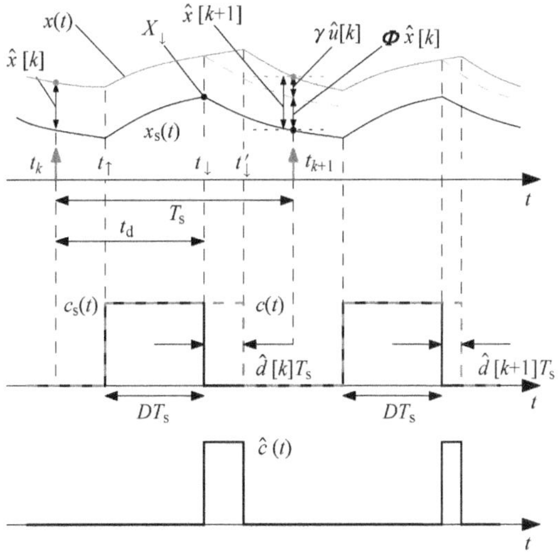

图 3.2　离散时间模型推导的波形

$$\boxed{\boldsymbol{\Phi} \triangleq \left.\frac{\partial \boldsymbol{f}}{\partial \boldsymbol{x}}\right|_Q = e^{\boldsymbol{A}_0(T_s-t_d)}e^{\boldsymbol{A}_1 DT_s}e^{\boldsymbol{A}_0(t_d-DT_s)}} \tag{3.32}$$

输入矩阵的表达式为

$$\boxed{\gamma \triangleq \left.\frac{\partial \boldsymbol{f}}{\partial u}\right|_Q = \frac{T_s}{N_r}e^{\boldsymbol{A}_0(T_s-t_d)}[(\boldsymbol{A}_1\boldsymbol{X}_1+\boldsymbol{B}_1\boldsymbol{V})-(\boldsymbol{A}_0\boldsymbol{X}_\downarrow+\boldsymbol{B}_0\boldsymbol{V})]} \tag{3.33}$$

如图 3.2 所示，向量 $\boldsymbol{X}_\downarrow \triangleq \boldsymbol{x}_s(t_\downarrow)$ 是 $\boldsymbol{x}_s(t)$ 在 $c_s(t)$ 的调制边沿的值。$\boldsymbol{X}_\downarrow$ 是由变换器的工作点推导而来，等于

$$\boldsymbol{X}_\downarrow = (I-e^{\boldsymbol{A}_1 DT_s}e^{\boldsymbol{A}_0 D'T_s})^{-1}[-e^{\boldsymbol{A}_1 DT_s}\boldsymbol{A}_0^{-1}(\boldsymbol{I}-e^{\boldsymbol{A}_0 D'T_s})B_0 - A_1^{-1}(\boldsymbol{I}-e^{\boldsymbol{A}_1 DT_s})B_1]\boldsymbol{V} \tag{3.34}$$

尽管表达式复杂，但是式（3.32）和式（3.33）都有明确的物理解释。首先，

当$\hat{u}=0$时，注意$\boldsymbol{\Phi}$的表达式可以认为是将指数运算符$e^{\boldsymbol{A}_c t}$重复应用于初始状态$\hat{\boldsymbol{x}}[k]$。因此，$\boldsymbol{\Phi}$的表达式反映了在无控制扰动时，状态变量的扰动如何从变换器的不同拓扑状态到开关区间一步一步传递的㊀。

$$\underbrace{\hat{\boldsymbol{x}}[+1]}_{在t_{k+1}状态} = \underbrace{e^{\boldsymbol{A}_0(T_s-t_d)}}_{从t_{\downarrow}=t'_{\downarrow}到t_{k+1}} \cdot \underbrace{e^{\boldsymbol{A}_1 DT_s}}_{从t_{\uparrow}到t_{\downarrow}=t'_{\downarrow}} \cdot \underbrace{e^{\boldsymbol{A}_0(t_d-DT_s)}}_{从t_k到t_{\uparrow}} \cdot \underbrace{\hat{\boldsymbol{x}}[k]}_{在t_k状态} \tag{3.35}$$

至于矩阵γ，它表示了当$\hat{\boldsymbol{x}}[k]=0$时，小信号状态分量在微小区间$\hat{d}[k]T_s$内线性传输。$\hat{d}[k]T_s$表示从$t'_{\downarrow}$到$t_{k+1}$的时间区间。

$$\underbrace{\hat{\boldsymbol{x}}[k+1]}_{在t_{k+1}状态} = \underbrace{e^{\boldsymbol{A}_0(T_s-t_d)}}_{从t'_{\downarrow}到t_{k+1}} \underbrace{\underbrace{[(\boldsymbol{A}_1\boldsymbol{X}_{\downarrow}+\boldsymbol{B}_1\boldsymbol{V})-(\boldsymbol{A}_0\boldsymbol{X}_{\downarrow}+\boldsymbol{B}_0\boldsymbol{V})]}_{t_{\downarrow}时\hat{x}(t)的斜率}\underbrace{\frac{\hat{u}[k]}{N_r}}_{按时扰动}T_s}_{从t_{\downarrow}到t'_{\downarrow}} \tag{3.36}$$

最终，式（3.6）是两个传输的线性叠加。

3.1.3 用于 PWM 的基本类型的离散时间模型

表3.1～表3.3总结了三种最常见的PWM小信号矩阵$\boldsymbol{\Phi}$、$\boldsymbol{\gamma}$和$\boldsymbol{\delta}$的表达式，上述表达式可通过简单应用3.1节中推导过程获得。表达式和抽样示意图有关。注意，对于后沿和对称PWM时，假设在子拓扑S_0区间抽样；而前沿PWM时，假设在子拓扑S_1区间抽样。其他情况，在这里并没有考虑，但是也可以轻松地推导出结论。

注意，小信号模型的所有矩阵都直接从矩阵$\boldsymbol{A}_c$和$\boldsymbol{B}_c$得到。过程可以通过如3.2节实例中的那样做数值化计算。

表3.1 离散时间小信号模型－后沿调制

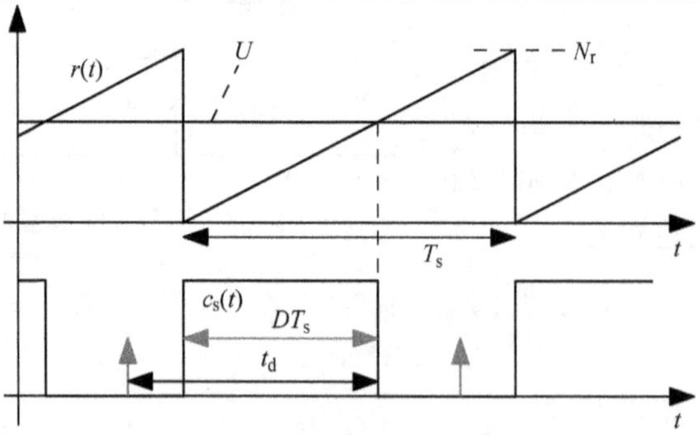

离散时间模型

$$\boldsymbol{\Phi}=e^{\boldsymbol{A}_0(T_s-t_d)}e^{\boldsymbol{A}_1 DT_s}e^{\boldsymbol{A}_0(t_d-DT_s)}$$

$$\gamma=\frac{T_s}{N_r}e^{\boldsymbol{A}_0(T_s-t_d)}\boldsymbol{F}_{\downarrow}$$

$$\boldsymbol{\delta}=\boldsymbol{C}_0$$

㊀ 每个拓扑状态的持续时间为延迟时间。——译者注

（续）

$$\boldsymbol{F}_{\downarrow} \triangleq (\boldsymbol{A}_1\boldsymbol{X}_{\downarrow} + \boldsymbol{B}_1\boldsymbol{V}) - (\boldsymbol{A}_0\boldsymbol{X}_{\downarrow} + \boldsymbol{B}_0\boldsymbol{V})$$

$$\boldsymbol{X}_{\downarrow} = (\boldsymbol{I} - \mathrm{e}^{\boldsymbol{A}_1 DT_s}\mathrm{e}^{\boldsymbol{A}_0 D'T_s})^{-1} \cdot [-\mathrm{e}^{\boldsymbol{A}_1 DT_s}\boldsymbol{A}_0^{-1}(\boldsymbol{I} - \mathrm{e}^{\boldsymbol{A}_0 D'T_s})\boldsymbol{B}_0 - \boldsymbol{A}_1^{-1}(\boldsymbol{I} - \mathrm{e}^{\boldsymbol{A}_1 DT_s})\boldsymbol{B}_1]\boldsymbol{V}$$

表 3.2　离散时间小信号模型 - 前沿调制

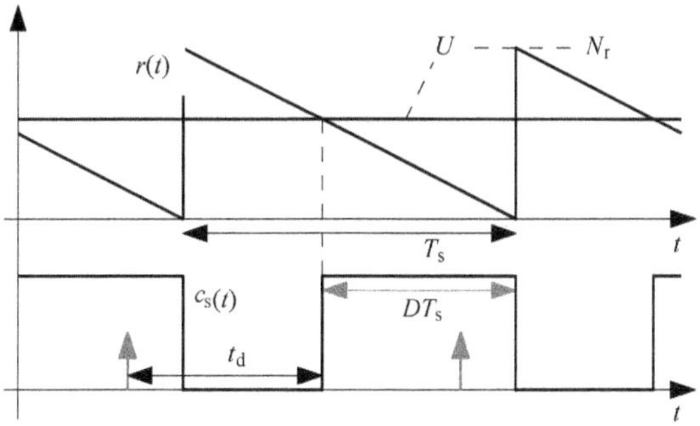

离散时间模型

$$\boldsymbol{\Phi} = \mathrm{e}^{\boldsymbol{A}_1(t_d - D'T_s)}\mathrm{e}^{\boldsymbol{A}_0 D'T_s}\mathrm{e}^{\boldsymbol{A}_1(T_s - t_d)}$$

$$\boldsymbol{\gamma} = \frac{T_s}{N_r}\mathrm{e}^{\boldsymbol{A}_0(T_s - t_d)}\boldsymbol{F}_{\uparrow}$$

$$\boldsymbol{\delta} = C_1$$

$$\boldsymbol{F}_{\uparrow} \triangleq (\boldsymbol{A}_1\boldsymbol{X}_{\uparrow} + \boldsymbol{B}_1\boldsymbol{V}) - (\boldsymbol{A}_0 X_{\uparrow} + \boldsymbol{B}_0\boldsymbol{V})$$

$$\boldsymbol{X}_{\uparrow} = \mathrm{e}^{\boldsymbol{A}_0 D'T_s}\boldsymbol{X}_{\downarrow} - \boldsymbol{A}_0^{-1}(\boldsymbol{I} - \mathrm{e}^{\boldsymbol{A}_0 D'T_s})\boldsymbol{B}_0 V$$

（$\boldsymbol{X}_{\downarrow}$ 定义见后沿调制）

表 3.3　离散时间小信号模型 - 对称调制

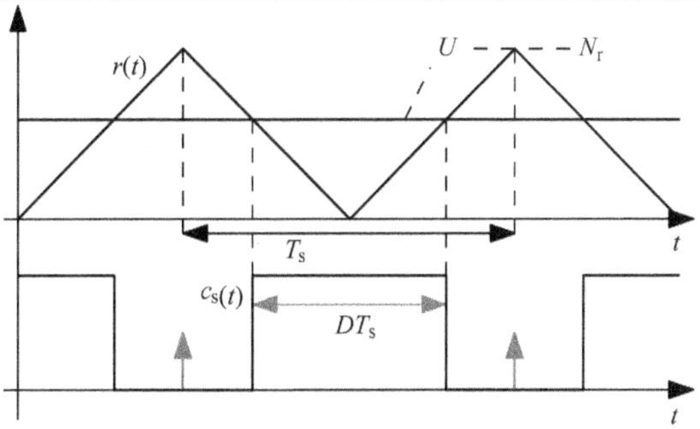

离散时间模型

$$\boldsymbol{\Phi} = \mathrm{e}^{\boldsymbol{A}_0\frac{T_s}{2}(1-D)}\mathrm{e}^{\boldsymbol{A}_1 DT_s}\mathrm{e}^{\boldsymbol{A}_0\frac{T_s}{2}(1-D)}$$

$$\gamma = \frac{T_s}{2N_r}\mathrm{e}^{\boldsymbol{A}_0\frac{T_s}{2}(1-D)}[\boldsymbol{F}_{\downarrow} + \mathrm{e}^{\boldsymbol{A}_1 DT_s}\boldsymbol{F}_{\uparrow}]$$

$$\boldsymbol{\delta} = \boldsymbol{C}_0$$

（$\boldsymbol{F}_{\uparrow}$ 和 $\boldsymbol{F}_{\downarrow}$ 定义见后沿和前沿调制）

3.2 离散时间模型实例

上一节中讨论的离散时间建模过程现在通过几个实例来说明。但是，在此之前，需要适当的简化以解决计算复杂的问题。通过查看表 3.1 ~ 表 3.3 中的方程，可以想象：即使是最简单的变换器离散时间模型的分析和推导也有相当大的计算量。其中涉及的一个关键步骤是如何计算矩阵指数：

$$e^{\boldsymbol{A}_c T}$$

无论采用何种方法，$e^{\boldsymbol{A}_c T}$的估算是一个相当漫长的过程。用于评估矩阵指数的一种方法是首先执行基础变换并且以指数容易计算的形式表达 $\boldsymbol{A}_c$。这可以是对角形式，或者更一般地，规范约旦形式[134]。一旦评估了矩阵指数，就可以通过逆变换求解。

矩阵求逆是离散时间模型公式中涉及的另一个操作。对于大于 2×2 的矩阵，逆的手动计算会很快成为计算密集的任务。

如果需要寻找相关的传递函数的闭合形式表达式，用于科学计算的软件工具如 Mathematica 当然可以绕过麻烦和易于出错的手动计算。然而，仅在各种电路参数具有明确的物理意义条件下，闭式表达式才是有用的。不幸的是，变换器传递函数在 z 域里的表达式中，其参数用指数或三角函数形式表现，难以获得其物理意义。

一种可能的但近似的方法是保留变换器传递函数的闭合形式表达式[36]

$$e^{\boldsymbol{A}_c T} \approx \boldsymbol{I} + \boldsymbol{A}_c T \tag{3.37}$$

其从分析中去除了指数或三角函数，上述近似的基础为：假设变换器自然时间常数比开关周期要小很多。

本节中以及本书其余章节中所采用的方法是数值方法。相关的传递函数通过 Matlab 进行数值评估。一些简单的 Matlab 命令提供了一种快速、可靠和整体性更好的方法来处理设计实践中的离散时间建模问题。

除非另有说明，本章和第 4 章中讨论的每个设计实例中均假定为归一化的载波振幅

$$N_r = 1 \tag{3.38}$$

通过该假设，控制信号 $u[k]$在 [0，1] 范围内变化。

3.2.1 同步降压变换器

作为第一个例子，仍然沿用第 2 章中讨论的数字电压模式控制情况，参考第 1 章表 1.2 中给出的参数。为方便参考，图 3.3 重新绘制了数字控制降压变换器的框图。

假设控制器是硬件方式实现，包含 A/D 转换器、数字补偿器和后沿数字脉冲宽度调制器（DPWM）。这种控制器的时序图如图 3.4 所示。输出电压采样时刻与每个调制周期的起始时刻间隔时间 $t_{\mathrm{cntrl}} = 400\mathrm{ns}$。

首先需要采用状态空间方法描述变换器：

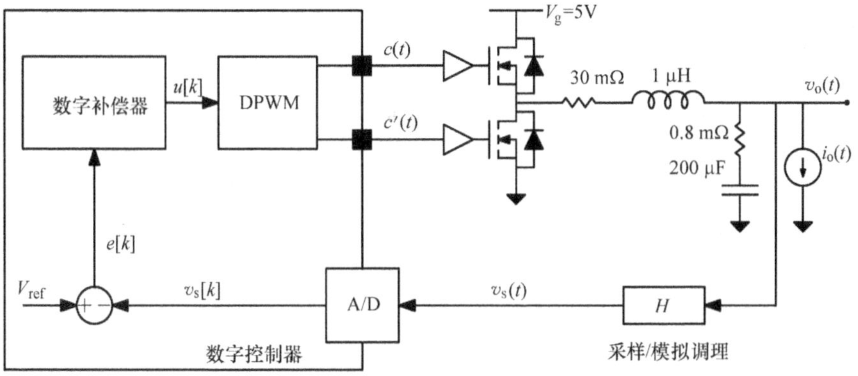

图 3.3　同步降压变换器实例：数字电压模式控制

$$\begin{cases}\begin{bmatrix}\dfrac{\mathrm{d}i_L}{\mathrm{d}t}\\ \dfrac{\mathrm{d}v_C}{\mathrm{d}t}\end{bmatrix}=\boldsymbol{A}_c\begin{bmatrix}i_L(t)\\ v_C(t)\end{bmatrix}+\boldsymbol{B}_c\begin{bmatrix}V_g\\ I_o\end{bmatrix}\\ \begin{bmatrix}i_L(t)\\ v_o(t)\end{bmatrix}=\boldsymbol{C}_c\begin{bmatrix}i_L(t)\\ v_C(t)\end{bmatrix}+\boldsymbol{E}_c\begin{bmatrix}V_g\\ I_o\end{bmatrix}\end{cases}\tag{3.39}$$

对于降压变换器而言，状态矩阵 $\boldsymbol{A}_1$ 和 $\boldsymbol{A}_0$ 相同：

$$\boldsymbol{A}_1=\boldsymbol{A}_0=\begin{bmatrix}-\dfrac{r_C+r_L}{L} & -\dfrac{1}{L}\\ \dfrac{1}{C} & 0\end{bmatrix}\triangleq\boldsymbol{A}\tag{3.40}$$

而矩阵 $\boldsymbol{B}_1$ 和 $\boldsymbol{B}_0$ 由下式给出：

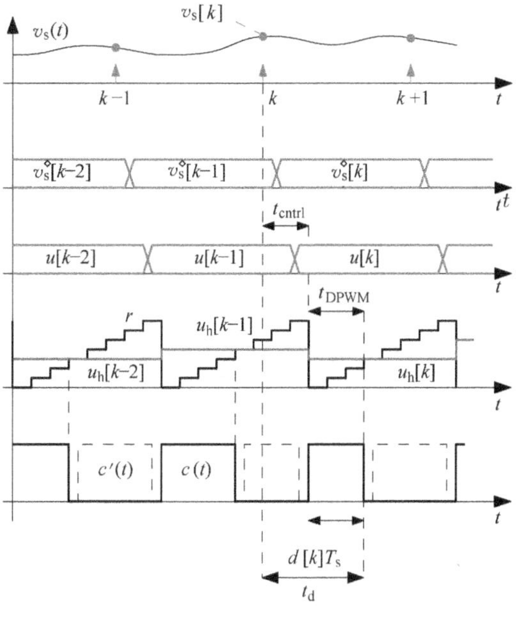

图 3.4　同步降压变换器实例：时序图

$$\begin{cases}\boldsymbol{B}_1=\begin{bmatrix}\dfrac{1}{L} & \dfrac{r_C}{L}\\ 0 & -\dfrac{1}{C}\end{bmatrix}\\ \boldsymbol{B}_0=\begin{bmatrix}0 & \dfrac{r_C}{L}\\ 0 & -\dfrac{1}{C}\end{bmatrix}\end{cases}\tag{3.41}$$

输出矩阵 $\boldsymbol{C}_c$ 如下：

$$C_1 = C_0 = \begin{bmatrix} 1 & 0 \\ r_C & 1 \end{bmatrix} \triangleq C \tag{3.42}$$

因为矩阵 $\boldsymbol{E}_c$ 不参与计算从控制端到输出端小信号模型，所以没有必要计算矩阵 $\boldsymbol{E}_c$。

变换器稳态输入量为输入电压 V_g、负载电流 I_o 和占空比 D。给定变换器参数并考虑在满载$I_o=5\text{A}$ 下：

$$\begin{aligned} V_g &= 5\text{V} \\ I_o &= 5\text{A} \\ D &= \frac{V_o}{V_g} = \frac{1.8\text{V}}{5\text{V}} = 0.36 \end{aligned} \tag{3.43}$$

由表 3.1，总环路延迟 t_d 为

$$\begin{aligned} t_d &= t_{cntrl} + t_{DPWM} \\ &= t_{cntrl} + DT_s \\ &= 400\text{ns} + 360\text{ns} = 760\text{ns} \end{aligned} \tag{3.44}$$

基于 3.1 节的结果，插图 3.1 为获得变换器的离散时间小信号模型所需的一些 Matlab 指令。

插图 3.1 – Matlab 实例：同步降压变换器

该实例给出了如何使用 Matlab 计算从控制端到输出端的小信号传递函数 $G_{vu}(z)$和 $G_{iu}(z)$。首先，定义变换器状态空间矩阵：

```
A1  =   [   -(rC+rL)/L  -1/L;    1/C 0    ];
A0  =   A1;
b1  =   [ 1/L    rC/L;    0    -1/C     ];
b0  =   [    0    rC/L;    0    -1/C];
c1  =   [1 0; rC 1];
c0  =   c1;
```

接下来，根据表 3.1 评估 $\boldsymbol{X}_{\downarrow}$。expm 方法可用于数值计算矩阵指数：

```
A1i =   A1^-1;
A0i =   A0^-1;
Xdown =   ((eye(2)-expm(A1*D*Ts)*expm(A0*Dprime*Ts))^-1)*...
           (-expm(A1*D*Ts)*A0i*(eye(2)-expm(A0*Dprime*Ts))*b0+...
                  -A1i*(eye(2)-expm(A1*D*Ts))*b1)*[Vg;Io]
```

上述 Matlab 代码假设矩阵 $\boldsymbol{A}_1$ 和 $\boldsymbol{A}_0$ 是可逆的，若建模时考虑了寄生参数（r_C，r_L），这个假设总是成立的。

然后，根据表 3.1 构建小信号模型矩阵 $\boldsymbol{\Phi}$、$\boldsymbol{\gamma}$ 和 $\boldsymbol{\delta}$：

```
Phi      =    expm(A0*(Ts-td))*expm(A1*D*Ts)*expm(A0*(td-D*Ts));
gamma    =    expm(A0*(Ts-td))*((A1-A0)*Xdown + (b1-b0)*[Vg;Io])*Ts;
delta         =         c0;
```

最后，通过将状态空间表示（$\boldsymbol{\Phi}$，$\boldsymbol{\gamma}$，$\boldsymbol{\delta}$）转换成 Matlab 传递函数对象来提取从控制端到输出端的传递函数 $G_{vu}(z)$ 和 $G_{iu}(z)$。首先，使用方法 ss 构建状态空间对象，然后使用 tf 创建传递函数对象：

```
sys     =    ss(Phi,gamma,delta(1,:),0,Ts);
Giuz    =    tf(sys);
sys     =    ss(Phi,gamma,delta(2,:),0,Ts);
Gvuz    =    tf(sys);
```

$G_{vu}(z)$ 的幅频和相频特性的伯德图如图 3.5 所示。在 $N_r=1$ 的条件下，令 $G_{vu}(s)$[⊖] $=G_{vd}(s)$，比较两种传输函数的伯德图，其中 $G_{vd}(s)$ 是平均小信号模型。这两个模型的幅频特性非常相似，只是在奈奎斯特频率 $f_s/2=500\text{kHz}$ 附近有一个很小的偏差。另一方面，两个模型的相频特性差异较大，揭示了环路延迟 t_d 产生的附加相位滞后。所以，离散时间传递函数存在着环路延迟，但 s 域平均模型中不存在环路延迟。

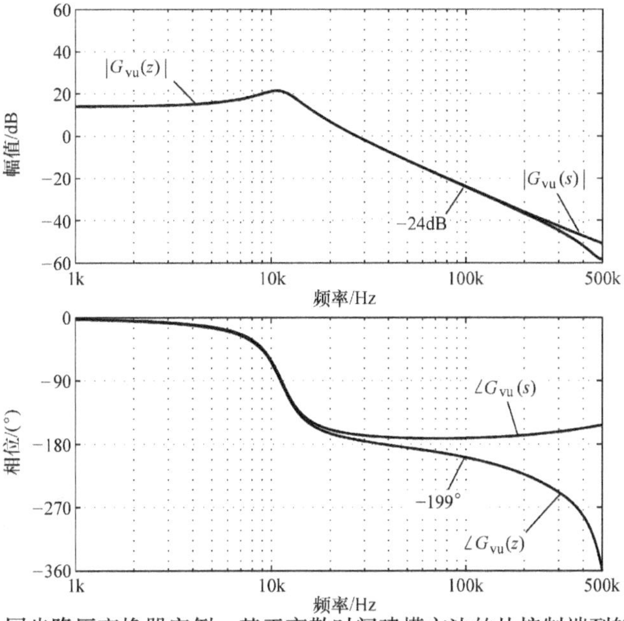

图 3.5　同步降压变换器实例：基于离散时间建模方法的从控制端到输出电压传递函数 $G_{vu}(z)$ 和基于标准平均建模方法的 $G_{vu}(s)$ 的伯德图

由于变换器输出电压中的非常小的纹波，本实例中很好地满足了 2.6.2 节中讨论的小混叠近似条件：

$$v_o[k]\approx\bar{v}_o(t_k) \tag{3.45}$$

根据 2.6.2 节中的考虑，对基于平均的小信号模型 $G_{vu}(s)$ 提供有效的校正：

$$G^{\dagger}_{vu}(s)\triangleq G_{vu}(s)\mathrm{e}^{-st_d} \tag{3.46}$$

⊖ 应为 $G_{vu}(z)$。——译者注

换句话说，期望的传递函数 $G_{vu}^{\dagger}(s)$ 应该非常接近 $G_{vu}(z)$。图 3.6 中比较了 $G_{vu}(z)$ 和 $G_{vu}^{\dagger}(s)$ 的伯德图，两者确实非常接近。然而，因为混叠效应不可能完全消失，所以在接近奈奎斯特频率附近，z 域模型和有效的 s 域模型之间仍然存在微小偏差。

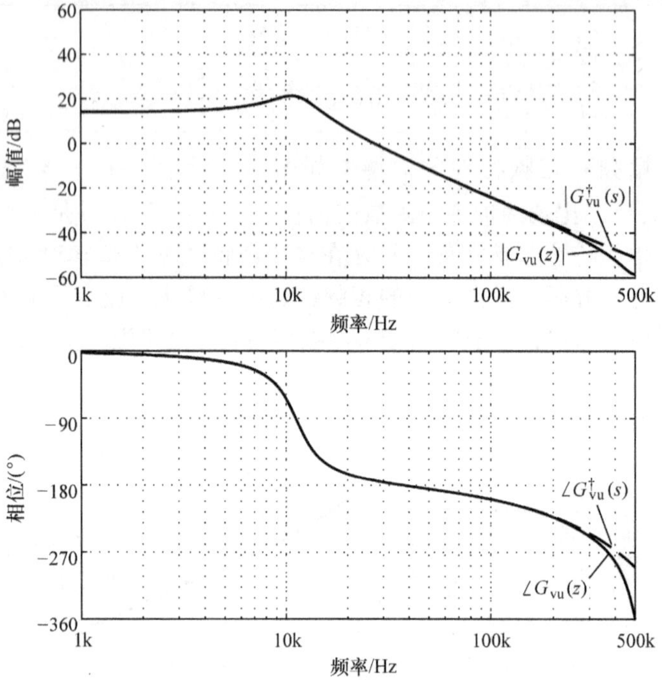

图 3.6 同步降压变换器实例：离散时间模型 $G_{vu}(z)$ 和有效的 s 域模型 $G_{vu}^{\dagger}(s) = G_{vu}(s)e^{-st_d}$ 之间的比较

接下来研究同步降压变换器数字电流控制模式，其控制对象是从控制端到电感电流的小信号动态特性。假设电流模式数字控制器的物理实现，使得电流的采样点恰好位于开关关断期间的终点㊀。为了简单起见，假设 $t_{cntrl}=0$，因此补偿器会立即更新控制命令。最终总环路延迟 t_d 等于调制延迟 $t_{DPWM}=DT_s$。

图 3.7 中所显示的 $G_{iu}(z)$ 与 $G_{iu}(s)$ 的伯德图，分别比较了采样电感电流 $\hat{i}_L[k]$ 和平均电感电流 $\hat{\bar{i}}_L(t)$ 的动态特性响应。与输出电压动态特性一样，由于存在调制延迟 $t_{DPWM}=DT_s$，在高频范围内的离散时间模型对额外的相位滞后进行了建模。更重要的是，离散时间模型和连续时间平均模型在图 3.7 所示的低频率部分存在显著差异。连续时间平均模型 $G_{iu}(s)$ 在原点 $s=0$ 处增益约为零：

$$G_{iu}(s) \triangleq \frac{\hat{\bar{i}}_L(s)}{\hat{u}(s)} = \frac{V_g}{N_r}\frac{sC}{1+s(r_L+r_C)C+s^2LC} \tag{3.47}$$

离散时间模型在原点 $z=1$ 处的增益为有限值，并非零值。这个差别是采样混叠

㊀ 即一个开关周期的起始点。——译者注

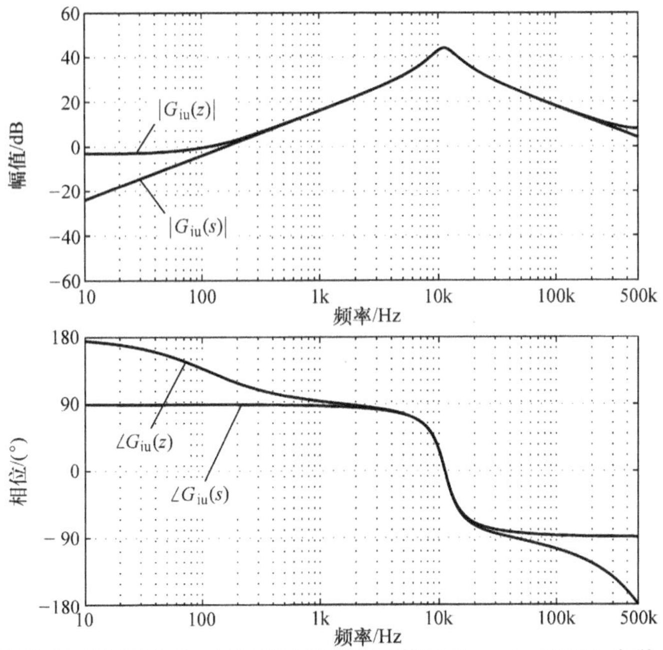

图 3.7　同步降压变换器实例：基于连续时间平均模型的 $G_{iu}(s)$ 和基于离散时间模型的 $G_{iu}(z)$ 的从控制端到电感电流传递函数的伯德图之间的比较

效应在直流处反映。

用图 3.8 说明在开关关断的终点，平均电流 $\hat{i}_L(t)$ 与采样电流 $\hat{i}_L[k]$ 的差异。在这个示例中，如果变换器的负载电流为恒定值 I_o，控制命令的静态变化 $\hat{u}$ 导致平均电感电流 $\bar{i}_L = I_o$ 保持不变，则说明在 $s = 0$ 处，$G_{iu}(s) = 0$。另一方面，由于输出电压从 $V_o = DV_g$ 变为 $V_o + \hat{v}_o = (D + \hat{d})V_g$，所以采样电流 $i_L[k]$ 存在小信号扰动 $\hat{i}_L[k]$，且电感电流纹波也相应发生了变化。忽略寄生电阻 r_L 和 r_C，有

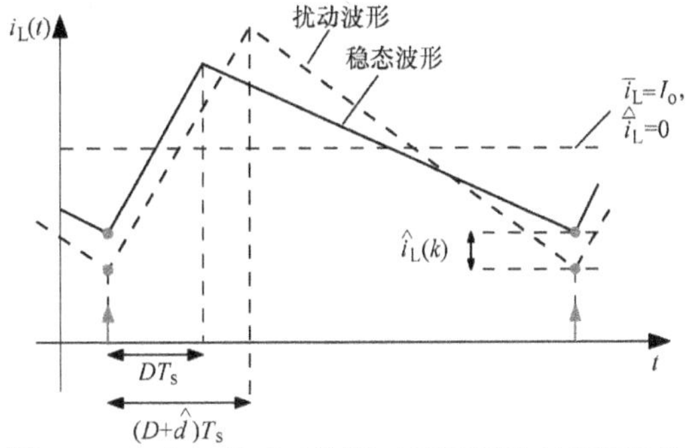

图 3.8　占空比扰动对关断时间间隔结束时采样的电感电流的影响

$$
\begin{aligned}
i_L[k] &= I_o - \frac{V_o + \hat{v}_o}{L}(1 - D - \hat{d})\frac{T_s}{2} \\
&= I_o - \frac{T_s}{2L}(D + \hat{d})(1 - D - \hat{d})V_g \qquad (3.48)
\end{aligned}
$$

因此，相对于控制扰动 $\hat{u}$ 的采样电流的小信号静态变化 $\hat{i}_L$：

$$G_{iu}(z=1) \triangleq \left.\frac{\hat{i}_L(z)}{\hat{u}(z)}\right|_{z=1} = -\frac{T_s}{N_r}\frac{(1-2D)V_g}{2L} \tag{3.49}$$

这意味着 $G_{iu}(z)$ 必须在直流处的增益表现为非零值。利用所考虑的降压变换器实例的参数：

$$G_{iu}(z=1) \approx -0.7 = -3\text{dB}\angle -180° \tag{3.50}$$

这与图 3.7 中低频处的 $G_{iu}(z)$ 的相位和幅度相吻合。

离散时间模型和低频下的平均动态特性之间的差异实质上是因为抽样时存在强烈的混叠近似造成的。在这种情况下，不存在简单的校正方法可用于改进平均小信号模型，而依赖于采样信号的数字控制器的设计必须基于已考虑了混叠效应的离散时间模型。为了表明尝试加入延迟效应改进连续平均小信号模型是远远不能满足要求的，假设从控制端到电感电流的传递函数定义为

$$G_{iu}^{\dagger}(s) \triangleq G_{iu}(s)\mathrm{e}^{-st_d},\ t_d = t_{DPWM} = DT_s \tag{3.51}$$

其目的是对由调制器引入的附加的小信号相位延迟进行建模。图 3.9 中比较了传递函数 $G_{iu}(z)$ 和 $G_{iu}^{\dagger}(s)$ 的伯德图。虽然与图 3.7 中的 $G_{iu}(s)$ 的高频特性相比，$G_{iu}^{\dagger}(s)$ 的高频特性稍微更好，但是需要注意的是：由于混叠效应的存在，$G_{iu}^{\dagger}(s)$ 不能对高频和低频特性做很好的建模。特别是在低频处，存在明显的差异。

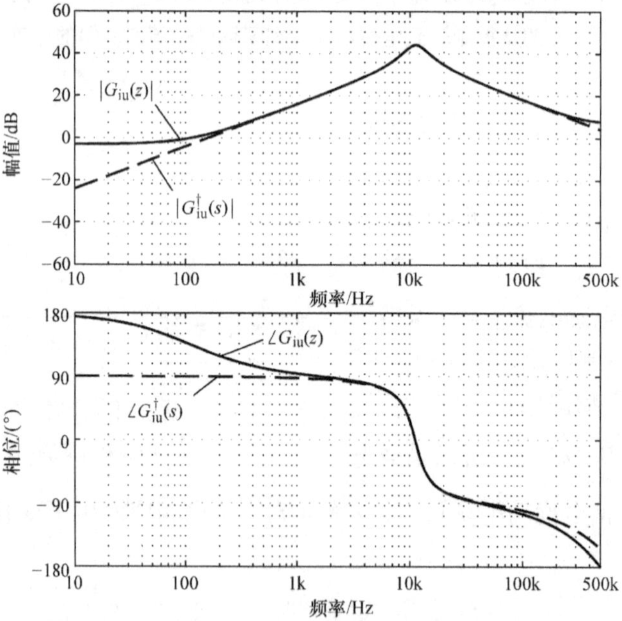

图 3.9　同步降压变换器实例：离散时间模型 $G_{iu}(z)$ 和校正后 s 域模型 $G_{iu}^{\dagger}(s)$ 的伯德图之间的比较

3.2.2　升压变换器

现在考虑 1.5.2 节中讨论的升压变换器平均电流控制的数字实现。变换器的参

数如表 1.3 所示。数字电流模式控制器的框图如图 3.10 所示。

电感电流在关断间隔的中间时刻被抽样，如图 3.11 的控制时序图所示。根据 2.2.1 节的讨论，当调节电流的平均值时，采用这种采样策略是非常合适的。该策略通过采用对称的 DPWM 并通过使采样时刻与数字载波峰值时刻同步而易于实现。

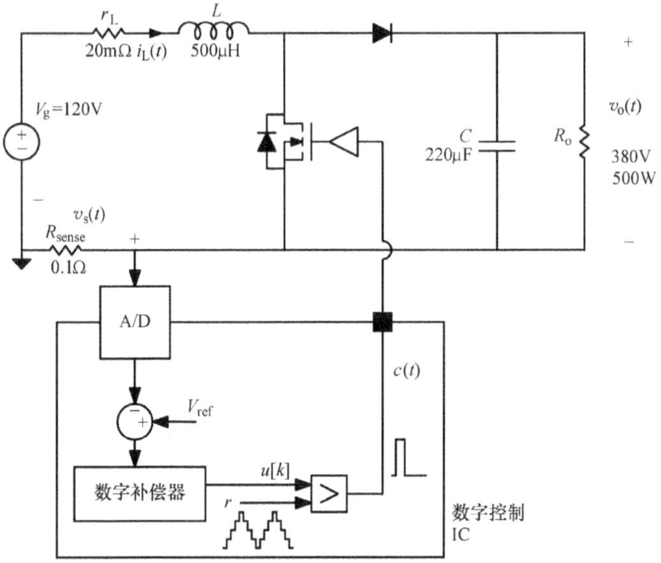

图 3.10 升压变换器的数字电流控制模式

假定在采样点与 PWM 信号周期的起始点之间 t_{cntrl} 内完成控制指令的计算，并且 DPWM 立即锁存更新的控制命令。这种控制延迟 t_{cntrl} 如图 3.11 和表 3.3 所示。需要注意的是，由于用于计算控制指令的时间 t_{cntrl} 有限，必须适当限制控制命令的值，以便限制占空比：

$$D_{max} = 1 - \frac{2t_{cntrl}}{T_s} \tag{3.52}$$

首先确定 $G_{iu}(z)$ 传递函数，即从控制端到电感电流的离散时间小信号动态模型。回想 1.4.3 节，在子拓扑 S_0 和 S_1 期间，升压变换器的状态空间矩阵分别是

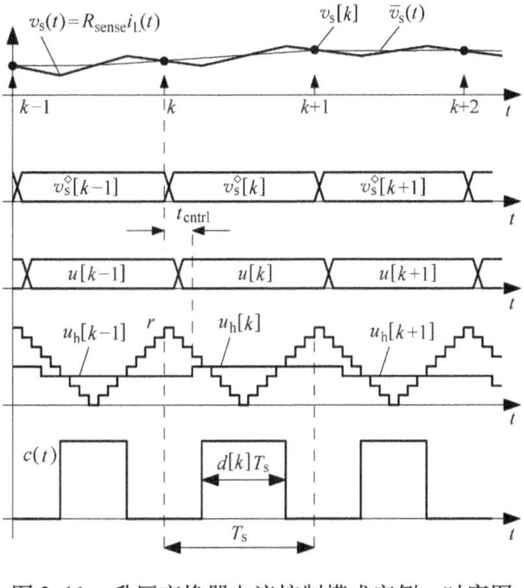

图 3.11 升压变换器电流控制模式实例：时序图

$$
\boldsymbol{A}_1 = \begin{bmatrix} -\dfrac{r_L + R_{sense}}{L} & 0 \\ 0 & -\dfrac{1}{R_o C} \end{bmatrix}
$$
$$
\boldsymbol{A}_0 = \begin{bmatrix} -\dfrac{r_L + R_{sense}}{L} & -\dfrac{1}{L} \\ \dfrac{1}{C} & -\dfrac{1}{R_o C} \end{bmatrix} \tag{3.53}
$$

而输入状态矩阵是

$$
\boldsymbol{B}_0 = \boldsymbol{B}_1 = \begin{bmatrix} \dfrac{1}{L} \\ 0 \end{bmatrix} \tag{3.54}
$$

变换器的稳态工作点由其在满功率 $P_o = 500\mathrm{W}$ 时的工作条件确定：

$$
V_g = 120\mathrm{V}, \quad D = 0.68 \tag{3.55}
$$

插图 3.2 中提供了用于升压变换器实例的 Matlab 建模代码。

插图 3.2 – Matlab 实例：升压变换器

以下为根据表 3.3，计算从控制端到电感电流传递函数 $G_{iu}(z)$ 的数值计算所使用的 Matlab 命令：

```
% Converter state-space matrices
A1 = [ -rL/L 0; 0 -1/Ro/C ];
A0  = [ -rL/L -1/L; 1/C -1/Ro/C ];
b1 = [ 1/L; 0];
b0 = b1;
c1  = [ 1 0; 0 1 ];
c0  = c1;

% Calculation of Xup and Xdown
A1i = A1^-1;
A0i = A0^-1;
Xdown = ((eye(2)-expm(A1*D*Ts)*expm(A0*Dprime*Ts))^-1)*...
                (-expm(A1*D*Ts)*A0i*(eye(2)-expm(A0*Dprime*Ts))*b0
                 +...
                   -A1i*(eye(2)-expm(A1*D*Ts))*b1)*[Vg];
Xup =   expm(A0*Dprime*Ts)*Xdown-A0i*(eye(2)-expm(A0*Dprime*Ts))
        *b2*[Vg];

Fdown    =    (A1-A0)*Xdown + (b1-b0)*[Vg;Iload;Vload];
Fup      =    (A1-A0)*Xup + (b1-b0)*[Vg;Iload;Vload];

% Small-signal model matrices
Phi      =   expm(A0*Dprime*Ts/2)*expm(A1*D*Ts)*expm(A0*Dprime*Ts/2);
gamma    =    (Ts/2)*expm(A0*Dprime*Ts/2)*(Fdown + expm(A1*D*Ts)*Fup);
delta = c0;

% Convert from state-space to transfer function object
sys  =    ss(Phi,gamma,delta(1,:),0,Ts);
Giuz =    tf(sys);
```

图 3.12 为使用插图 3.2 中的代码描述的离散时间模型 $G_{iu}(z)$ 和 1.5.2 节中连续时间平均模型 $G_{iu}(s)=G_{id}(s)$ 的伯德图之间的比较图形。如降压变换器例子所示，平均和离散时间建模之间的主要差异在于控制环路延迟导致的额外相位滞后。

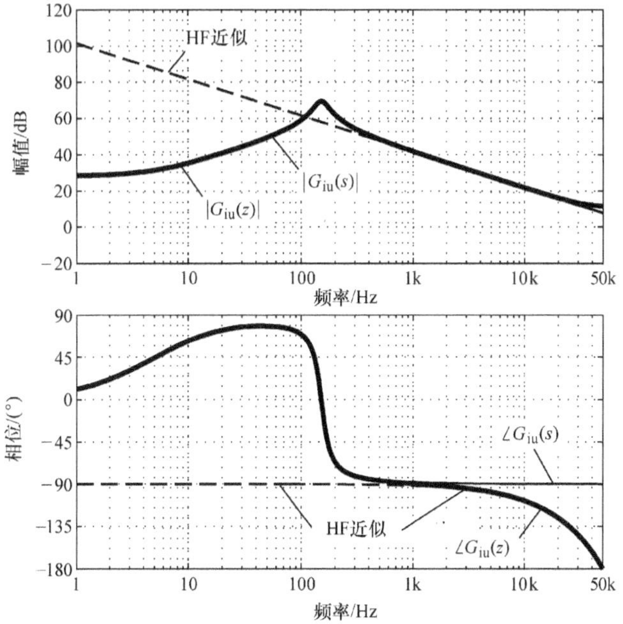

图 3.12　升压变换器实例：基于离散时间模型的从控制端到电感电流传递函数 $G_{iu}(z)$ 和基于平均模型的 $G_{iu}(s)$ 的伯德图

在 1.5.2 节中，作如下近似：

$$G_{id}(s)\approx\frac{V_o}{sL}\quad(\omega\gg\omega_0)$$

其可用来快速评估 $G_{id}(s)$ 的高频行为。对于 $G_{iu}(z)$ 存在相应的近似：

$$G_{iu}(z)\approx\frac{T_s}{N_r}\frac{V_o}{L}\frac{z^{-1}}{1-z^{-1}}\quad(\omega\gg\omega_0)\tag{3.56}$$

这种高频近似也在图 3.12 中描述。可以通过忽略输出电压的动态特性来推导出式 (3.56)。如果对 v_o 的扰动进行很好地滤波，那么这个假设对于系统响应而言是合理的[⊖]。基于该假设，升压变换器类似于图 3.1a 中所示的开关电感，其中 $V_A=V_g$ 或者 $-V_B=V_g-V_o$。

应当注意，电感电流纹波相对于平均值绝不可忽略。然而，特殊的采样策略，即使用对称 PWM 与在关断间隔的中间时刻对电感电流采样，使得采样电流约等于其平均值，也就是说

$$v_s[k]\approx\overline{v}_s(t_k)\Rightarrow i_L[k]\approx\overline{i}_L(t_k)\tag{3.57}$$

⊖ 对于电感电流而言，输出电压变化慢，近似没有变化，可假设输出电压的动态为 0。——译者注

基于 2.6.2 节的讨论，小混叠近似得到很好的满足。因此有效的 s 域模型

$$G_{iu}^{\dagger}(s) \triangleq G_{iu}(s)e^{-s\frac{T_s}{2}} \tag{3.58}$$

描述的小信号动态特性更加和 $G_{iu}(z)$ 接近。图 3.13 中比较了两者的区别，幅度响应在接近奈奎斯特频率处仅观察到微小差异。

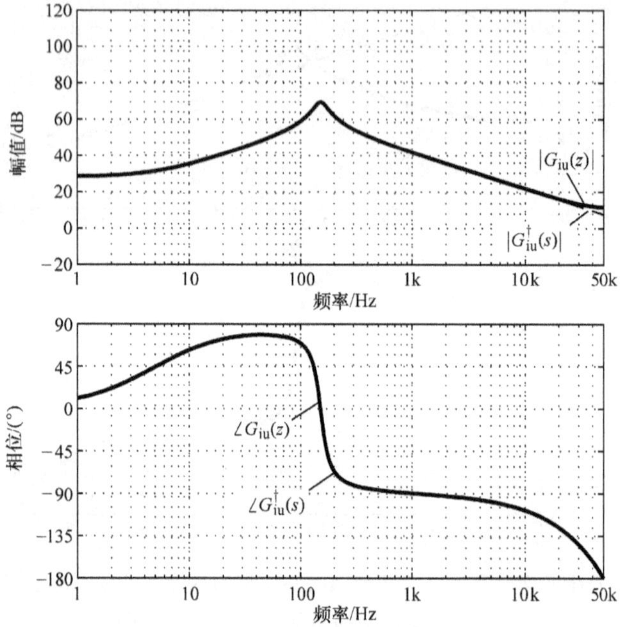

图 3.13 升压变换器实例：离散时间模型 $G_{iu}(z)$ 和有效 s 域模型 $G_{iu}^{\dagger}(s)$ 之间的比较

3.3 时不变拓扑的离散时间建模

当变换器拓扑是时不变时，可以对平均小信号模型做合适离散化，即可直接导出变换器从控制端到输出端的传递函数。时不变的变换器拓扑指的是变换器一旦输入被设置为零，子拓扑 S_0 和 S_1 相等，并且其中输出和变换器的输入和状态变量呈线性关系。同样，时间不变拓扑的概念可以通过下式来定义：

$$\begin{aligned} \boldsymbol{A}_0 &= \boldsymbol{A}_1 (\triangleq \boldsymbol{A}) \\ \boldsymbol{C}_0 &= \boldsymbol{C}_1 (\triangleq \boldsymbol{C}) \end{aligned} \tag{3.59}$$

当满足这种条件并且系统输入恒定时，对于 $c(t)$ 而言，变换器是一个线性大信号系统。这种变换器的明显的实例是降压变换器拓扑结构，如图 3.14 所示，就降压变换器的电感电流和输出电压而言。

考虑满足式（3.59）的开关功率变换器。图 3.15 说明了叠加在稳态命令 U 上的控制扰动 $\hat{u}$ 对系统的响应。由于是线性系统，扰动后变换器输出电压 $\hat{v}_o(t)$ 可以表示为

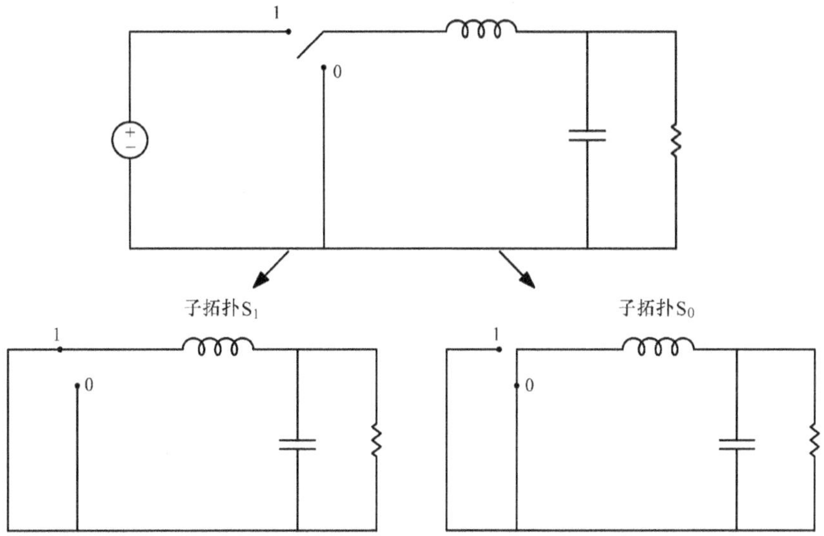

图 3.14　降压变换器的拓扑不变性

$$\hat{v}_o(t) = \int_0^{+\infty} \hat{c}(\tau) g(t-\tau)\mathrm{d}\tau = \int_0^t \hat{c}(\tau) g(t-\tau)\mathrm{d}\tau \tag{3.60}$$

式中，$g(t)$为变换器对控制输入$\hat{c}$的脉冲响应。等式遵循线性系统的因果性，即当$t<0$时，$g(t)=0$。必须强调的是，因为系统是线性的，所以脉冲响应的概念在这里是适用的。

在 2.5.2 节中，我们知道，$\hat{c}(t)$可用存在延迟 DT_s的 Dirac 脉冲信号串来近似，即

$$\hat{c}(t) = \frac{T_s}{N_r}\sum_{n=0}^{+\infty} \hat{u}[n]\delta(t - nT_s - DT_s) \tag{3.61}$$

因而有

$$\hat{v}_o(t) = \frac{T_s}{N_r}\sum_{n=0}^{+\infty} \hat{u}[n]\int_0^{+\infty}\delta(\tau - nT_s - DT_s)g(t-\tau)\mathrm{d}\tau = \frac{T_s}{N_r}\sum_{n=0}^{+\infty} \hat{u}[n]g(t - nT_s - DT_s)$$

对应的离散化表达式为

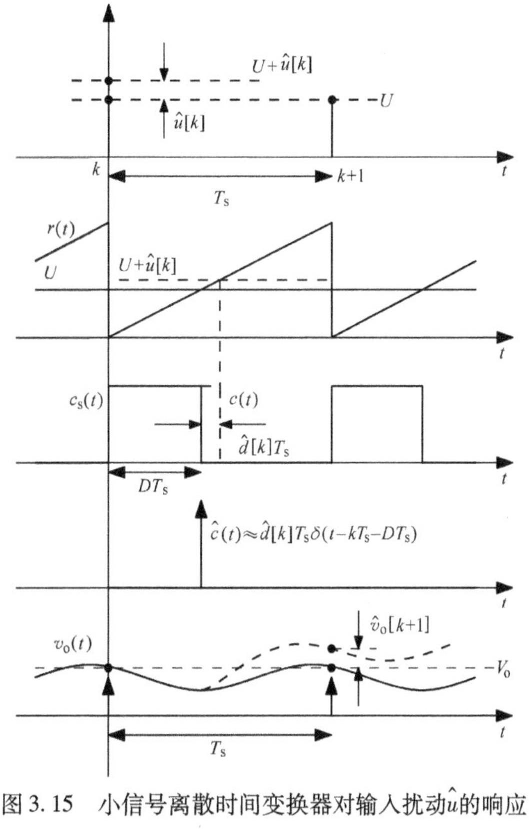

图 3.15　小信号离散时间变换器对输入扰动$\hat{u}$的响应

$$\hat{v}_{\mathrm{o}}[k]=\frac{T_{\mathrm{s}}}{N_{\mathrm{r}}}\sum_{n=0}^{+\infty}\hat{u}[n]g(kT_{\mathrm{s}}-nT_{\mathrm{s}}-DT_{\mathrm{s}}) \tag{3.62}$$

因此，采样输出电压$\hat{v}_{\mathrm{o}}[k]$是控制命令$\hat{u}$和$g(kT_{\mathrm{s}}-DT_{\mathrm{s}})$两者的离散卷积，即为离散形式的含延迟脉冲响应。调制器的延迟$t_{\mathrm{DPWM}}=DT_{\mathrm{s}}$自然也出现在结果中。

这里为了方便起见，引入离散化算子的符号。如果$G(s)$是连续时间系统的传递函数，并且$g(t)$是相应的脉冲响应，定义

$$\boxed{Z_{T_{\mathrm{s}}}[G(s)]\triangleq\sum_{n=0}^{+\infty}g(nT_{\mathrm{s}})z^{-n}} \tag{3.63}$$

上述运算求出$g(t)$采样后的Z变换，并且通常被称为脉冲响应不变法离散方法。离散化的结果是z域传递函数$G(z)$。它是采样$g(t)$后得到的脉冲响应。

有了这个定义，对式（3.62）的两边进行Z变换，则有

$$G_{\mathrm{vu}}(z)=\frac{\hat{v}_{\mathrm{o}}(z)}{\hat{u}(z)}=\frac{T_{\mathrm{s}}}{N_{\mathrm{r}}}Z_{T_{\mathrm{s}}}[G(s)\mathrm{e}^{-sDT_{\mathrm{s}}}] \tag{3.64}$$

式中，$G(s)$表示$g(t)$的拉普拉斯变换，即由PWM信号$c(t)$到变换器输出电压$v_{\mathrm{o}}(t)$的传递函数。由于假定系统为大信号线性系统，$G(s)$为从控制端到输出端的平均小信号传递函数$G_{\mathrm{vd}}(s)$。因此

$$G_{\mathrm{vu}}(z)=\frac{\hat{v}_{\mathrm{o}}(z)}{\hat{u}(z)}=\frac{T_{\mathrm{s}}}{N_{\mathrm{r}}}Z_{T_{\mathrm{s}}}[G_{\mathrm{vd}}(s)\mathrm{e}^{-sDT_{\mathrm{s}}}] \tag{3.65}$$

更一般地，控制和调制延迟总存在环路延迟t_{d}。模拟采样和信号调理可用$H(s)$建模表示。总之，可以使用上述方法求得z域未补偿环路增益[131]

$$\boxed{\begin{aligned}T_{\mathrm{u}}(z)&=\frac{T_{\mathrm{s}}}{N_{\mathrm{r}}}Z_{T_{\mathrm{s}}}[T_{\mathrm{u}}(s)\mathrm{e}^{-st_{\mathrm{d}}}]\\&=\frac{T_{\mathrm{s}}}{N_{\mathrm{r}}}Z_{T_{\mathrm{s}}}[T_{\mathrm{u}}^{\dagger}(s)]\end{aligned}} \tag{3.66}$$

式中，$T_{\mathrm{u}}(s)\triangleq G_{\mathrm{vd}}(s)H(s)$是系统的$s$域未补偿时的环路增益，并假设总环路延迟为零并且DPWM载波幅度为1。

式（3.66）为本节的主要结果。它表示的事实为：时间不变拓扑的小信号离散时间模型可由等效小信号s域传递函数做脉冲响应不变法离散化得到。结果［式（3.66）］仅适用于时不变变换器，即满足条件［式（3.59）］如降压变换器。

3.3.1 离散时间建模的等价性

本节的目的是证明当系统为时不变拓扑时，离散时间模型为有效小信号s域传

递函数做脉冲响应不变法离散化后的结果，即式（3.66）。该方法是从式（3.66）的状态空间描述（$\boldsymbol{\Phi}'$，$\boldsymbol{\gamma}'$，$\boldsymbol{\delta}'$）开始，并且表明：当条件［式（3.59）］满足时，离散时间模型的小信号矩阵（$\boldsymbol{\Phi}$，$\boldsymbol{\gamma}$，$\boldsymbol{\delta}$）恰好等于（$\boldsymbol{\Phi}'$，$\boldsymbol{\gamma}'$，$\boldsymbol{\delta}'$）。

系统的状态空间方程是

$$\begin{aligned}\frac{\mathrm{d}\boldsymbol{x}}{\mathrm{d}t}&=\boldsymbol{A}_{\mathrm{c}}\boldsymbol{x}(t)+\boldsymbol{B}_{\mathrm{c}}\boldsymbol{V}\\ \boldsymbol{y}(t)&=\boldsymbol{C}_{\mathrm{c}}\boldsymbol{x}(t)+\boldsymbol{E}_{\mathrm{c}}\boldsymbol{V}\end{aligned}\tag{3.67}$$

根据条件［式（3.59）］，变换器状态空间方程变为

$$\frac{\mathrm{d}\boldsymbol{x}}{\mathrm{d}t}=\boldsymbol{A}\boldsymbol{x}(t)+\boldsymbol{B}_{\mathrm{c}}\boldsymbol{V}\tag{3.68}$$

式（3.68）现在可以被积分，假设PWM控制命令$\hat{c}(t)$包括由延迟的一串Dirac脉冲叠加表示，即如式（3.61）所示：

$$\hat{c}(t)\approx\frac{T_{\mathrm{s}}}{N_{\mathrm{r}}}\sum_{n=0}^{+\infty}\hat{u}[n]\delta(t-nT_{\mathrm{s}}-t_{\mathrm{d}})\tag{3.69}$$

式中，考虑了总环路延迟t_{d}，可获得更一般的形式。对于这样的控制输入，状态变量扰动信号$\hat{\boldsymbol{x}}[k]$的抽样形式为

$$\begin{aligned}\hat{\boldsymbol{x}}[k+1]&=\boldsymbol{\Phi}'\hat{\boldsymbol{x}}[k]+\boldsymbol{\gamma}'\hat{u}[k]\\ \hat{\boldsymbol{y}}[k]&=\boldsymbol{\delta}'\hat{\boldsymbol{x}}[k]\end{aligned}\tag{3.70}$$

其中

$$\begin{aligned}\boldsymbol{\Phi}'&=\mathrm{e}^{\boldsymbol{A}T_{\mathrm{s}}}\\ \boldsymbol{\gamma}'&=\frac{T_{\mathrm{s}}}{N_{\mathrm{r}}}\mathrm{e}^{\boldsymbol{A}(T_{\mathrm{s}}-t_{\mathrm{d}})}(\boldsymbol{B}_1-\boldsymbol{B}_0)\boldsymbol{V}\\ \boldsymbol{\delta}'&=\boldsymbol{C}\end{aligned}\tag{3.71}$$

如果控制输入$\hat{d}(t)$由延迟狄拉克脉冲序列，即式（3.69）表示，则可以通过离散化变换器状态空间平均小信号方程［式（1.34）］来等效地获得该结果。因此，在上述条件下，式（3.70）是状态空间平均小信号模型的脉冲响应不变法离散化的结果。为了完成证明，那么，只需要证明$\boldsymbol{\Phi}'=\boldsymbol{\Phi}$和$\boldsymbol{\gamma}'=\boldsymbol{\gamma}$（观察到$\boldsymbol{\delta}'=\boldsymbol{C}=\boldsymbol{\delta}$）。

从矩阵代数，回忆起如果方阵$\boldsymbol{X}$和$\boldsymbol{Y}$满足交换律，则它们的指数也满足交换律，并且它们的乘积的指数是$\boldsymbol{X}+\boldsymbol{Y}$：

$$\boldsymbol{XY}=\boldsymbol{YX}\quad\Rightarrow\quad\mathrm{e}^{\boldsymbol{X}}\mathrm{e}^{\boldsymbol{Y}}=\mathrm{e}^{\boldsymbol{Y}}\mathrm{e}^{\boldsymbol{X}}=\mathrm{e}^{(\boldsymbol{X}+\boldsymbol{Y})}\tag{3.72}$$

由于$\boldsymbol{A}_0=\boldsymbol{A}_1=\boldsymbol{A}$，矩阵$\boldsymbol{A}_0$和$\boldsymbol{A}_1$可以互换。因此，式（3.32）是下式成立的一个充分条件：

$$\boldsymbol{\Phi}=\mathrm{e}^{\boldsymbol{A}(T_{\mathrm{s}}-t_{\mathrm{d}}+DT_{\mathrm{s}}+t_{\mathrm{d}}-DT_{\mathrm{s}})}=\mathrm{e}^{\boldsymbol{A}T_{\mathrm{s}}}=\boldsymbol{\Phi}'\tag{3.73}$$

此外，$\boldsymbol{A}_0=\boldsymbol{A}_1$意味着$\boldsymbol{\gamma}$独立于$\boldsymbol{X}_{\downarrow}$，因此

$$\boldsymbol{\gamma}=\frac{T_{\mathrm{s}}}{N_{\mathrm{r}}}\mathrm{e}^{\boldsymbol{A}(T_{\mathrm{s}}-t_{\mathrm{d}})}[(\boldsymbol{B}_1-\boldsymbol{B}_0)\boldsymbol{V}]=\boldsymbol{\gamma}'\tag{3.74}$$

完成证明。

3.3.2 与修正 Z 变换的关系

式（3.66）的离散化过程可以用对 $T_u(s)$ 做修正的 Z 变换来表示。连续时间信号 $g(t)$ 的修正 Z 变换定义为

$$G(z;m) \triangleq \sum_{n=0}^{+\infty} g(nT_s + mT_s)z^{-n} = Z_{T_s}[G(s)e^{smT_s}] \tag{3.75}$$

式中，$0<m<1$。$g(t)$ 中引入了 mT_s，并以周期 T_s 进行采样，即修正 Z 变换为序列 $g(nT_s+mT_s)$ 的 Z 变换。

如果 $t_d=LT_s-mT_s$，$L\in\mathcal{N}$，式（3.66）可以换为下面的形式：

$$T_u(z) = \frac{T_s}{N_r}z^{-L}Z_{T_s}[T_u(s)e^{smT_s}] = \frac{T_s}{N_r}T_u(z;m)z^{-L} \tag{3.76}$$

而建模任务简化为计算具有参数 m 的 $T_u(s)$ 的修改 Z 变换。

3.3.3 $T_u(z)$ 的计算

$T_u(z)$ 的计算可以以几种方式进行。根据式（3.76），一种方法是将 $T_u(s)$ 反变换回时域，延迟 mT_s(s)，用周期 T_s 对其进行采样，将评估所得序列的 Z 变换 $T_u(z;\ m)$ 带入至式（3.76）。

例如，考虑一阶 $T_u(s)$，如下：

$$T_u(s) = \frac{T_{u0}}{1+\frac{s}{\omega_P}} \tag{3.77}$$

其拉普拉斯逆变换是因果信号：

$$g(t) = \begin{cases}\omega_P T_{u0}e^{-\omega_P t}, & t\geq 0\\ 0, & t<0\end{cases} \tag{3.78}$$

对 $g(t)$ 引入 mT_s 并采样：

$$g(kT_s + mT_s) = \begin{cases}w_P T_{u0}e^{-\omega_P mT_s}e^{-\omega_P kT_s}, & k\geq 0\\ 0, & k<0\end{cases} \tag{3.79}$$

其 Z 变换是

$$\begin{aligned}T_u(z;m) &= \sum_{k=0}^{+\infty} g(kT_s + mT_s)z^{-k}\\ &= \omega_P T_{u0}e^{-\omega_P mT_s}\sum_{k=0}^{+\infty}(e^{-\omega_P T_s}z^{-1})^k\\ &= \frac{\omega_P T_{u0}e^{-\omega_P mT_s}}{1-e^{-\omega_P T_s}z^{-1}}, \qquad |z|>e^{-\omega_P T_s}\end{aligned} \tag{3.80}$$

由（3.76）得

$$T_u(z)=\frac{T_s}{N_r}\frac{\omega_P T_{u0}e^{-m\omega_P T_s}}{1-e^{-\omega_P T_s}z^{-1}}z^{-L} \tag{3.81}$$

另外一种计算方法，基于留数定理理论，直接将 $T_u(s)$ 转换为 $T_u(z)$。考虑将 $T_u(s)$ 转换为分数形式

$$T_u(s)=\sum_{i=1}^{N}\frac{A_i}{s-s_i} \tag{3.82}$$

式中，为了简单起见，$T_u(s)$ 的极点 s_i 被假定为都是一阶的。通过反变换[式（3.82）]，引入 mT_s（s）并采样，得到该序列的 Z 变换为

$$T_u(z;m)=\sum_{i=1}^{N}\frac{A_i e^{s_i mT_s}}{1-e^{s_iT_s}z^{-1}} \tag{3.83}$$

系数 A_i 是与极点 s_i 相关联的 $T_u(s)$ 的留数值。对于简单的极点，A_i 由下式可得：

$$A_i=\lim_{s\to s_i}(s-s_i)T_u(s) \tag{3.84}$$

把式（3.83）插入到式（3.76）中，可得

$$\boxed{T_u(z)=\frac{T_s}{N_r}z^{-L}\sum_{i=1}^{N}\frac{A_i e^{s_i mT_s}}{1-e^{s_iT_s}z^{-1}}} \tag{3.85}$$

注意，当极点 s_i 为复共轭对时，该扩展也成立。在这种情况下，对应的 A_i 的值也将出现在复共轭对中。

在上述实例中，$T_u(s)$ 的唯一留数为

$$A_P=\lim_{s\to-\omega_P}(s+\omega_P)T_u(s)=\omega_P T_{u0} \tag{3.86}$$

可立即获得式（3.81）。

表3.4中列出了三个不同的 $T_u(s)$ 表达式对应的 $T_u(z)$。观察前两种情况与开关电感实例的讨论中的3.1.1节中得出的结果一致。应当指出的是，开关电感为时不变拓扑。

表3.4　$T_u(z)$ 对三个不同 $T_u(s)$ 的表达式（$t_d=LT_s-mT_s$，$l\in\mathcal{N}$，$0<m<1$）

$T_u(s)$	$T_u(z)=\frac{T_s}{N_r}T_u(z;m)z^{-L}$
$\frac{K}{s}$	$\frac{T_s}{N_r}\frac{K}{1-z^{-1}}z^{-L}$
$\frac{T_{u0}}{1+\frac{s}{\omega_P}}$	$\frac{T_s}{N_r}\frac{\omega_P T_{u0}e^{-m\omega_P T_s}}{1-e^{-\omega_P T_s}z^{-1}}z^{-L}$
$\frac{T_{u0}}{1+\frac{s}{\omega_0 Q}+\frac{s^2}{\omega_0^2}}$	$\frac{T_s}{N_r}\frac{\omega_0^2T_{u0}}{\omega_d}\frac{(e^{m\alpha T_s}\sin(m\omega_dT_s)+e^{(1+m)\alpha T_s}\sin((1-m)\omega_dT_s)z^{-1})}{1-2e^{\alpha T_s}\cos(\omega_dT_s)z^{-1}+e^{2\alpha T_s}z^{-2}}$ $\left(\alpha\triangleq-\frac{\omega_0}{2Q},\ \omega_d\triangleq\omega_0\sqrt{1-\frac{1}{4Q^2}},\ Q\geqslant\frac{1}{2}\right)$

在第三个实例中，考虑二阶对象

$$T_u(s)=\frac{T_{u0}}{1+\frac{s}{\omega_0 Q}+\frac{s^2}{\omega_0^2}} \tag{3.87}$$

式中，$Q \geqslant 0.5$。极点 s_1 和 s_2 是复共轭，有

$$s_{1,2} = \alpha \pm \mathrm{j}\omega_\mathrm{d} \tag{3.88}$$

其中

$$\alpha \triangleq -\frac{\omega_0}{2Q} \tag{3.89}$$

使用留数法后，首先写连续时间对象表达式

$$T_\mathrm{u}(s) = \frac{A}{s - s_1} + \frac{A^*}{s - s_1^*} \tag{3.90}$$

其中

$$A = \lim_{s \to s_1}(s - s_1)T_\mathrm{u}(s) = \frac{\omega_0^2 T_{\mathrm{u}0}}{2\mathrm{j}\omega_\mathrm{d}} \tag{3.91}$$

然后在进行一些代数运算后，由式（3.85）获得表 3.4 中列出的 $T_\mathrm{u}(z)$ 表达式。

在更复杂的情况下，对 $T_\mathrm{u}(z)$ 做手工计算变得不切实际，并且结果很难用于设计。更快的选择是使用科学计算的软件工具并以数值方式评估 $G(z)$。Matlab 提供了用于给定传递函数的连续到离散时间转换的专用命令，可以方便地对式（3.66）求解。

最后一点，由式（3.85）观察可得，根据 s 域极点映射为 z 域极点：

$$\boxed{s_i \to \mathrm{e}^{s_i T_\mathrm{s}}} \tag{3.92}$$

另一方面，对于 z 域零点而言，并没有上述直接映射关系。

插图 3.3 – 使用 Matlab 的 $G_\mathrm{vd}(s)$ 的脉冲不变离散化

回到 3.2.1 节的降压变换器实例，假设 $G_\mathrm{vd}(s)$ 的 s 域表达式在 Matlab 工作区中命名为 `Gvds`。如式（1.20）所示，`Gvds` 可以通过以下代码获得：

```
s = tf('s');
Gvds = Vg*(1+s*rC*C)/(1+s*(rs+rC)*C+s^2*L*C);
```

为了定义 `Gvds` 的传输延迟，Matlab 允许用户使用 `outputdelay` 属性，表示 `Gvds` 附加一个串联传输延迟环节。基于这个特性，用下面语句实现小信号环路延迟 `td`：

```
Gvds.outputdelay    =    td;
```

变量 `td` 由变换器工作点处的时序图进行估算。

对于 3.2.1 节的降压变换器例子中，有 $t_\mathrm{d} = 760\mathrm{ns}$。

接下来，通过 c2d 命令完成离散化［式（3.66）］：

```
Gvuz    =    (1/Nr)*c2d(Gvds,Ts,'imp');
```

其中`'imp'`设置采用脉冲响应不变法离散化。该命令产生具有开关周期为 Ts，

转换器离散化后的 z 域传递函数对象 Gvuz。该传递函数等于由式（3.66）定义的$G_{vu}(z)$。

3.3.4 降压变换器实例

由于在3.2.1节中，降压变换器是一个时不变拓扑，可以验证相同的 $G_{vu}(z)$ 是由一般的离散时间建模估算的（见插图3.1）和脉冲不变离散化得到的（见插图3.3）。

如图3.16所示，对两者结果进行比较，证实了对于时不变拓扑，两种方法产生了相同的结果。可以对从控制端到电感电流传递函数 $G_{id}(z)$ 执行相同的验证过程。

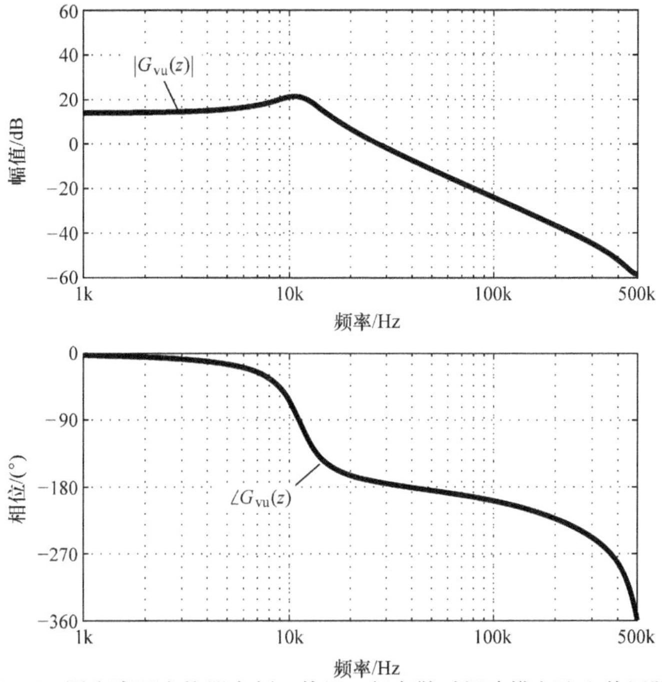

图3.16 同步降压变换器实例：使用一般离散时间建模方法和使用脉冲不变离散化计算 $G_{vu}(z)$ 的伯德图

3.4 基本Matlab的变换器的离散时间建模

在本节中，提出了一个简单的Matlab框架，用于数值法导出开关功率变换器的从控制端到输出端的小信号模型。该框架内有降压、升压和降压-升压拓扑以及用户自定义的变换器。

图3.17展示了由Matlab语句描述的系统模板。假设变换器的输入电压 V_g 是刚性的，负载由独立的电流宿 I_{load} 并联戴维南源（V_{load}，R_{load}）构成。这种组合满足各种情况下的负载建模要求，包括恒流负载、电阻负载或戴维南负载，当变换器的输出为直流母线电压时，这种负载建模方法也是有效的。

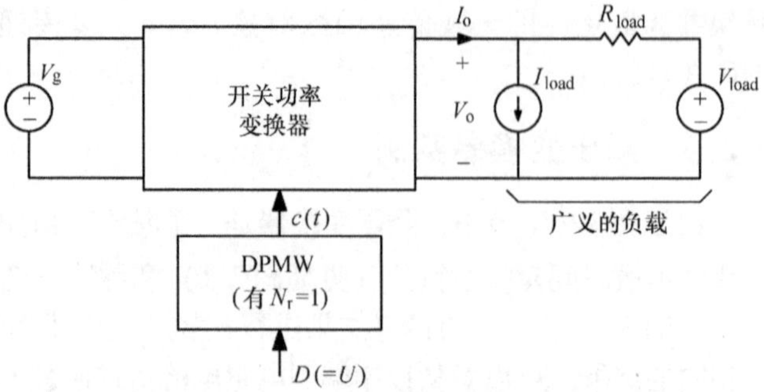

图 3.17 用于 Matlab 建模的系统示意图

数字脉宽调制器（DPWM）可以是后沿、前沿或对称 DPWM。假设 $N_r=1$，控制端的输入信号 U 等于变换器的占空比 D。当 $N_r \neq 1$ 时，需要归一化处理，用户只需要将 Matlab 生成的传递函数乘以 $1/N_r$。

抽样策略由单个参数 t_d 定义。t_d 表示总环路延迟，如图 3.1 和图 3.2 所示，代表了抽样时刻到稳态占空比的调制沿时刻这一段时间。如图 3.3 所示，当采用对称 PWM 时，在载波的峰值处抽样，t_d 可以忽略。

插图 3.4 为建模的代码，采用 `extract_ models` 的 Matlab 脚本实现。脚本中的输入如下：

1）`params`：定义变换器参数的结构对象。建模前，预定义拓扑（降压、升压或降压－升压）时，`params` 包含以下字段：

① `params.L`：变换器电感 L；

② `params.rL`：变换器电感串联电阻 r_L；

③ `params.C`：变换器电容 C；

④ `params.rC`：变换器电容等效串联电阻 r_C。

当要对用户自定义的变换器建模时，参数必须指定变换器子拓扑的矩阵（$\boldsymbol{A}_c$，$\boldsymbol{B}_c$，$\boldsymbol{C}_c$），如下所示：

① 矩阵 $\boldsymbol{A}_1$ 的 `params.A1`；

② 矩阵 $\boldsymbol{A}_0$ 的 `params.A0`；

③ 矩阵 $\boldsymbol{B}_1$ 的 `params.b1`；

④ 矩阵 $\boldsymbol{B}_0$ 的 `params.b0`；

⑤ 矩阵 $\boldsymbol{C}_1$ 的 `params.c1`；

⑥ 矩阵 $\boldsymbol{C}_0$ 的 `params c0`。

2）`Vg`：变换器输入电压 V_g。

3）`D`：变换器稳态占空比 D。

4）`Iload`、`Rload`、`Vload`：加载参数（I_{load}、R_{load}、V_{load}）。

5）`td`：总环路延迟 t_d。

6）`Ts`：变换器开关周期 T_s。

7）`converter`：定义变换器类型的字符串。默认支持的命令是`'buck'`、`'boost'`和`'buckboost'`。字符`'custom'`允许通过 `params` 结构指定用户自定义的模型。

8）`modulator`：定义 PWM 载波类型。支持的类型分别是后沿、前沿或对称调制，分别用`'te'`、`'le'`或`'sym'`表示。

脚本的输出是 wz 和 ws。wz 表示离散时间小信号模型传递矩阵 $\boldsymbol{W}(z)$；ws 表示平均小信号模型传递函数矩阵 $\boldsymbol{W}(s)$。

插图 3.4 – Matlab 建模脚本

```
function [Wz,Ws]    =   ...
     extract_models(Vg,params,Rload,Iload,Vload,D,td,Ts,conv,
     modulator)

Dprime  =   1-D;

s    =   tf('s');
z    =   tf('z',Ts);

switch conv
    case 'buck'
        L    =    params.L;
        rL   =    params.rL;
        C    =    params.C;
        rC   =    params.rC;

        rpar      =    (rC)/(1+rC/Rload);
        A1   =    [-(rpar+rL)/L -1/(1+rC/Rload)/L; ...
                                  1/(1+rC/Rload)/C -1/(Rload+rC)
                                  /C];
        b1   =    [    1/L      rpar/L            -1/(1+Rload/rC)/L;
                       0        -1/(1+rC/Rload)/C  1/(Rload+rC)/C];
        c1   =    [1 0; rpar 1/(1+rC/Rload)];

        A0   =    A1;
        b0   =    [    0    rpar/L            -1/(1+Rload/rC)/L;
                       0    -1/(1+rC/Rload)/C  1/(Rload+rC)/C];
        c0   =    c1;
    case 'boost'
        L    =    params.L;
        rL   =    params.rL;
        C    =    params.C;
        rC   =    params.rC;

        rpar      =    (rC)/(1+rC/Rload);
        A1   =    [-rL/L 0; 0 -1/(Rload+rC)/C];
        b1   =        [1/L     0                  0;
                       0        -1/(1+rC/Rload)/C  1/(Rload+rC)/C];
        c1   =    [1 0; 0 1/(1+rC/Rload)];

        A0   =    [-(rpar+rL)/L -1/(1+rC/Rload)/L; ...
                                  1/(1+rC/Rload)/C -1/(Rload+rC)
                                  /C];
        b0   =    [    1/L      rpar/L            -1/(1+Rload/rC)/L;
                       0        -1/(1+rC/Rload)/C  1/(Rload+rC)/C];
        c0   =    [1 0; rpar 1/(1+rC/Rload)];
    case 'buckboost'
        L    =    params.L;
        rL   =    params.rL;
        C    =    params.C;
        rC   =    params.rC;
```

```
        rpar    =   (rC)/(1+rC/Rload);
        A1  =   [-rL/L 0; 0 -1/(Rload+rC)/C];
        b1  =   [   1/L      0              0;
                    0       -1/(1+rC/Rload)/C  1/(Rload+rC)/C];
        c1  =   [1 0; 0 1/(1+rC/Rload)];

        A0  =   [-(rpar+rL)/L -1/(1+rC/Rload)/L; ...
                                     1/(1+rC/Rload)/C -1/(Rload+rC)
                                     /C];
        b0  =   [   0    rpar/L           -1/(1+Rload/rC)/L;
                    0    -1/(1+rC/Rload)/C  1/(Rload+rC)/C];
        c0  =   [1 0; rpar 1/(1+rC/Rload)];

    case 'custom'
        A1  =   params.A1;
        A0  =   params.A0;
        b1  =   params.b1;
        b0  =   params.b0;
        c1  =   params.c1;
        c0  =   params.c0;
end;

%   ***************************************
%   Steady-state OP determination --- Continuous
%   ***************************************
X   =   -((D*A1+Dprime*A0)^-1)*(D*b1+Dprime*b0)*[Vg;Iload;Vload];
%   ***************************************
%   Steady-state OP determination --- Discrete
%   ***************************************
dim =   min(size(A1));
A1i =   A1^-1;
A2i =   A0^-1;
Xdown   =   ((eye(dim)-expm(A1*D*Ts)*expm(A0*Dprime*Ts))^-1)*...
                (-expm(A1*D*Ts)*A2i*(eye(dim)-expm(A0*Dprime*Ts))*
                 b0+...
                -A1i*(eye(dim)-expm(A1*D*Ts))*b1)*[Vg;Iload;Vload];
Xup     =   expm(A0*Dprime*Ts)*Xdown-A2i*...
                            (eye(dim)-expm(A0*Dprime*Ts))*b0*...
                                [Vg;Iload;Vload];

Fdown   =   (A1-A0)*Xdown + (b1-b0)*[Vg;Iload;Vload];
Fup     =   (A1-A0)*Xup + (b1-b0)*[Vg;Iload;Vload];

%   ***************************************
%   Small-signal model---Continuous
%   ***************************************
A   =   D*A1+Dprime*A0;
F   =   (A1-A0)*X + (b1-b0)*[Vg;Iload;Vload];
C   =   D*c1+Dprime*c0;

sys     =   ss(A,F,C,0);
Ws      =   tf(sys);

%   ********************************
%   Small-signal model---Discrete
%   ********************************
```

```
switch modulator

    case 'te'
        Phi      =    expm(A0*(Ts-td))*expm(A1*D*Ts)*expm(A0*(td-D*
                      Ts));
        gamma    =    expm(A0*(Ts-td))*Fdown*Ts;
        delta    =    c0;

    case 'le'
        Phi      =    expm(A1*(Ts-td))*expm(A0*Dprime*Ts)*expm(A1*
                         (td-Dprime*Ts));
        gamma    =    expm(A1*(Ts-td))*Fup*Ts;
        delta    =    c1;

    case 'sym'
        Phi      =    expm(A0*Dprime*Ts/2)*expm(A1*D*Ts)*expm(A0*D
                      prime*
                         Ts/2);
        gamma    =    (Ts/2)*expm(A0*Dprime*Ts/2)*(Fdown + expm(A1*D*
                      Ts)
                         *Fup);
        delta    =    c0;

end;

sys =    ss(Phi,gamma,delta,0,Ts);
Wz  =    tf(sys);

return;
```

3.5　要点总结

1）在离散时间建模过程中，在系统的工作点附近做线性化处理得到变换器非线性采样的动态特性。其结果为变换器的离散时间状态空间模型。这个模型考虑了反馈环路中的采样效应和延迟效应。

2）当 2.6.2 节介绍的小混叠近似成立时，总环路延迟对系统相位响应的影响可以通过将标准平均小信号模型增加响应的传输延迟来近似。在其他情况下，并没有简单的方法可用于校正标准平均小信号模型。在数字控制设计中，离散时间模型必须考虑抽样、混叠和延迟效应。

3）对于诸如降压变换器这种时不变拓扑，假设总延迟等效为传输延迟，通过对平均小信号模型做脉冲响应不变法离散化，可获得准确的离散时间模型。

4）离散时间建模可以通过 Matlab 脚本直接实现。

第4章 数字控制

基于第3章建立的离散时间模型框架，根据要求的穿越频率、相位裕度和增益裕度等熟悉的频域指标，可以设计补偿器传递函数的 z 域表达式。本章专门讨论这个问题。

4.1 节介绍补偿器的设计。在许多教科书里有直接数字补偿器的设计方法，在这里强调的一种方法是基于双线性变换进行设计，它是在 z 域内直接设计有效的工具。这种方法将在 4.1.1 节中讲述，接下来将在 4.1.2 节讨论数字比例积分微分（PID）补偿器。4.2 节给出了若干设计实例，并且通过解析推导给出了计算补偿器系数的闭式表达式。在实际设计中，常常需要评估干扰的影响，例如输入电压或负载电流变化对闭环系统的影响。4.3 节专门研究与上述干扰相关的数字控制变换器的传递函数。最后，4.4 节讲述了当闭环系统发生大信号瞬变时，系统出现一些重要实际的问题以及抗饱和控制策略。

本章中给出的设计方法具有实际应用效果良好、便于利用 Matlab 环境快速设计等优点。Matlab 程序使得设计人员既能绕过冗长的计算，又不失其分析能力。由于控制系统的设计十分重要，所以本章重点介绍基于解析公式的 Matlab 辅助设计。

4.1 系统级补偿器的设计

数字补偿器设计的目的是确定补偿器 z 域传递函数 $G_c(z)$ 表达式，使其闭环系统满足某些设计指标。本章节沿用了经典频域设计方法，在完成补偿器设计后，使得系统的环路增益 $T(z)$ 达到预设的带宽控制指标，且具有期望的稳定裕度。

类似于 1.3.3 节讨论的模拟控制变换器的环路增益，如图 4.1 所示，单环数字控制系统中的 z 域环路增益 $T(z)$ 定义为

$$\boxed{T(z) \triangleq -\frac{\hat{u}_y(z)}{\hat{u}_x(z)} = G_c(z)HG_{vu}(z)} \tag{4.1}$$

同样地，对于一个未补偿的环路增益 $T_u(z)$ 而言，相当于补偿器 $G_c(z) = 1$ 系统的环路增益：

$$T_u(z) = HG_{vu}(z) \tag{4.2}$$

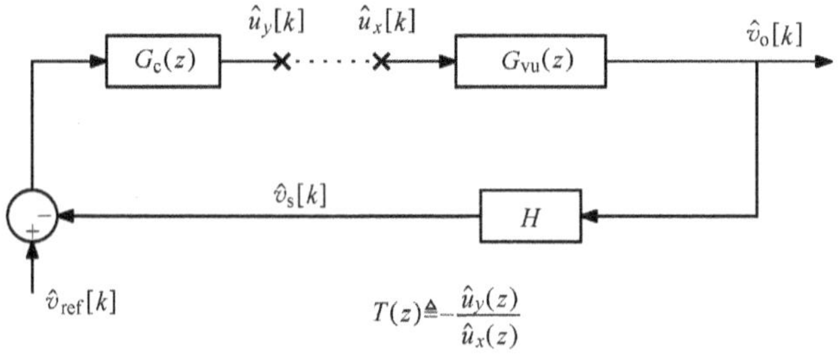

图 4.1 z 域的环路增益的定义

注意，在图 4.1 中，假设采样网络具有理想的带宽，其模型为静态增益 H。

教科书中有许多方法设计 $G_c(z)$[7]。这里主要讨论依赖于双线性变换方法的设计过程，该方法属于基于映射方法。未补偿环路增益 $T_u(z)$，和设计的补偿器传递函数 $G_c(z)$一样，首先被映射到等效的连续时间 p 域，然后在 p 域中开始设计。在 p 域设计了补偿器，然后再映射到 z 域，并在数字控制器中执行。在实际设计中，在等效连续时间域中，模拟设计工程师可以使用所有他们熟悉的方法设计其补偿器，而并无任何新的概念。然而，由于设计的起始点和终点均是 z 域传递函数，包括第 3 章讲述的变换器的离散时间模型，所以平均模型（在 2.6.1 节介绍的）的各种约束条件对这种设计方法均是无效的。

4.1.1 采用双线性变换法直接设计

双线性映射为

$$z(p)=\frac{1+p\frac{T_s}{2}}{1-p\frac{T_s}{2}} \tag{4.3}$$

提供了一种从 z 域映射至等效连续时间 p 域的方法，以便能够完全使用熟悉的 s 域频率响应方法进行数字补偿器设计。

逆双线性映射为

$$p(z)=\frac{2}{T_s}\frac{1-z^{-1}}{1+z^{-1}} \tag{4.4}$$

然后使得设计从 p 域映射至 z 域。

根据式（4.3），z 域传递函数 $G(z)$映射在 p 平面上，形成的 p 域函数 $G'(p)$被定义为

$$G'(p)\triangleq G(z(p)) \tag{4.5}$$

双线性映射具有以下属性：

1）如果传递函数 $G_c(z)$在 z 域中是有理式，其变换 $G'_c(p)=G_c(z(p))$在 p 域中也是有理式。

2）单位圆 $|z|<1$ 被映射到左半平面 $\mathbb{R}[p]<0$，而 z 平面的不稳定部分 $|z|>1$ 被映射到右半平面 $\mathbb{R}[p]>0$。

3）如图 4.2 所示，单位圆 $z=\mathrm{e}^{\mathrm{j}\omega T_s}$ 映射到虚轴 $p=\mathrm{j}\omega'$：

$$z=\mathrm{e}^{\mathrm{j}\omega T_s}\rightarrow p=\mathrm{j}\omega' \tag{4.6}$$

式中，ω 和 ω' 分别为 z 域和 p 域的角频率。ω 和 ω' 之间的关系由下式给出：

$$\omega'=\frac{2}{T_s}\tan\left(\omega\frac{T_s}{2}\right) \tag{4.7}$$

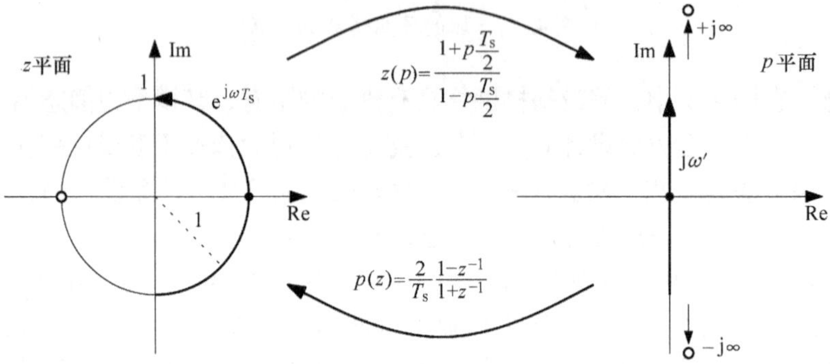

图 4.2　z 域和 p 域之间的双线性映射

从上述特性得出：p 平面具有 s 域的性质，$G'_c(p)$ 可以被解释为连续时间系统的传递函数，它的频率响应 $G'_c(\mathrm{j}\omega')$ 与原频率响应 $G_c(\mathrm{e}^{\mathrm{j}\omega T_s})$ 的关系是

$$G'_c(\mathrm{j}\omega')=G_c(\mathrm{e}^{\mathrm{j}\omega T_s}) \tag{4.8}$$

式中，ω' 和 ω 的关系见式（4.7）。显然，由于 z 域频率轴 $z=\mathrm{e}^{\mathrm{j}\omega T_s}$ 被映射到 p 域频率轴 $p=\mathrm{j}\omega'$。系统的频率响应由幅度响应和相位响应的变换而成。然而，频率轴会发生如式（4.7）表示的失真，这通常被称为频率畸变。根据式（4.7），当 $\omega=\omega_s/18$ 时，失真量为 1%；当 $\omega=\omega_s/6$ 时，失真量为 10%。

双线性变换的应用，使得在等效连续时域中，可采用普遍应用于模拟补偿器设计中的方法设计数字控制器。结果通过逆映射［式（4.4）］再回到 z 域。频率失真可以容易地通过适当的预畸变处理用 z 域频率表示的参数来补偿。

需要重点注意的是在 z 域频率 ω 表示系统中的实际频率。所有的频域规范，比如，穿越频率或控制环路的带宽，用 ω 表示。另一方面，根据式（4.7）可知 p 域频率 ω' 存在畸变。这就是为什么在等效连续时间拉普拉斯域的双线性映射中使用符号 p 而不是标准符号 s 的原因。

基于双线性变换法设计流程现在可以概括如下：

1）首先，第 3 章中讨论了通过离散时间建模方法获得的未补偿环路增益 z 域模型 $T_u(z)$，确定设计的补偿器 $G_c(z)$ 的模板，例如在 4.1.2 节中讨论的数字 PID 补偿器的示例。

2）把式（4.3）应用到 $T_u(z)$ 和 $G_c(z)$，获得等效 p 域表达式 $T'_u(p)$ 和 $G'_c(p)$。

3）将所有的 z 域频率指标 ω_{spec} 预畸变到相应的 p 域指标 ω'_{spec}：

$$\omega'_{spec} = \frac{2}{T_s}\tan\left(\omega_{spec}\frac{T_s}{2}\right) \tag{4.9}$$

4）根据连续时间反馈理论通用的方法，在 p 域设计 $G'_c(p)$，例如，参考文献［1］描述的开关功率变换器的模拟控制示例。

5）通过式（4.4）将 $G'_c(p)$ 映射到 z 域，获得 $G_c(z)$。

$G_c(z)$ 的设计完成后，可以进行补偿器的实现，将在第6章讲述。

4.1.2　在 z 域和 p 域的数字 PID 补偿器

PID 是一个重要的补偿器，适合于许多实际应用场合。使用欧拉后向差分法和 Tustin 双线性变换法等，可以将2.3节给出的连续时间 PID 离散化为数字 PID。在本节中，我们逆向考虑这个问题。首先介绍 z 域数字 PID 的结构，略去离散化过程。图4.3给出了一个简单的 PID 结构。它是一个欧拉结构的并行实现方式，通常称之为叠加或互不影响的结构，用下式表示：

$$\begin{aligned} u_p[k] &= K_p e[k] \\ u_i[k] &= u_i[k-1] + K_i e[k] \\ u_d[k] &= K_d(e[k] - e[k-1]) \\ u[k] &= u_p[k] + u_i[k] + u_d[k] \end{aligned} \tag{4.10}$$

补偿器系数 K_p、K_i 和 K_d 分别是比例、积分和微分增益。

式（4.10）直接 Z 变换产生了数字 PID 传递函数的标准传递函数

$$G_{PID}(z) = K_p + \frac{K_i}{1-z^{-1}} + K_d(1-z^{-1}) \tag{4.11}$$

该传递函数，如图4.3所示，具有两个 $z=1$ 和 $z=0$ 的极点以及由三个系数（K_p，K_i，K_d）决定的两个零点。

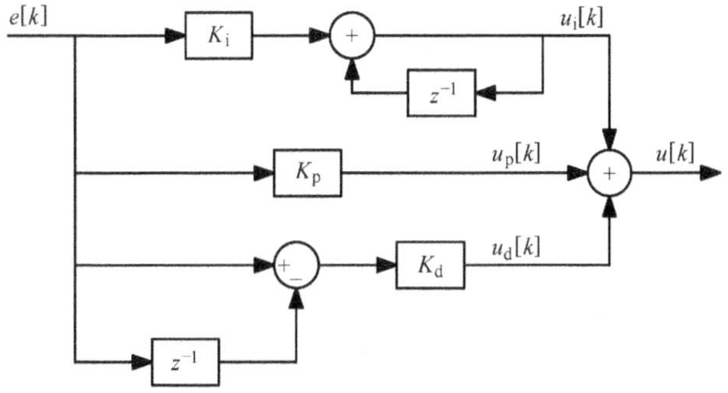

图4.3　平行形式的数字 PID 补偿器框图

一旦使用式（4.3）映射到 p 域，式（4.11）变为

$$G'_{\mathrm{PID}}(p)=\underbrace{K_{\mathrm{p}}}_{\text{比例项}}+\underbrace{\frac{K_{\mathrm{i}}}{T_{\mathrm{s}}}\frac{1+\dfrac{p}{\omega_{\mathrm{p}}}}{p}}_{\text{积分项}}+\underbrace{K_{\mathrm{d}}T_{\mathrm{s}}\frac{p}{1+\dfrac{p}{\omega_{\mathrm{p}}}}}_{\text{微分项}} \tag{4.12}$$

其中

$$\omega_{\mathrm{p}}\triangleq\frac{2}{T_{\mathrm{s}}}=\frac{\omega_{\mathrm{s}}}{\pi} \tag{4.13}$$

图 4.4 为其渐近线伯德图，重点强调了比例、积分、微分的作用。

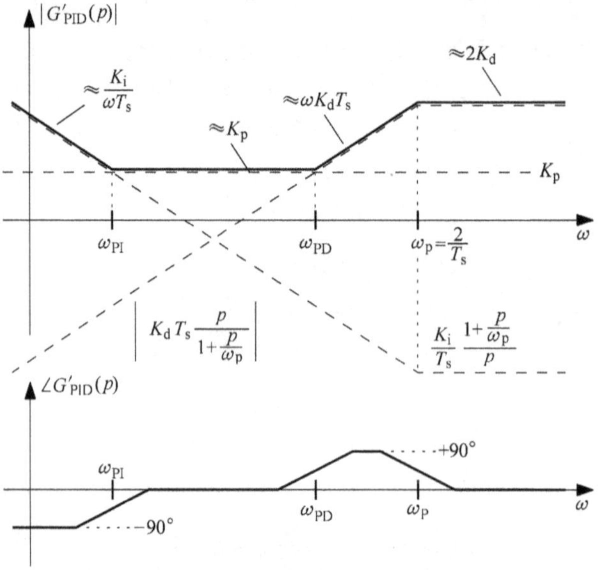

图 4.4　数字 PID 在 p 域的渐进线伯德图

频率 ω_{p} 和变换器的开关频率有关。在 $G'_{\mathrm{c}}(p)$ 的积分项中，它是零点的转折频率；在 $G'_{\mathrm{c}}(p)$ 微分项中，它是极点转折频率。极点和零点在 p 域出现的原因是因为，一方面根据式（4.4）映射关系，奈奎斯特角频率 $\omega_{\mathrm{N}}=\omega_{\mathrm{s}}/2=\pi/T_{\mathrm{s}}$，即 $z=-1$，映射至 p 域后的频率为无穷大。但另一方面，积分项和微分项在 $z=-1$ 处的增益为有限值。所以在 p 域中，当 $\omega'=+\infty$ 时，积分项和微分项的增益也是有限值。式（4.12）中，p 域表达式在无穷处频率的增益为有限值。由式（4.13）可知，ω_{p} 稍小于三分之一开关频率 ω_{s}。这个频率还是高于开关变换器典型控制环路的穿越频率。

处于设计目的，将式（4.12）写成乘法形式：

$$G'_{\mathrm{PID}}(p)=\underbrace{G'_{\mathrm{PI}\infty}\left(1+\frac{\omega_{\mathrm{PI}}}{p}\right)}_{\mathrm{PI}}\underbrace{G'_{\mathrm{PD0}}\frac{1+\dfrac{p}{\omega_{\mathrm{PD}}}}{1+\dfrac{p}{\omega_{\mathrm{p}}}}}_{\mathrm{PD}} \tag{4.14}$$

式中，$G'_{PI\infty}>0$ 和$G'_{PD0}>0$。一旦 p 域参数（$G'_{PI\infty}$，ω_{PI}，G'_{PD0}，ω_{PD}）在设计过程中确定，z 域 PID 增益 K_p、K_i 和 K_d 的计算如下：

$$
\begin{aligned}
K_p &= G'_{PI\infty}G'_{PD0}\left(1+\frac{\omega_{PI}}{\omega_{PD}}-\frac{2\omega_{PI}}{\omega_p}\right)\\
K_i &= 2G'_{PI\infty}G'_{PD0}\frac{\omega_{PI}}{\omega_p}\\
K_d &= \frac{G'_{PI\infty}G'_{PD0}}{2}\left(1-\frac{\omega_{PI}}{\omega_p}\right)\left(\frac{\omega_p}{\omega_{PD}}-1\right)
\end{aligned}
\tag{4.15}
$$

在上述公式中，为了得到使计算出 PID 系数 $K_p\geqslant0$，$K_i\geqslant0$ 和 $K_d\geqslant0$ 有效，必须有

$$
\begin{aligned}
0\leqslant\omega_{PI}\leqslant\omega_p\\
0\leqslant\omega_{PD}\leqslant\omega_p
\end{aligned}
\tag{4.16}
$$

另 $K_d=0$，式（4.12）简化为一个简单的比例积分（PI）或滞后－补偿表达式

$$
\begin{aligned}
G'_{PI}(p) &= K_p+\frac{K_i}{T_s}\frac{1+\dfrac{p}{\omega_p}}{p}\\
&= G'_{PI\infty}\left(1+\frac{\omega_{PI}}{p}\right)
\end{aligned}
\tag{4.17}
$$

式中

$$
\begin{aligned}
K_p &= G'_{PI\infty}\left(1-\frac{\omega_{PI}}{\omega_p}\right)\\
K_i &= 2G'_{PI\infty}\frac{\omega_{PI}}{\omega_p}
\end{aligned}
\tag{4.18}
$$

这些公式是当 $\omega_{PD}\to\omega_p$ 和 $G'_{PD0}\to1$ 时式（4.15）的特殊情况。

另外一个特殊情况为积分增益是零，可得比例微分（PD）补偿器为

$$
\begin{aligned}
G'_{PD}(p) &= K_p+K_dT_s\frac{p}{1+\dfrac{p}{\omega_p}}\\
&= G'_{PD0}\frac{1+\dfrac{p}{\omega_{PD}}}{1+\dfrac{p}{\omega_p}}
\end{aligned}
\tag{4.19}
$$

式中

$$
\begin{aligned}
K_p &= G'_{PD0}\\
K_d &= \frac{G'_{PD0}}{2}\left(\frac{\omega_p}{\omega_{PD}}-1\right)
\end{aligned}
\tag{4.20}
$$

这种形式是当 $\omega_{PI}\to0$ 和 $G'_{PI\infty}\to1$ 时式（4.15）的特殊情况。

4.2 设计例程

本节通过若干实例介绍 4.1 节提出的补偿器的设计流程。

4.2.1 电压控制模式时同步降压变换器的数字控制

第一个例子是在 2.6 节引入的同步降压变换器的数字电压模式控制的例子。变换器精确的离散时间模型和从控制端到输出电压的传递函数$G_{vu}(z)$的推导见 3.3.4 节。该系统的未补偿的环路增益的幅度和相位伯德图如图 4.5 所示。

$$T_u(z) = HG_{vu}(z) \tag{4.21}$$

设计指标交叉频率等于$f_c = f_s/10 = 100\text{kHz}$，相位裕度$\varphi_m = 45°$。从图 4.5 的伯德图可看出，很显然，必须提高相位。选择 PID 补偿器模板作为$G_c(z)$。

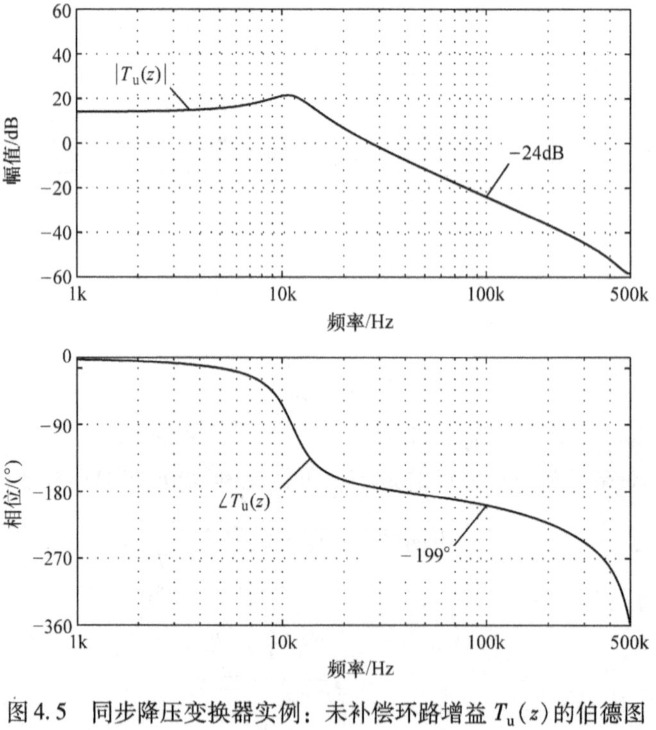

图 4.5 同步降压变换器实例：未补偿环路增益$T_u(z)$的伯德图

下面的方法类似于 1.5.1 节列举的标准模拟控制的设计过程，补偿器的设计是由以下两个连续步骤组成的：首先，PD 补偿器的设计必须满足穿越频率和相位裕度。PD 补偿器有两个参数并且由f_c和φ_m指标决定。其次，在补偿时引入积分行为。这两步方法的基本原理是，比例和微分项使得它们的频率特性接近f_c，而积分项的主要目的是增加低频增益，从而确保良好的静态调节。

在 p 域完整的 PID 传递函数具有如式（4.14）一般形式。根据式（4.9），p 域穿越频率指标为

$$\omega_c' = \frac{2}{T_s}\tan\left(\omega_c \frac{T_s}{2}\right) \approx 2\pi \cdot (103.4\text{kHz}) \tag{4.22}$$

正如期望的这样，$\omega_c' \approx \omega_c$。此外有

$$\omega_p = \frac{2}{T_s} \approx 2\pi \cdot (318\text{kHz}) \tag{4.23}$$

沿用 4.1.1 节提出的方法，估算 $T_u(z)$ 映射至 p 域后 $T_u'(p)$。应当注意的是：$T_u(z)$ 的幅度和相位仅仅在穿越频率 ω_c 上是必需的。因此，没有必要对整个未补偿环路增益做 z 到 p 映射。在这个例子中，T_u 位于 ω_c 的幅度和相位相当于 T_u' 位于 ω_c' 的幅度和相位：

$$|T_u(e^{j\omega_c T_s})| = |T_u'(j\omega_c')| \approx 63.1 \times 10^{-3} \Rightarrow -24\text{dB}$$

$$\angle T_u(e^{j\omega_c T_s}) = \angle T_u'(j\omega_c') \approx -199° \tag{4.24}$$

如图 4.5 所示，PD 环节设计的目的约束条件为：要求 $T'(j\omega_c')$ 的幅度为 1 并且 ω_c' 处的相位为 $-\pi + \varphi_m$。

$$T'(j\omega_c') \triangleq G_{PD}'(j\omega_c')T_u'(j\omega_c') = e^{j(-\pi+\varphi_m)} \tag{4.25}$$

对应的幅度和相位的约束条件为

$$|T_u'(j\omega_c')||G_{PD}'(j\omega_c')| = 1 \tag{4.26}$$

$$\angle T_u'(j\omega_c') + \angle G_{PD}'(j\omega_c') = -\pi + \varphi_m \tag{4.27}$$

根据式（4.27）和式（4.19）可得

$$\angle T_u'(j\omega_c') + \arctan\left(\frac{\omega_c'}{\omega_{PD}}\right) - \arctan\left(\frac{\omega_c'}{\omega_p}\right) = -\pi + \varphi_m \tag{4.28}$$

从中得出

$$\boxed{\omega_{PD} = \frac{\omega_c'}{\tan\left(\varphi_m - \varphi_{m,u} + \arctan\left(\frac{\omega_c'}{\omega_p}\right)\right)}} \tag{4.29}$$

式中，未补偿时的相位裕度为

$$\boxed{\varphi_{m,u} \triangleq \pi + \angle T_u'(j\omega_c') = \pi + \angle T_u(e^{j\omega_c T_s})} \tag{4.30}$$

式（4.30）表示为了获得穿越频率 f_c 设计一个比例补偿时系统的相位裕度。

从式（4.20）可以得出，当且仅当 $0 < \omega_{PD} < \omega_p$，$K_d > 0$。由式（4.29）得到相位裕度 φ_m 的上界和下界：

$$\boxed{\varphi_{m,u} < \varphi_m < \varphi_{m,u} + \frac{\pi}{2} - \arctan\left(\frac{\omega_c'}{\omega_p}\right)} \tag{4.31}$$

相位裕度范围［式（4.31）］有一个简单的解释：下限对于 φ_m 来说等同于 $\varphi_{m,u}$，其相当于补偿不需要微分作用的情况。对于 φ_m 的上限表达了通过采用数字

PD 补偿器可能提升的最大相位。如果相位裕度比要求的上限更高，可实现的 PD 补偿器无法满足该指标，需要一个更复杂的补偿器结构。要注意的是：由 ω_p 引起的相位滞后效应影响其上限。

对于同步降压变换器的研究，当 $\arctan(\omega'_c/\omega_p) = 18°$ 时，$\angle T'_u(j\omega'_c) \approx -199°$，$\varphi_{m,u} \approx -19°$，式（4.31）变成

$$-19° < \varphi_m < 53° \tag{4.32}$$

这表明指标 $\varphi_m = 45°$ 可以满足。于是对这个系统的 PD 补偿就实现了。式（4.29）的 ω_{PD} 可以表示为

$$\omega_{PD} = 2\pi \cdot (14.9\text{kHz}) \tag{4.33}$$

幅值约束条件如式（4.26）所示，决定了 PD 增益 G'_{PD0} 为

$$G'_{PD0} = \frac{1}{|T'_u(j\omega'_c)|}\frac{\sqrt{1+\left(\dfrac{\omega'_c}{\omega_p}\right)^2}}{\sqrt{1+\left(\dfrac{\omega'_c}{\omega_{PD}}\right)^2}} \tag{4.34}$$

得到

$$G'_{PD0} = 2.37 \tag{4.35}$$

接下来，引入一个积分项，其目的是使稳态调节误差为 0，增加环路的低频增益，从而提高带宽内的抗抑制能力。

和 PI 相关的 ω_{PI} 不应该明显改变穿越频率和 PD 补偿达到的相位裕度。同样地，PI 高频增益 $G'_{PI\infty}$ 不应该改变在 ω_c 邻域的闭环增益。然后选择 ω_{PI} 为穿越角频率 ω_c 的 1/20。

$$\omega_{PI} = 2\pi \cdot (5\text{kHz}) \tag{4.36}$$

$$G'_{PI\infty} = 1 \tag{4.37}$$

在 p 域中完全定义了 PID 补偿传递函数

$$\begin{aligned} G'_{PI\infty} &= 1 \\ G'_{PD0} &= 2.37 \\ \omega_{PI} &= 2\pi \cdot (5\text{kHz}) \\ \omega_{PD} &= 2\pi \cdot (14.9\text{kHz}) \end{aligned} \tag{4.38}$$

最后，z 域的 PID 增益由式（4.15）得出

$$\begin{aligned} K_p &= 3.09 \\ K_i &= 74.52 \times 10^{-3} \\ K_d &= 23.8 \end{aligned} \tag{4.39}$$

图 4.6 表示积分项的引入前后，补偿器传递函数的伯德图；而图 4.7 表示积分项的引入前后，开环传递函数的伯德图。正如预期那样，穿越频率和相位裕度基本

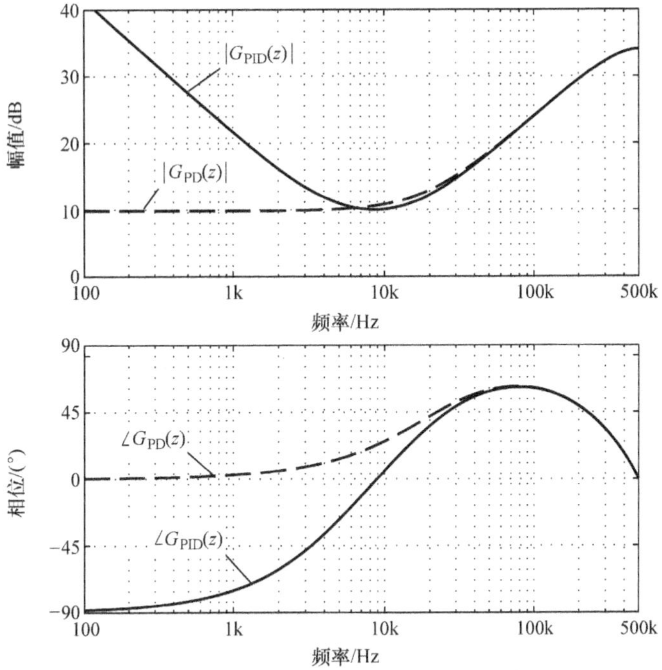

图4.6 同步降压变换器实例：PD部分（虚线）和PID（实线）时补偿器传递函数 $G_c(z)$ 的伯德图

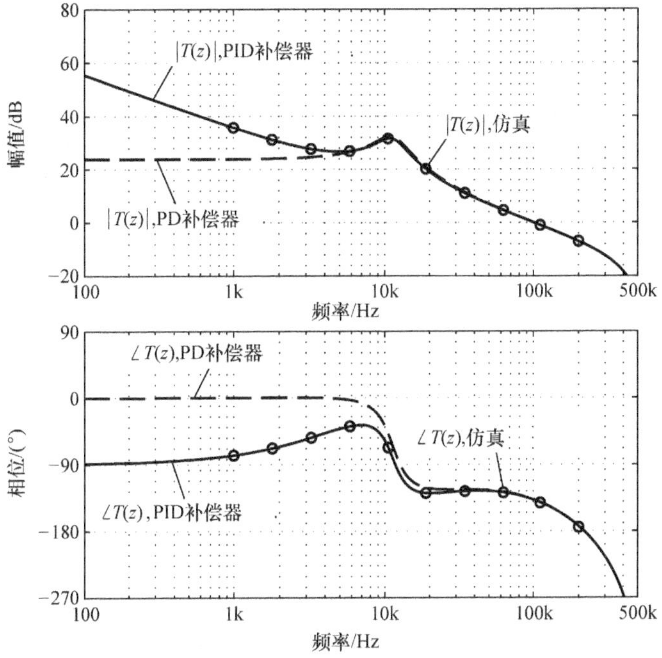

图4.7 同步降压变换器实例：PD补偿（虚线）和积分项的引入（实线）时电压环路增益 $T(z)$ 的伯德图

上是不变的，加入积分项后低频增益的获得显著提高。图 4.7 还验证了系统仿真后的环路增益。该仿真通过 Middlebrook 注入方法[78]实现，和在 1.5.1 节介绍的模拟控制变换器的仿真类似。图 4.8 描述了仿真 z 域环路增益和验证建模和设计的过程。特别注意图 4.8 的离散扰动$u_{pert}[k]$的抽样频率为开关频率，而不是连续时间正弦扰动信号。图 4.9 仿真了当负载电流从 5A 阶跃至 2.5A 瞬时加载和卸载时的变换器的闭环响应。图 4.10 为电流突升时的情况。根据图 3.4 的时序图执行仿真，因此环路中存在延迟。另一方面，幅值量化没有建模，也没有考虑 A/D 和 DPWM 的有限分辨率，这些将在第 5 章中讨论。

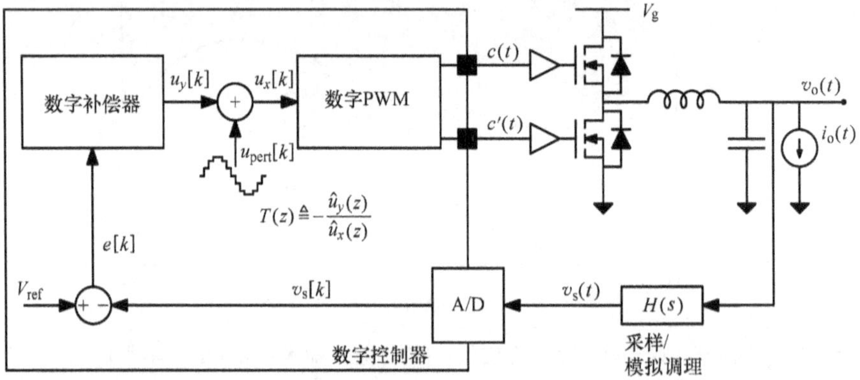

图 4.8 同步降压变换器实例：使用网络分析仪建立仿真寻找 z 域回路增益 $T(z)$

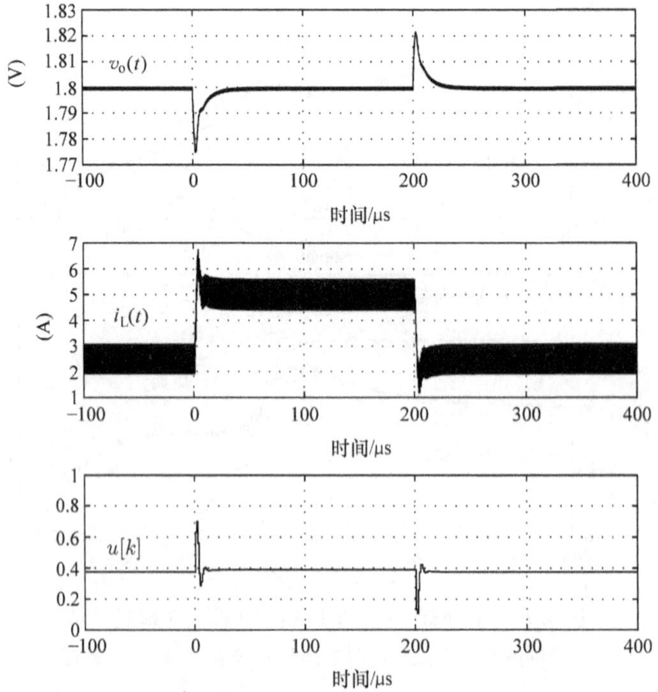

图 4.9 同步降压变换器实例：2.5A 到 5A 的负载阶跃响应

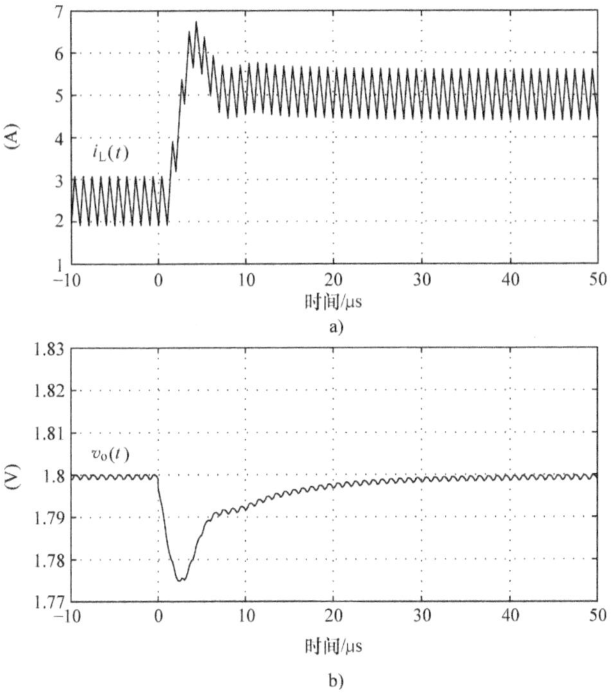

图4.10 同步降压变换器实例：2.5A 到5A 的负载阶跃响应：a）电感电流和 b）输出电压

下面插图提供所需的 Matlab 指令来实现前面描述的 PID 设计过程。

插图 4.1 – PID 补偿器的设计

假设传递函数对象 Tuz 已经计算（见插图3.3），且变量 wc 和 mphi 分别代表期望的穿越频率和相位裕度。下面的代码根据式（4.29）和式（4.36）实现了 PID 补偿器的设计。

```
%   Target crossover frequency and phase margin
wc = 2*pi*100e3;
phm = (pi/180)*45; % In radians
%   Magnitude and phase of Tuz at the target crossover frequency
[m,p]    =   bode(Tuz,wc);
p        =   (pi/180)*p;
%   Prewarping on wc
wcp      =   (2/Ts)*tan(wc*Ts/2);
%   PD Design
wp =    2*pi*fs/pi;
pw =    atan(wcp/wp);
wPD =    1/(tan(-pi+mphi-p+pw)/wcp)
GPD0 =    sqrt(1+(wcp/wp)^2)/(m*(sqrt(1+(wcp/wPD)^2)))
%   PI zero and high-frequency gain
wPI =    wc/20;
GPIinf = 1;
```

```
%   Proportional, Integral and Derivative Gains
Kp =    GPIinf*GPD0*(1+wPI/wPD-2*wPI/wp);
Ki =    2*GPIinf*GPD0*wPI/wp;
Kd =    GPIinf*GPD0/2*(1-wPI/wp)*(wp/wPD-1);
%   PID Transfer function
z =   tf('z',Ts);
Gcz =   Kp + Ki/(1-z^-1) + Kd*(1-z^-1);
```

4.2.2 电流控制模式时升压变换器的数字控制

为了方便起见，将3.2.2节中介绍的数字电流控制升压变换器再次绘制于此，如图4.11所示。系统参数等同于1.5.2节介绍的模拟电流控制的实例，如表1.3所示。使用3.2.2节提出的升压变换器的离散建模方法及其推导出控制量到电感电流的传递函数$G_{iu}(z)$。回想一下，若采用对称的PWM载波，则采样瞬间位于关断区间的中点。在2.2.1节中曾经指出，这种采样方式能够获得$i_L(t)$的平均值。

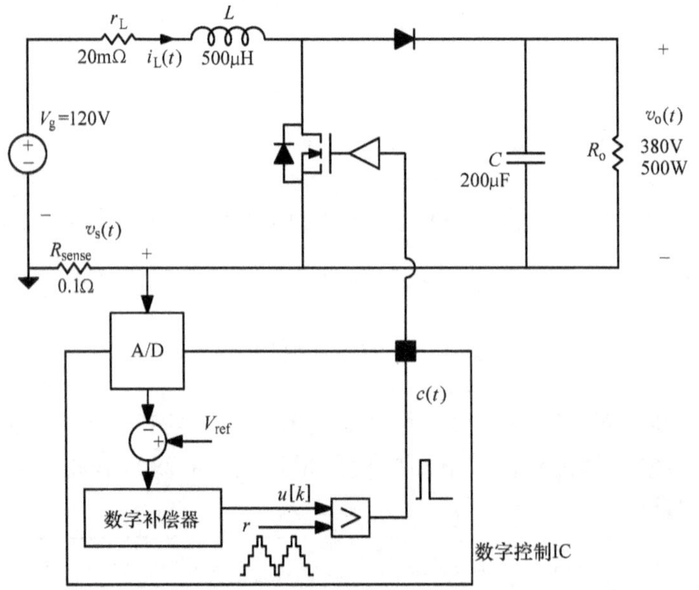

图4.11 电流控制模式时升压变换器的数字控制

未补偿的电流闭环增益$T_u(z)$的伯德图如图4.12所示，相位响应良好，但是由于环路的延迟，相位滞后角度轻微小于$-90°$。采用PI控制器补偿。

$$T_u(z) = R_{sense}G_{iu}(z) \tag{4.40}$$

采用PI补偿设计$f_c = f_s/10 = 10\text{kHz}$的穿越频率和$\varphi_m = 50°$的相角裕度。补偿后的环路增益$T(z)$的伯德图和仿真得到的值（用于验证）如图4.12所示。

设计PI补偿器的过程和4.2.1节中介绍的过程类似。在这个例子中，$\omega_p = 2\pi(31.8\text{kHz})$，$\omega_c' \approx 2\pi \cdot (10.3\text{kHz})$。

首先，使用式（4.40）得出未补偿环路增益的相位和相角在所需的穿越频率的值：

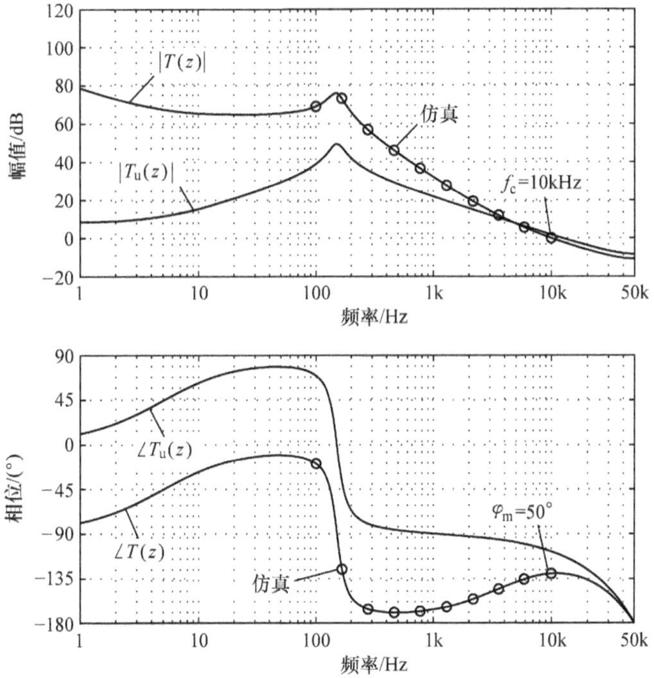

图4.12 升压变换器实例：未补偿变换器的环路增益 $T_{\mathrm{u}}(z)$ 和补偿后的环路增益 $T(z)$

$$
\begin{aligned}
|T_{\mathrm{u}}(\mathrm{e}^{\mathrm{j}\omega_{\mathrm{c}}T_{\mathrm{s}}})| &= |T'_{\mathrm{u}}(\mathrm{j}\omega'_{\mathrm{c}})| \approx 1.23 \Rightarrow 1.78\mathrm{dB} \\
\angle T_{\mathrm{u}}(\mathrm{e}^{\mathrm{j}\omega_{\mathrm{c}}T_{\mathrm{s}}}) &= \angle T'_{\mathrm{u}}(\mathrm{j}\omega'_{\mathrm{c}}) \approx -108°
\end{aligned}
\tag{4.41}
$$

正如式（4.30）定义的那样，未补偿时的相角裕度$\varphi_{\mathrm{m,u}}=72°$。

根据式（4.17），可以考虑在 p 域的 PI 传递函数

$$
G'_{\mathrm{PI}}(p) = G'_{\mathrm{PI}\infty}\left(1+\frac{\omega_{\mathrm{PI}}}{p}\right) \tag{4.42}
$$

加入约束条件

$$
T'(\mathrm{j}\omega'_{\mathrm{c}}) \triangleq G'_{\mathrm{PD}}(\mathrm{j}\omega'_{\mathrm{c}})T'_{\mathrm{u}}(\mathrm{j}\omega'_{\mathrm{c}}) = \mathrm{e}^{\mathrm{j}(-\pi+\varphi_{\mathrm{m}})} \tag{4.43}
$$

解ω_{PI}和$G'_{\mathrm{PI}\infty}$得

$$
\boxed{\omega_{\mathrm{PI}} = \omega'_{\mathrm{c}}\tan(\varphi_{\mathrm{m,u}}-\varphi_{\mathrm{m}})} \tag{4.44}
$$

$$
\boxed{G'_{\mathrm{PI}\infty} = \frac{1}{|T'_{\mathrm{u}}(\mathrm{j}\omega'_{\mathrm{c}})|}\frac{1}{\sqrt{1+\left(\dfrac{\omega_{\mathrm{PI}}}{\omega'_{\mathrm{c}}}\right)^2}}} \tag{4.45}
$$

再次注意，需要确定 PI 补偿器有效的取值范围。根据式（4.18），条件 $K_{\mathrm{p}}>0$ 和 $K_{\mathrm{i}}>0$变成$0<\omega_{\mathrm{PI}}<\omega_{\mathrm{p}}$。应用于式（4.44），得到如下约束条件：

$$
\boxed{\varphi_{\mathrm{m,u}}-\arctan\left(\frac{\omega_{\mathrm{p}}}{\omega'_{\mathrm{c}}}\right)<\varphi_{\mathrm{m}}<\varphi_{\mathrm{m,u}}} \tag{4.46}
$$

其表明：PI 补偿器的相角裕度不能提高超过$\varphi_{m,u}$，也不能使它减小到低于一定的值。在例子中，$\arctan(\omega_p/\omega'_c) \approx 72°$，所以

$$\varphi_{m,u} - \arctan\left(\frac{\omega_p}{\omega'_c}\right) = 0° < \varphi_m = 50° < \varphi_{m,u} = 72° \tag{4.47}$$

由此得到 PI 补偿器的解

$$\begin{aligned} \omega_{PI} &\approx 2\pi \cdot (4.2\text{kHz}) \\ G'_{PI\infty} &\approx 0.754 \Rightarrow -2.45\text{dB} \end{aligned} \tag{4.48}$$

最后，通过式（4.18）得到数字补偿器的比例和积分的系数为

$$\begin{aligned} K_p &\approx 0.6543 \\ K_i &\approx 0.2 \end{aligned} \tag{4.49}$$

图 4.13 为仿真了当电流设定从 4.2A 到 2.1A 时，功率从 500W 到 250W 时系统的闭环响应。瞬态响应和频域设计指标是一致的。

在有关参考文献中还研究了各种其他数字电流控制方法，如预测电流控制[135、136]和基于低分辨率电流采样的电流控制[137]。

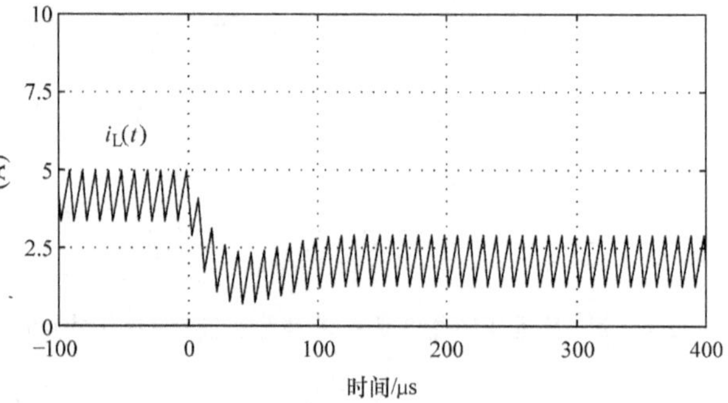

图 4.13　升压变换器实例：500W 到 250W 的参考量阶跃响应

4.2.3　多环控制模式时同步降压变换器的数字控制

在模拟控制的 DC－DC 变换器中，经常采用多回路的控制方法，即在带宽宽的电流控制回路外嵌一个带宽低的输出电压外环。这种方法采用直接控制并限制瞬态电流，具有电流保护特性，以及在多变换器并联时的可确保均流等优点。此外，补偿后的系统比纯电压型控制方案的鲁棒性更强。

同步降压变换器的多回路数字控制框图如图 4.14 所示。变换器由对称数字 PWM（DPWM）驱动，电感电流和输出电压在载波的峰值即开关关断区间中间的时刻进行抽样。对于电感电流而言，采样获得了 $i_L(t)$ 的平均值。假设采用如图 3.11 所示的时序图，同样采用控制约束条件以及 4.2.2 节提到的占空比限制条件。

如图 4.14 所示，内环调节电感电流，电流给定 $i_{ref}[k]$ 为电压回路调节器的输出。多回路的控制基本思想是将电流动态响应从电压动态响应中解耦，使电流控制回路响应速度更快。这种理念也直接反映在设计过程中，电压、电流环的环路设计分两步进行，而不是同时进行。

等效的小信号控制系统框图如图 4.15 所示。首先考虑电流环路补偿器的设计。

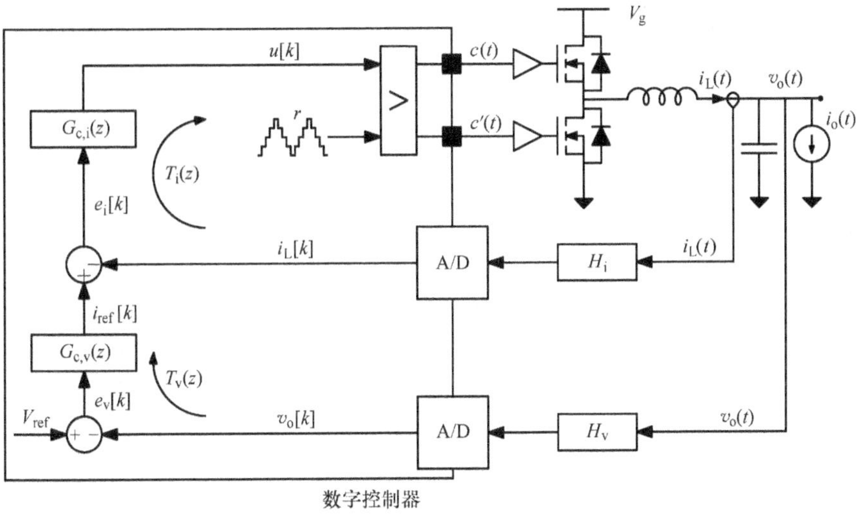

图 4.14　同步降压变换器的多回路数字控制

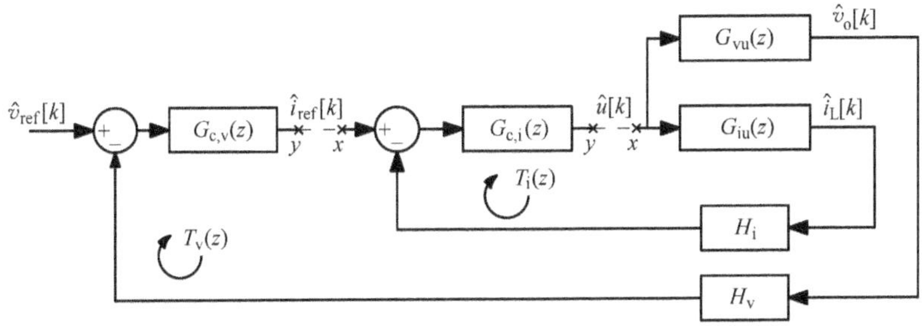

图 4.15　数字多回路的小信号控制框图

假设电压回路是开路的，当前的环路增益 $T_i(z)$ 是

$$T_i(z) \triangleq -\frac{\hat{u}_y(z)}{\hat{u}_x(z)} = G_{c,i}(z) H_i G_{iu}(z) \tag{4.50}$$

式中，H_i 是电感电流采样增益；$G_{c,i}(z)$ 是电流环路补偿器的传递函数。假设电感电流采样增益归一化为 $H_i=1$。电流控制环路的电流传递函数 $G_{iu}(z)$ 可以直接从 3.2.1 节中的变换器模型获得。图 4.16 是无补偿时环路增益的伯德图，$T_{u,i}(z)=H_i G_{iu}(z)$ 在小于奈奎斯特频率的低频段，这个伯德图很好地反映了其动态特性，与模拟控制的差异仅在于因数字控制存在环路延迟，会引起附加相位滞后：

$$t_d = t_{DPWM} = \frac{T_s}{2} = 500\text{ns} \tag{4.51}$$

低于谐振频率时，因为 $z=1$ 附近的零点作用，$T_{u,i}(z)$ 的斜率是 20dB/dec。注意：本例使用的采样策略认为是采样电流等于实际的平均电流。所以，$G_{iu}(z)$ 低频

段的行为和 s 域对应 $G_{id}(s)$ 一样，在直流处存在一个零点⊖。基于上述考虑，PI 补偿用于内部电流环设计：

$$G_{c,i}(z) = K_{p,i} + \frac{K_{i,i}}{1 - z^{-1}} \tag{4.52}$$

遵循 4.2.2 节中升压电流控制器的步骤，假设穿越频率 $\omega_{c,i} = 2\pi \cdot (160\text{kHz})$，相角裕度 $\varphi_{m,i} = 50°$，电流环路补偿器参数 $K_{p,i}$ 和 $K_{i,i}$ 为

$$\begin{aligned} K_{p,i} &\approx 0.1637 \\ K_{i,i} &\approx 0.0468 \end{aligned} \tag{4.53}$$

图 4.16 为补偿后的环路增益 $T_i(z)$ 的伯德图。由于 PI 的积分和 $z \approx 1$ 处的 $T_{u,i}(z)$ 零点相抵消的缘故，补偿后的环路增益在低频段为有限值。在平均电流控制模式中，低频环路增益为有限值是相当常见的情况。当然，平均电流型控制器的传递函数也可以含有一个重积分。在多环控制系统中，虽然内环会存在调节误差，但是外环的电压环会补偿内环产生的调节误差，这就相当于外环调节了内环电流环的给定量。基于此，低频段的增益为有限值并没有太多问题。

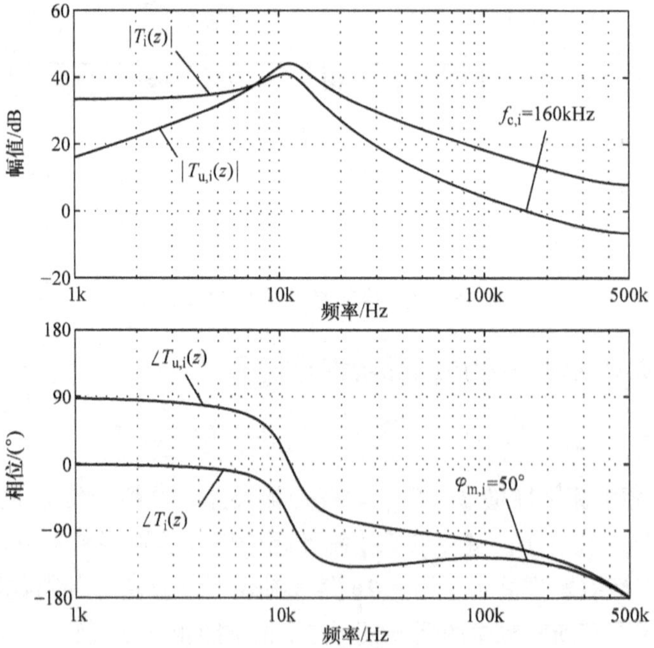

图 4.16　多回路控制例子：电流回路增益的波特图

参考图 4.15，当电流环闭环时，电压环路增益为

⊖ 该零点和 $z=1$ 零点接近但不相同，在幅值上有细微差别。这是因为无论采样策略如何，电感电流的波形不是一个精确的三角波形，所以采样后的电流值和平均电流值有细微区别。z 域的模型准确地说明了这种混叠效应。虽然如此，如从实际角度出发，这一点又不那么重要。

$$T_{\mathrm{v}}(z) \triangleq -\frac{\hat{i}_{\mathrm{ref},y}(z)}{\hat{i}_{\mathrm{ref},x}(x)} = G_{\mathrm{c,v}}(z) H_{\mathrm{v}} G_{\mathrm{vu}}(z) \frac{G_{\mathrm{c,i}}(z)}{1+T_{\mathrm{i}}(z)} \tag{4.54}$$

式中，$G_{\mathrm{c,u}}(z)$就是要设计的电压环补偿器传递函数。在该例中，假设 $H_{\mathrm{v}}=1$，无补偿的电压环路增益 $T_{\mathrm{u,v}}(z)$的计算过程如下：

$$\begin{aligned} T_{\mathrm{u,v}}(z) &= H_{\mathrm{v}} G_{\mathrm{vu}}(z) \frac{G_{\mathrm{c,i}}(z)}{1+T_{\mathrm{i}}(z)} \\ &= \frac{H_{\mathrm{v}} G_{\mathrm{vu}}(z)}{H_{\mathrm{i}} G_{\mathrm{iu}}(z)} \frac{G_{\mathrm{c,i}}(z) H_{\mathrm{i}} G_{\mathrm{iu}}(z)}{1+T_{\mathrm{i}}(z)} \\ &= \frac{H_{\mathrm{v}} G_{\mathrm{vu}}(z)}{H_{\mathrm{i}} G_{\mathrm{iu}}(z)} \frac{T_{\mathrm{i}}(z)}{1+T_{\mathrm{i}}(z)} \end{aligned} \tag{4.55}$$

$T_{\mathrm{u,v}}(z)$确切的表达式包括了内环电流环的闭环动态响应 $T_{\mathrm{i}}(z)/(1+T_{\mathrm{i}}(z))$。电流环的带宽非常宽，或者更确切地说 $\omega \ll \omega_{\mathrm{c,i}}$，所以有

$$\frac{T_{\mathrm{i}}(z)}{1+T_{\mathrm{i}}(z)} \approx 1 \Rightarrow T_{\mathrm{u,v}}(z) \approx \frac{H_{\mathrm{v}} G_{\mathrm{vu}}(z)}{H_{\mathrm{i}} G_{\mathrm{iu}}(z)} \tag{4.56}$$

$$Z_{\mathrm{vi}}(z) \triangleq \frac{G_{\mathrm{vu}}(z)}{G_{\mathrm{iu}}(z)} = \frac{\hat{v}_{\mathrm{o}}(z)}{\hat{i}_{\mathrm{L}}(z)} \tag{4.57}$$

因为$\hat{i}_{\mathrm{L}}$ 不是控制系统的输入量，所以 $Z_{\mathrm{vi}}(z)$不是一个变换器的传递函数。尽管如此，它是变换器的特征，表示抽样的电感电流和抽样的输出电压之间的小信号关系。电压环的穿越频率 $\omega_{\mathrm{c,v}}$通常满足 $\omega_{\mathrm{c,v}} \ll \omega_{\mathrm{c,i}}$，式（4.56）的近似通常是满足 $G_{\mathrm{c,v}}(z)$的设计要求的，即使用

$$T_{\mathrm{u,v}}(z) \approx \frac{H_{\mathrm{v}}}{H_{\mathrm{i}}} Z_{\mathrm{vi}}(z) \tag{4.58}$$

近似作为 $T_{\mathrm{u,v}}(z)$的表达式。图 4.17 所示为 $T_{\mathrm{u,v}}(z)$和其近似表达式（4.58）的伯德图。不出所料，$T_{\mathrm{u,v}}(z)$的频率响应类似于电容阻抗 $1/sC$。

当得到 $T_{\mathrm{u,v}}(z)$的频率响应时，使用数字补偿器

$$G_{\mathrm{c,v}}(z) = K_{\mathrm{p,v}} + \frac{K_{\mathrm{i,v}}}{1-z^{-1}} \tag{4.59}$$

使得穿越频率 $\omega_{\mathrm{c,v}} = 2\pi \cdot (40\mathrm{kHz})$，相位裕度 $\varphi_{\mathrm{m,v}} = 50°$，然后得出

$$\begin{aligned} K_{\mathrm{p,v}} &\approx 33.81 \\ K_{\mathrm{i,v}} &\approx 6.34 \end{aligned} \tag{4.60}$$

图 4.17 中显示了补偿后电压环路增益 $T_{\mathrm{v}}(z) = G_{\mathrm{c,v}}(z) T_{\mathrm{u,v}}(z)$的伯德图。设计出的多回路的控制变换器的闭环瞬态性能如图 4.18 所示，它表示负载电流 0A→5A→0A 时动态响应。

4.2.4　升压功率因数校正器

单相功率因数校正器（PFC）是 AC – DC 整流器，广泛应用于电气和电子设备的输入级。它的目的是使电网功率因数为 1，并降低交流输入电流的谐波含量。在

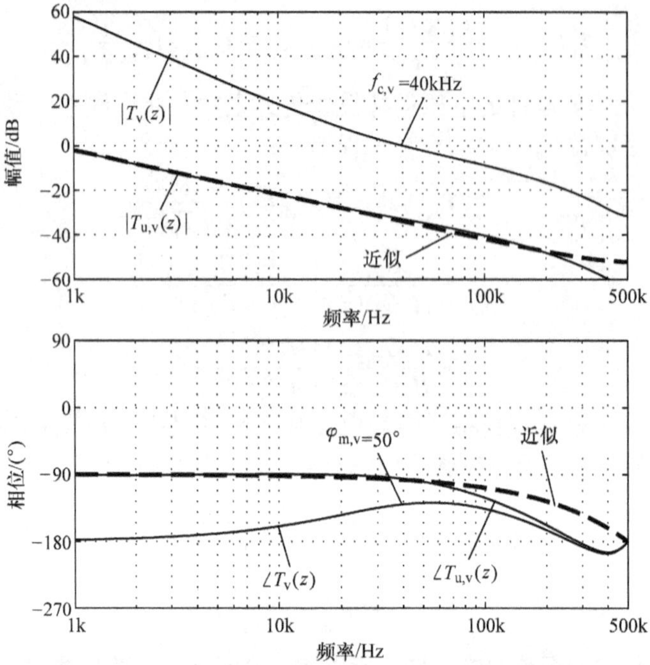

图 4.17　多回路控制实例：电压回路增益的伯德图

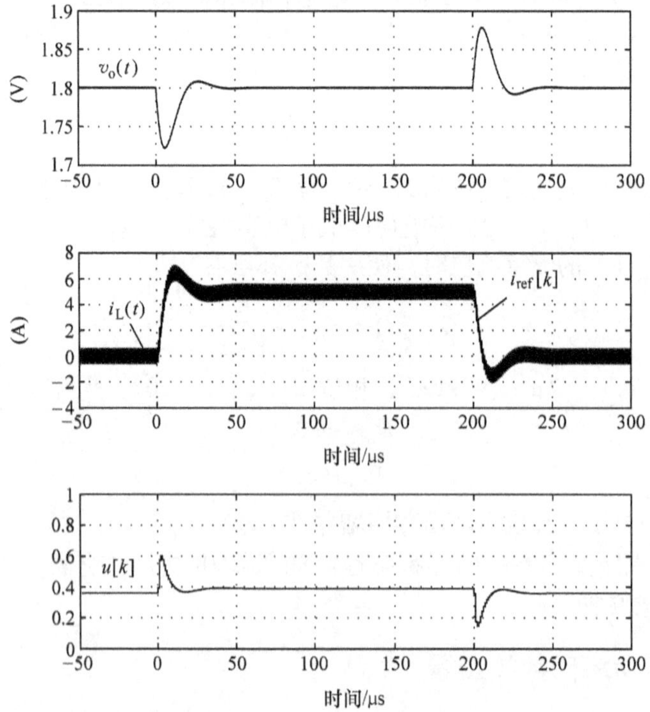

图 4.18　多回路控制实例：0A→5A→0A 的负载阶跃时的闭环响应

电力电子教科书[1,2,4,5]中都详细介绍了PFC整流器的运行、分析、设计、建模和模拟控制。在离散建模和数字控制设计之前，先对以上工作做一个简短的总结。

图4.19是PFC整流器的总体框图。图4.20为实现PFC后的稳态波形。设$v_{ac}(t)$和$i_{ac}(t)$分别是交流电压和电流，首先由二极管整流桥整流，然后由DC-DC变换器控制使得：①输入端等效为一个电阻负载；②输出端等效为一个可调的直流电压源。该电压源为负载或为后级变换器提供直流功率P。后级变换器用电阻负载R_o建模。

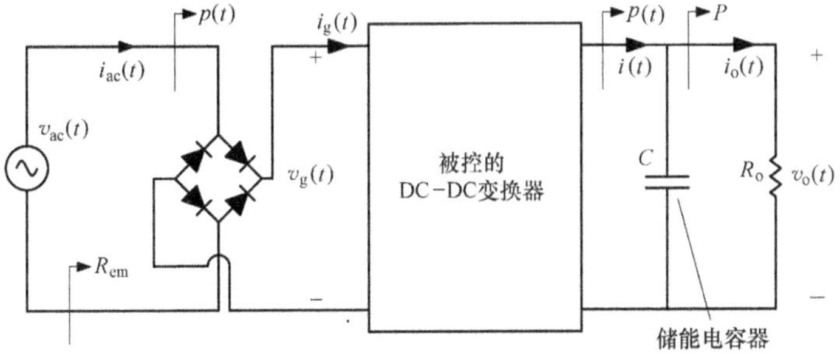

图4.19　PFC系统的框图

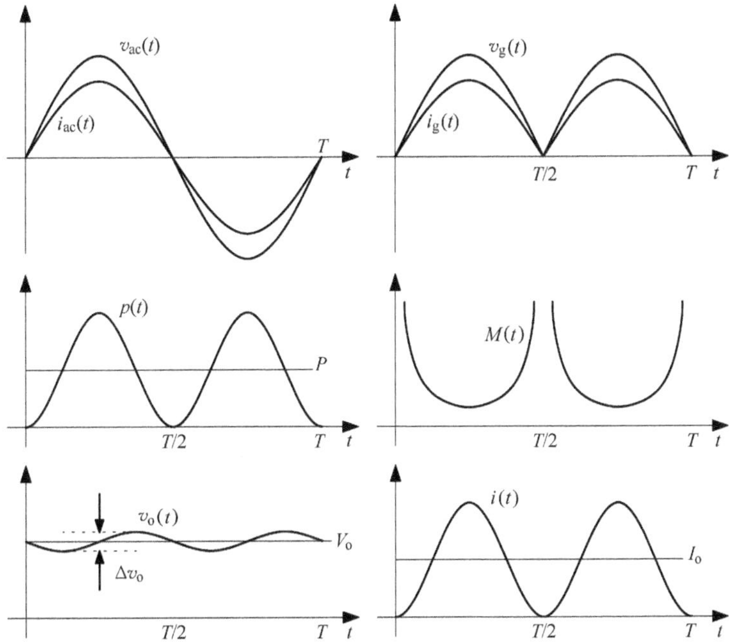

图4.20　PFC稳态时的主要波形

为了使得功率因数为1，交流电源线电压和电流为

$$v_{ac}(t)=\sqrt{2}V_{ac,rms}\sin(\omega t)$$
$$i_{ac}(t)=\sqrt{2}\frac{V_{ac,rms}}{R_{em}}\sin(\omega t) \tag{4.61}$$

式中，$\omega=2\pi/T$ 是电网频率；等效电阻 R_{em} 和直流负载的有功功率 P 相关。假设 PFC 的损失可以忽略，可得

$$\frac{V_{ac,rms}^2}{R_{em}}=P \tag{4.62}$$

整流后的电压 $v_g(t)$ 和整流后的电流 $i_g(t)$ 作为直流变换器的输入：

$$\begin{aligned} v_g(t)&=|v_{ac}(t)|=\sqrt{2}V_{ac,rms}|\sin(\omega t)| \\ i_g(t)&=|i_{ac}(t)|=\sqrt{2}\frac{V_{ac,rms}}{R_{em}}|\sin(\omega t)| \end{aligned} \tag{4.63}$$

观察到 $v_g(t)$ 和 $i_g(t)$ 的频率等于电网频率的 2 倍。上述方程的结果之一如图 4.20 所示，PFC 整流器的电压比 $M(t)=V_o/v_g(t)$ 的周期是电网周期的一半：

$$M(t)\triangleq\frac{V_o}{v_g(t)}=\frac{V_o}{\sqrt{2}V_{ac,rms}}\frac{1}{|\sin(\omega t)|} \tag{4.64}$$

观察瞬时功率 $p(t)$，它由直流项 P 加上 2 倍电网频率的波动成分组成，公式如下：

$$p(t)\triangleq v_{ac}(t)i_{ac}(t)=P(1-\cos2\omega t)=\underbrace{P}_{\text{有功功率}}-\underbrace{P\cos(2\omega t)}_{\text{波动功率}} \tag{4.65}$$

PFC 的输出功率是恒定的，波动功率部分在 PFC 和电网之间来回交换。换句话说，一个储能元件——最常见的是如图 4.19 所示的输出电容必须滤除因功率波动造成的输出电压纹波。因此，PFC 的输出电压 $v_o(t)$ 包括直流分量 V_o，加上一个 2 倍电网频率的小电压波纹。该小电压波纹是由于储能元件上功率波动造成的。为了简单且准确地设计电容值，推导出储能电容上的电压峰 - 峰值 Δv_o 为

$$\Delta v_o\approx\frac{P}{\omega CV_o} \tag{4.66}$$

另一方面，由于 PFC 变换器和储能元件之间做大量的能量交换，输出电流 $i(t)$ 存在巨大的纹波量，纹波电流的频率为 2 倍电网频率。该纹波电流叠加到负载吸收的直流电流 I_o 上。如图 4.20 所示，输出电流的近似表达式为

$$i(t)=\frac{p(t)}{v_o(t)}\approx\frac{p(t)}{V_o}=I_o-I_o\cos(2\omega t) \tag{4.67}$$

在 PFC 的实现中，DC - DC 变换器因为开关工作模式引入了额外的谐波分量。从这个意义上说，上述提到的数值理解为变换器瞬时值在一个开关周期 T_s 取平均后的结果。具体形式如下：

$$\begin{aligned} p(t)&\to\bar{p}(t) \\ i_g(t)&\to\bar{i}_g(t) \\ v_o(t)&\to\bar{v}_o(t) \\ i(t)&\to\bar{i}(t) \end{aligned} \tag{4.68}$$

这里讨论的 PFC 控制的例子是基于升压变换器。数字控制升压 PFC 的框图如

图4.21所示，表4.1中给出了系统参数。功率级参数和4.2.2节中的数字电流控制的升压DC-DC变换器参数一样。4.2.2节中的升压DC-DC变换器提供了一个设计PFC数字控制的起点。

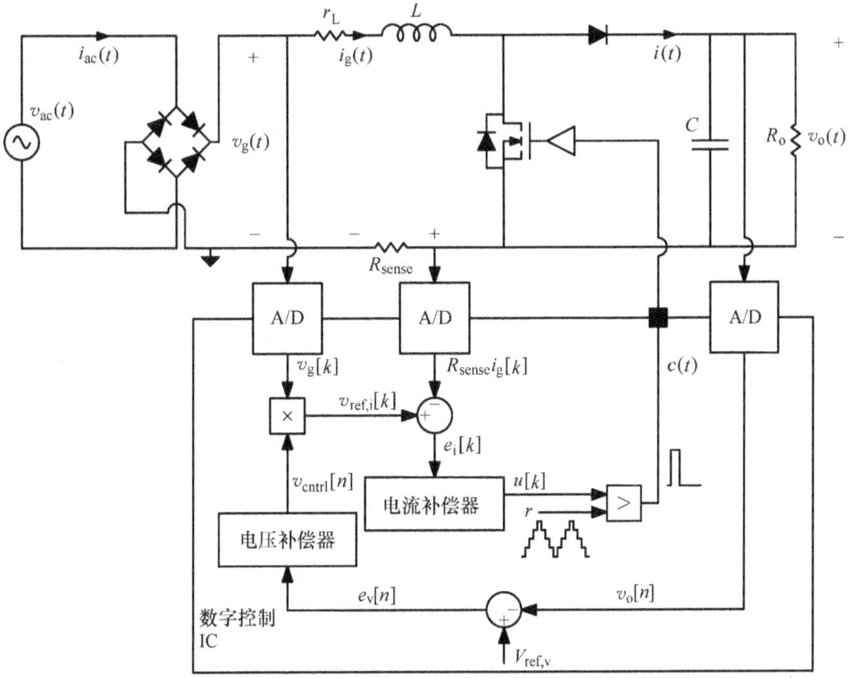

图4.21 数字控制升压PFC电路

表4.1 升压PFC例子的参数

参数	值
输入电压有效值 $V_{ac,rms}$	120V
电网频率 ω	$2\pi\cdot(60\text{Hz})$
输出电压 V_o	380V
输出功率 P	500W
开关频率 f_s	100kHz
电感 L	500μH
电感串联电阻 r_L	20mΩ
滤波电容 C	220μF
输出电压采样增益 H_v	1V/V
电流采样增益 R_{sense}	0.1V/A

在实例研究中，输入为典型的美国家庭交流电压（120V，60 Hz），直流负载为（380V，500 W）。在这个功率等级上，输入电流和直流输出电流有效值为

$$I_{ac,rms}=\frac{P}{V_{ac,rms}}=\frac{500\text{W}}{120\text{V}}\approx 4.2\text{A}$$

$$I_o=\frac{P}{V_o}=\frac{500\text{W}}{380\text{V}}\approx 1.3\text{A} \tag{4.69}$$

通过式（4.66），根据选出来的电容，预期的输出电压波纹峰-峰值是

$$\Delta v_o \approx 16\text{V} \tag{4.70}$$

即约等于4%的直流电压值。电感电流纹波的峰-峰值为

$$\Delta i_L = \frac{v_g}{L} dT_s \leqslant \frac{\sqrt{2}V_{ac,rms}}{f_s L}\left(1 - \frac{\sqrt{2}V_{ac,rms}}{V_o}\right) \approx 1.88\text{A} \tag{4.71}$$

它的最大值位于电网峰值电压处。升压变换器在整个电网周期只要满足下式[1]就可以工作在CCM：

$$R_{em} \leqslant 2Lf_s \Leftrightarrow P \geqslant 144\text{W} \tag{4.72}$$

这里的PFC数字控制器和广为人知的多环模拟实现控制器类似[1]，如图4.21所示，它是一个多环控制系统，其中包括两种不同的控制回路：

1）宽带电流环是用来校正电流$\bar{i}_g(t)$，该电流跟踪输入电压$v_g(t)$的波形，使得整流器的输入端呈现一个电阻。内部电流环的给定变量$v_{ref}[k]$为电压环的输出与$v_g(t)$相乘得到：

$$v_{ref,i}[k] \triangleq k_x v_g[k] v_{cntrl} \tag{4.73}$$

式中，k_x是数字乘法器的比例常数。$v_g(t)$和$\bar{i}_g(t)$之间的比例因子为电阻R_{em}，它的值由v_{cntrl}控制。在稳态时，$v_{cntrl} = V_{cntrl}$。假设电流环带宽非常宽，$R_{sense}\bar{i}_g \approx v_{ref,i}$，则可以得到

$$\boxed{R_{sense}\bar{i}_g \approx k_x v_g V_{cntrl} \Rightarrow R_{em} \triangleq \frac{v_g}{\bar{i}_g} = \frac{R_{sense}}{k_x V_{cntrl}}} \tag{4.74}$$

R_{em}的值取决于电压环的控制命令v_{cntrl}。此外，将上述方程带入式（4.62）中得到

$$\boxed{P = k_x \frac{V_{ac,rms}^2}{R_{sense}} V_{cntrl}} \tag{4.75}$$

所以，v_{cntrl}直接控制了平均功率。

2）通过建立低带宽的电压环来调节变换器的输出电压为恒定值$V_{ref,v}$。当输出电压低于$V_{ref,v}$时，电压反馈v_{cntrl}增加，迫使变换器吸收功率更高，使得存储的功率变高，调节的功率亦变高。当输出电压超过期望值时，情况相反。从这个意义上讲，电压环的作用是功率平衡。

电流环快，电压环慢，两者的带宽差异较大，这是PFC系统正确工作的保证。电流环的带宽$f_{c,i}$，通常设计为尽可能大，约等于变换器的开关频率f_s的1/7~1/10。另一方面，电压环要快速调整R_{em}，将不可避免地改变输入电流，并最终两者共同完成PFC功能。电压环带宽$f_{c,v}$通常限制为远低于2倍电网频率。

$$\underbrace{f_{c,v}}_{\text{电压环带宽}} \ll \underbrace{2f}_{\text{2倍电网频率}} \ll \underbrace{f_{c,i}}_{\text{电流环带宽}} \ll \underbrace{f_s}_{\text{开关频率}} \tag{4.76}$$

图4.21中，在实际PFC实现时没有额外附加控制，仅仅采用乘以增益k_x。k_x是电网电压有效值$V_{ac,rms}^2$的倒数。我们称这种技术为输入电压前馈，它抑制了$v_{ac}(t)$扰动对变换器反馈的影响。由于输入电压前馈并不改变从控制端到输出端的动态特性，所以在这个例子并没有考虑前馈的作用。

首先考虑宽带宽的电流内环设计。内环的目的是跟踪当前电流设定量$v_{ref,i}[k]$。在这方面，建模技术和设计方法和4.2.2节中的DC－DC的情况是相同的。然而，需要额外解决的问题是由于交流电压的变化，变换器的输入电压$v_g(t)$从0V到$\sqrt{2}V_{ac,rms}\approx 170V$之间慢慢变化。因为$v_g(t)$的频率是$2f \ll f_{c,i}$，所以对较宽带宽的电流内环而言，它的变换相对缓慢。因此，变换器工作点处$v_g(t)$的变化近似认为是准静态变化。图4.22说明了当$f_{c,i}=10kHz$，$\varphi_{m,i}=50°$，并且电压处于峰值$V_g=170V$时的当前环路增益$T_i(z)$，以及$V_g=17V$和$V_g=85V$时当前环路增益$T_i(z)$。在计算后两种情况时，需要重新计算稳态占空比D使得$V_o=380V$。在准静态近似下，小信号动态特性会随着工作点$v_g(t)$变化而产生变化，具体会影响当前低频段环路增益，但不改变穿越频率和相位裕度。采用式（3.56）近似高频段，即图4.22中所示$T_i(z)$的穿越频率和相位裕度与$v_g(t)$无关[⊖]。总之，宽带宽电流内环的设计与DC－DC变换器的设计方法类似。

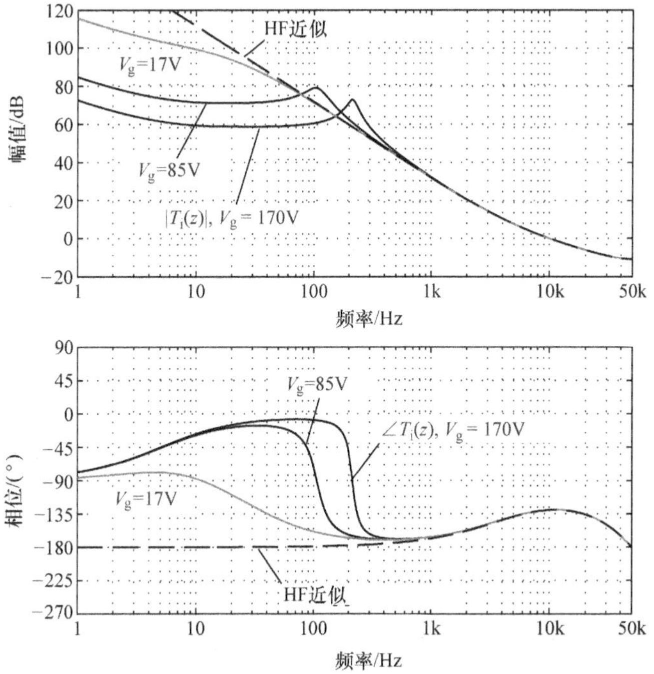

图4.22 升压PFC实例：三种不同电压下的电流环路的伯德图

⊖ 需要申明：该特性仅适用于升压变换器，对于其他变换器拓扑并不适用。

、 现在考虑设计负责调节 PFC 输出电压的低带宽外环电压环。正如预期的那样，环路通过 v_{cntrl} 控制 R_{cm}，以此保持了输入和输出功率平衡。在此调节过程中，动态响应速度要比 2 倍的电网频率要小，使得输入电流不会发生剧烈的失真。

在连续时间模型框架中，可借助无损电阻（LFR）模型研究未补偿的环外电压环动态特性，具体如图 4.23 所示[1]。假设内部电流环运行在理想情况下，变换器的输入端等为 v_{cntrl} 控制的电阻 R_{cm}。另一方面，输出端口成为可控的功率源，它将电网上吸收的功率传送到输出端。LFR 的方程是

$$v_{\mathrm{g}}(t)=R_{\mathrm{em}}(v_{\mathrm{cntrl}})\,\bar{i}_{\mathrm{g}}(t)$$

$$\bar{v}_{\mathrm{o}}(t)\,\bar{i}(t)=\frac{v_{\mathrm{g}}^{2}(t)}{R_{\mathrm{em}}(v_{\mathrm{cntrl}})} \tag{4.77}$$

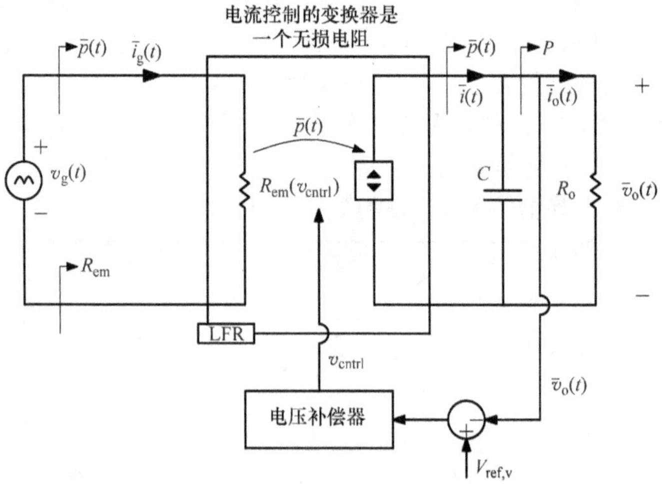

图 4.23 无损电阻（LFR）是电压环路动态特性的核心

根据被控功率源的非线性以及输入电压源的时变性，得出了非线性时变方程。为了解决这个问题，首先将 LFR 模型在电网周期的一般时间内做平均，这样做消除了方程的时变特性，这与在一个开关周期内做平均的方法类似。通过上述方法，得到了变换器的时不变非线性模型。用

$$\boxed{\bar{\bar{v}}_{\mathrm{o}}(t)\triangleq\langle\bar{v}_{\mathrm{o}}(t)\rangle_{T_{2\mathrm{L}}}} \tag{4.78}$$

表示输出电压先在一个开关周期内取平均，接着在电网周期的一半时间 $T_{2\mathrm{L}}\triangleq\pi/\omega$ 内取平均，如图 4.24 所示。采用上述平均操作，瞬时功率 $\bar{p}(t)$ 消除了波动项：

$$\bar{\bar{p}}(t)=\frac{V_{\mathrm{ac,rms}}^{2}}{R_{\mathrm{em}}(v_{\mathrm{cntrl}}(t))}=k_{x}\frac{V_{\mathrm{ac,rms}}^{2}}{R_{\mathrm{sense}}}v_{\mathrm{cntrl}}(t) \tag{4.79}$$

LFR 控制的功率源平均后的模型如图 4.25 所示，这个模型仍然是非线性的，

但是时不变的。在静态工作点处做线性化处理，可以得到从控制输入端 v_{cntrl} 和 PFC 输出电压之间的小信号动态特性。

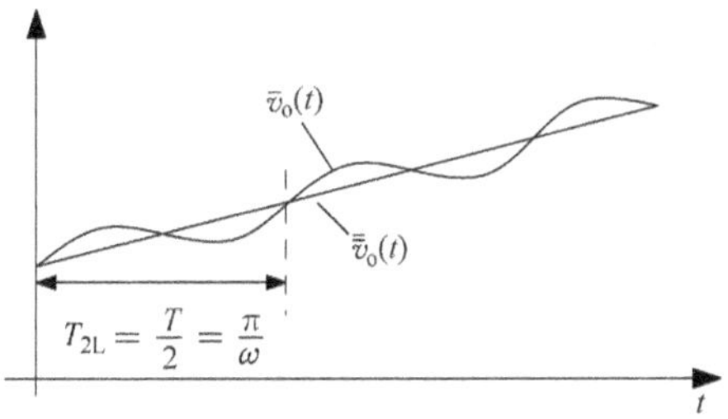

图 4.24 通过在电网周期 T_{2L} 的一半时间对 $v_o(t)$ 做平均消除了其中的谐波分量

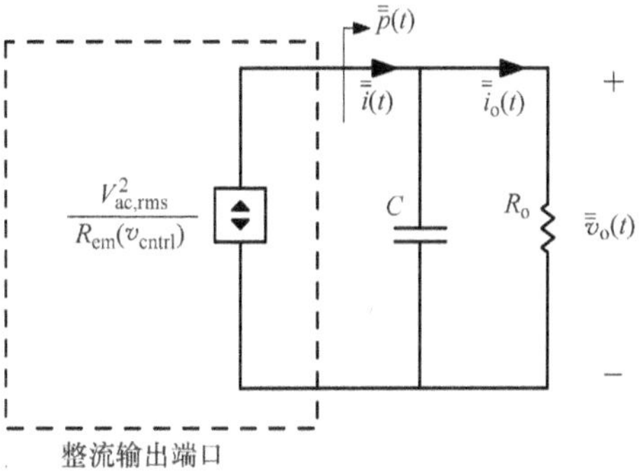

图 4.25 在电网周期的一半时间取平均后 LFR 输出端口的模型

在设计数字控制的电压环时，首先要处理的问题类似 2.2.1 节中讨论的采样问题。与 2.2.1 节的主要差别是，这里研究瞬时功率 $\bar{p}(t)$ 中 2 倍于电网频率的功率分量引起的混叠现象。根据 2.2.1 节提供的研究思路，以 2 倍于电网频率采样输出电压是一个合适的方法。采样电压表示为

$$v_o[n] \triangleq v_o(t = nT_{2L}) \tag{4.80}$$

式中，n 表示电网周期一半时间 T_{2L} 的次数，而不是开关频率的次数。使用这样的抽样策略，一方面本质上消除了因主瓣分量抽样带来的混叠从而影响了直流分量。另一方面，由于小纹波 Δv_o 叠加在输出电压上，可对 $v_o[n]$ 做小混叠近似并假设因混叠效应在直流处残留分量非常小：

$$\boxed{v_o[n] \approx \bar{\bar{v}}_o(nT_{2L})} \tag{4.81}$$

PFC 输出电压 $\bar{v}_o(t)$，其平均值 $\bar{\bar{v}}_o(t)$ 以及 $v_o[n]$ 的频谱如图 4.26 所示。

式（4.81）所示小混叠近似使得可通过对连续时间域平均动态模型离散化得到离散时间域未补偿的电压环动态特性。基于表示半个电网周期 LFR 动态的非线性方程，如图 4.25 所示，可得

$$\begin{aligned}
\frac{\mathrm{d}\bar{\bar{v}}_o}{\mathrm{d}t} &= \frac{1}{C}\left(\bar{\bar{i}}(t) - \bar{\bar{i}}_o(t)\right) \\
&= \frac{1}{C}\left(\frac{\bar{\bar{p}}(t)}{\bar{\bar{v}}_o} - \frac{\bar{\bar{v}}_o}{R_o}\right) \\
&= -\frac{\bar{\bar{v}}_o(t)}{R_o C} + k_x \frac{V^2_{\mathrm{ac,rms}}}{R_{\mathrm{sense}} C} \frac{v_{\mathrm{cntrl}}(t)}{\bar{\bar{v}}_o(t)}
\end{aligned} \tag{4.82}$$

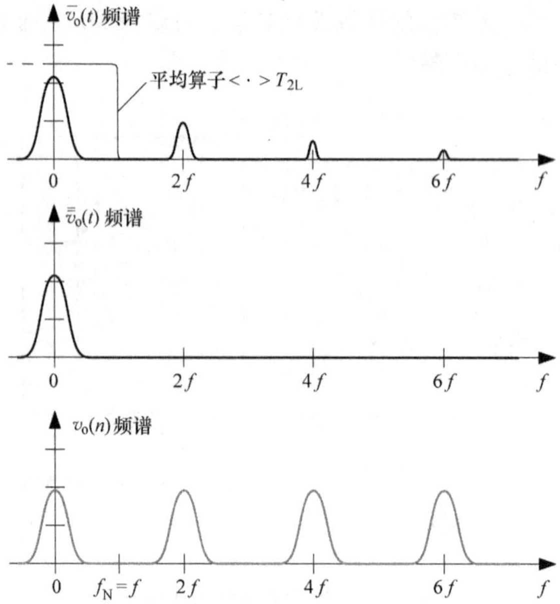

图 4.26 PFC 的输出电压的频谱（上图），在一半电网周期时间取平均后的平均值（中图），PFC 采样输出电压（下图）

给定任意初始条件 $\bar{\bar{v}}_o(0)$，得到积分方程的解为⊖

$$\bar{\bar{v}}_o(t) = \sqrt{e^{-\frac{2t}{R_oC}}\,\bar{\bar{v}}_o^2(0) + 2k_x\frac{V_{ac,rms}^2}{R_{sense}C}\int_0^t e^{-2\frac{t-\tau}{R_oC}}v_{cntrl}(\tau)\,d\tau} \tag{4.83}$$

为了得到抽样后 $v_o[n]$ 的非线性动态特性，对上述方程进行离散化。考虑到 v_{cntrl} 在两个连续采样时刻之间保持恒定：

$$\begin{aligned} v_o[n+1] &= \sqrt{2^{-\frac{2T_{2L}}{R_oC}}v_o^2[n] + k_x\frac{V_{ac,rms}^2}{R_{sense}}R_o\left(1 - e^{-\frac{2T_{2L}}{R_oC}}\right)v_{cntrl}[n]} \\ &= f(v_o[n], v_{cntrl}[n]) \end{aligned} \tag{4.84}$$

对上述方程加入扰动，并线性化处理：

$$\begin{aligned} v_o[n] &\to V_o + \hat{v}_o[n] \\ v_{cntrl}[n] &\to V_{cntrl} + \hat{v}_{cntrl}[n] \end{aligned} \tag{4.85}$$

将其分解为直流项和扰动项。注意 V_{cntrl} 与式（4.75）的电网稳态功率有关，因此，得到

$$k_x\frac{V_{ac,rms}^2}{R_{sense}}R_o = \frac{P}{V_{cntrl}}R_o = \frac{V_o^2}{V_{cntrl}} \tag{4.86}$$

线性化步骤的结果是

$$\hat{v}_o[n+1] = e^{-\frac{2T_{2L}}{R_oC}}\hat{v}_o[n] + \frac{V_o}{2V_{cntrl}}\left(1 - e^{-\frac{2T_{2L}}{R_oC}}\right)\hat{v}_{cntrl}[n] \tag{4.87}$$

⊖ 这种类型的方程为 $y\frac{dy}{dt} + \frac{y^2}{\tau_0} = Ax$，可以用 $u \triangleq y^2$ 和 $\frac{du}{dt} = 2y\frac{dy}{dt}$ 替换后，进行求解。

在 z 域中，根据上述方程推导出未补偿时电压环的增益为

$$T_{u,v}(z_{2L}) \triangleq \frac{\hat{v}_o(z_{2L})}{\hat{v}_{cntrl}(z_{2L})} = \frac{V_o}{2V_{cntrl}} \frac{(1-e^{-\frac{2T_{2L}}{R_oC}})-z_{2L}^{-1}}{1-e^{-\frac{2T_{2L}}{R_oC}}z_{2L}^{-1}} \tag{4.88}$$

式中，复数 z 的下标 2L 表示电压回路仅仅在 2 倍电网频率的速率抽样，而不是开关频率。

应该注意的是：输出电压的抽样速率也可能比 T_{2L} 更快。例如，$v_o(t)$ 可能以开关频率速率抽样，电压环路控制器相应的执行速率也是开关频率。在这种情况下，电压控制器不仅要处理输出电压平均分量，还要处理混叠时产生的分量。这里没有进一步考虑该情况。

在连续时间情况下，未补偿的电压环动态特性为一阶系统，并且由负载的时间常数 R_oC 决定。图 4.27 为三个不同的功率等级时 $T_{u,v}(z_{2L})$ 的伯德图。图 4.28 为 $P=500$W 时补偿后的环路增益 $T_v(z_{2L})$ 的伯德图，其中采用 PI 补偿器以及本章的设计方法使得 $f_{c,v}=6$Hz 和 $\varphi_{mv}=70°$。使用 Middlebrook 注入方法的仿真结果也验证了模型的准确性，同时也验证了不同功率等级时环路增益会发生变化。

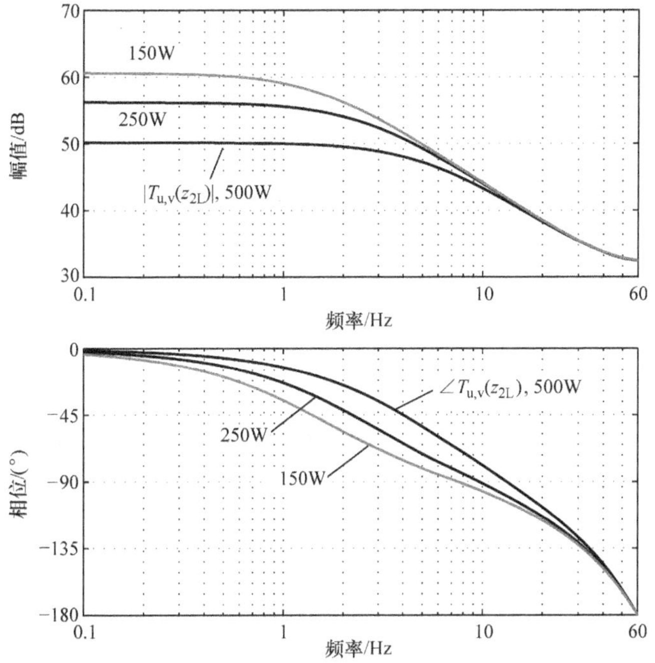

图 4.27 升压 PFC 实例：$P=500$W、250W 和 150W 时未补偿回路增益 $T_{u,v}$（z_{2L}）的伯德图

图 4.29 描绘了系统当负载功率 P 从 500W 阶跃至 250W 时的闭环时域仿真波形。

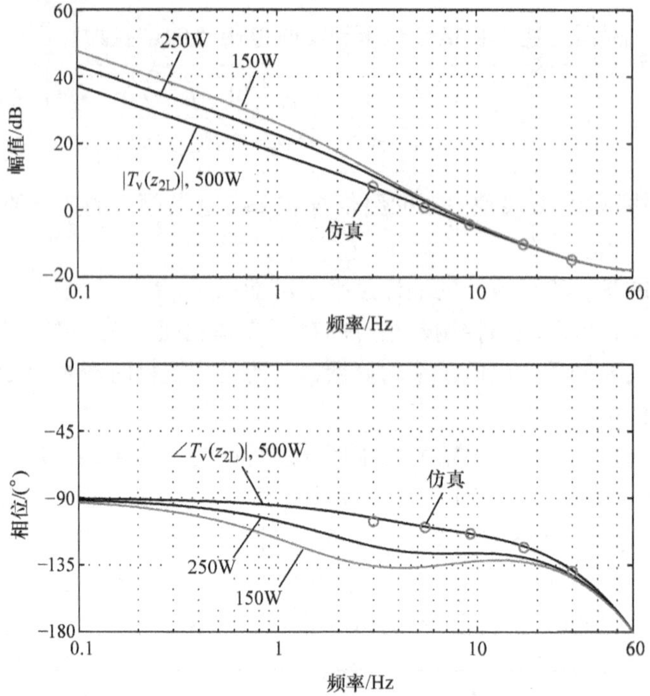

图 4.28　升压 PFC 实例：$P=500$W、250W 和 150W 时未补偿回路增益 $T_v(z_{2L})$的伯德图

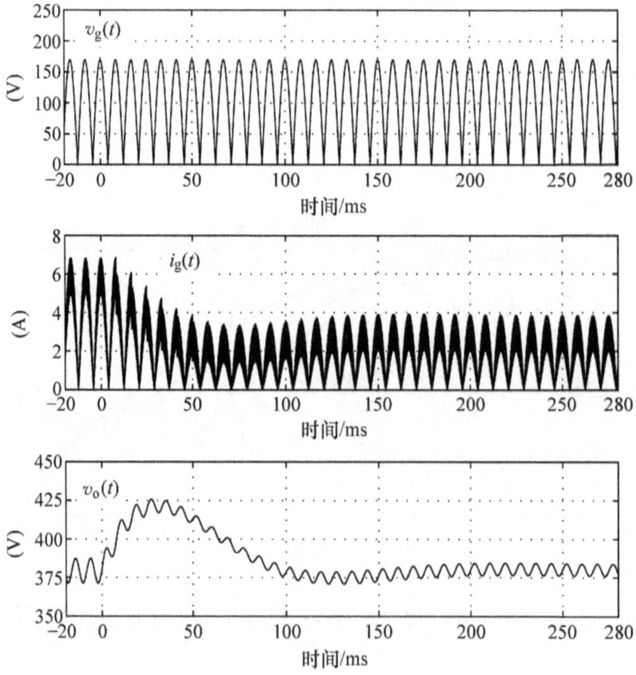

图 4.29　升压 PFC 实例：负载功率从 500W 阶跃至 250W 时的仿真波形

本章中该例以及其他例子都忽略了由于A/D转换和数字调制造成的量化效应。量化效应带出了更多的问题并增加了设计时的约束条件。这些问题将在第5章讲述。在一些文献中提到了其他数字PFC控制结构和控制方法可以更快地调节输出电压[73]，无须检测输入电压[138、139]或输入电流[140]。

4.3 变换器的其他传递函数

在实际设计中，通常需要评估各种干扰对变换器的影响。在第3章的开始时，这些干扰是输入向量$v(t)$。尽管$v(t)$常被假定为常数，现在考虑更普遍的情况，假设输入电压上叠加了一个小信号扰动。在电压模式控制的DC－DC变换器中，干扰通常变现为输入电压干扰和负载电流干扰：

$$v(t)=\begin{bmatrix} v_g(t) \\ i_o(t) \end{bmatrix} \tag{4.89}$$

小信号扰动对变换器输出电压的影响定义为变换器的开环时和闭环时的音频衰减率以及输出阻抗。开环时和闭环时的定义为

$$\begin{aligned} G_{vg}(s) &\triangleq \left.\frac{\hat{v}_o(s)}{\hat{v}_g(s)}\right|_{\hat{u}=0,\hat{i}_o=0} \quad (\text{开环}) \\ G_{vg,cl}(s) &\triangleq \left.\frac{\hat{v}_o(s)}{\hat{v}_g(s)}\right|_{\hat{v}_{ref}=0,\hat{i}_o=0} \quad (\text{闭环}) \end{aligned} \tag{4.90}$$

$$\begin{aligned} Z_o(s) &\triangleq -\left.\frac{\hat{v}_o(s)}{\hat{i}_o(s)}\right|_{\hat{u}=0,\hat{v}_g=0} \quad (\text{开环}) \\ Z_{o,cl}(s) &\triangleq -\left.\frac{\hat{v}_o(s)}{\hat{i}_o(s)}\right|_{\hat{v}_{ref}=0,\hat{v}_g=0} \quad (\text{闭环}) \end{aligned} \tag{4.91}$$

可以观察到：上述传递函数是在连续时间拉普拉斯域定义的。同样，这些都是在模拟控制中定义的。和两个离散信号、控制命令$u[k]$以及输出向量$\boldsymbol{y}[k]$相关的传递函数不同，扰动的传递函数具有连续时间特性。此外，也要考虑平均值。在数字控制中仍然保留了这种定义方法，主要也是因为要使用网络分析仪测量$G_{vg}(s)$和$Z_o(s)$的频率特性。在频率扫描过程中，网络分析仪过滤掉所有频率成分仅仅保留了窄带注入的扰动频率。

可根据平均小信号建模理论得到扰动传递函数[1]，以表示其开环的动态特性。这里没有新的概念，因为控制变量是固定的，且未出现在小信号模型中。变换器开环输出阻抗由式（1.69）决定：

$$Z_o(s)=r_L\frac{(1+sr_CC)\left(1+s\dfrac{L}{r_L}\right)}{1+s(r_C+r_L)C+s^2LC} \tag{4.92}$$

根据平均小信号等效电路模型，可确定开环的音频衰减率，如图 1.11a 所示：

$$G_{vg}(s)=D\frac{1+sr_C C}{1+s(r_C+r_L)C+s^2LC} \tag{4.93}$$

另一方面，由于反馈系统的采样数据特性，解析地计算闭环系统的扰动动态特性非常困难。尤其是，尽管输入和输出是模拟量，然而，在输出端看到的是控制系统对采样扰动信号的响应。

在这种情况下，需要说明：使用连续时间平均小信号模型获得的 $G_{vg,cl}(s)$ 和 $Z_{o,cl}(s)$ 是有意义的，且获得的方式也是合适的。正如 2.6.2 节中已经讨论过的，平均的未补偿的变换器的动态特性可以由有效的未补偿的环路增益描述：

$$T_u^{\dagger}(s)\triangleq T_u(s)\mathrm{e}^{-st_d} \tag{4.94}$$

式（4.94）考虑了全部的环路延迟。在 2.6.2 节中讨论过的小混叠近似如下：

$$\boxed{v_s(t_k)\approx \bar{v}_s(t_k)} \tag{4.95}$$

$T_u^{\dagger}(s)$ 很好地描述了数字补偿器的动态特性。这表明：有效的环路增益 $T^{\dagger}(s)$ 为

$$T^{\dagger}(s)\triangleq G_c^{\dagger}(s)T_u^{\dagger}(s) \tag{4.96}$$

式中，$G_c^{\dagger}(s)$ 是 s 域传递函数，其为 $G_c(z)$ 在低于奈奎斯特频率时近似得到的。

在小混叠近似下，$G_{vg,cl}(s)$ 和 $Z_{o,cl}(s)$ 可表示为

$$\boxed{\begin{aligned} G_{vg,cl}(s)&=\frac{G_{vg}(s)}{1+T^{\dagger}(s)}\\ Z_{o,cl}(s)&=\frac{Z_o(s)}{1+T^{\dagger}(s)} \end{aligned}} \tag{4.97}$$

图 4.30 是输出阻抗音频衰减率的伯德图，图 4.31 是 3.2.1 节电压控制的降压变换器的音频衰减率的伯德图。通过对 $G_c(z)$ 做逆双线性变换可得到补偿器的传递函数

$$G_c^{\dagger}(s)\triangleq G_c(z(s)) \tag{4.98}$$

$$z(s)=\frac{1+s\frac{T_s}{2}}{1-s\frac{T_s}{2}} \tag{4.99}$$

在 Matlab 中，上述的变换可简单地通过下式得到：

```
Gcs = d2c(Gcz,'tustin');
```

图 4.30 和图 4.31 都比较了采用网络分析仪仿真得到的值和采用近似模型得到的值，说明近似模型的有效性和准确性。仿真的执行过程非常类似于网络分析仪的操作过程：输入量是负载电流或者变换器的输入电压，在静态工作点处输入量呈现

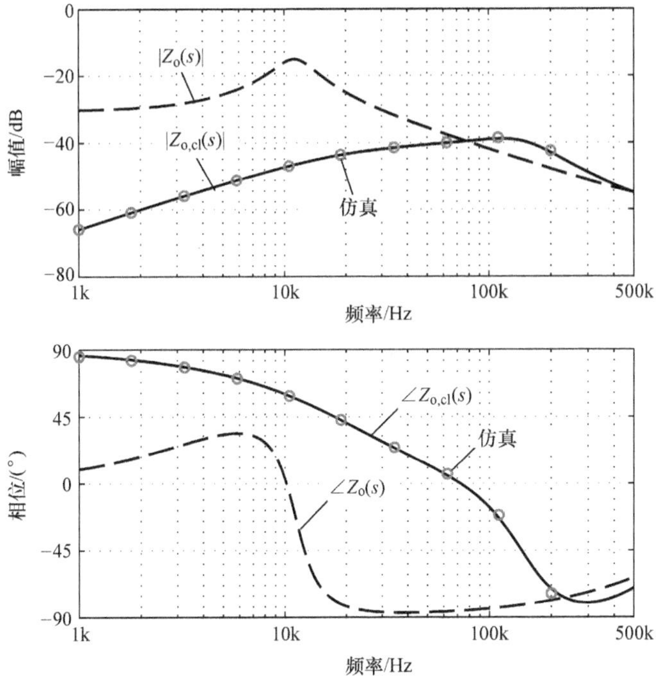

图4.30 同步降压变换器实例：开环和闭环输出阻抗的伯德图

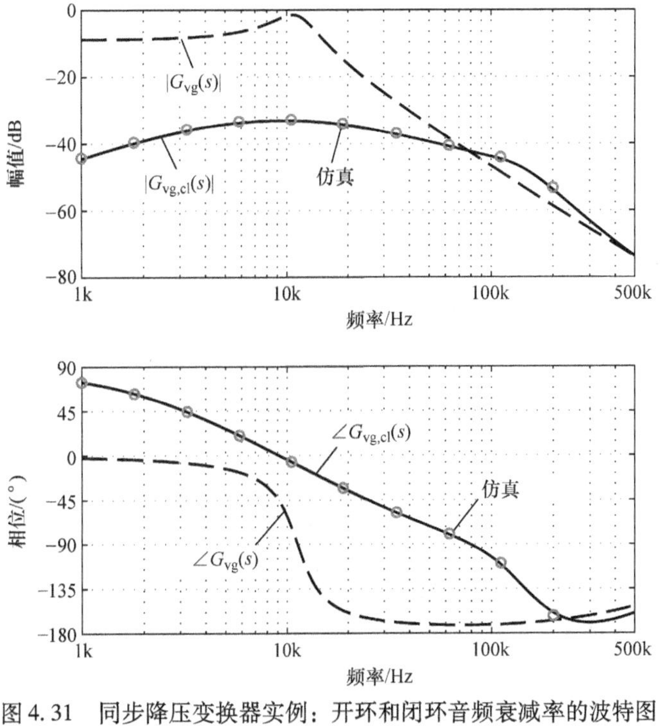

图4.31 同步降压变换器实例：开环和闭环音频衰减率的波特图

正弦扰动，监测相应变换器的输出电压扰动。然后通过 $v_o(t)$ 在扰动频率处的傅里叶分量得到仿真的频率响应。

在4.2.2节中的升压平均电流控制的例子中，也可采用上述考虑评估开环时和闭环时的输入阻抗

$$
\begin{aligned}
Z_g(s) &\triangleq \left(\frac{\hat{i}_L(s)}{\hat{v}_g(s)}\right)^{-1}\Bigg|_{\hat{u}=0} \\
Z_{g,cl}(s) &\triangleq \left(\frac{\hat{i}_L(s)}{\hat{v}_g(s)}\right)^{-1}\Bigg|_{\hat{v}_{ref}=0}
\end{aligned}
\tag{4.100}
$$

式（4.96）定义 $T^{\dagger}(s)$，有效的未补偿环路增益 $T_u^{\dagger}(s)$ 为

$$
T_u^{\dagger}(s) \triangleq R_{sense} G_{iu}(s) e^{-s\frac{T_s}{2}} \tag{4.101}
$$

图4.32为 $Z_g(s)$ 和 $Z_{g,cl}(s)$ 的伯德图及仿真的频率响应。

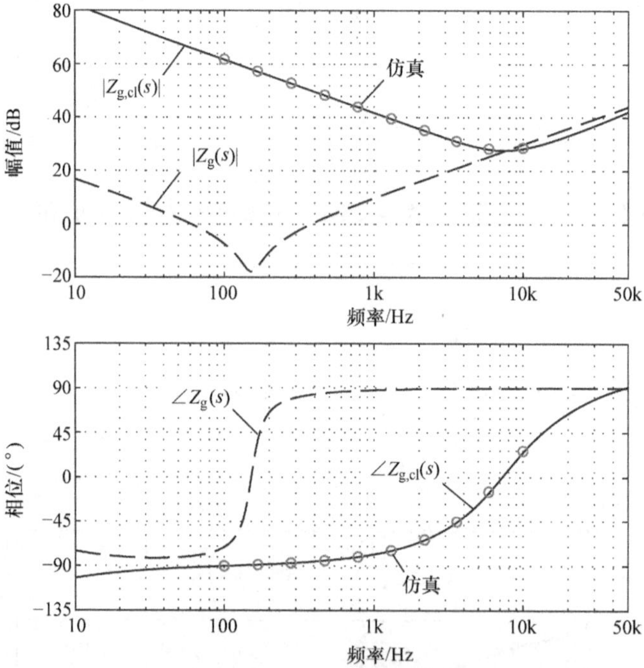

图4.32　升压变换器实例：开环和闭环输入阻抗的伯德图

基于小混叠近似的拉普拉斯域处理方法是建立数字控制变换器建模的一种方法。也有其他近似方法，例如，在 z 域直接进行处理[141]。

4.4　驱动器饱和与积分抗饱和措施

到目前为止，我们总是假定控制器工作在线性范围。在实践中，大的瞬态变化会使得控制系统进入大信号工作范围，通常有必要对此做恰当的处理。PWM 饱和，

即 PWM 变换器中的执行器饱和，它是典型的非线性例子。需要注意：占空比饱和以及因电路限制引起的其他非线性特性在模拟控制中也会出现。比如在模拟控制中，使得控制电路的电压钳位就是一种非线性措施。本节的目的在于讨论饱和的影响以及数字控制器相关的改动。

例如，假设在 4.2.1 节中设计的数字电压型控制参考值为 $V_{ref}=3.3V$，考虑从 0A 到10A 的负载阶跃的闭环响应，如图 4.33 所示，两个输入电压 $V_g=5V$ 和$V_g=4V$。在瞬态中，控制命令即占空比在瞬态过程中发生饱和，达到 100%。当 V_g 变低时，因为稳态时候的占空比更加接近 1，所以瞬态时的饱和深度也变深。DPWM 饱和的时间内，因为误差调节信号 $e[k]$为正，所以控制器中的积分项 $u_i(k)$不断增加。在 DPWM 重新回到线性区间之前，$u_i[k]$已经达到一个大于稳态时候的值。因此，在系统重回稳态之前，一定有足够的负误差积累。最终的结果就是输出电压响应存在一个非常大的超调，响应的调节时间也变长。这种现象就是典型的积分饱和，这是一种非线性现象，多在 PID 控制系统中出现（包括模拟控制的开关变换器）。这种现象降低了大信号时系统响应的品质。任何旨在防止或减轻这种影响的方法通常被称为抗饱和措施。

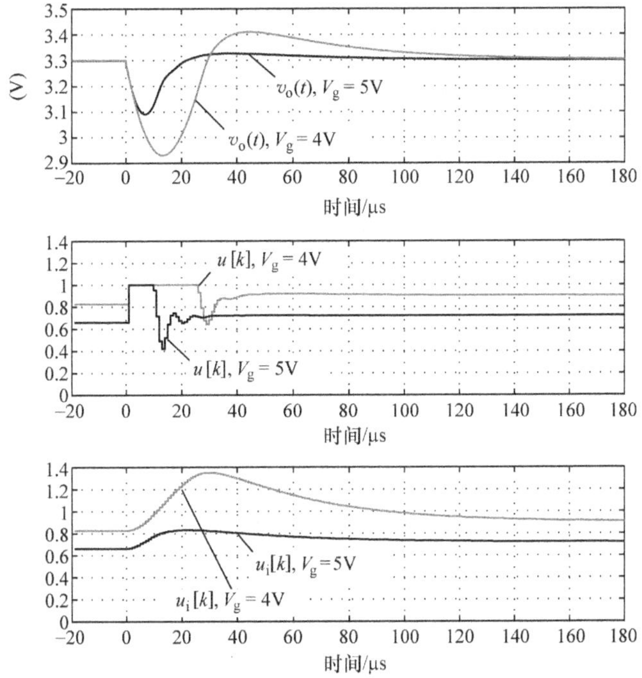

图 4.33 同步降压变换器实例：0A 到 10A 负载瞬态期间 PWM 饱和的影响

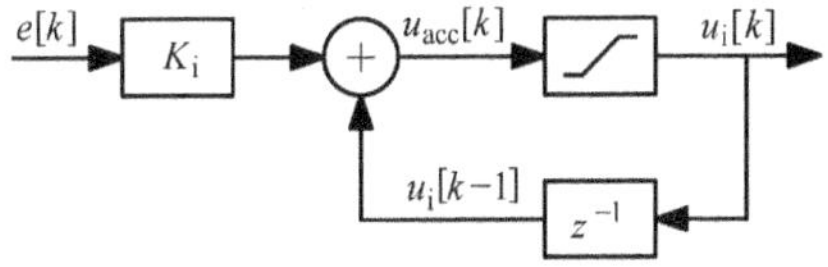

图 4.34 饱和积分器

一种常用的抗饱和措施类似于在模拟 PID 控制电路中钳位积分电容的电压值，限制 PID 累加器的积分范围。图 4.34 所示为积分框图。在框图中的累加回路上的饱和模块

将状态变量限制在范围$[U_i^-, U_i^+]$。积分器的方程为

$$u_{acc}[k] = K_i e[k] + u_i[k-1],$$

$$u_i[k] = \begin{cases} U_i^+ & \text{如果 } u_{acc}[k] \geqslant U_i^+ \\ U_i^- & \text{如果 } u_{acc}[k] \leqslant U_i^- \\ u_{acc}[k] & \text{其他} \end{cases} \tag{4.102}$$

通常会选择$[U_i^-, U_i^+] = [0, 1]$，所以积分项的值不会超过稳态值。图 4.35 比较了 0A 到 10A 的负载阶跃时积分饱和措施有无时的动态响应。调节时间明显改善。

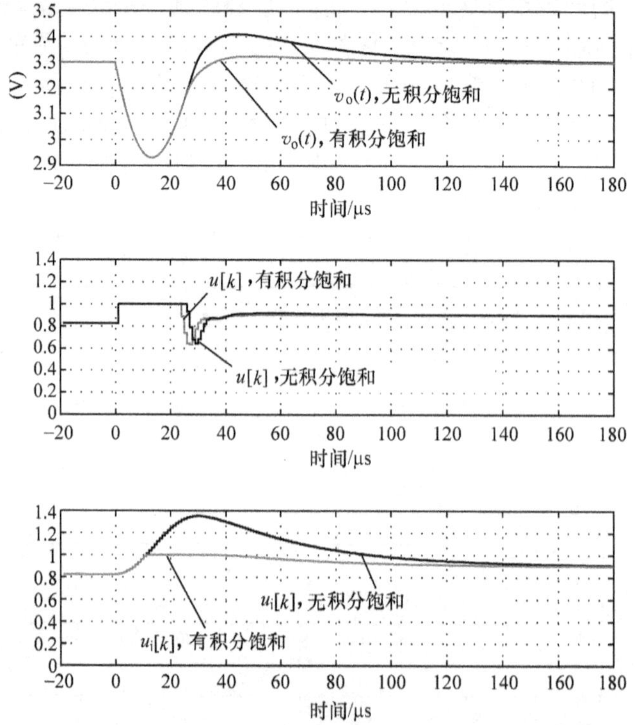

图 4.35　同步降压变换器实例：积分器状态变量饱和的影响

在 4.2.3 节介绍的多环实例中，执行器饱和也会产生不利影响。图 4.36 强调了系统中的两个饱和环节。第一个饱和环节和前面所讨论的电压型控制例子类似，它是控制命令$u[k]$自身的饱和环节。第二个饱和环节有意引入限制电流环路的设定点$i_{ref}[k]$的值，它限制了电感电流。但是请注意，因为在电流环带宽内，$i_L(t)$跟随$i_{ref}[k]$，所以这是电感电流软限制。

在这个例子中，$i_{ref}[k]$的上限和下限设定值分别为 6A 和 −1A。电压设定值V_{ref}从 1.8V 阶跃至 3.3V 时的系统响应如图 4.37 所示。这种瞬态变化要求电感电流急剧增加，电感电流设定值$i_{ref}[k]$存在短暂饱和。如果没有抗饱和措施，$i_{ref}[k]$的

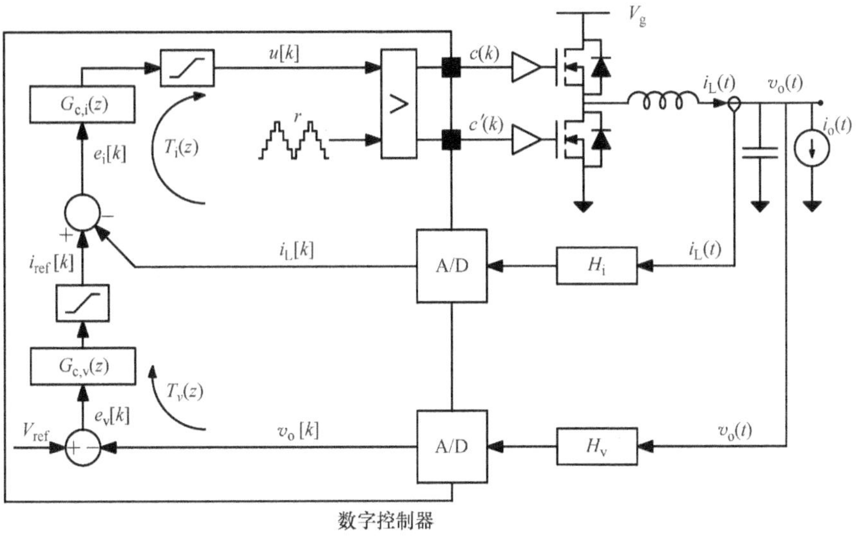

图 4.36 多环路控制实例：电流环设定饱和和控制命令饱和

饱和会造成电压环补偿器中的积分状态量发生饱和，使得系统进入非线性振荡模式，降低了系统的瞬态响应性能。另一方面，如果电压环路补偿器存在一个饱和积分器，那么系统存在饱和条件，可以使得变换器恢复控制。抗饱和措施后的波形如图 4.37 所示。

一种更加有效的抗饱和方法是“条件积分”。在整个控制命令 $u[k]$ 饱和时，它会使得积分动作停止。如图 4.38 所示，整个 PID 的输出受到饱和环节的影响。饱和环节约束了 $u[k]$ 的范围为 [0，1]，对应 0% ~100% 占空比限制。饱和环节输出一个数字标志位 sat[k] 表示饱和状态：

$$\mathrm{sat}[k]=\begin{cases}0 & 0\leqslant u_{\mathrm{PID}}[k]\leqslant 1\\ 1 & \text{其他}\end{cases} \tag{4.103}$$

信号 sat[k] 控制 2 选 1 数字选择器的输出。数字选择器在线性区间内输出比例误差信号 $K_i e[k]$；在饱和状态时，输出 0。注意：该方法通过判断控制信号在周期 k 中的值，判断标志位的值。饱和标志位存在一个周期的延迟。条件积分方法的优点在于：在整个积分饱和时间内，可以迅速地停止误差累加器的累积，这样可以使系统加速过渡至线性控制区间。

采用条件积分方法，没有必要通过引入饱和环节限制如图 4.34 中的积分状态量的值。实际上，通常使用饱和运算实现累加，饱和运算实现了积分项的饱和。这将会同其他控制器的实现问题在第 6 章做更详细地讨论。

在本节中重点介绍的抗饱和基本方法相对简单而有效，同时并不明显影响控制器的复杂性。其他更复杂的模拟控制器和数字控制器中的抗饱和方法见参考文献 [127，142]。

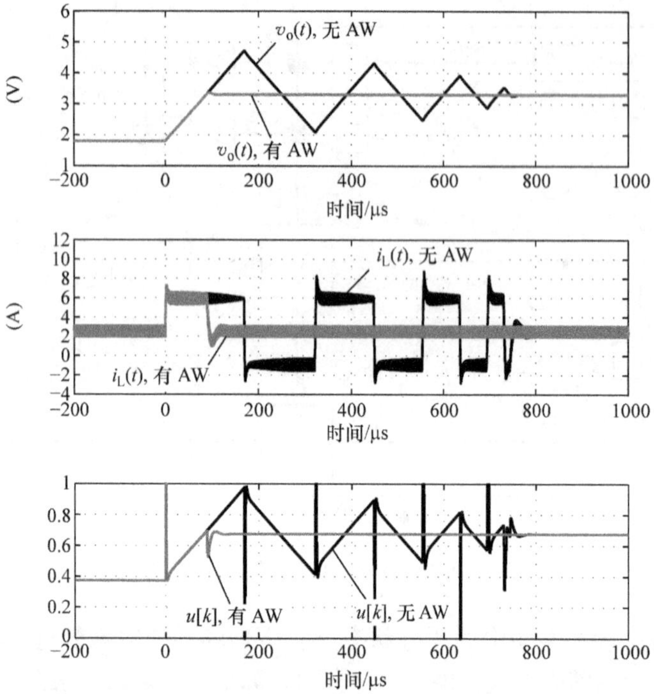

图 4.37　多环路控制实例：有无抗饱和（AW）措施时电流环路设定值饱和的影响

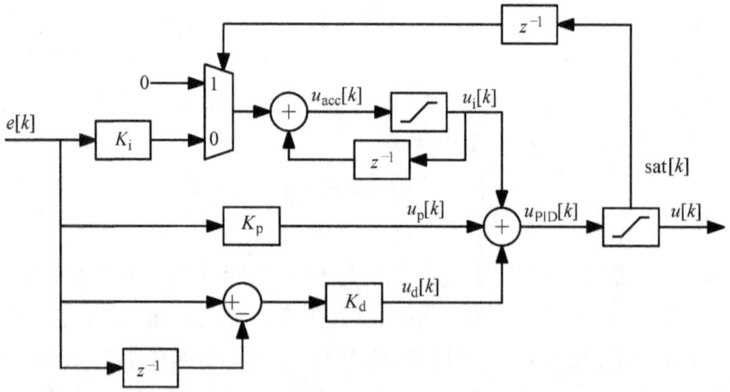

图 4.38　基于条件积分的抗饱和算法示意图

4.5 要点总结

1）若用第 3 章中提供的理论建立 z 域的无补偿动态特性，就可以根据系统的带宽和稳定裕度等指标设计合适的控制器。

2）使用本章中提出的双线性变换方法，补偿器的设计等价于在连续时间 p 域内重新设计补偿器。这就使得我们可以应用广为人知的频域模拟控制设计技术设计数字补偿器，并且不存在任何近似。

3）变换器的其他传递函数还要闭环的输出阻抗或音频衰减率。即使采用数字控制器，这些传递函数仍然采用 s 域公式。当采用小混叠近似时，可以使用 2.6 节介绍的有效 s 域控制环路动态特性近似其 z 域传递函数。

4）执行器饱和可能导致积分饱和现象，使得系统的瞬态响应品质降低。可以在数字补偿器结构中引入合适的抗饱和措施，降低饱和的影响。

第 5 章 幅值量化

到目前为止，仅仅讨论和建立时间量化后数字控制的系统的模型。在本章中，讨论幅值量化特性，进一步完善系统的模型。模/数（A/D）转换器和数字脉冲宽度调制器（DPWM）都存在非线性因素，这些因素会导致稳态时状态轨迹的运动发生变化，譬如极限环[37,38,143-147]。极限环的出现可能会潜在影响数字控制器的调节精度和性能。

与时间量化不同，幅度量化时没有保留系统的线性特性，无法使用分析线性系统的工具去分析量化后带来的影响。所以，和量化相关的分析和处理都比较复杂。本章致力于解释 A/D 转换器和 DPWM 量化的数字控制变换器中稳态时极限环是如何出现的？重点研究数字控制的DC-DC 变换器。参考文献［145］讨论了数字控制的单相 PFC 整流电路的量化影响和极限环问题。在 5.1 节中总结了量化特性，在 5.2 节中讨论了如何寻找数字控制 DC-DC 变换器的稳态解。为了抑制极限环，在 5.3 节中讨论了不出现极限环的条件。5.4 节回顾了一些高分辨率 DPWM 和 A/D 转换器的实现技术，要点总结在 5.5 节。

5.1 系统量化

第 2~4 章以同步降压变换器为例，介绍其建模与控制回路设计问题。本节将同步降压变换器框图重新绘制在图 5.1，并以此为例介绍数字控制环路中的 A/D 转换器和 DPWM 的幅度量化特性。

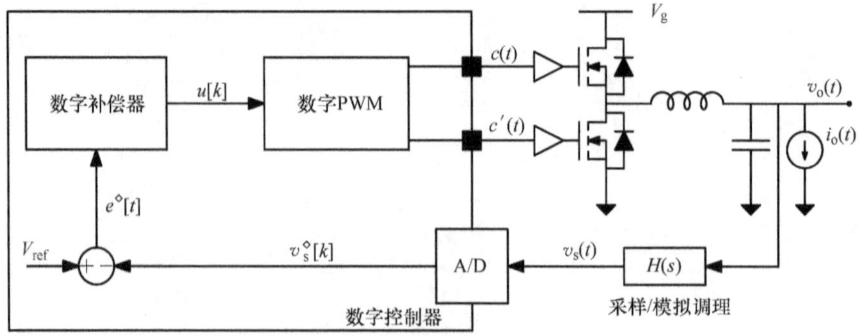

图 5.1 数字控制电压模式同步降压变换器

5.1.1 A/D 转换器

A/D 转换过程和相关量化在 2.2 节中做了简单的介绍。为了方便起见，A/D 转换器模型及其量化特性用 $Q_{A/D}[\cdot]$ 算子表示，如图 5.2 所示。在本章中，重点是幅值的量化效应。因此，在这里 A/D 转换时间和任何其他延迟被忽略，认为 A/D 转换处理在瞬间完成。量化特性如图 5.2b 所示。图 5.2b 表示当 A/D 转换器的线性转换范围为 0V 到满量程电压 $v_s = V_{FS}$ 时的量化特性。

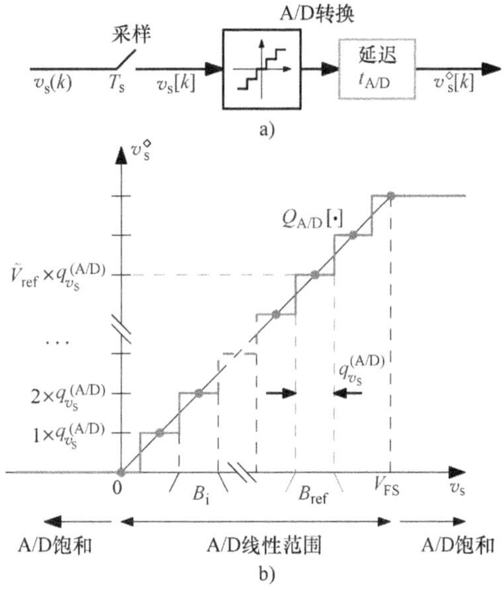

图 5.2 a) A/D 转换器的框图和 b) 量化特性

零误差区间表示当被采样信号 v_s 被调节至等于数字设定点 V_{ref} 时的一段区间。假如：在闭环系统中存在稳态工作点 $e^{\diamond}=0$，即 A/D 转换器的输出 $v_s^{\diamond}$ 等于 V_{ref}，这意味着模拟采样信号将在零误差区间 B_{ref} 内。

$$e^{\diamond}=0 \Leftrightarrow v_s^{\diamond}[k]=V_{ref} \Leftrightarrow v_s[k] \in B_{ref} \tag{5.1}$$

应当指出的是：一旦系统中存在量化效应，并不能保证自动存在 $e^{\diamond}=0$ 这个工作点。除了期望的稳定解是否存在的问题之外，稳态时工作点的稳定性又是另一个棘手的问题。理论上讲，想要得到像式（5.1）稳定存在的工作点：控制器一定要到达零误差区间，并且在没有外部干扰的情况下无条件地保持下去。

采样信号 v_s 的量化特性使得输出电压 v_o 也存在相应的量化特性。用 $H_0=H(s=0)$ 表示电压调理电路的直流增益，等效输出电压量化宽度为

$$q_{v_o}^{(A/D)}=\frac{q_{v_s}^{(A/D)}}{H_0}=\frac{V_{FS,o}}{2^{n_{A/D}}} \tag{5.2}$$

式中，$n_{A/D}$ 为 A/D 分辨率的位数。

$$V_{FS,o}=\frac{V_{FS}}{H_0} \tag{5.3}$$

上式定义了输出电压的等效 A/D 转换范围。模拟输出电压在区间 $q_{v_o}^{(A/D)}$ 范围内产生的数字误差信号 $e^{\diamond}=0$。这意味着 LSB 分辨率 $q_{v_o}^{(A/D)}$ 决定了数字控制环路能够辨识出输出电压值的最小分辨率。假设调节范围 $q_{v_o}^{(A/D)}$ 必须小于额定输出电压 V_{ref}/H_0 的 $\epsilon\%$。由式（5.2）可知，A/D 转换器分辨率的位数必须满足

$$n_{A/D} > \log_2\left(\frac{100}{\epsilon}\right)+\log_2\left(\frac{V_{FS}}{V_{ref}}\right) \tag{5.4}$$

例如，假设 $\epsilon=1$ 和 $V_{FS}/V_{ref}=2$，需要至少具有 $n_{A/D}=8$ 位分辨率的 A/D 转换器。

5.1.2 DPWM 量化

在之前的2.4 节中提到，DPWM 只能产生量化的占空比。这种量化可以等效为对控制命令 $u[k]$进行量化。假设占空比的最小分辨率为 q_D，控制命令的最小变化量 q_u即调制器的分辨率为

$$q_u = q_D N_r = \frac{N_r}{2^{n_{DPWM}}} \tag{5.5}$$

式中，n_{DPWM}是 DPWM 分辨率的位数。因此，可用一个无限分辨率的 DPWM 经过量化算子 Q_{DPWM}［·］等效 DPWM 的行为：

$$u^{\diamond}[k] = Q_{DPWM}[u[k]] \triangleq N_r Q_D\left[\frac{u[k]}{N_r}\right] \tag{5.6}$$

在前面的章节中曾隐含地使用该模型来表示控制框图中 DPWM 的量化。式(5.6) 隐含着对变换器稳态时输出电压响应的量化。如果 $M(D)$是变换器转换比：

$$M(D) \triangleq \frac{V_o}{V_g} \tag{5.7}$$

那么

$$V_o(D^{\diamond}) = M(D^{\diamond})V_g \tag{5.8}$$

是量化的占空比 $D^{\diamond}$ 产生的稳态输出电压量化值。一般来说，V_o的量化是不均匀的，因为 $M(D)$取决于 D，取决于变换器的工作点。在稳态占空比 $D^{\diamond}$ 的附近，最小占空比的变化量 q_D产生了变化 $q_{v_o}^{(DPWM)}$，其近似等于

$$q_{v_o}^{(DPWM)} \approx \left.\frac{\partial M}{\partial D}\right|_{D^{\diamond}} q_D V_g \tag{5.9}$$

在降压变换器中，例如，$M(D)=D$，因此

$$q_{v_o}^{(DPWM)} = q_D V_g = \frac{q_u}{N_r}V_g \quad \text{（降压）} \tag{5.10}$$

式 (5.10) 与 $D^{\diamond}$无关。图 5.3 为 3 位 DPWM 实例。然而，请注意：$q_{v_o}^{(DPWM)}$ 取决于 V_g，因为输入电压会影响功率级的小信号增益。较大的输入电压导致因 DPWM 量化产生的 V_o量化粗糙。换句话说，DPWM 和功率变换器［即数/模（D/A）转换器］，以及 DPWM 的量化确定了变换器输出电压的精度。

另一个实例，升压变换器有

$$M(D) = \frac{1}{1-D} \Rightarrow \left.\frac{\partial M}{\partial D}\right|_{D^{\diamond}} = \frac{1}{(1-D^{\diamond})^2} \tag{5.11}$$

因此

$$q_{v_o}^{(DPWM)} \approx q_D \frac{1}{(1-D^{\diamond})^2} V_g \quad \text{（升压）} \tag{5.12}$$

这表明当 $D^{\diamond}$ 减小时 V_o 可以更精细地量化，如图 5.4 所示。

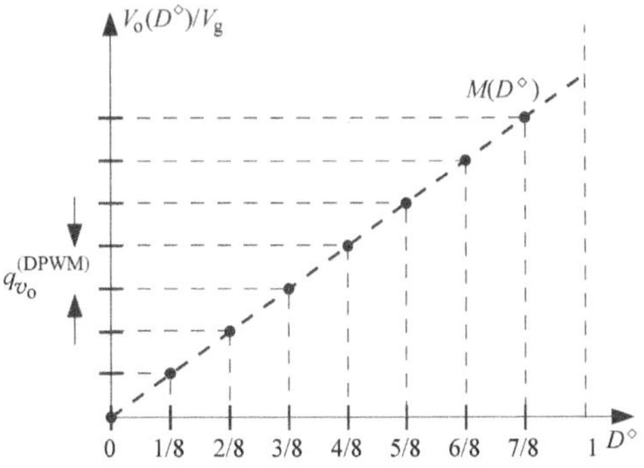

图 5.3 降压变换器实例：
DPWM 引起的输出电压量化

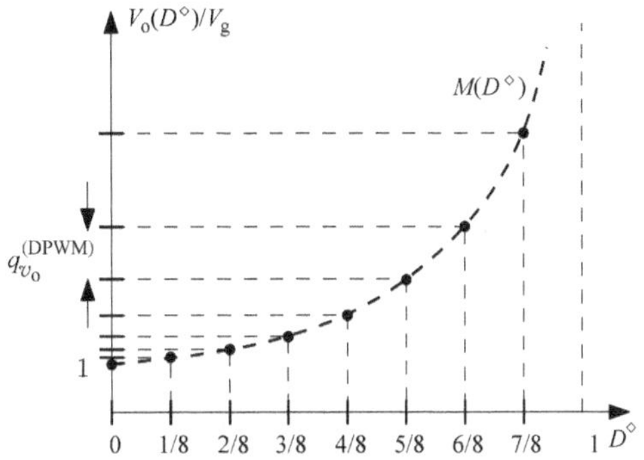

图 5.4 升压变换器实例：
DPWM 引起的输出电压量化

注意：$M(D)$ 的斜率乘以输入电压 V_g 是 G_{vd0}（从控制端到输出电压的小信号传递函数）的直流增益：

$$\frac{\partial M}{\partial D}V_g = G_{vd}(s=0) = N_r G_{vu}(z=1) \tag{5.13}$$

所以 DPWM 引起的输出电压量化公式可简化为

$$\boxed{q_{v_o}^{(DPWM)} \approx G_{vd}(s=0)q_D = G_{vu}(z=1)q_u} \tag{5.14}$$

这对于每个变换器拓扑都是有效的。

5.2 稳态时的解

假设已经设计了稳定的控制回路，数字控制变换器如期在稳态工作点运行，稳态运行时，控制器的变量具有恒定值，并且其中所有变换器波形是周期性的，周期等于开关周期 $T_s = 1/f_s$。为了找到稳态解，考虑数字控制变换器的直流模型，包括 A/D 转换器和 DPWM 的量化，如图 5.5 所示。这是一个静态模型，因此离散时间补偿器由其直流增益 G_{c0} 表示：

$$G_{c0} \triangleq G_c(z)\Big|_{z\to 1} \tag{5.15}$$

H_0是传感器的直流增益（或者是调理电路的直流增益）。忽略损耗，变换器由一个变比为 $1:M(D^{\diamond})$ 的理想变压器表示，其中 $M(D) = V_o/V_g$是直流转换比。

假设首先采用非常高分辨率的 A/D 转换器和 DPWM，$q_{v_s}^{(A/D)} \approx 0$ 和 $q_u \approx 0$，或者等效的有 $V_s^{\diamond} \approx V_s$和 $u^{\diamond} \approx u$。如图 5.6 所示，可用图解法找到图 5.5 模型中的稳态解。图 5.6 中，A/D 转换器输出采样信号的量化值 $V_s^{\diamond}$，该值是 A/D 转换器输入信号 V_s 的函数。

假设 A/D 分辨率非常高时，在线性区域中，A/D 量化特性可以简写为

$$V_s^{\diamond}=V_s \qquad (5.16)$$

类似地，假设同步降压变换器$[M(D)=D]$中 DPWM 的分辨率非常高时，计算环路中从$V_s^{\diamond}$到V_s的模块，可得

$$V_s=\frac{H_0V_gG_{c0}}{N_r}(V_{ref}-V_s^{\diamond}) \qquad (5.17)$$

如图 5.6 所示，稳态解为式(5.16)和式(5.17)的交点，该解为一个简单的代数解。从式(5.16)和式(5.17)中消除$V_s^{\diamond}$，获得直流输出电压即V_s/H_0等于

$$V_o=\frac{V_{ref}}{H_0}\frac{\dfrac{H_0V_gG_{c0}}{N_r}}{1+\dfrac{H_0V_gG_{c0}}{N_r}} \qquad (5.18)$$

式中，$(H_0V_gG_{c0})/N_r=T_0$可以被认为是同步降压变换器的环路增益在直流处的值。假设非常高分辨率的 A/D 转换器和 DPWM，稳态解［式(5.18)］和模拟控制完全相同：大但有限的补偿器直流增益G_{c0}导致小的但不是零的直流调节误差，如图 5.6 中的A点所示。另一方面，如果补偿器包括积分项，$G_{c0}\to\infty$，式(5.17)变为水平线，$V_s^{\diamond}=V_{ref}$，稳态解在B点处，其对应于零直流误差，$V_o=V_{ref}/H_0$。

接下来考虑实际使用有限分辨率 A/D 转换器和 DPWM 时的情况。图解法如图 5.7 所示。A/D 量化特性现在表现为强非线性：

$$V_s^{\diamond}=Q_{A/D}[V_s] \qquad (5.19)$$

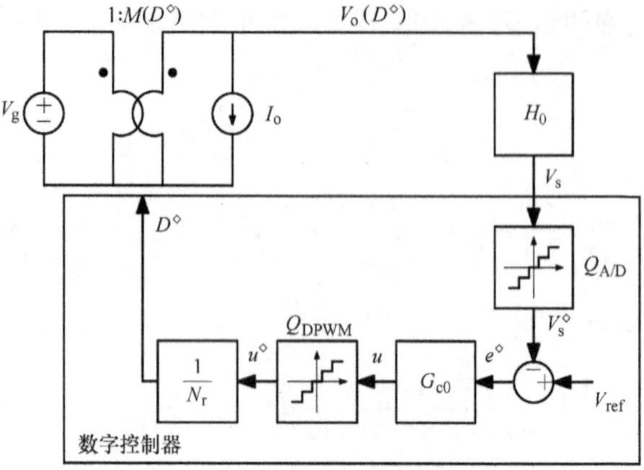

图 5.5　数字控制的变换器的直流模型，包含 A/D 转换器和 DPWM 量化

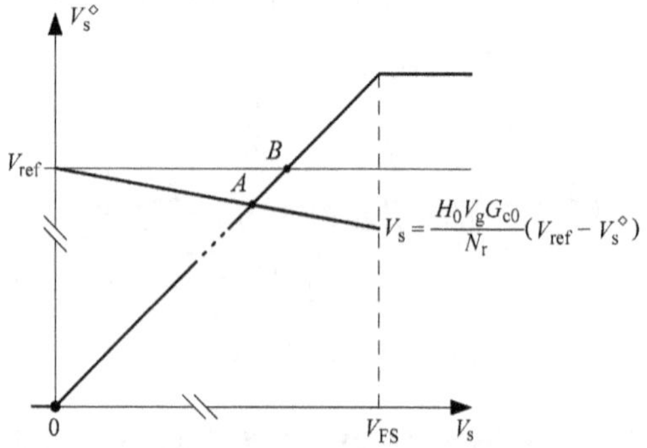

图 5.6　使用图解法寻找含高分辨 A/D 转换器和 DPWM 的数字控制变换器的静态工作点。给出同步降压变换器例子中直流采样电压V_s的表达式（该表达式是关于量化信号$V_s^{\diamond}$的函数）

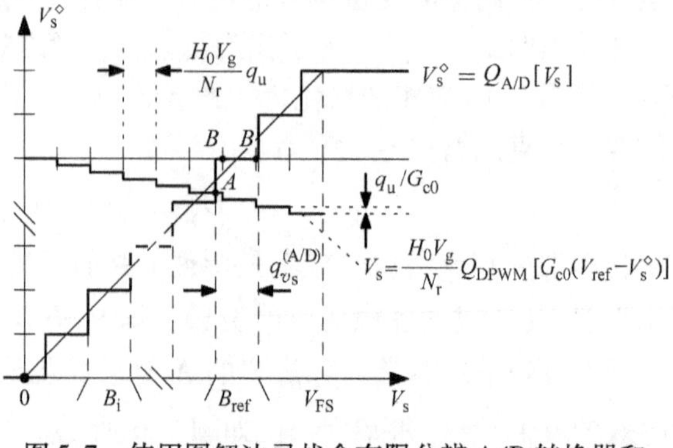

图 5.7　使用图解法寻找含有限分辨 A/D 转换器和 DPWM 的数字控制变换器的静态工作点。给出同步降压变换器例子中直流采样电压V_s的表达式（该表达式是关于量化信号$V_s^{\diamond}$的函数）

并且 A/D 量化的宽度为 $q_{v_s}^{(A/D)}$。此外，由于 DPWM 量化，从 $V_s^{\Diamond}$ 到 V_s的环路特性也是非线性的：

$$V_s = \frac{H_0 V_g}{N_r} Q_{DPWM}[G_{c0}(V_{ref} - V_s^{\Diamond})] \tag{5.20}$$

式（5.20）中，再次假定为同步降压变换器，$M(D) = D$。式（5.20）中的水平间隔等于 $H_0 V_g q_D$，其中 $q_D = q_u / N_r = 1/2^{n_{DPWM}}$是 DPWM 的量化间隔，如式（5.5）所示。式（5.20）中的垂直间隔等于 q_u / G_{c0}。

如果补偿器直流增益 G_{c0}的值大，但是有限的，则稳态解为图 5.7 中的 A 点。该点在 A/D 量化特性的垂直段上。然而，A/D 转换器输出 $V_s^{\Diamond}$ 只能等于 $q_{v_s}^{(A/D)}$ 的整数倍。因此，与图 5.6 中的 A 点不同，图 5.7 中的平衡点 A 是不稳定的。总之，如果补偿器的直流增益大但有限时，数字控制的变换器没有固定的稳态工作点。相反，A/D 转换器输出必须在两个或更多量化步长内跳动，导致变换器波形中存在持续的扰动（极限环）。

如果补偿器包括积分项，使得 $G_{c0} \to \infty$，特性［式（5.20）］中的垂直宽度为零，$q_u / G_{c0} \to 0$。从 $V_s^{\Diamond}$ 到 V_s的环路特性变成一系列间距为 $H_0 V_g q_D$的点，如图 5.7 所示。在这种情况下，可能存在多个平衡解，如图 5.7 所示，存在两个 B 点。每个可能的稳态解都处于 A/D 转换器零误差区间 B_{ref}内。

应当注意，存在多个稳态解，即 $e^{\Diamond} = 0$ 的条件是补偿器存在积分项，$K_i > 0$，并且因 DPWM 量化带来的量化宽度应该小于 A/D 转换器的量化宽度，即

$$\frac{H_0 V_g q_u}{N_r} < q_{v_s}^{(A/D)} \tag{5.21}$$

如图 5.7 所示。如果不满足条件［式（5.21）］，稳态解可能存在也可能不存在，主要取决于经由 DPWM 量化的输出电压 V_s 是否落在 A/D 转换器的零误差区间内。当 B 点不存在时，环路调节输出电压在两个或者多个点之间围绕零误差区间来回跳动，这将导致极限环。为了使所有控制变量在稳态工作点时具有恒定值，所有的波形具有周期性且周期等于开关周期 $T_s = 1/f_s$，必须保证直流解在 A/D 转换器的零误差区间以内。不发生极限环的条件将在 5.3 节讨论。

5.3 无极限环的条件

基于 5.2 节中的讨论，直流解必须在 A/D 转换器的零误差区间内是无极限环的必要条件。该条件要求补偿器必须包括积分项，$K_i > 0$。该条件在本节中进一步进行论述无极限环时 DPWM 和 A/D 分辨率的约束条件以及积分项系数 K_i 的值。

5.3.1 DPWM 与 A/D 分辨率

假设 $K_i>0$，式（5.21）是在数字控制同步降压变换器实例中保证 A/D 转换器零误差区间内存在稳定直流解的必要条件。也可以根据“DPWM 量化等效的输出电压”以及“和 A/D 量化等效的输出电压”解释这一公式。

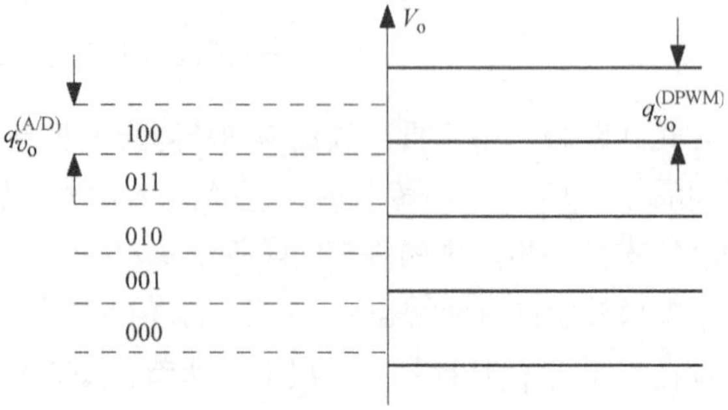

图 5.8　相对 A/D 分辨率而言，因 DPWM 量化造成输出电压的分辨率比较粗糙

如图 5.8 所示，DPWM 量化导致的一组可能的输出电压；A/D 量化也导致了一组可能的输出电压。为了清楚起见，假设 3 位 A/D 转换器，其中 011 表示零误差区间。在图 5.8 中因为 DPWM 量化造成的 V_o的量化级别没有落入 A/D 区间 011。由于无法获得零误差条件，控制器必须在定点附近连续调整输出电压，使得无静态误差，所以出现极限环现象。

接下来考虑图 5.9 中描述的情况，其中 DPWM 分辨率已经增加到至少存在一个 DPWM 量化落入 A/D 量化区间，这意味着存在稳定的静态工作点，避免了极限环的出现。

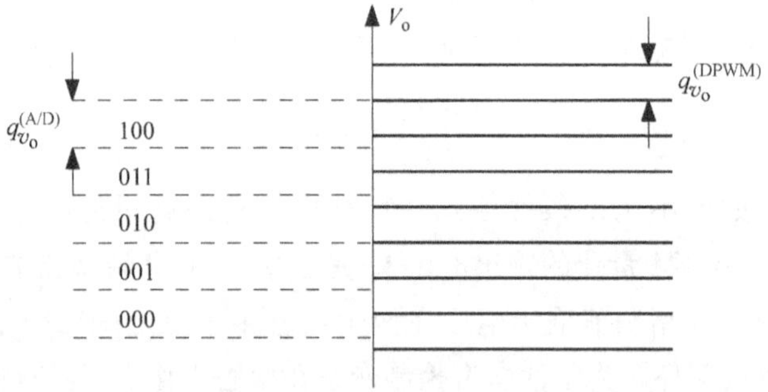

图 5.9　相对 A/D 分辨率而言，因 DPWM 量化造成输出电压的分辨率比较精细

上述考虑以及补偿器采用积分项（$K_i>0$）的假设导致无极限环出现的一般限制条件：

$$\boxed{q_{v_o}^{(DPWM)}<q_{v_o}^{(A/D)}} \tag{5.22}$$

其中规定 DPWM 和 A/D 量化造成输出电压量化时，DPWM 造成的输出电压量化必须比 A/D 造成的输出电压量化精细。使用式（5.9），该条件可以用 DPWM 量化步长 q_u和 A/D 量化步长 $q_{v_s}^{(A/D)}$ 表示：

$$H_0 V_g \frac{\partial M}{\partial D}\bigg|_{D\diamond} \frac{q_u}{N_r}<q_{v_s}^{(A/D)} \tag{5.23}$$

对于降压转换器，式（5.23）可化简为式（5.21）。

仍然以数字控制的同步降压变换器的设计为例，假设采用8位A/D转换器，其在满量程范围 $V_{FS}=2V$ 上操作。传感器增益为 $H_0=1$，$V_g=5V$。然后对输出电压 V_o 进行A/D量化：

$$q_{v_o}^{(A/D)}=\frac{q_{v_s}^{(A/D)}}{H_0}=\frac{2V}{2^8}\approx 7.8mV \tag{5.24}$$

假设使用8位DPWM，对于该实例 $N_r=1$，占空比和控制命令的分辨率一致：

$$q_D=q_u\approx 0.39\% \tag{5.25}$$

这种等效的 V_o 量化为

$$q_{v_o}^{(DPWM)}=V_g q_D\approx 19.5mV \tag{5.26}$$

式（5.22）不能满足，可能会出现极限环。在这些条件下，图5.10为控制器的稳态行为，可以确认变换器出现了周期性极限环现象，影响了变换器的工作。

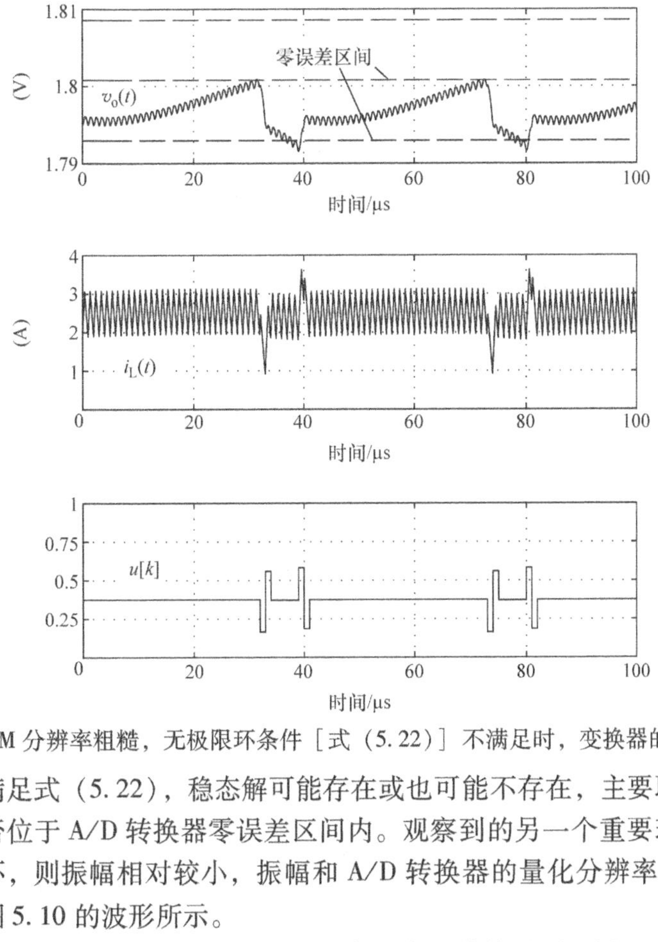

图5.10 DPWM分辨率粗糙，无极限环条件［式（5.22）］不满足时，变换器的稳态工作仿真

如果不满足式（5.22），稳态解可能存在或也可能不存在，主要取决于DPWM的量化值是否位于A/D转换器零误差区间内。观察到的另一个重要现象是：如果发生了极限环，则振幅相对较小，振幅和A/D转换器的量化分辨率 $q_{v_o}^{(A/D)}$ 为同一数量级，如图5.10的波形所示。

假设DPWM分辨率增加到 $n_{DPWM}=10$ 位。在这种情况下，因DPWM造成的输

出电压量化 $q_{v_o}^{(\mathrm{DPWM})}$ 缩小到约 4.5mV，这比 $q_{v_o}^{(\mathrm{A/D})}\approx 7.8\mathrm{mV}$ 更精细，从而满足式（5.22）的无极限环条件。在这种情况下，极限环消失，如图 5.11 所示。

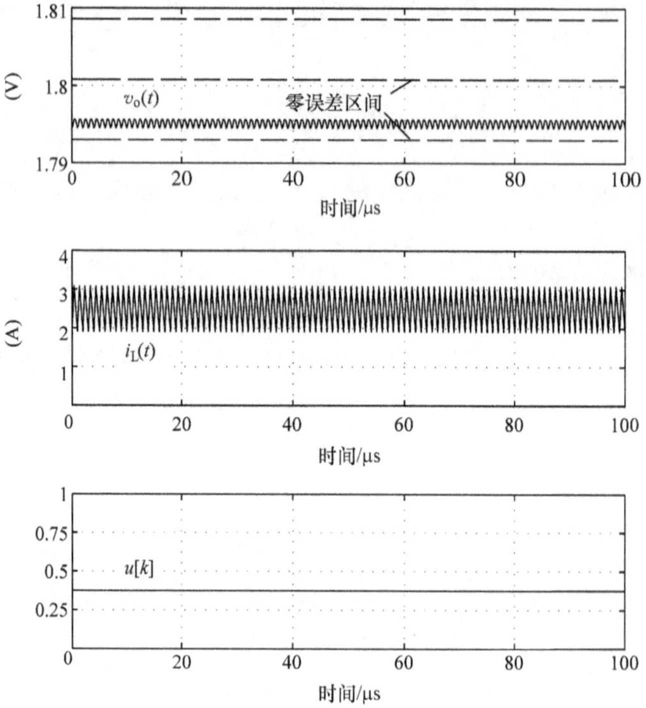

图 5.11　DPWM 分辨率精细，无极限环条件［见式（5.22）］满足时，变换器的稳态工作仿真

注意，式（5.22）和等价式（5.23）一般取决于变换器的工作点。换句话说，因 DPWM 造成的输出电压量化不是均匀的。当工作点发生变化时，在同一系统中图 5.8 和图 5.9 中描述的两种情况都有可能出现。为了确保无极限环稳态解的存在，式（5.22）所示条件必须在变换器的整个工作范围内都具有足够的裕度。

5.3.2　积分增益

式（5.22）所描述的无极限环条件表明，足够精细的 DPWM 分辨率可以使得至少存在一个 DPWM 量化落入 A/D 量化区间内。回想一下 5.2 节所述的，式（5.22）条件是基于假设补偿器采用积分项，$K_i>0$。然而，即使当式（5.22）所示条件满足时，如果积分系数 K_i 太大，仍然可能有极限环，这是因为 A/D 量化与补偿器中的积分项相作用，导致占空比指令 $u[k]$ 量化。

为了理解这个问题，首先考虑简单的积分补偿器对误差单位脉冲信号的响应。脉冲信号的幅值为 $q_{v_s}^{(\mathrm{A/D})}$，这是补偿器输入端可能存在的最小的扰动。积分器的输出为阶跃信号，如图 5.12 所示，其中 K_i 是积分系数。$u[k]$ 是阶跃信号，幅值为 $K_i q_{v_s}^{(\mathrm{A/D})}$。总之，不管 DPWM 分辨率有多高，由于补偿器中的 A/D 量化和积分系数K_i，控制命令信号 $u[k]$有效的量化间隔等于 $K_i q_{v_s}^{(A/D)}$。概括上述讨论，假设数字PID补偿器控制系统从某个 k_0 时刻时达到 $e^{\diamond}[k]=0$，因此，稳态控制命令仅等于整数 U_i：

$$e^{\diamond}[k]=0 \Leftrightarrow u[k]=u_i[k]=U_i \tag{5.27}$$

另一方面，在 k 时刻，信号 $u_i[k]$等于所有调节误差积累乘以积分增益 K_i：

$$u_i[k] = K_i \sum_{n=-\infty}^{k} e^{\diamond}[n] \tag{5.28}$$

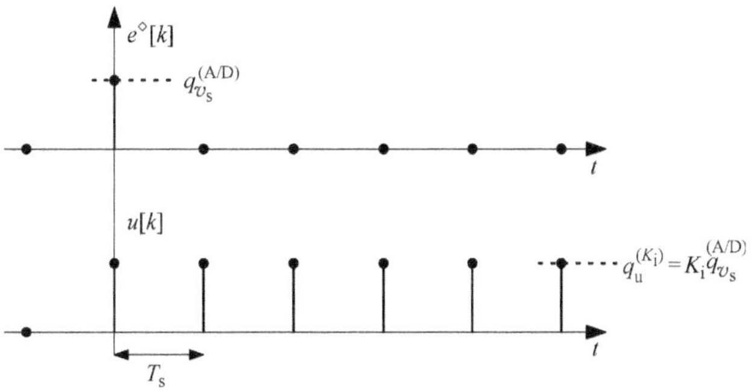

图5.12 由A/D量化以及积分项作用产生的DPWM的输入信号 $u[k]$：（上图）误差脉冲信号 $v_e^{\diamond}$ 和（下图）增益为 K_i 的数字积分器的脉冲响应

由于存在调节误差的量化：

$$e^{\diamond}[k]=\tilde{e}[k]q_{v_s}^{(A/D)}, \tilde{e}[k]\in \mathbb{Z} \tag{5.29}$$

$$U_i = K_i \underbrace{\left(\sum_{n=-\infty}^{n=k} \tilde{e}[n]\right)}_{N[k]\in\mathbb{Z}} q_{v_s}^{(A/D)} = N[k](K_i q_{v_s}^{(A/D)}) \tag{5.30}$$

因此，稳态控制命令 U_i 是A/D转换器的量化值 $q_{v_s}^{(A/D)}$ 乘以积分增益 K_i：

$$q_u^{(K_i)} \triangleq K_i q_{v_s}^{(A/D)} = K_i H_0 q_{v_o}^{(A/D)} \tag{5.31}$$

无论稳态条件如何，积分器仅能够将 U_i 定位在量化单位 $q_u^{(K_i)}$ 范围内。如果 $q_u \ll q_u^{(K_i)}$，这使得DPWM量化比 $q_u^{(K_i)}$ 精细得多，积分项的量化起主导作用，由式（5.31）可得输出电压的等效量化步长为

$$q_{v_o}^{(K_i)} \approx G_{vd}(s=0)\frac{q_u^{(K_i)}}{N_r} = G_{vd}(s=0)\frac{K_i H_0 q_{v_o}^{(A/D)}}{N_r} \tag{5.32}$$

式中，G_{vd}是从控制端到输出端的传递函数的直流增益：

$$G_{vd}(s=0)=N_r G_{vu}(z=1)=\left.\frac{\partial M}{\partial D}\right|_{D^{\diamond}} \tag{5.33}$$

等效的 V_o 量化和DPWM量化方式非常相似，它与A/D量化相互作用。通过假设，$e^{\diamond}[k]=0$，因此至少一个如式（5.32）量化在零误差区间内，即

$$q_{v_o}^{(K_i)} < q_{v_o}^{(A/D)} \tag{5.34}$$

这就推出了存在积分增益时，无极限环的约束条件

$$\boxed{G_{vd}(s=0)\frac{K_i H_0}{N_r} < 1} \tag{5.35}$$

如图 5.13 所示，当不满足上述条件时，则会发生类似于图 5.8 中所述情况，即 DPWM 输出电压的量化值不在 A/D 转换器的零误差区间范围内，触发了极限环。为了避免图 5.13 所示的情况发生，通过不断地减小积分增益 K_i 直到 v_o 的等效量化值落入 A/D 转换器的零误差区间范围内，如图 5.14 所示的情况。

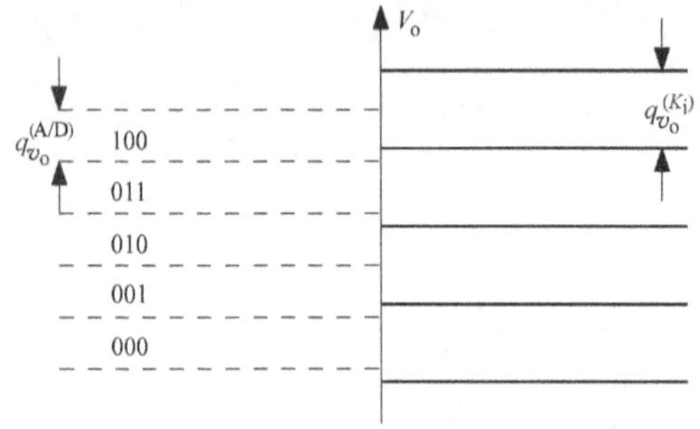

图 5.13 积分项造成的输出电压的分辨率比 A/D 转换器造成的输出电压的分辨率粗糙

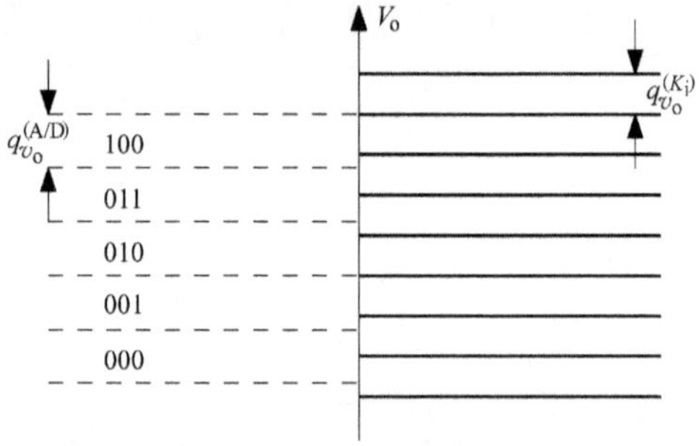

图 5.14 积分项造成的输出电压的分辨率比 A/D 转换器造成的输出电压的分辨率精细

对于图 5.1 所示的数字控制的降压变换器，$G_{vd}(s=0) \approx V_g$ 和 $N_r = 1$，因此式（5.35）无极限环的条件变为

$$H_0 V_g K_i < 1 \tag{5.36}$$

考虑同步降压变换器设计实例，根据式（4.39）中 K_i 的值可以得到

$$H_0 V_g K_i \approx 0.37 \tag{5.37}$$

满足式（5.35）无极限环条件，且具有较大的裕度。

5.3.3 动态量化效应

本节中提出的无极限环条件要求控制器存在积分项 $K_i > 0$，并且要保证稳态直流工作点的存在。式（5.22）或者与之等效的式（5.23）给出第一个条件：即使用足够高分辨率的 DPWM，保证 DPWM 造成的输出电压量化必须比 A/D 转换器造成的输出电压量化精细，避免出现极限环。式（5.34）或与之等效的式（5.35）给出第二个条件：控制器的积分增益 $K_i > 0$ 必须足够小，使得因积分产生的输出电压量化在因 A/D 转换器产生的输出电压量化的零区间范围内。在大多数的设计中，这两种基本的无极限环约束条件是足够的。

如果满足本节中讨论的两个无极限环条件，则数字控制变换器保证在 A/D 转

换器的零误差区间中至少存在一个稳态解，$e^{\diamond}=0$。必须要明白：通常稳态解的存在并不能保证不发生极限环。因为存在量化效应，所以变换器是一个复杂的非线性动态系统。当环路设计稳定工作，两个无极限环条件满足时，仍然有可能观察到极限环扰动现象。另一方面，对于具有高分辨率 A/D 转换器和 DPWM 元件的回路而言，输出电压中的这种极限环扰动幅值相当小，幅值同 $q_{v_o}^{(A/D)}$ 在一个数量级。实际上，这种小幅度的扰动是可以接受的。

数字控制变换器更加严格的动态稳定性分析以及量化造成的性能分析是一个持续性的研究课题。近似描述函数分析表明：除了满足本节中提出的两个基本的无极限环条件外，控制回路的设计必须具有足够大的增益裕度[38]。为了减少对扩展时域仿真的依赖，参考文献［143］中提出了统计分析方法，其指导思路为：控制环带宽和极限环振荡的概率相关。参考文献［144］提出基于能量方法预测极限环振荡，其指导思路为：极限环与控制带宽、PID 零点的位置和系统的阻尼有关。参考文献［146，147］以含 PI 补偿器的同步降压变换器为例，给出了更全面的无极限环的约束条件。

5.4　DPWM 和 A/D 转换器实现技术

如 5.1～5.3 节所述，需要高分辨率 DPWM 和 A/D 转换器来实现对变换器的精确调节并减少数字控制变换器中的极限环振荡。本节的目的是简要回顾高频数字控制开关功率变换器中的一些 DPWM 和 A/D 转换器的实现技术。

5.4.1　DPWM 硬件实现技术

图 5.15 所示为 2.4 节中介绍的标准的基于计数器的 DPWM 的框图和工作波形。基于计数器的 DPWM 包含一个时钟频率 f_{clk} 计时的计数器，计数器的输出为数字斜坡 $r[nT_{clk}]$ 信号，其代替模拟 PWM 中的锯齿或三角载波。数字比较器通过将计数器输出与锁存

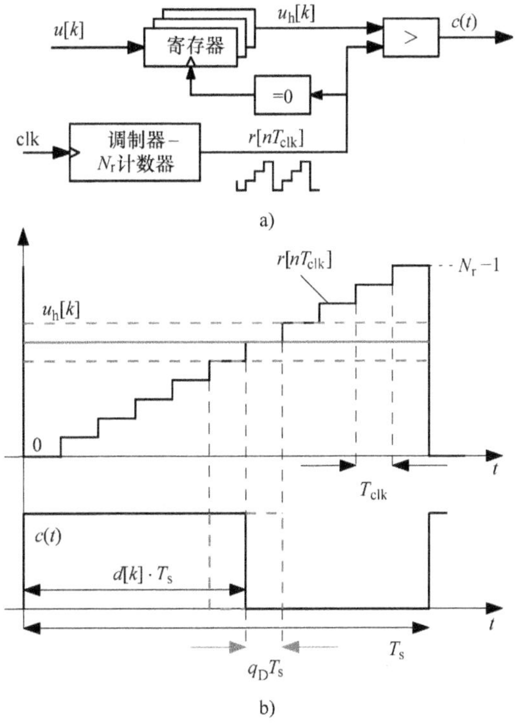

图 5.15　a）基于计数器的 DPWM 框图和 b）相关波形

的数字控制命令 u_h 进行比较后输出调制波形。要求基于计数器的 DPWM 的分辨率为 n_{DPWM}时，要求时钟频率$f_{clk}=2^{n_{DPWM}}f_s$，其中f_s是开关频率。作为实例，在 5.3 节中，我们发现需要 10 位 DPWM 以满足开关频率 $f_s=1\text{MHz}$ 工作的同步降压变换器无极限环条件，使用基于计数器的 DPWM 实现这种分辨率，将需要大于 1GHz 的时钟频率。

参考文献［148］已经提出了高频开关功率变换器各种高分辨率 DPWM 的实现方式。这些架构背后的主要思想是使用通常被称为延迟线的抽头的延迟单元串，而不是用频率非常高的时钟来实现高分辨率的时间量化。基本延迟线的 DPWM 框图和简化运行波形如图 5.16 所示。时钟信号的频率等于开关频率$f_{clk}=f_s$，并在开关

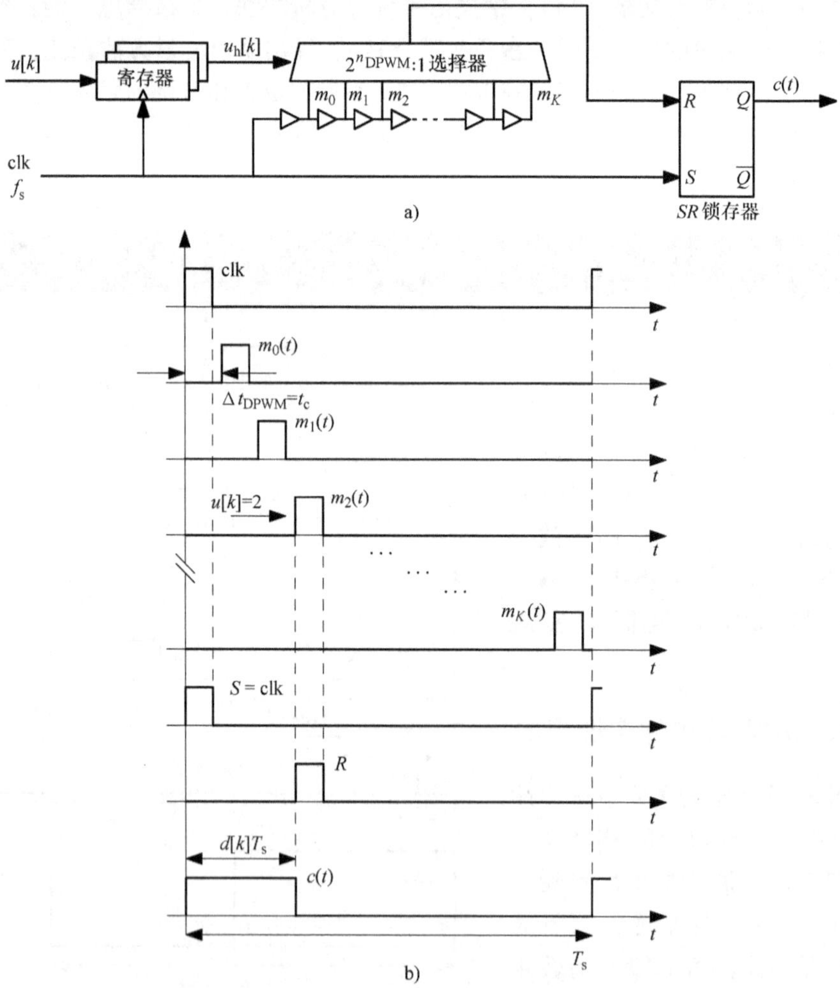

图 5.16 含延迟线的 DPWM：a）结构和 b）运行波形

周期开始时设置输出锁存器。相同的时钟信号通过延迟线传播，使得抽头 m_k处的输出比抽头 m_{k-1}处的输出延迟了一延迟单元 $\Delta t_{\mathrm{DPWM}}=t_c$，锁存的数字控制命令 u_h 使用数字 $2^{n_{\mathrm{DPWM}}}$:1 多路选择器选择该抽头的复位输出信号。在图 5.16b 所示的实例波形中，$u_h=u=2$，选择 m_2，这导致 DPWM 输出脉冲宽度等于 $dT_s=3t_c$。该结构的明显优点是输出信号中的时间分辨率与单元延迟 t_c 相关，和时钟周期 T_{clk}无关。结果，时钟频率等于开关频率。可能存在其他问题：与期望的开关周期 T_s 相比，总延迟可能太短或太长，并且调整开关频率时并不像在基于计数器的架构中那么简单。这些问题可以采用两种方法来解决：①关闭延迟线变成自激振荡环作为时钟发生器；②采用延迟锁定环，调整单元延迟 t_c，确保在时钟发生器和延迟线之间产生锁定。

延迟线方法的缺点是延迟线的长度和选择器的大小随着比特数 n_{DPWM}呈指数函数增长。在混合 DPWM 架构中将计数器和延迟线结合起来，如图 5.17 所示。具有 n_{DPWM}位的锁存控制命令 u 被分成两部分，如图 5.18 所示，最低有效 m 位 u_{LS}和最高有效（$n_{\mathrm{DPWM}}-m$）位 u_{MS}。最高有效部分 u_{MS}作为混合 DPWM 中基于计数器部分的控制命令，在图 5.17 中表示为“同步调制器”。图 5.15 中基于计数器 DPWM 中，零计数（$r=0$）启动输出脉冲 $c(t)$。在斜坡 r 到达最高有效部分 u_{MS}时，同步调制器产生脉冲 $m_0(t)$，如图 5.17b 所示。这个脉冲并不是和纯基于计数器 DPWM 中的那样直接复位输出信号，而是用作混合调制器的延迟线部分的输入端。沿着延迟线，基于最低有效指令部分 u_{LS}选择抽头，其将输出脉冲延迟 $u_{\mathrm{LS}}t_c$，其中 t_c 是延迟单元的传播延时。在图 5.17b 所示的例子中，高分辨率扩展至 $2t_c$。输出脉冲 $c(t)$的占空比等于

$$d[k]=\left(u_{\mathrm{MS}}+\frac{u_{\mathrm{LS}}}{2^m}\right)\frac{T_{\mathrm{clk}}}{T_s} \tag{5.38}$$

其中

$$\frac{T_{\mathrm{clk}}}{T_s}=\frac{f_s}{f_{\mathrm{clk}}}=\frac{1}{2^{(n_{\mathrm{DPWM}}-m)}} \tag{5.39}$$

应当注意，混合架构需要单元延迟 t_c，并使得 $2^m t_c=T_{\mathrm{clk}}$。这种延迟线架构可以使用延迟锁定环或其他技术来实现。

在式（5.38）和式（5.39）的基础上，可以很明显地发现，最低有效部分的长度 m 提供了一种在 DPWM 大小和所需时钟速率之间实现期望折中的方式，即是在基于延迟线的 DPWM 和基于计数器的 DPWM 之间的折中方式。较大的 m 意味着较长的延迟线和较多的多路选择器，而所需的时钟速率降低。在极限情况下，对于 $m=n_{\mathrm{DPWM}}$，混合 DPWM 变成具有 $f_{\mathrm{clk}}=f_s$ 的纯延迟线 DPWM。另一方面，当 $m=0$ 时，混合 DPWM 变为具有 $f_{\mathrm{clk}}=2^{n_{\mathrm{DPWM}}}f_s$ 的纯基于计数器的 DPWM。

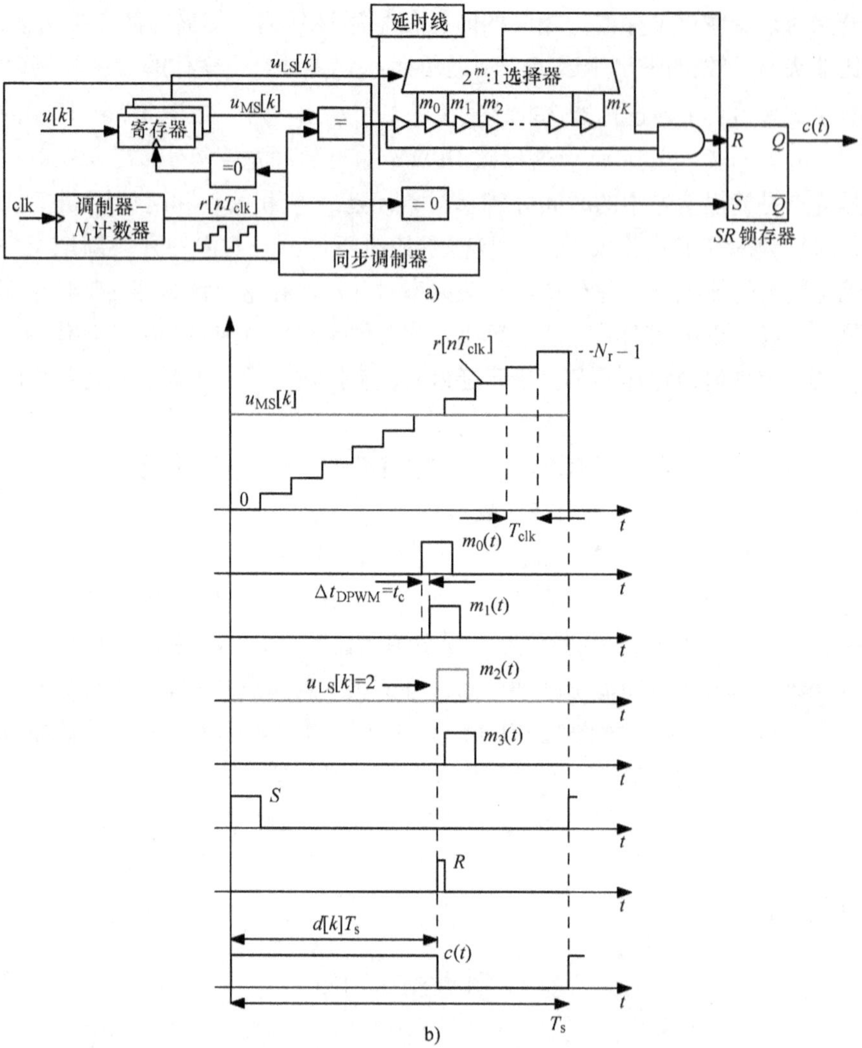

图 5.17 混合 DPWM：a）结构和 b）运行波形

在延迟线和混合架构中，需要注意时钟和延迟线锁定、延迟匹配和电路布局的实现问题。基于这些架构的高分辨率 DPWM 设计已经在定制集成电路[22,24,25,27,29,148-151]和 FPGA[152-156]中得到了论证。高分辨率数字 PWM 的其他方法，包括多相调制器，见参考文献[157-164]。

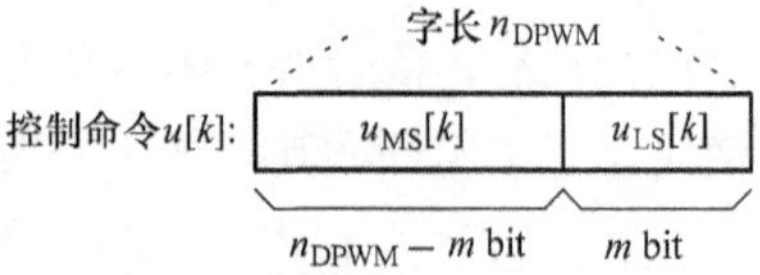

$$u[k]=u_{MS}[k]+\frac{u_{LS}[k]}{2^m}$$

图 5.18 图 5.17 中的混合 DPWM 控制命令 u

5.4.2 通过Σ-Δ调制有效改进 DPWM 的分辨率

变换器功率级中的数字调制器可以被视为功率 D/A 转换器，以数字命令 u 作为输入并且产生变换器的电压输出或电流输出。功率 D/A 的认识使得人们基于信号 D/A 转换领域的方法发展出多种 DPWM 技术。特别是已被用于信号处理、数据转换器和数字音频应用[165]的Σ-Δ调制技术，被用来实现改进数字控制变换器中 DPWM 的有效分辨率[31]。

图 5.19 为采用“误差反馈”结构[165]的Σ-Δ调制器的一般结构，其具有以下优点：高分辨率 n_{HR} 位命令 $u_{HR}[k]$ 到低分辨率命令 $u[k]$（即 n_{DPWM} 位硬件 DPWM 单位的输入端）的前向通道中无延迟。截断模块保留了 n_{DPWM} 有效位，截断了 $n_{HR}-n_{DPWM}$ 量化噪声。量化噪声被数字滤波器 1-NTF（z）滤波，其中 NTF（z）是噪声传递函数。Σ-Δ调制器将量化噪声移动到高频段。开关功率变换器具有的低通滤波行为滤除了高频段的高频噪声，从而改进了有效分辨率。在二阶Σ-Δ调制器中：

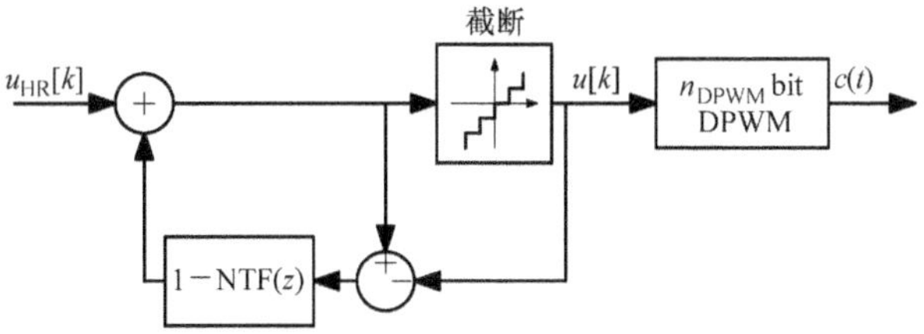

图 5.19 Σ-Δ调制在硬件 DPWM 的前端

$$NTF(z)=(1-z^{-1})^2 \tag{5.40}$$

$$1-NTF(z)=2z^{-1}-z^{-2} \tag{5.41}$$

为了说明二阶Σ-Δ调制器的应用，考虑 5.3.1 节中所讨论的实例，其中发现 8 位 DPWM 的分辨率不够高，导致限制周期振荡，如图 5.10 所示。当在该 $n_{DPWM}=8$位 DPWM 的前面放置一个二阶Σ-Δ调制器时，控制命令的分辨率增加到 $n_{HR}=10$ 位，同步降压变换器的工作波形如 5.20 所示。

给定高分辨率命令 u_{HR}，Σ-Δ调制器在硬件 DPWM 的输入处产生了较低分辨率命令 u。这种模式使得 u 的低频平均值等于高分辨率命令 u_{HR}，而 u 中变化的频谱移动到高频，被功率变换器的低通行为滤波。所以 u 会发生变化，可以在功率变换器中的控制开关信号 $c(t)$ 中观察到抖动。这种抖动被低通滤波，在图 5.20 所示的变换器电流和电压波形中基本上见不到这种影响。输出电压 $v_o(t)$ 在零误差区间内，没有观察到极限环振荡。有效分辨率的改进效果与在 5.3.1 节中使用较高分辨率 DPWM 的效果（图 5.9 的波形）非常相似。

参考文献［166］研究了基于Σ-Δ调制改进有效分辨率的方法以及与硬件 DPWM 分辨率和功率级滤波器转折频率的关系。研究发现：二阶Σ-Δ调制可以很容易地提高几个位的有效分辨率。

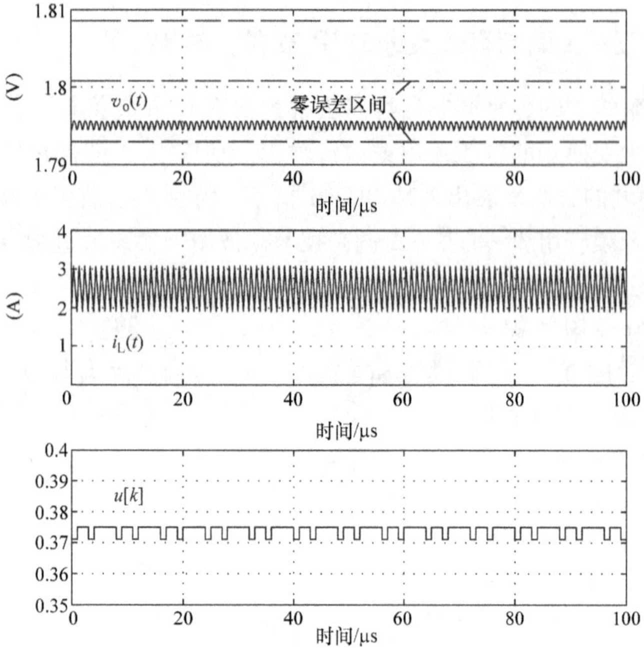

图 5.20　5.3.1 节中采用 8 位 DPWM 和二阶 Σ－Δ 调制器，将有效分辨率提高至 10 位时，同步降压变换器实例的工作波形

5.4.3　A/D 转换器

在开关功率转换器的数字控制相关内容中，A/D 转换器实现的主要指标包括：转换时间和分辨率。转换时间必须比开关周期短得多，分辨率必须足够高以实现精确调节。另一方面，为了降低 A/D 复杂度，需要折中考虑 A/D 的线性度或转换范围。应该注意的是，针对信号处理，开环检测或慢速控制系统[167]对 A/D 指标的要求都不尽相同。这就是为什么针对开关变换器的数字控制的各种 A/D 实现已受到关注。

在迄今为止考虑的所有实例中，假定采用标准的 A/D 特性，其中信号在宽线性范围内被采样和转换，然后将量化信号与数字设定点参考 V_{ref} 进行比较，如图 5.1 和图 5.2 所示。图 5.21 显示了一个窗口－快闪式 A/D 转换器，它使用少量模拟比较器[26]满足变换器控制环路要求。将模拟信号 v_o 与以模拟参考 V_{ref} 为中心的一组电平 $q^{(A/D)}$ 相比较。比较器的输出表示误差通常被“温度计码”表示。数字编码器输出误差的标准二进制形式，其然后由系统时钟采样产生数字误差信号 $e[k]$。转换时间很短，因为它只包括比较器和编码器的传播延迟。线性转换范围的宽度以 V_{ref} 为中心由所使用的比较器的数量确定。转换范围可以限制在三个 A/D 输出电平（+1，0 和 −1），这允许使用两个比较器实现窗口－快闪式 A/D 转换器[24]。更一般的情况是，转换范围要大于调节信号预期偏差带。预期偏差带取决于闭环控制变换器的预期干扰或瞬变值。

人们发明了很多窗口－快闪式 A/D 转换器的结构。例如，非均匀窗口－快闪式 A/D 转换器，可以通过编程设置比较电平以便改善转换器的动态响应[71]。针对在数字 CMOS 工艺中的定制集成电路实现，基于延迟线的窗口－快闪式 A/D 转换器见参考文献［12，21，22，32］。这种结构没有使用模拟比较器，而是采用逻辑门，依赖于逻辑门的电压延迟特性，用于实现电压延迟和数字转换延迟。类似的方法，使用环形振荡器 A/D 和针对移动应用的极低功耗的转换器见参考文献［27］。作为 A/D 电路实现的另一种替代方案，参考文献［35］中提出了阈值反相器量化（TIQ）。在 TIQ A/D 方法中，使用具有编程阈值的逻辑反相器取代了窗口快闪的模拟比较器，可在高性能数字滞环控制器中实现快速转换和异步采样。

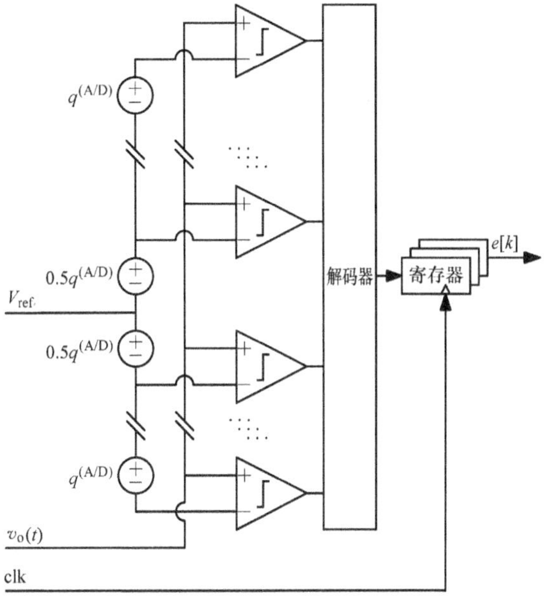

图 5.21　窗口－快闪式 AD 转换器

基于变换器波形的特定波纹特性的 A/D 转换器可简化 A/D 转换过程提高有效分辨率。例如，参考文献［168］中的数字控制器采用单个比较器和计数器，而参考文献［66］中的数字控制器架构基于单比较器和可设置阈值电压的 D/A 转换器。在功率因数校正（PFC）应用中，参考文献［169］提出基于输出电压纹波的单比较器电压 A/D 转换器。参考文献［170］中将该概念扩展至电感电流检测。

5.5 要点总结

1）A/D 转换器和 DPWM 引入非线性效应，导致稳态状态空间的运动轨迹发生变化，称之为极限环。

2）由于 A/D 和 DPWM 的量化效应，数字控制的变换器中可能不存在直流稳态解，从而导致了极限环振荡。

3）给出了基本无极限环条件的公式，以保证存在直流稳态解。包括等效 DPWM 分辨率必须优于等效 A/D 分辨率，控制回路必须包括积分作用且积分增益存在着的上限值。

4）在数字控制系统中，需要使用高分辨率的 DPWM 和 A/D 转换器。高分辨率 DPWM 实现技术包括延迟线和混合方法以及采用 Σ－Δ 调制有效改进分辨率。

第 6 章

补偿器的实现

前面的章节中以系统的观点介绍了补偿器的公式。其中，第 4 章给出了 PID 补偿器在 z 域传递函数：

$$G_c(z) \triangleq \frac{\hat{u}(z)}{\hat{e}(z)} = K_p + \frac{K_i}{1 - z^{-1}} + K_d(1 - z^{-1}) \tag{6.1}$$

或者说，相关控制器的差分方程表达式为

$$\begin{aligned} u_p[k] &= K_p e[k] \\ u_i[k] &= u_i[k-1] + K_i e[k] \\ u_d[k] &= K_d(e[k] - e[k-1]) \\ u[k] &= u_p[k] + u_i[k] + u_d[k] \end{aligned} \tag{6.2}$$

一旦系数 $\boldsymbol{K} = [K_p, K_i, K_d]^T$ 确定，式（6.1）和式（6.2）就是确定的。

本章主要介绍补偿器的实现，即式（6.2）的物理实现：

1）在基于软件的控制器中，式（6.2）被转换成算法，通常用 C 等高级编程语言进行编程。

2）在基于硬件的控制器中，式（6.2）被转换成由数字算术块和寄存器组成的数字电路。低级控制器的描述主流的以及最便捷的方法是采用硬件描述语言（HDL）如 VHDL 或 Verilog。

本章主要介绍基于硬件的补偿方法，这是在高频 DC－DC 变换器中最常采用的解决方案。但是，本章也适用于基于软件的补偿器的实现。

控制器的实现过程分为系数量化和定点实现两个阶段：

1）系数量化是向量系数 $\boldsymbol{K}$ 的舍入的过程，使用有限位表示系数。相对最初的设计而言，量化影响实际补偿器的传递函数。所以，实际实现的系统环路增益 $\widetilde{T}(Z)$ 与系统目标环路增益 $T(Z)$ 不同。以前几章研究的同步降压变换器为例，图 6.1 说明了系数量化后的系统的环路增益 $\widetilde{T}(z)$ 的影响。如果有足够的量化精度，实际实现的环路增益类似于第 4 章中设计的环路增益，如图 6.1 所表示的 $\widetilde{T}_1(z)$ 所示。然而，由于补偿器增益量化后变得粗略，也出现了偏差。对比例和微分增益的粗略量化不可避免地导致严重的带宽和相位裕度变化，这会影响闭环系统的动态特性，可能导致系统不稳定，如图 6.1 所表示的 $\widetilde{T}_2(z)$ 所示。另外，对积分增益的过度量化可能导致低频偏差，降低控制器的调节能力和抗干扰能力，如图 6.1 所表示的 $\widetilde{T}_3(z)$ 所示，低频增益的相对误差在 20% 左右。

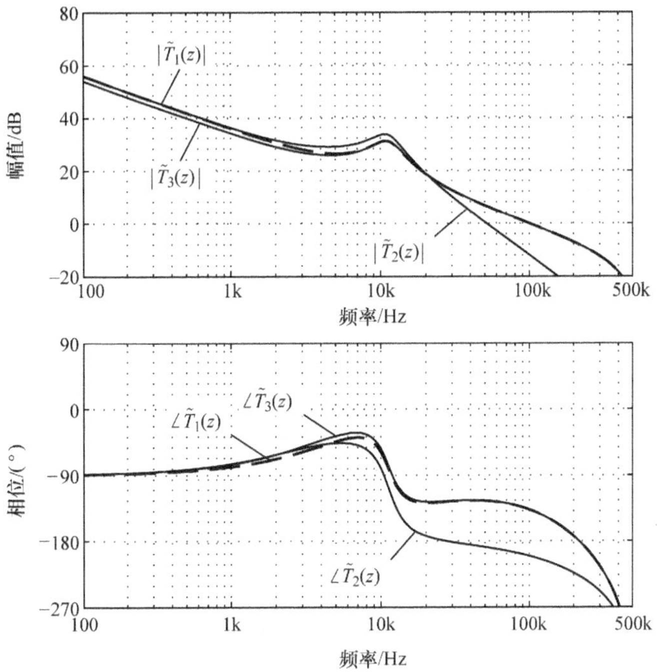

图 6.1　系数量化对系统环路增益的影响：合适的量化 [$\widetilde{T}_1(z)$]，粗糙量化 K_P、K_d [$\widetilde{T}_2(z)$]，极其粗糙量化 K_I [$\widetilde{T}_3(z)$]

补偿器系数分辨率需要满足一定的约束条件，使其能够保持原设计小信号环路增益的特性。本章中考虑两个约束条件：在目标穿越频率 ω_c 处满足环路增益误差范围；在 $\omega \to 0$ 处低频区域内满足环路增益误差范围。如果 $\widetilde{T}(z)$ 是实际系统的环路增益，$T(z)$ 表示目标环路增益，即没有量化时环路增益，穿越频率的约束公式为：

约束条件Ⅰ：

$$\boxed{\begin{aligned} &\left| \, |\widetilde{T}(z)| - 1 \, \right|_{\omega=\omega_c} < \varepsilon_c \\ &\left| \angle\widetilde{T}(z) - \angle T(z) \right|_{\omega=\omega_c} < \alpha_c \end{aligned}} \tag{6.3}$$

式中，ε_c 和 α_c 是用来约束幅度和相位的偏差。类似地，对低频环路增益的幅值的约束条件可以表示为：

约束条件Ⅱ：

$$\left| \frac{|\widetilde{T}(z)| - |T(z)|}{|T(z)|} \right|_{\omega \to 0} < \varepsilon_0 \tag{6.4}$$

式中，$\omega \to 0$ 意味着要采用约束条件 2 的左边存在直流极限值。

2）使用有限位对控制规律的定点物理实现。与浮点运算相反，我们着重强调定点运算，主要是因为它广泛地应用在基于硬件实现的和基于软件实现的数字电源中。此步骤的目标是定义有限精度的控制器，该控制器和理想的系统级设计的控制器几乎一致，这将使得舍入和截断效应可忽略不计，并且可以避免信号饱和。

6.2 节讨论了系数量化，6.3 节结合工程设计实例讨论了系数量化。本节的分析同样适用于基于硬件的或基于软件的补偿器。6.4 节讨论基于硬件的补偿器定点控制器的实现，涉及基于软件的控制器时，需要另外考虑。

本章中使用的符号、定点的算法和 VHDL 操作二进制补码（B2C）见附录 B。

6.1 PID 补偿器的实现

补偿器实现的问题与硬件中如何实现补偿规律密切相关。从数字滤波器设计的角度来看，任何给定的传递函数都会有许多实现方式[8]，并且每一种都具有不同的硬件复杂性和对系数舍入的敏感性。

式（6.1）为 PID 结构的并联实现方式，如图 6.2 所示。并联实现的传递函数表示为 $G_{\mathrm{PID}}(z;\boldsymbol{K})$，$\boldsymbol{K}$ 是比例增益、积分增益和微分增益组成的向量：

$$G_{\mathrm{PID}}(z;\boldsymbol{K}) \triangleq K_{\mathrm{p}} + \frac{K_{\mathrm{i}}}{1 - z^{-1}} + K_{\mathrm{d}}(1 - z^{-1}), \quad \boldsymbol{K} \triangleq [K_{\mathrm{p}}, K_{\mathrm{i}}, K_{\mathrm{d}}]^{\mathrm{T}} \tag{6.5}$$

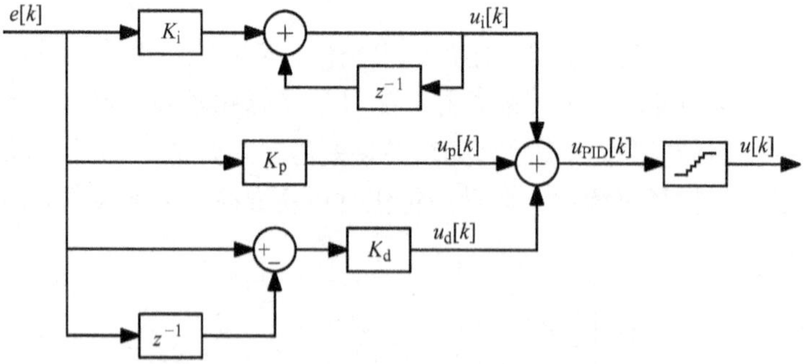

图 6.2 数字 PID 补偿器的并联实现方式

除了并联形式，还有另外两种 PID 结构的重要的实现方式。直接实现结构，或直接Ⅱ实现结构（直接Ⅱ实现结构更精确），见参考文献［8］，如图 6.3 所示：

$$G_{\mathrm{PID}}(z;\boldsymbol{b}) \triangleq \frac{b_0 + b_1 z^{-1} + b_2 z^{-2}}{1 - z^{-1}}, \quad \boldsymbol{b} \triangleq [b_0, b_1, b_2]^{\mathrm{T}} \tag{6.6}$$

在时域中，直接实现形式转化为差分方程组

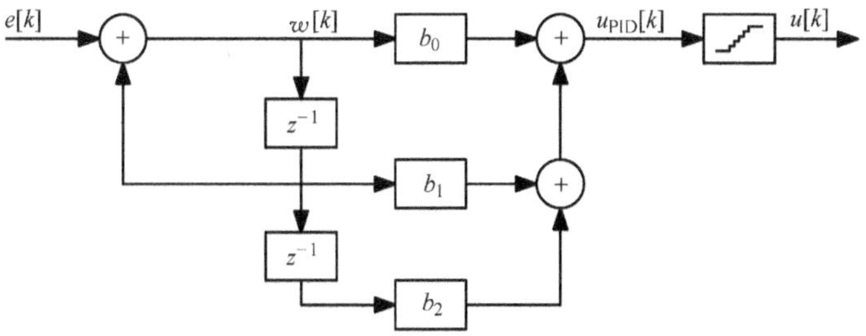

图 6.3　数字 PID 补偿器的直接实现方式

$$
\begin{aligned}
w[k] &= w[k-1] + e[k] \\
u[k] &= b_0 w[k] + b_1 w[k-1] + b_2 w[k-2]
\end{aligned}
\tag{6.7}
$$

图 6.4 所示的级联结构的传递函数是

$$
G_{\mathrm{PID}}(z;\boldsymbol{c}) \triangleq \frac{K}{1-z^{-1}}(1+c_{z_1}z^{-1})(1+c_{z_2}z^{-1}),\quad \boldsymbol{c} \triangleq [K, c_{z_1}, c_{z_2}]^{\mathrm{T}} \tag{6.8}
$$

相应的，在时域中有

$$
\begin{aligned}
w_{\mathrm{i}}[k] &= e[k] + w_{\mathrm{i}}[k-1] \\
w_1[k] &= w_{\mathrm{i}}[k] + c_{z_1} w_{\mathrm{i}}[k-1] \\
w_2[k] &= w_1[k] + c_{z_2} w_1[k-1] \\
u[k] &= K w_2[k]
\end{aligned}
\tag{6.9}
$$

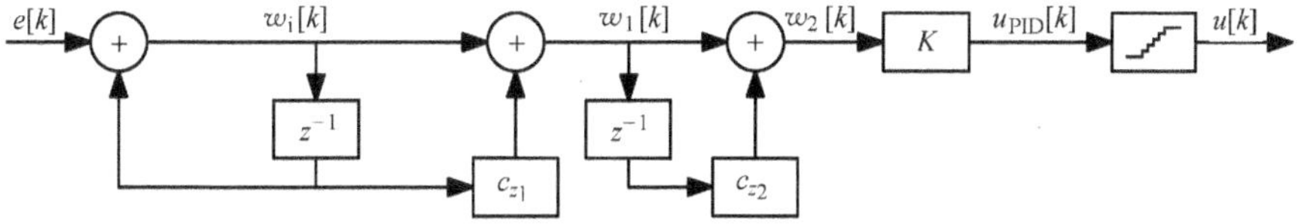

图 6.4　数字 PID 补偿器的级联实现方式

在如图 6.2 ~ 图 6.4 所示的每个结构中都级联了量化/饱和模块。该模块如图 6.5 所示。该模块首先将控制命令 $u_{\mathrm{PID}}[k]$ 量化成与 DPWM 分辨率匹配的低分辨率信号，然后通过饱和单元使结果限制在 DPWM 单元可接受的最大和最小值之间。

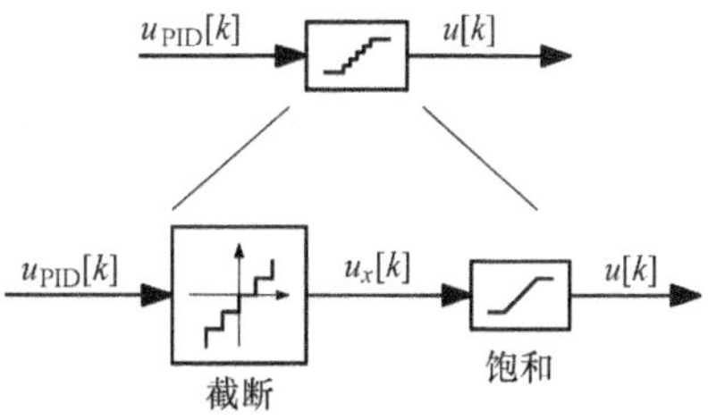

图 6.5　量化/饱和模块

在第 4 章中，式（4.15）是 p 域补偿器转换成相应的 z 域补偿器且并联实现的形式。表 6.1 给出了 p 域补偿器变换为 z 域补偿器的各种计算公式，包括并联、直接和级联实现方式的参数（$G'_{\mathrm{PI}\infty}$，G'_{PD0}，ω_{PI}，ω_{PD}，ω_{p}）。注意，这些公式中已经包含了从 p 域到 z 域所需的逆双线性变换。我们可以通过（$\omega_{\mathrm{PD}} \to \omega_{\mathrm{p}}$，$G'_{\mathrm{PD0}} \to 1$）和（$\omega_{\mathrm{PI}} \to 0$，$G'_{\mathrm{PI}\infty} \to 1$）验证 PI 和 PD 补偿器的情况。

表 6.1 *p* 域到 *z* 域转换方程式

并联形式 G_{PID}（z；$\boldsymbol{K}$）	
$K_p = G'_{\mathrm{PI}\infty}G'_{\mathrm{PD0}}\left(1+\dfrac{\omega_{\mathrm{PI}}}{\omega_{\mathrm{PD}}}-\dfrac{2\omega_{\mathrm{PI}}}{\omega_p}\right)$ $K_i = 2G'_{\mathrm{PI}\infty}G'_{\mathrm{PD0}}\dfrac{\omega_{\mathrm{PI}}}{\omega_p}$ $K_d = \dfrac{G'_{\mathrm{PI}\infty}G'_{\mathrm{PD0}}}{2}\left(1-\dfrac{\omega_{\mathrm{PI}}}{\omega_p}\right)\left(\dfrac{\omega_p}{\omega_{\mathrm{PD}}}-1\right)$	(6.10)
直接形式 G_{PID}（z；$\boldsymbol{b}$）	
$b_0 = \dfrac{G'_{\mathrm{PI}\infty}G'_{\mathrm{PD0}}}{2}\left(1+\dfrac{\omega_{\mathrm{PI}}}{\omega_{\mathrm{PD}}}+\dfrac{\omega_p}{\omega_{\mathrm{PD}}}+\dfrac{\omega_{\mathrm{PI}}}{\omega_p}\right)$ $b_1 = G'_{\mathrm{PI}\infty}G'_{\mathrm{PD0}}\left(\dfrac{\omega_{\mathrm{PI}}}{\omega_p}-\dfrac{\omega_p}{\omega_{\mathrm{PD}}}\right)$ $b_2 = \dfrac{G'_{\mathrm{PI}\infty}G'_{\mathrm{PD0}}}{2}\left(1-\dfrac{\omega_{\mathrm{PI}}}{\omega_p}\right)\left(\dfrac{\omega_p}{\omega_{\mathrm{PD}}}-1\right)$	(6.11)
级联形式 G_{PID}（z；$\boldsymbol{c}$）	
$K = \dfrac{G'_{\mathrm{PI}\infty}G'_{\mathrm{PD0}}}{2}\left(1+\dfrac{\omega_p}{\omega_{\mathrm{PD}}}\right)\left(1+\dfrac{\omega_{\mathrm{PI}}}{\omega_p}\right)$ $c_{z_1} = \dfrac{\dfrac{\omega_{\mathrm{PI}}}{\omega_p}-1}{\dfrac{\omega_{\mathrm{PI}}}{\omega_p}+1}$ $c_{z_2} = \dfrac{\dfrac{\omega_{\mathrm{PD}}}{\omega_p}-1}{\dfrac{\omega_{\mathrm{PD}}}{\omega_p}+1}$	(6.12)

6.2 系数的缩放和量化

缩放和量化是将补偿器从系统级转化到适合的实现形式两个必要步骤。

系数缩放是在不改变环路增益 $T(z)$ 的条件下，按比例调节补偿器的增益系数，使其与实际系统中已有的 A/D 和 DPWM 的增益相匹配。本节介绍的方法是以误差信号和控制命令均假定为整形量形式对补偿器的系数进行适当比例调节。当然，这不是唯一的选择。虽然这种选择有些随意，但是与附录 B 的内容一致。在附录 B 中，B2C 信号解释为整型数。

另外，因为系数被存入有限字长的二进制数中，所以系数量化还包含补偿器增益的截断误差。截断误差将改变补偿器频率特性和环路增益。因为字长与 G_{PID}（z）的量化误差有关，所以需要关注用于硬件编码中系数的字长。

不管是基于硬件实现还是软件实现，量化效应仅仅与补偿器结构有关，所以，与补偿系数相关的量化效应可以独立研究，并不涉及控制器类型。首先考虑并联实现形式，对 $\boldsymbol{K}$ 系数向量进行缩放和量化操作：

$$\boldsymbol{K}=\begin{bmatrix}K_{\mathrm{p}}\\K_{\mathrm{i}}\\K_{\mathrm{d}}\end{bmatrix}\xrightarrow{\text{缩放}}\check{\boldsymbol{K}}=\begin{bmatrix}\check{K}_{\mathrm{p}}\\\check{K}_{\mathrm{i}}\\\check{K}_{\mathrm{d}}\end{bmatrix}\xrightarrow{\text{量化}}\widetilde{\boldsymbol{K}}=\begin{bmatrix}\widetilde{K}_{\mathrm{p}}\\\widetilde{K}_{\mathrm{i}}\\\widetilde{K}_{\mathrm{d}}\end{bmatrix}\tag{6.13}$$

由此引发了补偿器传递函数的相应变化

$$G_{\mathrm{PID}}(z;\boldsymbol{K})\xrightarrow{\text{缩放}}G_{\mathrm{PID}}(z;\check{\boldsymbol{K}})\xrightarrow{\text{量化}}G_{\mathrm{PID}}(z;\widetilde{\boldsymbol{K}})\tag{6.14}$$

直接型实现的变化为

$$\boldsymbol{b}=\begin{bmatrix}b_0\\b_1\\b_2\end{bmatrix}\xrightarrow{\text{缩放}}\check{\boldsymbol{b}}=\begin{bmatrix}\check{b}_0\\\check{b}_1\\\check{b}_2\end{bmatrix}\xrightarrow{\text{量化}}\widetilde{\boldsymbol{b}}=\begin{bmatrix}\widetilde{b}_0\\\widetilde{b}_1\\\widetilde{b}_2\end{bmatrix}\tag{6.15}$$

$$G_{\mathrm{PID}}(z;\boldsymbol{b})\xrightarrow{\text{缩放}}G_{\mathrm{PID}}(z;\check{\boldsymbol{b}})\xrightarrow{\text{量化}}G_{\mathrm{PID}}(z;\widetilde{\boldsymbol{b}})\tag{6.16}$$

和级联形式变化为

$$\boldsymbol{c}=\begin{bmatrix}K\\c_{z_1}\\c_{z_2}\end{bmatrix}\xrightarrow{\text{缩放}}\check{\boldsymbol{c}}=\begin{bmatrix}\check{K}\\\check{c}_{z_1}\\\check{c}_{z_2}\end{bmatrix}\xrightarrow{\text{量化}}\widetilde{\boldsymbol{c}}=\begin{bmatrix}\widetilde{K}\\\widetilde{c}_{z_1}\\\widetilde{c}_{z_2}\end{bmatrix}\tag{6.17}$$

$$\boldsymbol{G}_{\mathrm{PID}}(z;\boldsymbol{c})\xrightarrow{\text{缩放}}G_{\mathrm{PID}}(z;\check{\boldsymbol{c}})\xrightarrow{\text{量化}}G_{\mathrm{PID}}(z;\widetilde{\boldsymbol{c}})\tag{6.18}$$

6.2.1　系数的缩放

在第4和5章中，假设A/D转换器产生的量化信号 $v_{\mathrm{s}}[k]$ 和采样信号 $v_{\mathrm{s}}(t)$ 具有同样单位，并且量化间隔等于 $q_{v_{\mathrm{s}}}^{(\mathrm{A/D})}$。在控制器实现中，数字误差用整数型信号 $\widetilde{e}[k]$ 表示，且量化间隔 $q_{\widetilde{e}}^{(\mathrm{A/D})}=1$。

例如，并联实现结构中的比例作用

$$u_{\mathrm{p}}[k]=K_{\mathrm{p}}e[k]\tag{6.19}$$

式中，调节误差 $e[k]$ 的量化间隔 $q_{\mathrm{e}}^{(\mathrm{A/D})}=q_{v_{\mathrm{s}}}^{(\mathrm{A/D})}$。缩放后的比例增益

$$u_{\mathrm{p}}[k]=(K_{\mathrm{p}}q_{v_{\mathrm{s}}}^{(\mathrm{A/D})})\underbrace{\left(\frac{e[k]}{q_{v_{\mathrm{s}}}^{(\mathrm{A/D})}}\right)}_{\widetilde{e}[k]}\tag{6.20}$$

式中，$\widetilde{e}$ 的量化间隔 $q_{\widetilde{e}}^{(\mathrm{A/D})}=1$。上述操作将A/D转换器变为 $1/q_{v_{\mathrm{s}}}^{(\mathrm{A/D})}$ 的增益，同时比例增益放大了 $q_{v_{\mathrm{s}}}^{(\mathrm{A/D})}$。

用前面章节中类似的方法，补偿器设计实例是假设一个归一化的DPWM载波振幅，$N_{\mathrm{r}}=1$，这导致输入控制命令 $u[k]$ 从0到1变化，且量化间隔等于 q_{u}。另一方面，实际的DPWM接受二进制 $\widetilde{u}[k]$ 输入，$\widetilde{u}[k]$ 为整数值，$\widetilde{u}$ 从0到 $N_{\mathrm{r}}-1$ 变化，N_{r} 表示占空比 $D=100\%$。例如，参考2.4节和5.1节中描述的基于计数器的DPWM架构，N_{r} 是DPWM每个开关周期的时钟数量。控制DPWM增益等于 $1/N_{\mathrm{r}}$，

重新定义控制命令

$$\widetilde{u}_{\mathrm{p}}[k]=N_{\mathrm{r}}u_{\mathrm{p}}[k]=\underbrace{(K_{\mathrm{p}}q_{v_{\mathrm{s}}}^{(\mathrm{A/D})}N_{\mathrm{r}})}_{\check{K}_{\mathrm{p}}}\widetilde{e}[k] \tag{6.21}$$

这相当于将比例增益乘以 N_{r}。$\widetilde{u}$ 的量化间隔 $q_{\widetilde{u}}$ 等于 1。

总而言之，对于 $N_{\mathrm{r}}=1$ 设计中的系数，通过比例缩放系数得到其替代式

$$\begin{gathered}K_{\mathrm{p}}\rightarrow\check{K}_{\mathrm{p}}\triangleq\lambda K_{\mathrm{p}}\\K_{\mathrm{i}}\rightarrow\check{K}_{\mathrm{i}}\triangleq\lambda K_{\mathrm{i}}\\K_{\mathrm{d}}\rightarrow\check{K}_{\mathrm{d}}\triangleq\lambda K_{\mathrm{d}}\end{gathered} \tag{6.22}$$

或者，更为紧凑的表示为

$$\boxed{\boldsymbol{K}\xrightarrow{\text{缩放}}\check{\boldsymbol{K}}\triangleq\lambda\boldsymbol{K}} \tag{6.23}$$

其中

$$\boxed{\lambda\triangleq q_{v_{\mathrm{s}}}^{(\mathrm{A/D})}N_{\mathrm{r}}} \tag{6.24}$$

λ 是补偿比例因子，这取决于 A/D 特性和 DPWM 架构。

如图 6.6a 和 b 所示，比例缩放后的结果是将系统级补偿器 G_{PID}（z；$\boldsymbol{K}$）转化为对应的真正实现时的补偿器：

$$\boxed{G_{\mathrm{PID}}(z;\check{\boldsymbol{K}})=\lambda G_{\mathrm{PID}}(z;\boldsymbol{K})} \tag{6.25}$$

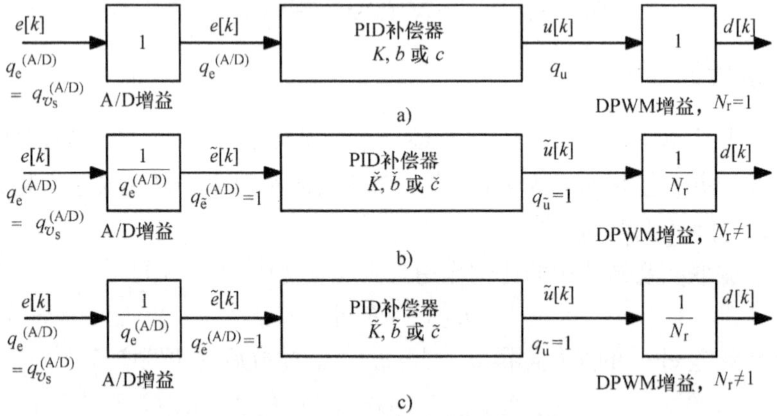

图 6.6 系数缩放和量化：a）在前几章中的系统级补偿器的实施图；b）系数量化前的实施图；c）系数量化后的实施图，暗含信号的量化间隔

另一方面，由于 A/D 转换器和 DPWM 的增益等效，未补偿环路增益为 $\check{T}_{\mathrm{u}}(z)=T_{\mathrm{u}}(z)/\lambda$。因此

$$\begin{aligned}\check{T}(z)&\triangleq G_{\mathrm{PID}}(z;\check{\boldsymbol{K}})\check{T}_{\mathrm{u}}(z)\\&=(\lambda G_{\mathrm{PID}}(z;\boldsymbol{K}))\left(\frac{T_{\mathrm{u}}(z)}{\lambda}\right)\\&=T(z)\\&\Rightarrow\boxed{\check{T}(z)=T(z)}\end{aligned} \tag{6.26}$$

如所预期的，系数缩放不改变系统的环路增益 $T(z)$。

直接实现和级联实现的系数缩放也可同理推导：

$$\boldsymbol{b} \xrightarrow{\text{缩放}} \check{\boldsymbol{b}} \triangleq \lambda \boldsymbol{b} = \begin{bmatrix} \lambda b_0 \\ \lambda b_1 \\ \lambda b_2 \end{bmatrix} \tag{6.27}$$

$$\boldsymbol{c} \xrightarrow{\text{缩放}} \check{\boldsymbol{c}} \triangleq \begin{bmatrix} \lambda K \\ c_{z_1} \\ c_{z_2} \end{bmatrix} \tag{6.28}$$

可以看到，在级联形式中，只有系数向量 $\boldsymbol{c}$ 的 K 分量被缩放。

6.2.2　系数的量化

与比例缩放步骤不同，系数的舍入改变了系统环路增益 $T(z)$。如附录 B 所示，$\mathcal{Q}_n$［·］表示 B2C 的 n 位舍入映射；$d_n c$ 表示由于 n 位四舍五入导致的 c 上的绝对量化误差。

$$\widetilde{\boldsymbol{K}} = \begin{bmatrix} \mathcal{Q}_{n_p}[\check{K}_p] \\ \mathcal{Q}_{n_i}[\check{K}_i] \\ \mathcal{Q}_{n_d}[\check{K}_d] \end{bmatrix} = \begin{bmatrix} \check{K}_p + d_{n_p}\check{K}_p \\ \check{K}_i + d_{n_i}\check{K}_i \\ \check{K}_d + d_{n_d}\check{K}_d \end{bmatrix} = \check{\boldsymbol{K}} + \mathrm{d}\check{\boldsymbol{K}} \tag{6.29}$$

及

$$\mathrm{d}\check{\boldsymbol{K}} \triangleq \begin{bmatrix} \mathrm{d}_{n_p}\check{K}_p \\ \mathrm{d}_{n_i}\check{K}_i \\ \mathrm{d}_{n_d}\check{K}_d \end{bmatrix} \tag{6.30}$$

式（6.29）中 n_p、n_i 和 n_d 的字长表示系数量化问题中存在的未知量。我们的目标是确定这些字长，使得满足如式（6.3）和式（6.4）所示设计的约束条件。

在系数量化之后，根据图 6.6c，PID 传递函数和系统环路增益为

$$G_{\mathrm{PID}}(z;\widetilde{\boldsymbol{K}}) = \widetilde{K}_p + \frac{\widetilde{K}_i}{1-z^{-1}} + \widetilde{K}_d(1-z^{-1}) \tag{6.31}$$

及

$$\widetilde{T}(z) = G_{\mathrm{PID}}(z;\widetilde{\boldsymbol{K}})\check{T}_u(z) \tag{6.32}$$

本节的目标是通过建立量化问题与约束条件［式（6.3）和式（6.4）］之间的关系式，给出量化问题的一般公式为

$$\boxed{\mathrm{d}G_{\mathrm{PID}}(z;\check{\boldsymbol{K}}) \triangleq G_{\mathrm{PID}}(z;\widetilde{\boldsymbol{K}}) - G_{\mathrm{PID}}(z;\check{\boldsymbol{K}})} \tag{6.33}$$

及补偿器的相对量化灵敏度为

$$\boxed{\delta G_{\mathrm{PID}}(z;\check{\boldsymbol{K}}) \triangleq \frac{\mathrm{d}G_{\mathrm{PID}}(z;\check{\boldsymbol{K}})}{G_{\mathrm{PID}}(z;\check{\boldsymbol{K}})}} \tag{6.34}$$

它们以绝对或相对的方式表示了 GPID（z; $\check{\boldsymbol{K}}$）由于量化过程而发生的变化。

联立式（6.32）、式（6.33）和式（6.34），量化后环路的增益表达式变成

$$\widetilde{T}(z)=\check{T}_{\mathrm{u}}(z)(G_{\mathrm{PID}}(z;\check{\boldsymbol{K}})+\mathrm{d}G_{\mathrm{PID}}(z;\check{\boldsymbol{K}})) \tag{6.35}$$

且 $\widetilde{T}(z)$ 和 $T(z)$ 之间的关系可以被表示为

$$\boxed{\widetilde{T}(z)=T(z)(1+\delta G_{\mathrm{PID}}(z;\check{\boldsymbol{K}}))} \tag{6.36}$$

由式（6.3）中的约束条件I，并且系数向量 $\check{\boldsymbol{K}}$ 量化后，限制 $|\delta G_{\mathrm{PID}}(z;\check{\boldsymbol{K}})|$ 在穿越频率处的值在规定量 $\varepsilon<1$ 范围内：

$$|\delta G_{\mathrm{PID}}(z;\check{\boldsymbol{K}})|_{\omega=\omega_{\mathrm{c}}}<\varepsilon<1 \tag{6.37}$$

根据图 6.7 可得

$$1-\varepsilon\leqslant|1+\delta G_{\mathrm{PID}}(z;\check{\boldsymbol{K}})|_{\omega=\omega_{\mathrm{c}}}\leqslant 1+\varepsilon \tag{6.38}$$

以及

$$-\arcsin(\varepsilon)\leqslant\angle(1+\delta G_{\mathrm{PID}}(z;\check{\boldsymbol{K}}))|_{\omega=\omega_{\mathrm{c}}}\leqslant\arcsin(\varepsilon) \tag{6.39}$$

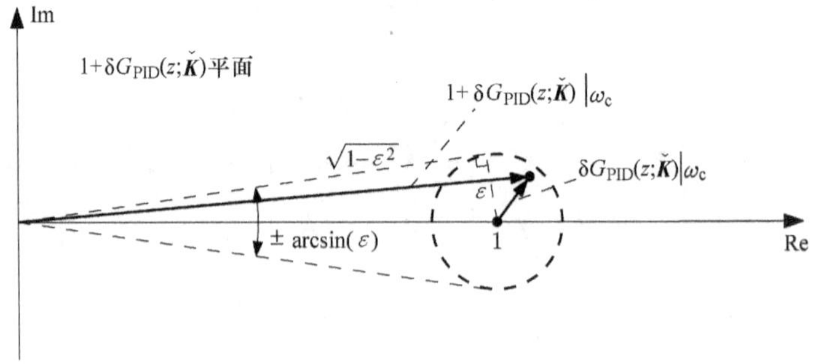

图 6.7　在 $\omega=\omega_{\mathrm{c}}$ 处 $1+\delta G_{\mathrm{PID}}$（$z$; $\check{\boldsymbol{K}}$）的最大相位

因此，由式（6.36）和 $|T(z)|_{\omega=\omega_{\mathrm{c}}}=1$ 可得

$$1-\varepsilon\leqslant|\widetilde{T}(z)|\leqslant 1+\varepsilon \tag{6.40}$$

及

$$-\arcsin(\varepsilon)\leqslant\angle\widetilde{T}(z)|_{\omega=\omega_{\mathrm{c}}}-\angle T(z)|_{\omega=\omega_{\mathrm{c}}}\leqslant\arcsin(\varepsilon) \tag{6.41}$$

注意，对 $|\delta G_{\mathrm{PID}}(z;\check{\boldsymbol{K}})|$ 在穿越频率处的单一约束变成了在穿越频率处对 $T(z)$ 的增益和相位的约束。对照式（6.3），上述关系改写为

$$\boxed{\begin{aligned}\varepsilon_{\mathrm{c}}&=\varepsilon\\ \alpha_{\mathrm{c}}&=\arcsin(\varepsilon)\end{aligned}} \tag{6.42}$$

例如，如果 $\varepsilon=1\%$，则 $|T(z)|$ 的相对误差在 $\omega=\omega_{\mathrm{c}}$ 时为 1%，而相位误差最多等于 $\pm\alpha=\pm\arcsin(0.01)\approx\pm0.57°$。

式（6.4）是对 $T(z)$ 的约束条件Ⅱ，表示对 $T(z)$ 低频幅度的约束，也可得出类似的结论。在直流处 $|\delta G_{\mathrm{PID}}(z;\check{\boldsymbol{K}})|$ 的约束导致了 $|\widetilde{T}(z)|$ 也受到了约束：

$$|\delta G_{\mathrm{PID}}(z;\check{\boldsymbol{K}})|_{\omega=0}<\varepsilon_0<1\Rightarrow\left|\frac{|\widetilde{T}(z)|-|T(z)|}{|T(z)|}\right|_{\omega=0}<\varepsilon_0 \tag{6.43}$$

约束条件［式（6.3）和式（6.4）］都可以通过选择（n_p，n_i，n_d）字长实现对$|\delta G_{PID}(z;\check{\boldsymbol{K}})|$在特定频率处的约束。可以通过解析的办法或者通过Matlab快速实现。

插图6.1　绝对灵敏度函数

绝对灵敏度函数［式（6.33）］可近似为G_{PID}（z；$\check{\boldsymbol{K}}$）对系数向量$\check{\boldsymbol{K}}$的微分：

$$\begin{aligned} \mathrm{d}G_{PID}(z;\check{\boldsymbol{K}}) \approx & \frac{\partial G_{PID}(z;\boldsymbol{K})}{\partial K_p}\bigg|_{\boldsymbol{K}=\check{\boldsymbol{K}}} \mathrm{d}_{n_p}\check{K}_p \\ & + \frac{\partial G_{PID}(z;\boldsymbol{K})}{\partial K_i}\bigg|_{\boldsymbol{K}=\check{\boldsymbol{K}}} \mathrm{d}_{n_i}\check{K}_i \\ & + \frac{\partial G_{PID}(z;\boldsymbol{K})}{\partial K_d}\bigg|_{\boldsymbol{K}=\check{\boldsymbol{K}}} \mathrm{d}_{n_d}\check{K}_d \end{aligned} \tag{6.44}$$

另一种形式为

$$\boxed{\mathrm{d}G_{PID}(z;\check{\boldsymbol{K}}) \approx \frac{\partial G_{PID}(z;\boldsymbol{K})}{\partial \boldsymbol{K}}\bigg|_{\boldsymbol{K}=\check{\boldsymbol{K}}} \mathrm{d}\check{\boldsymbol{K}}} \tag{6.45}$$

由上式可知，如果G_{PID}（z；$\check{\boldsymbol{K}}$）关于$\boldsymbol{K}$是线性的，上述方程是精确的。在并联实现和直接实现结构的实例中，其中补偿器传递函数关于矢量系数$\check{\boldsymbol{K}}$和$\check{\boldsymbol{b}}$是线性的。此外，对于级联实现方式，$G_{PID}(z;\check{\boldsymbol{c}})$关于$\check{\boldsymbol{c}}$是非线性的，当且仅当$\mathrm{d}\,\check{\boldsymbol{c}}$很小时，上述近似$\mathrm{d}G_{PID}$（$z$；$\check{\boldsymbol{c}}$）才能成立。

6.3　电压控制模式实例：系数量化

在前面章节中，本书多次以同步降压变换器为例，研究其控制问题。本节将应用上节介绍的概念研究其PID补偿器实现问题。通过范例和比较并联、直接和级联结构等三个基本结构。在所有实例中，约束条件［式（6.3）和式（6.4）］指定为

$$\begin{aligned} &\varepsilon = 1\% \Rightarrow \begin{cases} \varepsilon_c = 1\% \\ \alpha_c = \arcsin(\varepsilon) \approx 0.57° \end{cases} && \text{（约束Ⅰ）} \\ &\varepsilon_0 = 10\% && \text{（约束Ⅱ）} \end{aligned} \tag{6.46}$$

式（4.39）为第2章中讲述的电压模式控制同步降压变换器PID补偿网络的系数。同样地，采用8位A/D转换器，量化范围为2V，采用10位DPWM，满足5.3节中的无极限环条件。因此，A/D转换器的量化间隔为

$$q_{v_s}^{(A/D)} \approx 7.8\mathrm{mV} \tag{6.47}$$

对于DPWM，无论其实现方式如何，等效载波从0到N_r-1变化：

$$N_r = 2^{10} = 1024 \tag{6.48}$$

因此，补偿器缩放因子是

$$\lambda = q_{v_s}^{(A/D)} N_r = 8\mathrm{V} \tag{6.49}$$

6.3.1 并联结构

系数比例缩放后，变为

$$
\begin{aligned}
\check{K}_{\mathrm{p}} &\triangleq \lambda K_{\mathrm{p}} \approx 24.76 \\
\check{K}_{\mathrm{i}} &\triangleq \lambda K_{\mathrm{i}} \approx 0.5961 \\
\check{K}_{\mathrm{d}} &\triangleq \lambda K_{\mathrm{d}} \approx 190.5
\end{aligned} \tag{6.50}
$$

并联结构的绝对灵敏度函数的表达式为

$$
\begin{aligned}
\mathrm{d}G_{\mathrm{PID}}(z;\check{\boldsymbol{K}}) &= \left.\frac{\partial G_{\mathrm{PID}}(z;\boldsymbol{K})}{\partial \boldsymbol{K}}\right|_{\boldsymbol{K}=\check{\boldsymbol{K}}} \mathrm{d}\check{\boldsymbol{K}} \\
&= \mathrm{d}_{n_{\mathrm{p}}}\check{K}_{\mathrm{p}} + \frac{\mathrm{d}_{n_i}\check{K}_{\mathrm{i}}}{1-z^{-1}} + \mathrm{d}_{n_{\mathrm{d}}}\check{K}_{\mathrm{d}}(1-z^{-1})
\end{aligned} \tag{6.51}
$$

类似于 PID 传递函数，该函数的增益等同于 $\check{K}_{\mathrm{p}}$、$\check{K}_{\mathrm{i}}$ 和 $\check{K}_{\mathrm{d}}$ 上的舍入误差。

考虑低频约束条件。根据式（6.51）中 $\omega=0$ 处的相对灵敏度函数仅仅取决于积分量化增益：

$$
|\delta G_{\mathrm{PID}}(z;\check{\boldsymbol{K}})|_{\omega=0} = |\delta_{n_i}\check{K}_i| = \frac{|\mathrm{d}_{n_i}\check{K}_i|}{\check{K}_i} \tag{6.52}
$$

因此，根据约束Ⅱ可以即刻确定 n_{i}，为了满足 $\left|\delta_{n_i}\check{K}_i\right| < \varepsilon_0 = 10\%$，至少需要 4 位：

$$
\widetilde{K}_i = \mathcal{Q}_4[\check{K}_i] = 0101_{\bar{2}} \times 2^{-3} = 0.625_{10} \tag{6.53}
$$

这样的选择导致环路增益低频处产生的相对误差为

$$
\left|\frac{|\widetilde{T}(z)| - |T(z)|}{|T(z)|}\right|_{\omega=0} \approx 4.8\% \tag{6.54}
$$

对于穿越频率处的约束I，由式（6.51）表示的类似 PID 可知，与 $\mathrm{d}_{n_{\mathrm{p}}}\check{K}_{\mathrm{p}}$ 和 $\mathrm{d}_{n_{\mathrm{d}}}\check{K}_{\mathrm{d}}$ 相比，$\mathrm{d}_{n_i}\check{K}_{\mathrm{i}}$ 在穿越频率处的影响可忽略。考虑到这一点，根据约束Ⅱ对 $\widetilde{K}_{\mathrm{i}}$ 量化做的设计仍然保持不变。重点研究根据 δG_{PID}（z；$\check{\boldsymbol{K}}$）如何选择 n_{p} 和 n_{d}。图 6.8 为在 $\omega=\omega_{\mathrm{c}}$ 处补偿器的相对灵敏度函数的估算结果。该图绘制了 0.5%、0.75%、1% 和 10% 的误差曲线。根据该图可得，3 位足以表示 $\check{K}_{\mathrm{p}}$ 和 $\check{K}_{\mathrm{d}}$，且误差在 1% 以内。

$$
\begin{aligned}
\widetilde{K}_{\mathrm{p}} &\triangleq \mathcal{Q}_3[\check{K}_{\mathrm{p}}] = 011_{\bar{2}} \times 2^3 = 24_{10} \\
\widetilde{K}_{\mathrm{d}} &\triangleq \mathcal{Q}_3[\check{K}_{\mathrm{d}}] = 011_{\bar{2}} \times 2^6 = 192_{10}
\end{aligned} \tag{6.55}
$$

通过上述选择，在 $\omega=\omega_{\mathrm{c}}$ 处 $T(z)$ 的幅度和相位误差为

$$
\begin{aligned}
&\left| |\widetilde{T}(z)|_{\omega=\omega_{\mathrm{c}}} - |T(z)|_{\omega=\omega_{\mathrm{c}}} \right| \approx 0.75\% \\
&\angle\widetilde{T}(z)|_{\omega=\omega_{\mathrm{c}}} - \angle T(z)|_{\omega=\omega_{\mathrm{c}}} \approx 0.36^{\circ}
\end{aligned} \tag{6.56}
$$

图 6.9 表示了相应补偿器的幅度和相位响应。根据附录 B 中给出的信号符号，上述对（$\widetilde{K}_{\mathrm{p}}$，$\widetilde{K}_{\mathrm{i}}$，$\widetilde{K}_{\mathrm{d}}$）的选择可以表示为

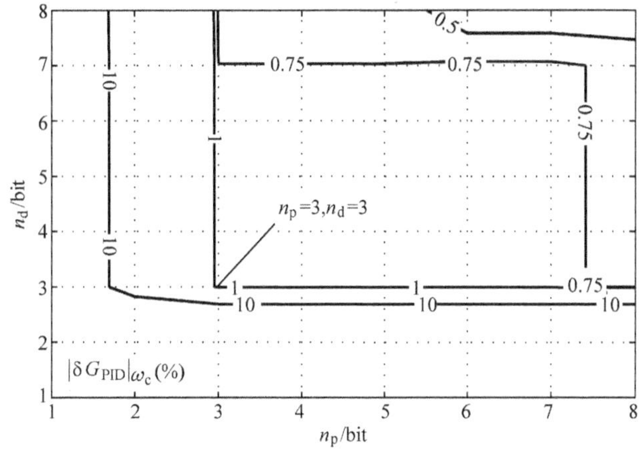

图6.8 在 $\omega=\omega_c$ 处的补偿器相对灵敏度函数 $|\delta G_{PID}(z;\check{\boldsymbol{K}})|$（以%为单位）

$$
\begin{aligned}
[\widetilde{K}_p]_3^3 &= 011_{\bar{2}} \\
[\widetilde{K}_i]_{-3}^4 &= 0101_{\bar{2}} \\
[\widetilde{K}_d]_6^3 &= 011_{\bar{2}}
\end{aligned}
\tag{6.57}
$$

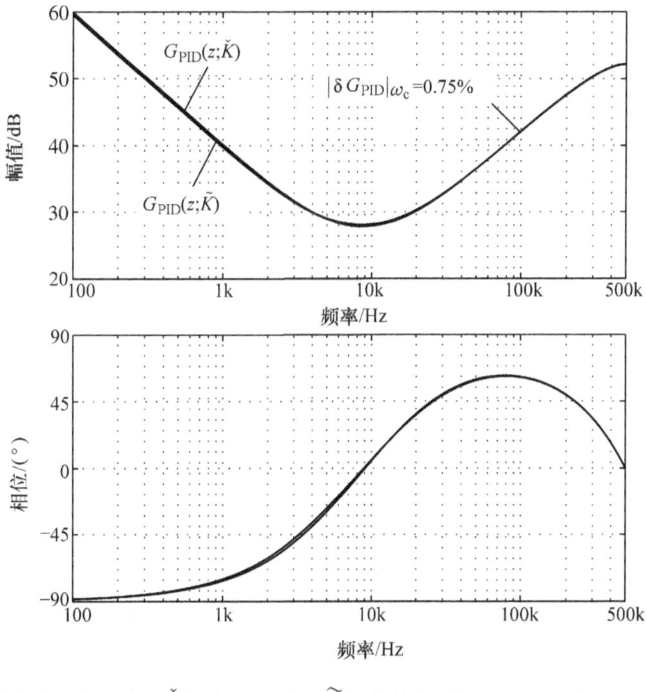

图6.9 $G_{PID}(z;\check{\boldsymbol{K}})$ 和 $G_{PID}(z;\widetilde{\boldsymbol{K}})$ 的伯德图，$n_p=n_d=3$，$n_i=4$

6.3.2 直接结构

由表6.1可知，直接实现形式中的系数 b_0、b_1 和 b_2 可以根据式（6.11）p 域参数得到：

$$
\begin{aligned}
b_0 &\approx 26.982 \\
b_1 &\approx -50.72 \\
b_2 &\approx 23.8
\end{aligned}
\tag{6.58}
$$

在直接实现形式中，补偿器的比例缩放等效于对所有元件的系数比例缩放 λ：

$$
\begin{aligned}
b_1 &\to \breve{b}_0 \triangleq \lambda b_0 \approx 215.85 \\
b_1 &\to \breve{b}_1 \triangleq \lambda b_1 \approx -405.76 \\
b_2 &\to \breve{b}_2 \triangleq \lambda b_2 \approx 190.5
\end{aligned}
\tag{6.59}
$$

因此，比例缩放后，补偿器传递函数形式为

$$
G_{\mathrm{PID}}(z;\breve{\boldsymbol{b}}) = \frac{\breve{b}_0 + \breve{b}_1 z^{-1} + \breve{b}_2 z^{-2}}{1 - z^{-1}} \tag{6.60}
$$

且 $G_{\mathrm{PID}}(z;\breve{\boldsymbol{b}})$ 的绝对灵敏度函数是

$$
\begin{aligned}
\mathrm{d}G_{\mathrm{PID}}(z;\breve{\boldsymbol{b}}) &= \left.\frac{\partial G_{\mathrm{PID}}(z;\boldsymbol{b})}{\partial \boldsymbol{b}}\right|_{\boldsymbol{b}=\breve{\boldsymbol{b}}} \mathrm{d}\breve{\boldsymbol{b}} \\
&= \frac{d_{n_0}\breve{b}_0 + d_{n_1}\breve{b}_1 z^{-1} + d_{n_2}\breve{b}_2 z^{-2}}{1 - z^{-1}}
\end{aligned}
\tag{6.61}
$$

式中，$\widetilde{b}_0$、$\widetilde{b}_1$ 和 $\widetilde{b}_2$ 的字长分别为 n_0、n_1 和 n_2。

假设 $n_0 = n_1 = n_2 = n_b$，并在 $\omega = 0$ 和 $\omega = \omega_c$ 时估算补偿器的相对灵敏度。图6.10表明 $|\delta G_{\mathrm{PID}}(z;\breve{\boldsymbol{b}})|_{\omega=0}$ 和 $|\delta G_{\mathrm{PID}}(z;\breve{\boldsymbol{b}})|_{\omega=\omega_c}$ 由 n_b 决定，且 n_b 至少达到9时满足 $\varepsilon = 1\%$ 的约束条件；而当 n_b 至少为12位时，低频环路增益幅度满足 $\varepsilon_0 = 10\%$ 的要求。所以，用 $n_b = 12$ 表示补偿器系数所需的分辨率，计算过程为

$$
\begin{aligned}
\widetilde{b}_0 &= \mathcal{Q}_{12}[\breve{b}_0] = 011010111111_{\bar{2}} \times 2^{-3} = 215.875_{10} \\
\widetilde{b}_1 &= \mathcal{Q}_{12}[\breve{b}_1] = 100110101001_{\bar{2}} \times 2^{-2} = -405.75_{10} \\
\widetilde{b}_2 &= \mathcal{Q}_{12}[\breve{b}_2] = 010111110100_{\bar{2}} \times 2^{-3} = 190.5_{10}
\end{aligned}
\tag{6.62}
$$

若进一步核对上面结果，我们发现系数 $\widetilde{b}_2$ 实际上可以用10位来存储：

$$
\begin{aligned}
\widetilde{b}_2 &= 010111110100_{\bar{2}} \times 2^{-3} \\
&= 0101111101_{\bar{2}} \times 2^{-1} \\
&= 190.5_{10}
\end{aligned}
\tag{6.63}
$$

上述结果可概括如下：

$$
\begin{aligned}
[\widetilde{b}_0]^{12}_{-3} &= 011010111111_{\bar{2}} \\
[\widetilde{b}_1]^{12}_{-2} &= 100110101001_{\bar{2}} \\
[\widetilde{b}_2]^{10}_{-1} &= 0101111101_{\bar{2}}
\end{aligned}
\tag{6.64}
$$

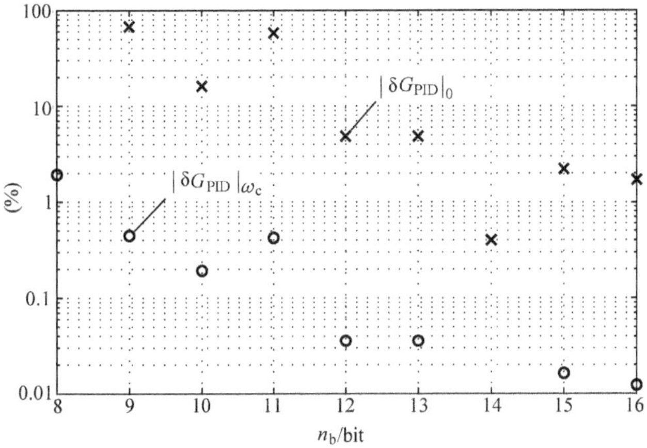

图 6.10　在 $\omega=0$ 和 $\omega=\omega_c$ 处的补偿器相对灵敏度函数 $|\delta G_{PID}(z;\check{\boldsymbol{b}})|$（以% 为单位）直接实现形式

当 $n_b=12$ 时，对比 $G_{PID}(z;\check{\boldsymbol{b}})$ 和 $G_{PID}(z;\widetilde{\boldsymbol{b}})$ 的伯德图，如图 6.11 所示。在穿越频率 ω_c 处，直接实现时的频率响应误差远小于图 6.9 中并联实现时的频率响应误差。低频段的约束决定了系数的分辨率。从相关文献可知，直接实现时灵敏度较高，在 PID 补偿器实际实现中应该避免使用直接实现形式。

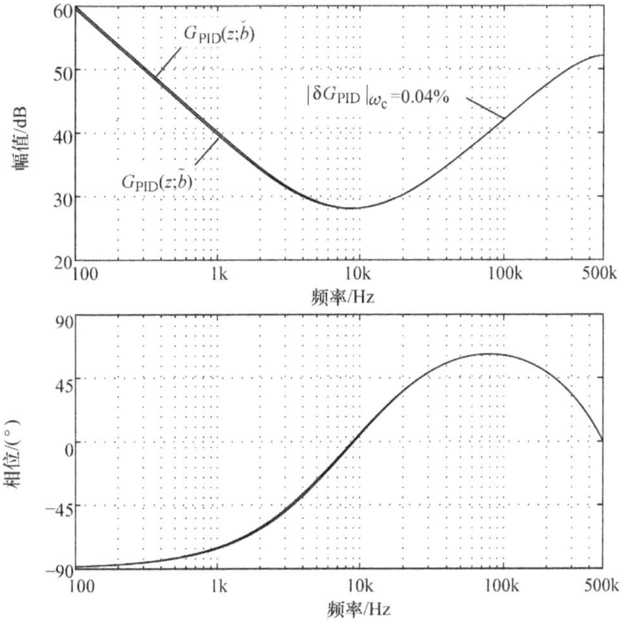

图 6.11　$n_b=12$ 时，$G_{PID}(z;\check{\boldsymbol{b}})$ 和 $G_{PID}(z;\widetilde{\boldsymbol{b}})$ 的伯德图

6.3.3　级联结构

最后一个例子，采用级联形式实现补偿器。系数向量 $\boldsymbol{c}=[K,\ c_{z_1},\ c_{z_2}]^{\mathrm{T}}$ 可以

利用式（6.12）从 p 域推导出来：

$$\begin{aligned} &K \approx 26.98 \\ &c_{z_1} \approx -0.9691 \\ &c_{z_2} \approx -0.9107 \end{aligned} \tag{6.65}$$

在级联实现中，因为比例缩放前后的零点不变，所以仅需要比例缩放系数 K。因此

$$\begin{aligned} &K \to \check{K} \triangleq \lambda K \approx 215.85 \\ &c_{z_1} \to \check{c}_{z_1} \triangleq c_{z_1} \approx -0.9691 \\ &c_{z_2} \to \check{c}_{z_2} \triangleq c_{z_2} \approx -0.9107 \end{aligned} \tag{6.66}$$

比例缩放后的级联形式为

$$G_{\mathrm{PID}}(z;\check{\boldsymbol{c}}) = \frac{\check{K}}{1-z^{-1}}(1+\check{c}_{z_1}z^{-1})(1+\check{c}_{z_2}z^{-1}) \tag{6.67}$$

其绝对灵敏度函数为

$$\begin{aligned} \mathrm{d}G_{\mathrm{PID}}(z;\check{\boldsymbol{c}}) &\approx \left.\frac{\partial G_{\mathrm{PID}}(z;\boldsymbol{c})}{\partial \boldsymbol{c}}\right|_{\boldsymbol{c}=\check{\boldsymbol{c}}} \mathrm{d}\check{\boldsymbol{c}} \\ &= \frac{(1+\check{c}_{z_1}z^{-1})(1+\check{c}_{z_2}z^{-1})}{1-z^{-1}} d_{n_k}\check{K} \\ &\quad + \check{K}\frac{1+\check{c}_{z_2}z^{-1}}{1-z^{-1}} z^{-1} d_{n_{z_1}}\check{c}_{z_1} \\ &\quad + \check{K}\frac{1+\check{c}_{z_1}z^{-1}}{1-z^{-1}} z^{-1} d_{n_{z_2}}\check{c}_{z_2} \end{aligned} \tag{6.68}$$

正如 6.1 节中所说，级联结构相对于 $\check{c}$ 而言是非线性的。当且仅当 $\mathrm{d}\check{c}$ 很小时，上述对 G_{PID}（z；$\check{\boldsymbol{c}}$）上绝对误差的估计才是近似正确的。

现在假设 $\check{c}_{z_1}$ 和 $\check{c}_{z_2}$ 有相同的量化位数，$n_{z_1} = n_{z_2} = n_z$，补偿器增益 K 为 n_k 位。接着在 $\omega = 0$ 和 ω_c 处计算补偿器相对灵敏度函数，并考虑它们和 n_k 和 n_z 的关系。

图 6.12a 和 b 为 $|\delta G_{\mathrm{PID}}(z;\check{\boldsymbol{c}})|_{\omega=0}$ 和 $|\delta G_{\mathrm{PID}}(z;\check{\boldsymbol{c}})|_{\omega=\omega_c}$ 的等值曲线图。从图中可以得出 $n_k = 3$ 位和 $n_z = 6$ 位将满足低频约束 Ⅱ，但不满足穿越频率处的约束 Ⅰ，因为需要 6 位系数。因此，选择 $n_k = n_z = 6$ 位且量化后四位补偿器系数为

$$\begin{aligned} &\widetilde{K} = Q_6[\check{K}] = 011011_{\bar{2}} \times 2^3 = 216_{10} \\ &\widetilde{c}_{z_1} = Q_6[\check{c}_{z_1}] = 100001_{\bar{2}} \times 2^{-5} = -0.96875_{10} \\ &\widetilde{c}_{z_2} = Q_6[\check{c}_{z_2}] = 100011_{\bar{2}} \times 2^{-5} = -0.90625_{10} \end{aligned} \tag{6.69}$$

根据附录 B 的信号符号，有

$$\begin{aligned} &[\widetilde{K}]_3^6 = 011011_{\bar{2}} \\ &[\widetilde{c}_{z_1}]_{-5}^6 = 100001_{\bar{2}} \\ &[\widetilde{c}_{z_2}]_{-5}^6 = 100011_{\bar{2}} \end{aligned} \tag{6.70}$$

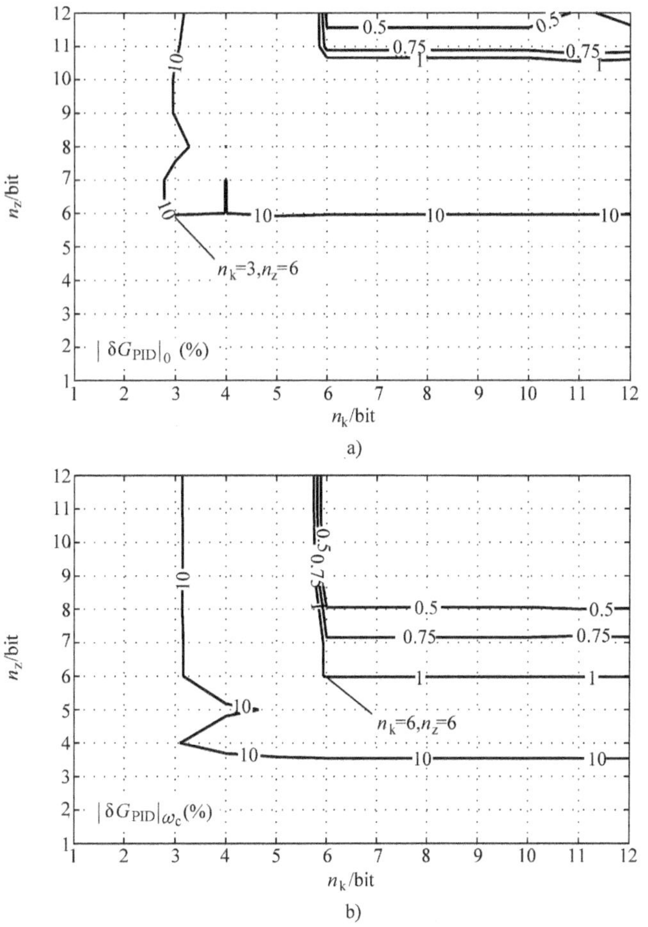

图 6.12　a）$\omega=0$ 和 b）$\omega=\omega_c$ 时补偿器的相对灵敏度函数 $|\delta G_{PID}(z;\check{c})|$（以%为单位）（级联形式）

图 6.13 比较了量化前后 $G_{PID}(z;\check{\boldsymbol{c}})$ 和 $G_{PID}(z;\tilde{\boldsymbol{c}})$ 的伯德图。

一般来说，相对并联实现形式和级联形式，级联实现形式在整个频段具有更加均匀的截断误差。相对于并联实现形式，级联形式具有稍高的灵敏度，所以量化系数的字长增加。然而，级联实现形式可以直接访问补偿器的零点和增益系数。这个优点使得级联结构更加便于实现补偿器在线可编程频率特性。

插图 6.2　使用 Matlab 估算灵敏度函数

图 6.8 和图 6.12 是使用以下 Matlab 代码生成的。

考虑并联结构实现。首先通过 K_p、K_i 和 K_d 计算比例缩放后的系数 $\check{K}_p$、$\check{K}_i$ 和 $\check{K}_d$，并计算量化前的补偿器传递函数 $G_{PID}(z;\check{\boldsymbol{K}})$：

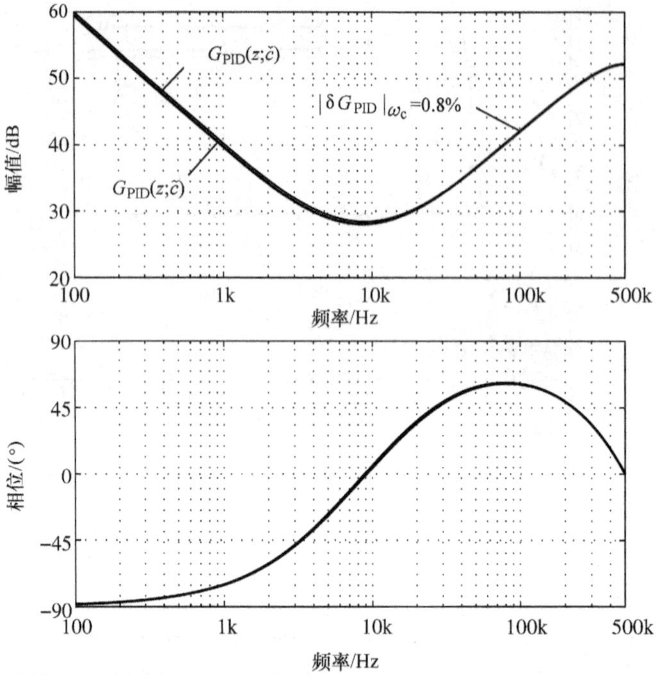

图 6.13 当 $n_k = n_z = 6$ 位时 $G_{PID}(z;\breve{c})$ 和 $G_{PID}(z;\widetilde{c})$ 的伯德图

```
Kps    =   Kp*(qAD*N_r);
Kis    =   Ki*(qAD*N_r);
Kds    =   Kd*(qAD*N_r);
Gczs   =   Kps+Kis/(1-z^-1)+Kds*(1-z^-1);
```

接着，使用附录 B 中的函数 Qn 对积分增益进行量化：

```
wki    =   Qn(Kis,4);
```

然后，确定两个向量 np _ v 和 nd _ v 定义的离散网格，通过式（6.51）得到补偿器相对灵敏度函数。

```
np_v    =   [1:1:8];
nd_v    =   [1:1:8];

err =   zeros(length(nd_v),length(np_v));

for ip=1:length(np_v)
    wkp =   Qn(Kps,np_v(ip));
    for id=1:length(nd_v)
        wkd =   Qn(Kds,nd_v(id));
        Gcz =   wkp.xq+wki.xq/(1-z^-1)+wkd.xq*(1-z^-1);
        dGcz    =   wkp.dx+wki.dx/(1-z^-1)+wkd.dx*(1-z^-1);
       err(id,ip)    =   100*abs(freqresp(dGcz,wc)/freqresp(Gczs,wc));
    end;
end;
```

其中，wc 表示穿越频率 ω_c，$\omega=\omega_c$ 处估算的 $\delta G_{PID}(z;\ \check{\boldsymbol{K}})$ 的值存储到矩阵 err 中。然后使用 Matlab contour 命令，生成等高线图。

6.4 定点控制器的实现

对图 6.2 所示原始补偿器的系数进行量化处理后得到图 6.14，本节以此图为始点研究定点实现控制器。在图 6.14 中，量化后的 $\widetilde{u}_{PID}$ 经过截断后变为 $\widetilde{u}$，即从控制命令中删除适当的最低有效位。

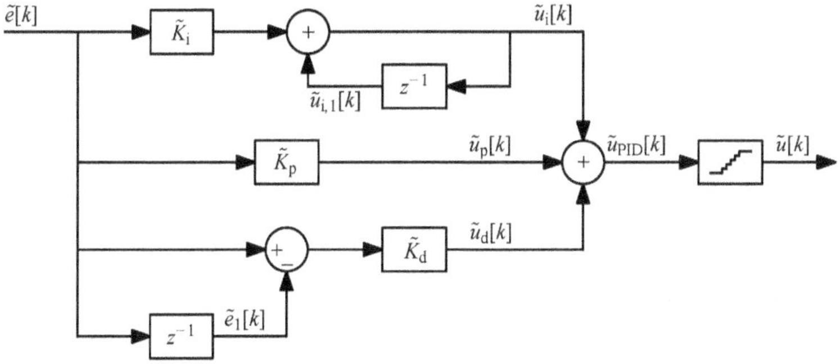

图 6.14　系数经过比例缩放和量化后的 PID 并联实现

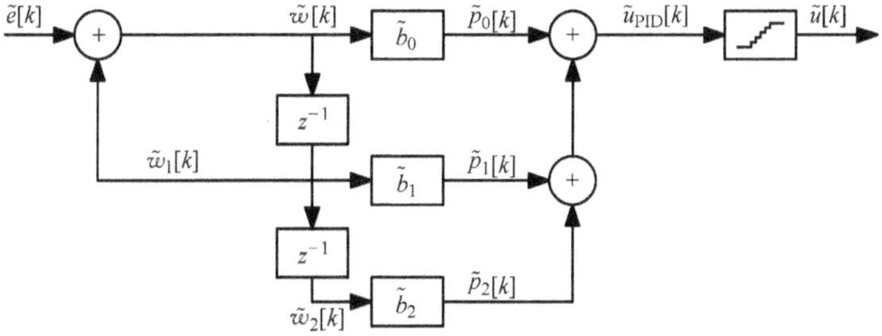

图 6.15　系数经过比例缩放和量化后的 PID 直接实现

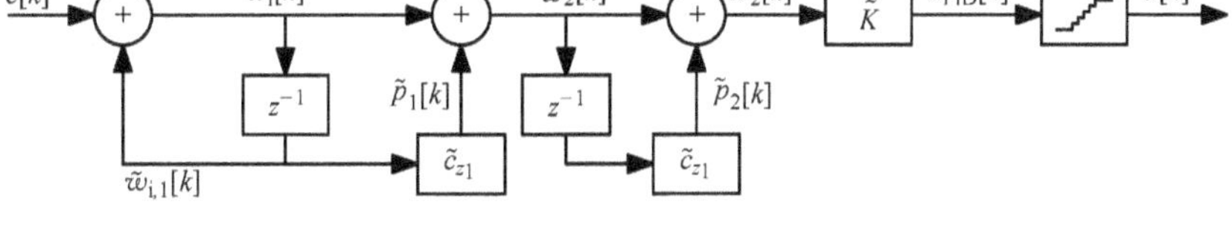

图 6.16　系数经过比例缩放和量化后的 PID 级联实现

定点实现步骤受限于控制器目标采用的平台。正如本章开始处所述，这里强调的是基于硬件补偿器的用户自定义控制器的设计。在这方面考虑，设计人员能够根据应用满足定制控制器每个方面所需要的功能。对于设计者而言，控制算法模块的分辨率、时钟分布、类型和复杂性都可以自由改变。另一方面，在基于软件（微控制）的设计中，硬件基础是固定的，实现过程的主要目的在于充分利用已经存在的数字处理器。

也许基于软件设计和基于硬件设计最明显的区别是：前者明确规定了用于处理数字信号的字长。以一个16位微控制器架构为例，算术逻辑单元（ALU）处理16位操作数并产生16位结果。软件程序的设计者必须在控制器结构中对信号进行归一化处理，使得截断效应可忽略且不发生信号饱和现象。

另一方面，基于硬件的设计中，用户可以自定义每个算术运算时的位数。硬件平台并没有限制字长，用户可以根据需要的指标自由制定字长。在这种情况下，定点实现步骤的目标是：根据B2C含义，建立控制器要实现的每一个信号 $\tilde{x}[k]$ 需要的位数 n 和标度 q：

$$[\tilde{x}]_q^n \tag{6.71}$$

这种操作通常被称为确定字长或估计字长。

6.4.1 有效的动态范围和硬件的动态范围

估算信号的动态范围可以粗略地选择 n 和 q。简而言之，字长 n 必须足够大以满足在“严重”干扰期间信号出现的偏移而标度 q 又必须足够小，使控制器不因量化误差引发操作异常。

在这里将$\tilde{x}$的有效动态范围或简单的动态范围定义为信号的上限$\lceil \tilde{x} \rceil$和下限$\lfloor \tilde{x} \rfloor$之间的比率

$$\boxed{DR_{eff}[\tilde{x}] \triangleq 20\log_{10}\left(\frac{\lceil \tilde{x} \rceil}{\lfloor \tilde{x} \rfloor}\right)} \tag{6.72}$$

1）$\tilde{x}$的上限$\lceil \tilde{x} \rceil$为$|\tilde{x}|$的最大值。可根据最恶劣时控制系统的瞬态推算出$\lceil \tilde{x} \rceil$。在6.4.2节中提到了如何初步估算信号的上限值。

2）$\tilde{x}$的下界$\lfloor \tilde{x} \rfloor$为正常运行时，系统可能分辨的最小非零值。对于控制器的硬件优化而言，估算$\lfloor \tilde{x} \rfloor$至关重要，最好是通过仿真结果来获得。

假设使用B2C $[\tilde{x}]_q^n$表示$\tilde{x}$，其中需要确定 n 和 q 的值。根据 $[\tilde{x}]_q^n$的硬件动态范围可以得到上限值和标度之间的比率为

$$\boxed{DR_{hw}[\tilde{x}]_q^n \triangleq 20\log_{10}\left(\frac{\lceil \tilde{x} \rceil}{2^q}\right)} \tag{6.73}$$

观察到$\tilde{x}$的最大硬件动态范围唯一地受限于 n：

$$\begin{aligned} DR_{hw}[\tilde{x}]_q^n &\leqslant 20\log_{10}\left(\frac{2^{n-1}2^q}{2^q}\right) \\ &= (20\log_{10} 2)(n-1) \\ &\approx 6.02(n-1) \end{aligned} \tag{6.74}$$

有效动态范围是信号的属性，它表征了在计算过程中信号最小值和最大值之间的距离。另一方面，硬件动态范围是B2C的属性且受硬件位数限制。硬件动态范围可在无明显的量化效应的情况下，表示信号的下限值，同时可表示没有达到饱和

的最大值信号。

我们可以简单地建立起有效动态范围和硬件动态范围之间的关系。首先，选择标度 2^q，以便表示信号的下限所需的精度：

$$\lfloor \tilde{x} \rfloor = [\lfloor \tilde{x} \rfloor]_q^l \times 2^q \tag{6.75}$$

硬件动态范围等同于$\tilde{x}$的有效动态范围加上表示$\lfloor \tilde{x} \rfloor$的硬件动态范围：

$$\begin{aligned} \mathrm{DR_{hw}}[\tilde{x}]_q^n &= 20\log_{10}\left(\frac{\lceil \tilde{x} \rceil}{2^q}\right) \\ &= 20\log_{10}\left(\frac{\lceil \tilde{x} \rceil}{\lfloor \tilde{x} \rfloor}\frac{\lfloor \tilde{x} \rfloor}{2^q}\right) \\ &= \mathrm{DR_{eff}}[x] + \mathrm{DR_{hw}}[\lfloor \tilde{x} \rfloor]_q^l \end{aligned} \tag{6.76}$$

由式（6.74）可知，硬件动态范围 $\mathrm{DR_{hw}}[\tilde{x}]_q^n$ 所需的最小位数是

$$\boxed{n = 1 + \mathrm{ceil}\left(\frac{\mathrm{DR_{hw}}[\tilde{x}]_q^n}{20\log_{10}2}\right)} \tag{6.77}$$

式中，ceil（c）表示大于或等于 c 的最小整数。

上述概念的实际应用如下：

1）通过分析或者计算机仿真确定信号的上限$\lceil \tilde{x} \rceil$和下限$\lfloor \tilde{x} \rfloor$。

2）为了尽可能精确地表示$\lfloor \tilde{x} \rfloor$，要选择标度为 2^q。

3）根据式（6.73）确定需要的硬件动态范围。

4）根据式（6.77）确定所需的字长 n。

6.4.2　信号的上限和 L^1 范数

设$\tilde{x}[k]$为控制器实现中的通用信号。初始，（$k<0$）$e[k]=0$，且$\tilde{x}[k]$的初始值为恒定值$\tilde{X}_0$。推导$\tilde{e}[k]$作用时，$\tilde{x}[k]$的响应为冲击脉冲响应$h_x[k]$的叠加：

$$\tilde{x}[k] = \tilde{X}_0 + \sum_{i=0}^{k} h_x[k-i]\tilde{e}[i] \tag{6.78}$$

考虑以下两种情况：

1）类似于$\tilde{X}_0=0$ 的无偏置信号，例如仅含有比例项和导数项$\tilde{u}_\mathrm{p}$和$\tilde{u}_\mathrm{d}$。

2）类似于$\tilde{X}_0\neq 0$ 的偏置信号。这本书中标准的 PID 结构中，当且仅当$h_x[k]$包含积分时，控制器信号存在偏置，即信号$\tilde{x}[k]$级联到积分器上。

假设数字化误差信号$\tilde{e}[k]$保持有界的条件下，可以推导出无偏信号的上限表达式为

$$|\tilde{e}[k]| \leqslant \tilde{e}_{\max} \Rightarrow \lceil \tilde{e} \rceil = \tilde{e}_{\max} \tag{6.79}$$

由式（6.79）得$\tilde{x}[k]$的上限是

$$|\tilde{x}[k]| \leqslant \left| \sum_{i=0}^{k} h_x[k-i]\tilde{e}[i] \right|$$

$$\leqslant \sum_{i=0}^{k} |h_x[k-i]|\,|\tilde{e}[i]|$$

$$\leqslant \left(\sum_{i=0}^{k} |h_x[i]|\right)\lceil \tilde{e} \rceil$$

$$\leqslant \left(\sum_{i=0}^{+\infty} |h_x[i]|\right)\lceil \tilde{e} \rceil \tag{6.80}$$

或者说

$$|\tilde{x}[k]| \leqslant \|h_x\|_1 \lceil \tilde{e} \rceil \tag{6.81}$$

式中，$\|h_x\|_1$表示 h_x 的 L^1范数：

$$\|h_x\|_1 \triangleq \sum_{i=0}^{+\infty} |h_x[i]| \tag{6.82}$$

注意因为h_x没有积分项作用，所以到右边的和总是收敛的。

总之，根据 L^1范数，无偏信号的上限计算表示为

$$\boxed{\lceil \tilde{x} \rceil = \|h_x\|_1 \lceil \tilde{e} \rceil} \tag{6.83}$$

建立信号上限值用的 L^1 范数准则通常表示了一种十分保守的字长估计方法。其原因在于使用了输入序列为最坏情况，$|\tilde{x}|$ 的最大值，估算 L^1 范数的上限值。在系统运行期间，几乎不会遇到这样的序列。然而，L^1范数标准可以作为初值进行更为精确的仿真分析。

对于偏置信号而言，由于$\tilde{x}[k]$的稳态值$\tilde{X}_0$ 取决于变换器的工作点，且随着工作点的变化而变化，这样使得情况更加复杂。首先估算信号的上限时需要考虑系统占空比 0 和 1 之间变化时，即控制器输出$\tilde{U}$在 0 和 N_r-1 之间变化时，$\tilde{X}_0$ 的变化范围：

$$\boxed{\lceil \tilde{x} \rceil = \max_{0 \leqslant \tilde{U} \leqslant N_r-1} \tilde{X}_0(\tilde{U})} \tag{6.84}$$

注意：相对稳态估计而言，因为瞬态事件期间信号的动态特性可造成饱和，所以很多时候需要设置较高的限幅值。

6.5 电压控制模式实例：定点实现

在本节中，考虑了三种基本 PID 结构的定点实现。本章将继续讨论研究电压模式控制的同步降压变换器实例。

首先我们必须借助图 6.17 弄清数字误差信号$\tilde{e}$是如何计算的。为了便于表示，假设使用 3 位 A/D 转换器，且 A/D 转换器工作的满量程为 2V。这里假设 A/D 转换器输出的数字采样信号 v_s为无符号二进制数，数字输出范围为 $000_2 \sim 111_2$，分别对应 A/D 转换器的模拟输入信号 v_s 范围为 0 ~ 2V。

A/D 转换器首先输出正的 B2C 值 $[\tilde{v}_s]_0^4$，高有效位补 0。然后，数字设定值减

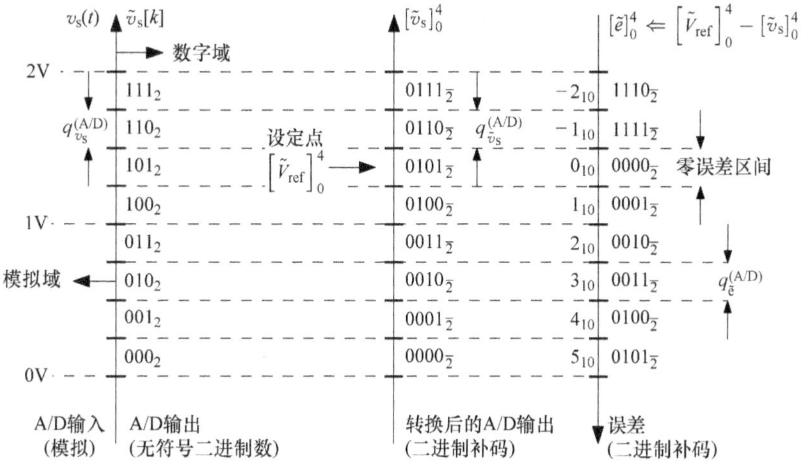

图 6.17　3 位 A/D 转换器的数字误差信号的计算

去 A/D 转换器输出的 B2C 值，获得了误差值。数字设定值表示为 $[\tilde{V}_{ref}]_0^4$：

$$[\tilde{e}]_0^4 \Leftarrow [\tilde{V}_{ref}]_0^4 - [\tilde{v}_s]_0^4 \tag{6.85}$$

在同步降压变换器实例中，采用了 8 位 A/D 转换器，且其满量程电压为 2V。所以

$$\boxed{[\tilde{e}]_0^9 \Leftarrow [\tilde{V}_{ref}]_0^9 - [\tilde{v}_s]_0^9} \tag{6.86}$$

使用 10 位 DPWM。控制命令 $\tilde{u}$ 是一个偏置信号，范围为从 0 至 $N_r - 1 = 1023_{10}$，且量化间隔 $q_{\tilde{u}} = 1$。所以，$\tilde{u}$ 的比例尺度为 2^0，需要的硬件动态范围和字长为

$$\mathrm{DR_{hw}}[\tilde{u}]_0^n = 20\log_{10}\frac{1023_{10}}{2^0} \approx 60.2\mathrm{dB}$$

$$\Rightarrow n = 1 + \mathrm{ceil}\left(\frac{\mathrm{DR_{hw}}[\tilde{u}]_0^n}{20\log_{10}2}\right) = 11 \tag{6.87}$$

控制输出 $\tilde{u}$ 可以用一个 11 位且比例尺度为 2^0的字表示：

$$\boxed{[\tilde{u}]_0^{11}} \tag{6.88}$$

我们观察到，因为 B2C 值常常是双极性的，所以出现了额外的 1 位。实际上，通过输出限幅模块必须保证 $\tilde{u}$ 为正，在 10 位 DPWM 锁存信号之前，可以消除额外的 1 位。

接着需要确定最坏瞬态条件。图 6.18 为当负载 0A→5A→0A 阶跃瞬变时，数字误差信号的波形。仿真使用 Matlab 实现，包含了 A/D 和 DPWM 量化并且使用了 6.3.1 节给出的量化后的系数 $\tilde{K}_p$、$\tilde{K}_i$ 和 $\tilde{K}_d$ 值。另外，控制计算的仿真使用了 Matlab 浮点精度。我们将上述情况作为最坏情况，数字误差信号的上限为

$$\boxed{\lceil \tilde{e} \rceil = 7\mathrm{LSB}} \tag{6.89}$$

通常启动时的瞬态或者其他瞬态会影响最坏情况下的误差信号。

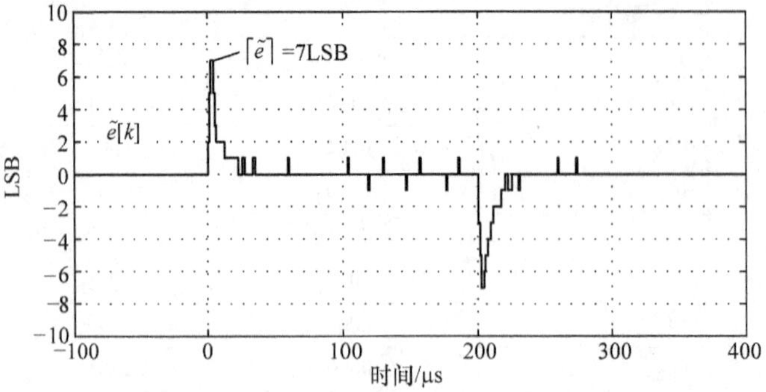

图 6.18 当负载 0A→5A→0A 阶跃瞬变时数字误差信号的波形

6.5.1 并联实现

图 6.14 为系数量化过程后并联 PID 的实现结构。当负载 0A→5A→0A 阶跃瞬变时，最坏情况下比例项、积分项和微分项的输出波形如图 6.19 所示。我们观察到：$\tilde{u}_p$ 和 $\tilde{u}_d$ 是非偏置信号，但 $\tilde{u}_i$ 是偏置信号。

首先考虑比例项 $\tilde{u}_p$：

$$\tilde{u}_p[k] = \tilde{K}_p \tilde{e}[k] \tag{6.90}$$

由于 $\tilde{e}$ 的量化间隔 $q_{\tilde{e}} = 1$，$\tilde{u}_p$ 为 $\tilde{K}_p = 24_{10}$的整数倍。比例项 $\tilde{u}_p$ 的下限为

$$\lfloor \tilde{u}_p \rfloor = \tilde{K}_p = \underbrace{[\tilde{K}_p]_3^3}_{011_{\bar{2}}} \times 2^3 \tag{6.91}$$

$\lfloor \tilde{u}_p \rfloor$的比例尺度等于 $\tilde{K}_p$ 的比例尺度，即等于 2^3。使用更加精细的比例尺度不会提高乘积的精度。使用更粗糙的比例尺度不可避免地会导致 $\tilde{K}_p$ 的等效截断，必须避免这种情况发生。所以，对于 $\tilde{u}_p$ 而言，其比例尺度最好的选择是 2^3。

$\tilde{u}_p$ 的上限为

$$\lceil \tilde{u}_p \rceil = \tilde{K}_p \lceil \tilde{e} \rceil = 168_{10} \tag{6.92}$$

如图 6.19 所示。这样的估算也和 $\tilde{u}$ 的 L^1 范数相符合。实际上，对于比例关系而言，L^1 范数的上限值通常等于信号的峰值。

$\tilde{u}_p$ 需要的动态范围和字长为

$$\mathrm{DR_{hw}}[\tilde{u}_p]_3^n = 20\log_{10}\frac{168_{10}}{2^3} \approx 26.44\mathrm{dB}$$

$$\Rightarrow n = 1 + \mathrm{ceil}\left(\frac{\mathrm{DR_{hw}}[\tilde{u}_p]_3^n}{20\log_{10} 2}\right) = 6 \tag{6.93}$$

从上述推导可知，可以使用 6 位 B2C 值存储 $\tilde{u}_p$，比例尺度为 2^3：

$$[\tilde{u}_p]_3^6 \Leftarrow [\tilde{K}_p]_3^3 \times [\tilde{e}]_0^9 \tag{6.94}$$

式中，使用了饱和乘法。

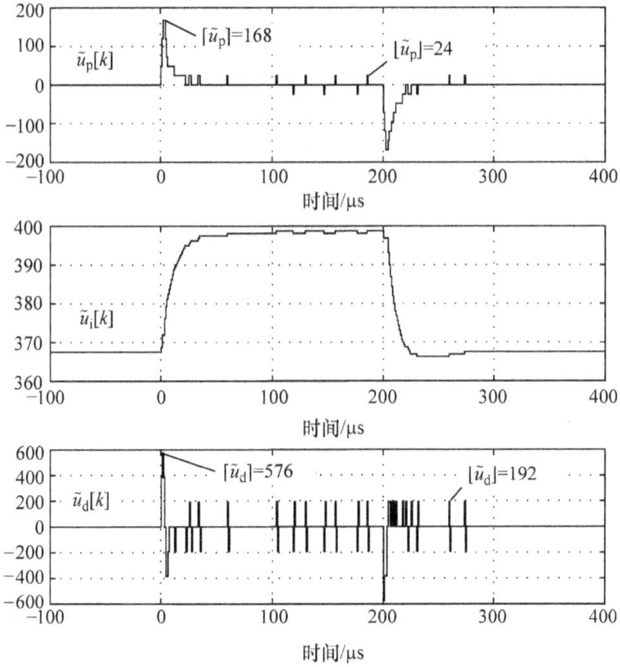

图 6.19　当负载 0A→5A→0A 阶跃瞬变时，比例项、积分项和微分项的输出波形

接下来考虑微分项

$$\widetilde{u}_d[k]=\widetilde{K}_d(\widetilde{e}[k]-\widetilde{e}[k-1]) \tag{6.95}$$

$\widetilde{u}_d$ 也是 $\widetilde{K}_d=192_{10}$的整数倍，由式（6.57）可知，$\widetilde{u}_d$ 的比例尺度为 2^6：

$$\lfloor\widetilde{u}_d\rfloor=\widetilde{K}_d=\underbrace{[\widetilde{K}_d]_6^3}_{011_2}\times 2^6 \tag{6.96}$$

对于 $\widetilde{u}_d$ 的上限而言，由图 6.19 可知

$$\lceil\widetilde{u}_d\rceil=576_{10} \tag{6.97}$$

另外一方面，根据式（6.81）L^1范数的上限为

$$\lceil\widetilde{u}_d\rceil=2\widetilde{K}_d\widetilde{e}_{max}=2688_{10} \tag{6.98}$$

该值远大于仿真值，这是由于 L^1标准范数的最坏情况特性造成的。$\widetilde{u}_d$ 的字长根据$\lceil\widetilde{u}_d\rceil$的估算值可得。

和处理比例项的过程一样，$\widetilde{u}_d$ 的硬件动态范围和字长为

$$\begin{aligned}DR_{hw}[\widetilde{u}_d]_6^n&=20\log_{10}\frac{2688_{10}}{2^6}\approx 32.5\text{dB}\\&\Rightarrow n=1+\text{ceil}\left(\frac{DR_{hw}[\widetilde{u}_d]_6^n}{20\log_{10}2}\right)=7\end{aligned} \tag{6.99}$$

根据之前的讨论结果，可以使用 7 位 B2C 数存储 $\widetilde{u}_d$，且比例尺度为 2^6。

$$[\widetilde{u}_d]_6^7\Leftarrow[\widetilde{K}_d]_6^3\times[\widetilde{e}]_0^9 \tag{6.100}$$

最后检查积分项 $\widetilde{u}_i$。在每一个瞬间，积分器的输出为 $\widetilde{K}_i=0.625_{10}$的整数倍。

在5.3.2节讨论过，积分增益可能会触发极限环，所以

$$\lfloor \tilde{u}_i \rfloor = \tilde{K}_i = \underbrace{[\tilde{K}_i]_{-3}^{4}}_{0101_{\bar{2}}} \times 2^{-3} \tag{6.101}$$

$\tilde{u}_i$ 的比例尺度和 $\tilde{K}_i$ 一样，都是 2^{-3}。

因为 $\tilde{u}_i$ 是偏置信号，所以根据判据［式（6.84）］可知其上限值为

$$\lceil \tilde{u}_i \rceil = N_r - 1 = 1023_{10} \tag{6.102}$$

和之前计算字长的办法一样，可得

$$\mathrm{DR_{hw}}[\tilde{u}_i]_{-3}^{n} = 20\log_{10}\frac{1023_{10}}{2^{-3}} \approx 78.26\mathrm{dB}$$

$$\Rightarrow n = 1 + \mathrm{ceil}\left(\frac{\mathrm{DR_{hw}}[\tilde{u}_i]_{-3}^{n}}{20\log_{10}2}\right) = 14 \tag{6.103}$$

可以使用14位B2C数存储 $\tilde{u}_i$，且比例尺度为 2^{-3}。我们观察到在三项中，积分项需要最大的硬件动态范围。实际上，$\tilde{u}_i$ 必须实时微调控制命令并且工作在整个DPWM工作范围区间。

$\tilde{\omega}_i = \tilde{K}_i \tilde{e}$ 的字长的计算方法和计算比例项时使用的方法一样。它的上限是

$$\lceil \tilde{w}_i \rceil = \tilde{K}_i \tilde{e}_{\max} = 4.375_{10} \tag{6.104}$$

所以

$$\mathrm{DR_{hw}}[\tilde{w}_i]_{-3}^{n} = 20\log_{10}\frac{\lceil \tilde{w}_i \rceil}{2^{-3}} \approx 30.9\mathrm{dB}$$

$$\Rightarrow n = 1 + \mathrm{ceil}\left(\frac{\mathrm{DR_{hw}}[\tilde{w}_i]_{-3}^{n}}{20\log_{10}2}\right) = 7 \tag{6.105}$$

根据 $\tilde{e}$ 采用饱和乘法可得到信号 $\tilde{w}_i$：

$$[\tilde{w}_i]_{-3}^{7} \Leftarrow [\tilde{K}_i]_{-3}^{4} \times [\tilde{e}]_{0}^{9} \tag{6.106}$$

高分辨率的PID控制信号 $\tilde{u}_{\mathrm{PID}}$ 为

$$\tilde{u}_{\mathrm{PID}} = \tilde{u}_{\mathrm{P}} + \tilde{u}_{\mathrm{i}} + \tilde{u}_{\mathrm{d}} \tag{6.107}$$

在B2C实现时，上述加法需要提前将 $\tilde{u}_{\mathrm{p}}$ 和 $\tilde{u}_{\mathrm{d}}$ 排列为 $\tilde{u}_{\mathrm{i}}$ 的形式，以保证比例尺度不变：

$$\begin{aligned} [\tilde{u}_{\mathrm{p}}]_{-3}^{12} &\leftarrow [\tilde{u}_{\mathrm{p}}]_{3}^{6} \\ [\tilde{u}_{\mathrm{d}}]_{-3}^{16} &\leftarrow [\tilde{u}_{\mathrm{d}}]_{6}^{7} \end{aligned} \tag{6.108}$$

$$[\tilde{u}_{\mathrm{PID}}]_{-3}^{14} \Leftarrow [\tilde{u}_{\mathrm{p}}]_{-3}^{12} + [\tilde{u}_i]_{-3}^{14} + [\tilde{u}_{\mathrm{d}}]_{-3}^{16} \tag{6.109}$$

最后一步，$\tilde{u}_{\mathrm{PID}}$ 量化得到的补偿器的输出 $\tilde{u}$ 必须和DPWM的字长和分辨率相匹配。根据图6.5，$\tilde{u}_{\mathrm{PID}}$ 首先被截断成中间信号 $\tilde{u}_x$：

$$[\tilde{u}_x]_{0}^{11} \leftarrow [\tilde{u}_{\mathrm{PID}}]_{-3}^{14} \tag{6.110}$$

结果限制在0和 $N_r - 1 = 1023_{10}$ 之间：

$$[\tilde{u}]_{0}^{11} \leftarrow \begin{cases} 1023_{10} & \text{如果} [\tilde{u}_x]_{0}^{11} > 1023_{10} \\ 0 & \text{如果} [\tilde{u}_x]_{0}^{11} < 0 \\ [\tilde{u}_x]_{0}^{11} & \text{其他} \end{cases} \tag{6.111}$$

注意：因为$[\widetilde{u}_x]_0^{11}$是 11 位 B2C 数，所以实际上没有必要和1023_{10}相比较。

图 6.20 为定点并联实现结构实现框图。

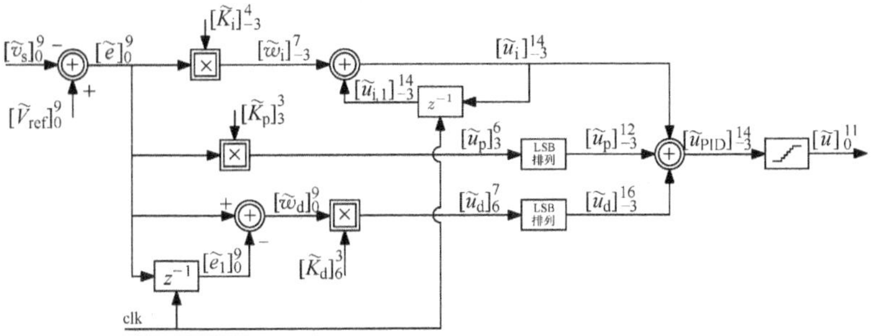

图 6.20　定点并联实现 PID 结构实现框图

6.5.2　直接实现

现在考虑 PID 补偿器的直接实现形式如图 6.15 所示。在该结构中，信号$\widetilde{w}$是所有过去误差信号的累加：

$$\widetilde{w}[k]=\widetilde{w}[k-1]+\widetilde{e}[k] \tag{6.112}$$

$\widetilde{w}_1$和$\widetilde{w}_2$是$\widetilde{w}$延迟一拍和延迟两拍后的信号。至于信号$\widetilde{p}_0$、$\widetilde{p}_1$和$\widetilde{p}_2$，它们分别正比于$\widetilde{w}$、$\widetilde{w}_1$和$\widetilde{w}_2$。注意：所有的信号都是偏置信号。

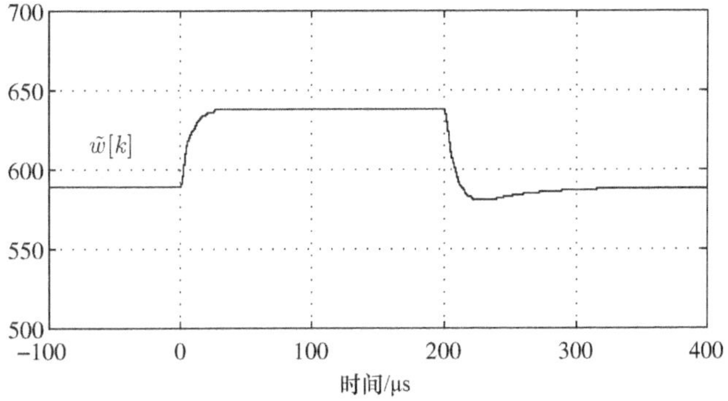

图 6.21　直接实现：当负载 0A→5A→0A 阶跃瞬变时，信号$\widetilde{w}[k]$的波形

信号$\widetilde{w}$延续了信号$\widetilde{e}$的间隔$q_{\widetilde{e}}=1$，所以使用比例尺度2^0表示信号$\widetilde{e}$：

$$\lfloor\widetilde{w}\rfloor=\lfloor\widetilde{e}\rfloor=1_{10} \tag{6.113}$$

至于$\widetilde{w}$的上限值，其稳态值和补偿器的输出命令$\widetilde{u}$有关：

$$\widetilde{W}=\frac{\widetilde{U}}{\widetilde{b}_0+\widetilde{b}_1+\widetilde{b}_2} \tag{6.114}$$

根据式（6.84），$\widetilde{w}$的上限值为

$$\lceil\widetilde{w}\rceil=\frac{N_r-1}{\widetilde{b}_0+\widetilde{b}_1+\widetilde{b}_2}\approx 1637_{10} \tag{6.115}$$

$\widetilde{w}$ 的硬件动态范围和字长为

$$\mathrm{DR}_{\mathrm{hw}}[\widetilde{w}]_0^n = 20\log_{10}\frac{\lceil \widetilde{w} \rceil}{2^0} \approx 64.3\mathrm{dB}$$

$$\Rightarrow n = 1 + \mathrm{ceil}\left(\frac{\mathrm{DR}_{\mathrm{hw}}[\widetilde{w}]_0^n}{20\log_{10}2}\right) = 12 \tag{6.116}$$

下面检查信号

$$\begin{aligned} \widetilde{p}_0[k] &= \widetilde{b}_0\widetilde{w}[k] \\ \widetilde{p}_1[k] &= \widetilde{b}_1\widetilde{w}_1[k] \\ \widetilde{p}_2[k] &= \widetilde{b}_2\widetilde{w}_2[k] \end{aligned} \tag{6.117}$$

其仿真波形如图 6.22 所示。根据式（6.64），并考虑到 $\widetilde{w}$ 的比例尺度为 1，信号 $\widetilde{p}_0$、$\widetilde{p}_1$ 和 $\widetilde{p}_2$ 的比例尺度为 $\widetilde{b}_0$、$\widetilde{b}_1$ 和 $\widetilde{b}_2$ 的比例尺度：

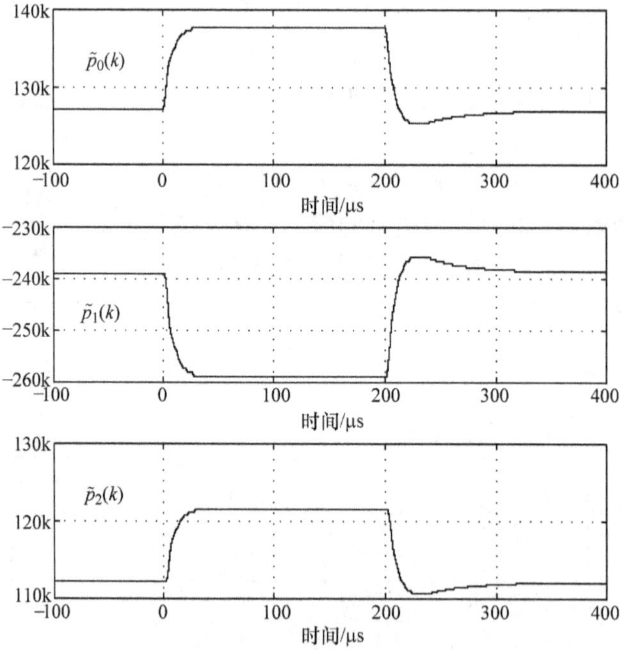

图 6.22　直接实现：当负载 0A→5A→0A 阶跃瞬变时，信号 $\widetilde{p}_0$、$\widetilde{p}_1$ 和 $\widetilde{p}_2$ 的波形

$$\begin{aligned} \lfloor \widetilde{p}_0 \rfloor &= \widetilde{b}_0 = \underbrace{[\widetilde{b}_0]_{-3}^{12}}_{011010111111_{\overline{2}}} \times 2^{-3} \\ \lfloor \widetilde{p}_1 \rfloor &= \widetilde{b}_1 = \underbrace{[\widetilde{b}_1]_{-2}^{12}}_{100110101001_{\overline{2}}} \times 2^{-2} \\ \lfloor \widetilde{p}_2 \rfloor &= \widetilde{b}_2 = \underbrace{[\widetilde{b}_2]_{-1}^{10}}_{0101111101_{\overline{2}}} \times 2^{-1} \end{aligned} \tag{6.118}$$

我们根据 $\widetilde{w}$ 的上限乘以 $\widetilde{b}_0$、$\widetilde{b}_1$ 和 $\widetilde{b}_2$ 的值得到信号 $\widetilde{p}_0$、$\widetilde{p}_1$ 和 $\widetilde{p}_2$ 的上限

$$
\begin{aligned}
\lceil\widetilde{p}_0\rceil &= \lceil\widetilde{w}\rceil\widetilde{b}_0 = \frac{\widetilde{b}_1(N_r-1)}{\widetilde{b}_0+\widetilde{b}_1+\widetilde{b}_2} = 353344.2_{10} \\
\lceil\widetilde{p}_1\rceil &= \lceil\widetilde{w}\rceil\widetilde{b}_1 = \frac{\widetilde{b}_1(N_r-1)}{\widetilde{b}_0+\widetilde{b}_1+\widetilde{b}_2} = 664131.6_{10} \\
\lceil\widetilde{p}_2\rceil &= \lceil\widetilde{w}\rceil\widetilde{b}_2 = \frac{\widetilde{b}_2(N_r-1)}{\widetilde{b}_0+\widetilde{b}_1+\widetilde{b}_2} = 311810.4_{10}
\end{aligned}
\tag{6.119}
$$

根据上述推导，可得信号 $\widetilde{p}_0$、$\widetilde{p}_1$ 和 $\widetilde{p}_2$ 的硬件动态范围和字长为

$$
\begin{aligned}
\mathrm{DR_{hw}}[\widetilde{p}_0]_{-3}^{n} &\triangleq 20\log_{10}\frac{\lceil\widetilde{p}_0\rceil}{2^{-3}} \approx 129\mathrm{dB} \Rightarrow n = 1+\mathrm{ceil}\left(\frac{\mathrm{DR_{hw}}[\widetilde{p}_0]_{-3}^{n}}{20\log_{10}2}\right) = 23 \\
\mathrm{DR_{hw}}[\widetilde{p}_1]_{-2}^{n} &\triangleq 20\log_{10}\frac{\lceil\widetilde{p}_1\rceil}{2^{-2}} \approx 128\mathrm{dB} \Rightarrow n = 1+\mathrm{ceil}\left(\frac{\mathrm{DR_{hw}}[\widetilde{p}_1]_{-2}^{n}}{20\log_{10}2}\right) = 23 \\
\mathrm{DR_{hw}}[\widetilde{p}_2]_{-1}^{n} &\triangleq 20\log_{10}\frac{\lceil\widetilde{p}_2\rceil}{2^{-1}} \approx 116\mathrm{dB} \Rightarrow n = 1+\mathrm{ceil}\left(\frac{\mathrm{DR_{hw}}[\widetilde{p}_2]_{-1}^{n}}{20\log_{10}2}\right) = 21
\end{aligned}
\tag{6.120}
$$

高分辨率的 PID 命令 $\widetilde{u}_{\mathrm{PID}}$ 为信号 $\widetilde{p}_0$、$\widetilde{p}_1$ 和 $\widetilde{p}_2$ 的饱和加法之和。在加之前，需要提前将 $\widetilde{p}_1$ 和 $\widetilde{p}_2$ 转化为 $\widetilde{p}_0$ 的形式，以保证比例尺度不变。

$$
\begin{aligned}
[\widetilde{p}_1]_{-3}^{24} &\leftarrow [\widetilde{p}_1]_{-2}^{23} \\
[\widetilde{p}_2]_{-3}^{23} &\leftarrow [\widetilde{p}_2]_{-1}^{21}
\end{aligned}
\tag{6.121}
$$

$$
[\widetilde{u}_{\mathrm{PID}}]_{-3}^{14} \Leftarrow [\widetilde{p}_0]_{-3}^{23} + [\widetilde{p}_1]_{-3}^{24} + [\widetilde{p}_2]_{-3}^{23} \tag{6.122}
$$

最后，同并联实现方式一样，$\widetilde{u}_{\mathrm{PID}}$ 截断后得到输出控制命令 $\widetilde{u}$：

$$
[\widetilde{u}_x]_0^{11} \leftarrow [\widetilde{u}_{\mathrm{PID}}]_{-3}^{14} \tag{6.123}
$$

$$
[\widetilde{u}]_0^{11} \leftarrow \begin{cases} 0 & \text{如果 } [\widetilde{u}_x]_0^{11} < 0 \\ [\widetilde{u}_x]_0^{11} & \text{其他} \end{cases} \tag{6.124}
$$

图 6.23 是定点直接实现 PID 结构实现框图。

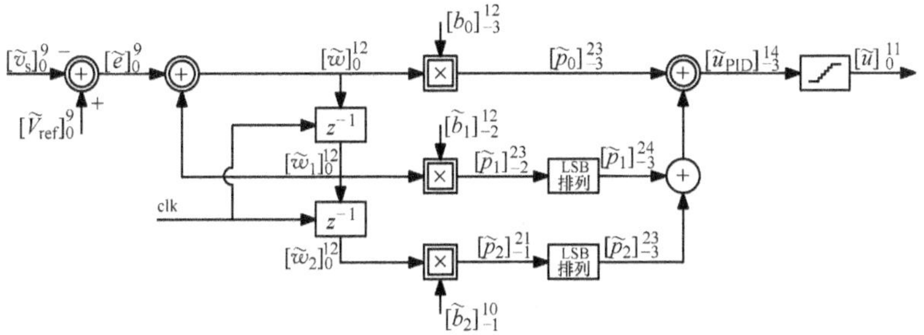

图 6.23 定点直接实现 PID 结构实现框图

6.5.3 级联实现

如图 6.16 所示，在级联实现中，第一步分析 $\widetilde{w}_i$、$\widetilde{w}_1$ 和 $\widetilde{w}_2$ 的硬件动态范围并确定字长。当负载 0A→5A→0A 阶跃瞬变时，序列发生最坏情况如图 6.24 所示。

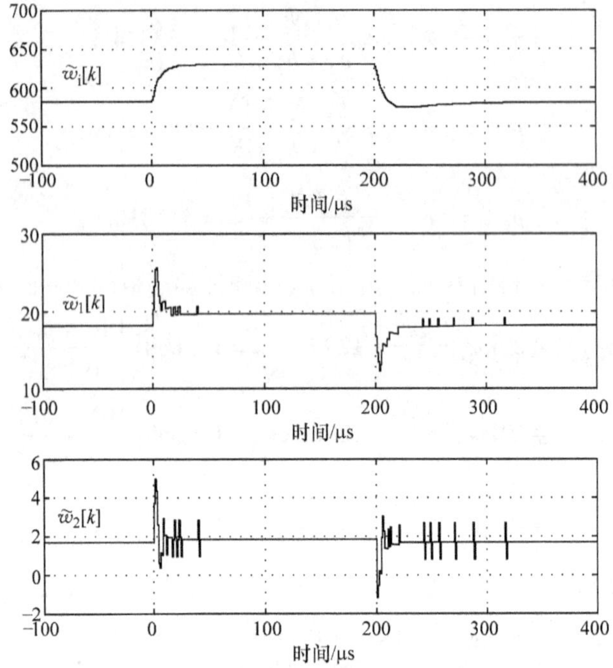

图 6.24　级联实现：当负载 0A→5A→0A 阶跃瞬变时，信号 $\widetilde{w}_i$、$\widetilde{w}_1$ 和 $\widetilde{w}_2$ 的波形

信号 $\widetilde{w}_i$ 为信号 $\widetilde{e}[k]$ 的积分，类似于直接结构中的信号 $\widetilde{w}$。所以

$$\lfloor \widetilde{w}_i \rfloor = \lfloor \widetilde{e} \rfloor = 1 \tag{6.125}$$

信号 $\widetilde{w}_i$ 为偏置信号，其稳态值为

$$\widetilde{W}_i = \frac{\widetilde{U}}{\widetilde{K}(1+\widetilde{c}_{z_1})(1+\widetilde{c}_{z_2})} \tag{6.126}$$

如图 6.24 所示，信号 $\widetilde{w}_i$ 的动态特性非常缓慢，且无超调。根据式（6.84）可知，信号 $\widetilde{w}_i$ 的上限值为

$$\lceil \widetilde{w}_i \rceil = \frac{N_r - 1}{\widetilde{K}(1+\widetilde{c}_{z_1})(1+\widetilde{c}_{z_2})} \approx 1617_{10} \tag{6.127}$$

根据

$$\mathrm{DR}_{hw}[\widetilde{w}_i]_0^n \triangleq 20\log_{10}\frac{\lceil \widetilde{w}_i \rceil}{2^0} \approx 64.2\mathrm{dB} \Rightarrow n = 1 + \mathrm{ceil}\left(\frac{\mathrm{DR}_{hw}[\widetilde{w}_1]_{-5}^n}{20\log_{10}2}\right) = 12 \tag{6.128}$$

下面计算 $\widetilde{w}_1$ 和 $\widetilde{w}_2$。它们的下限值为

$$\lfloor \widetilde{w}_1 \rfloor = (1+\widetilde{c}_{z_1})\lfloor \widetilde{w}_i \rfloor = 0.03125_{10} = 01_{\bar{2}} \times 2^{-5} \tag{6.129}$$

$$\begin{aligned}\lfloor \widetilde{w}_2 \rfloor &= (1+\widetilde{c}_{z_2})\lfloor \widetilde{w}_1 \rfloor \\ &= (1+\widetilde{c}_{z_2})(1+\widetilde{c}_{z_1})\lfloor \widetilde{w}_i \rfloor \\ &= 0.0029296875_{10} \\ &= 011_{\bar{2}} \times 2^{-10}\end{aligned} \tag{6.130}$$

所以，它们的比例尺度分别为 2^{-5} 和 2^{-10}。对于上限值而言，$\widetilde{w}_1$ 和 $\widetilde{w}_2$ 是偏置信号。首先计算 $\widetilde{w}_1$ 稳态时的工作范围。对于 $\widetilde{w}_1$ 而言：

$$0 \leqslant \widetilde{W}_1 \leqslant \frac{N_r - 1}{\widetilde{K}(1 + \widetilde{c}_{z_2})} \approx 50.2 \tag{6.131}$$

对于 $\widetilde{w}_2$ 而言：

$$0 \leqslant \widetilde{W}_2 \leqslant \frac{N_r - 1}{\widetilde{K}} \approx 4.74 \tag{6.132}$$

上面的两个不等式表示了稳态时的边界，在瞬态时，原则上这些值是不会保持的。实际上从图 6.24 可知，在瞬态时会出现较大的超调，如果没有更高的动态限幅值，这些信号很可能进入饱和。在开始设计时，稳态时的上限值被放大了 2 倍。

$$\begin{aligned} \lceil \widetilde{w}_1 \rceil &\approx 101_{10} \\ \lceil \widetilde{w}_2 \rceil &\approx 9.47_{10} \end{aligned} \tag{6.133}$$

然后可得

$$\begin{aligned} \mathrm{DR_{hw}}[\widetilde{w}_1]^{n}_{-5} &\triangleq 20\log_{10}\frac{\lceil \widetilde{w}_1 \rceil}{2^{-5}} \approx 70.2\mathrm{dB} \Rightarrow n = 1 + \mathrm{ceil}\left(\frac{\mathrm{DR_{hw}}[\widetilde{w}_2]^{n}_{-5}}{20\log_{10}2}\right) = 13 \\ \mathrm{DR_{hw}}[\widetilde{w}_2]^{n}_{-10} &\triangleq 20\log_{10}\frac{\lceil \widetilde{w}_2 \rceil}{2^{-10}} \approx 79.7\mathrm{dB} \Rightarrow n = 1 + \mathrm{ceil}\left(\frac{\mathrm{DR_{hw}}[\widetilde{w}_3]^{n}_{-10}}{20\log_{10}2}\right) = 15 \end{aligned} \tag{6.134}$$

高分辨率的 PID 命令 $\widetilde{u}_{\mathrm{PID}}$ 等于 $\widetilde{w}_2$ 乘以 $\widetilde{K}$。$\widetilde{u}_{\mathrm{PID}}$ 的比例尺度和上限值为

$$\begin{aligned} \lfloor \widetilde{u}_{\mathrm{PID}} \rfloor &= \widetilde{K}\lfloor \widetilde{w}_2 \rfloor = 0.6328125_{10} = 01010001_{\bar{2}} \times 2^{-7} \\ \lceil \widetilde{u}_{\mathrm{PID}} \rceil &= \widetilde{K}\lceil \widetilde{w}_2 \rceil \approx 1070_{10} \end{aligned} \tag{6.135}$$

然后可得

$$\begin{aligned} \mathrm{DR_{hw}}[\widetilde{u}_{\mathrm{PID}}]^{n}_{-7} &= 20\log_{10}\frac{\lceil \widetilde{u}_{\mathrm{PID}} \rceil}{2^{-7}} \approx 102.7\mathrm{dB} \\ &\Rightarrow n = 1 + \mathrm{ceil}\left(\frac{\mathrm{DR_{hw}}[\widetilde{u}_{\mathrm{PID}}]^{n}_{-7}}{20\log_{10}2}\right) = 19 \end{aligned} \tag{6.136}$$

和并联结构一样，经过截断和饱和环节可得到 $\widetilde{u}$：

$$[\widetilde{u}_x]^{12}_{0} \leftarrow [\widetilde{u}_{\mathrm{PID}}]^{19}_{-7} \tag{6.137}$$

$$[\widetilde{u}]^{11}_{0} \leftarrow \begin{cases} 1023_{10} & \text{如果 } [\widetilde{u}_x]^{12}_{0} > 1023_{10} \\ 0 & \text{如果 } [\widetilde{u}_x]^{12}_{0} < 0 \\ [\widetilde{u}_x]^{12}_{0} & \text{其他} \end{cases} \tag{6.138}$$

注意：在此例中，饱和限制在 1023_{10} 是需要强制执行的。

上述分析还没有完毕，因为还需要计算部分乘积的字长：

$$\widetilde{p}_1 \triangleq \widetilde{w}_i[k-1]\widetilde{c}_{z_1} \tag{6.139}$$

$$\widetilde{p}_2 \triangleq \widetilde{w}_1[k-1]\widetilde{c}_{z_2} \tag{6.140}$$

采用上述步骤可得

$$[\tilde{p}_1]_{-5}^{17} \tag{6.141}$$

$$[\tilde{p}_2]_{-10}^{18} \tag{6.142}$$

图 6.25 是定点级联实现 PID 结构实现框图。

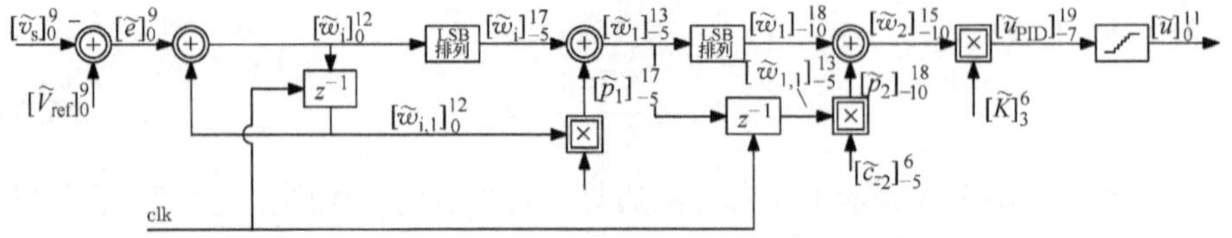

图 6.25　定点级联实现 PID 结构实现框图

6.5.4　线性系统和量化后的系统响应对比

本节主要对定点实现的例子进行总结，对比一下包含系数量化效应和定点算法的实际闭环系统响应和基于线性小信号模型设计的无量化系统响应两者之间的区别。

图 6.26 为负载电流从 0A 到 5A 阶跃变化时输出电压、电感电流和数字控制命令的波形。使用了两种仿真产生了以上波形：

1）在无量化例子中，没有 A/D 和 DPWM 的量化。使用 Matlab 双精度浮点算法实现控制计算。

2）第二种仿真考虑了 A/D 和 DPWM 的有限分辨率，PID 的计算采用定点计算。

PID 的仿真结构都采用并联实现方式。

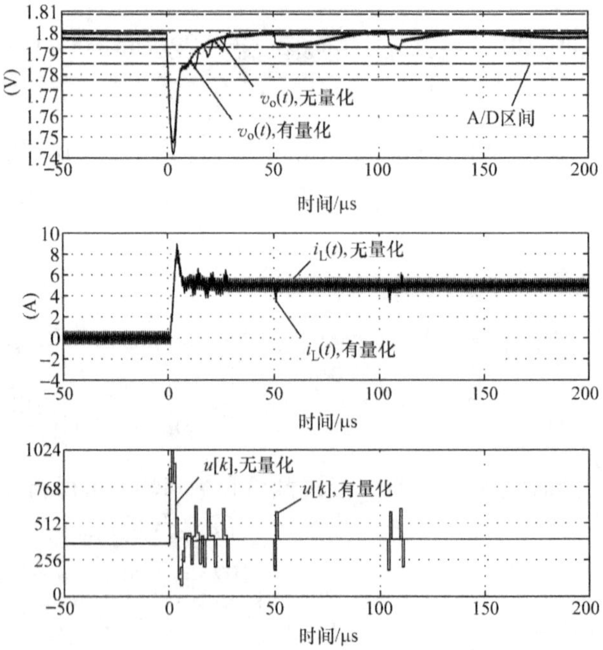

图 6.26　负载电流从 0A 到 5A 阶跃变化时线性闭环响应和量化后的闭环响应对比

在实际数字控制系统中，观察到很多的不同：首先观察到在瞬态发生之前稳态输出电压波形有点细微差别。两个系统工作在不同的稳态工作点。因为考虑了 A/D 的量化，所以实际上数字控制器只能调节采样波形在 A/D 量化区间之内。为了更好地观察到这一点，画出了电压波形 A/D 的量化电平。注意：线性控制器和量化后的控制器之间的稳态误差都在零误差区间内。

下面考虑瞬态的动态响应。在整个瞬态时间范围大约 100μs 内，两种响应波形基本相同。这就是说，量化没有影响原有设计的动态特性。本章的主要目的就是如何设计量化使其对系统的影响是有限的。当电压波形经历了多个 A/D 电平时，两者波形会有非常明显的区别。可以证明：由于微分的作用，当在穿过每一个 A/D 电平时，控制命令会产生较大的冲激。

6.6 控制器的 HDL 实现

我们仍然考虑同步降压变换器例子，本节给出了并联实现 PID 补偿器的 HDL 代码（VHDL 语言和 Verilog 语言）[171-179]。

在 HDL 语言实现 PID 结构中，最重要的是要将组合逻辑部分和时序逻辑部分分开。前者包含控制运算需要的计算、逻辑和位操作处理。而后者主要用于对补偿器的状态变量值在每一个时钟时实现更新。例如：图 6.27 给出了并联实现 PID 结构的两部分：组合逻辑部分和时序逻辑部分。组合逻辑主要根据输入 $\tilde{e}[k]$、状态 $\tilde{e}[k-1]$ 和 $\tilde{u}_i[k-1]$ 计算 $\tilde{u}[k]$；时序逻辑部分在每一个采样周期时实现状态变量更新。组合逻辑和时序逻辑之间的分离是产生“灵活”“轻便”“可综合”的 HDL 代码的第一步。

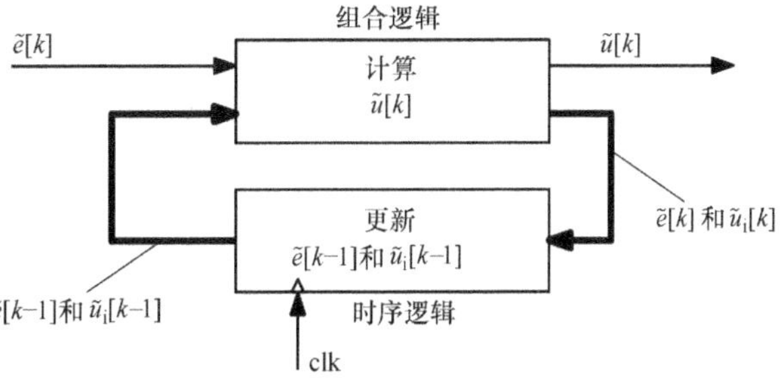

图 6.27　控制器组合逻辑和时序逻辑分开

6.6.1 VHDL 实例

在下面的例子中，数字信号 `clk` 为时钟信号，上升沿触发 PID 状态机。数字误差信号用 B2C 值 $[\tilde{e}]_0^9$ 表示，在 VHDL 里用一个 9 位的有符号输入信号 `e` 表示。同样的，PID 控制命令 $[\tilde{u}]_0^{11}$ 可以用一个 11 位的有符号输出信号 `u` 表示。VHDL 信号 `Kp`、`Ki` 和 `Kd` 分别表示比例、积分和微分增益。

在设计中使用了饱和算法，附录 B 中的插图 B.12 为两个实体文件 `saturated_ adder` 和 `saturated_ multiplier`。我们注意到：尽管实现中或者结构中这种计算模块可能和插图 B.12 中略有不同，但是这些模块其实都是纯组合逻辑。

并联实现的 PID 实体和结构声明如下：

```
library IEEE;
use IEEE.STD_LOGIC_1164.ALL;
use IEEE.NUMERIC_STD.ALL;

entity PID is

    port (
        clk :   in std_logic;

        Kp      :   in signed(2 downto 0);  --  [3,3]
        Ki      :   in signed(3 downto 0);  --  [4,-3]
        Kd      :   in signed(2 downto 0);  --  [3,6]

        e   :   in signed(8 downto 0);      --  [9,0]
        u   :   out signed(10 downto 0)     --  [11,0]
    );

end PID;

architecture PID_parallel of PID is

    component saturated_adder is
        generic (
            n, p, m :   integer     --  m <= max(n,p)+1
            );

        port (
            x       :   in signed(n-1 downto 0);
            y       :   in signed(p-1 downto 0);
            z       :   out signed(m-1 downto 0);
            OV      :   out std_logic;
            op      :   in std_logic
            );
    end component;

    component saturated_multiplier is
        generic (
            n, p, m :   integer     --  m<=n+p
            );

        port (
            x       :   in signed(n-1 downto 0);
            y       :   in signed(p-1 downto 0);
            z       :   out signed(m-1 downto 0);
            OV      :   out std_logic
            );
    end component;

    signal e1       :   signed(8 downto 0); --  [9,0]

    signal up       :   signed(5 downto 0); --  [6,3]

    signal ui, ui1  :   signed(13 downto 0);    --  [14,-3]
    signal wi   :   signed(6 downto 0);     --  [7,-3]

    signal ud       :   signed(6 downto 0); --  [7,6]
```

```vhdl
57      signal wd    :   signed(8 downto 0);        --  [9,0]
58
59      signal upd        :   signed(16 downto 0);   --  [17,-3]
60      signal upid       :   signed(13 downto 0);   --  [14,-3]
61      signal ux         :   signed(10 downto 0);   --  [11,0]
62
63  begin
64
65      --  ********************************************************
66      --  Combinational part
67      --  ********************************************************
68      Kp_mult :   saturated_multiplier
69          generic map (n=>9, p=>3, m=>6)
70          port map (x=>e, y=>Kp, z=>up, OV=>open);
71
72      Ki_mult :   saturated_multiplier
73          generic map (n=>9, p=>4, m=>7)
74          port map (x=>e, y=>Ki, z=>wi, OV=>open);
75
76      Ki_add :   saturated_adder
77          generic map (n=>14, p=>7, m=>14)
78          port map (x=>ui1, y=> wi, z=> ui, OV=>open, op=>'1');
79
80      Kd_sub :   saturated_adder
81          generic map (n=>9, p=>9, m=>9)
82          port map (x=>e, y=>e1, z=>wd, OV=>open, op=>'0');
83
84      Kd_mult :   saturated_multiplier
85          generic map (n=>9, p=>3, m=>7)
86          port map (x=>wd, y=>Kd, z=>ud, OV=>open);
87
88      upd_add :   saturated_adder
89          generic map (n=>12, p=>16, m=>17)
90          port map (x=>(up&"000000"), y=>(ud&"000000000"),
91              z=> upd, OV=>open, op=>'1');
92
93      upid_add    :   saturated_adder
94          generic map (n=>14, p=>17, m=>14)
95          port map (x=>ui, y=>upd, z=>upid, OV=>open, op=>'1');
96
97      ux  <=  upid(13 downto 3);
98      u   <=  (others=>'0') when ux(10)='1' else ux;
99
100     --  ********************************************************
101     --  Sequential part
102     --  ********************************************************
103     pid_proc    :   process(clk)
104         begin
105             if (clk'event AND clk='1') then
106                 ui1 <=  ui;
107                 e1  <=  e;
108             end if;
109         end process;
110
111  end PID_parallel;
```

上述定义的结构基本符合图 6.20 实现框图结构。PID 状态机中的组合逻辑部分使用算术运算完成了控制计算。97 行和 98 行代码实现了量化和饱和步骤。注意：因为经过 $[\widetilde{u}_x]_0^{11} \leftarrow [\widetilde{u}_{PID}]_{-3}^{13}$ 截断，已经自动实现了对 $[\widetilde{u}_{PID}]_{-3}^{13}$ 的饱和处理，所以仅仅需要在 98 行通过判断 ux 的符号位，检查 $[\widetilde{u}_x]_0^{11} < 0$ 即可。

至于 PID 的时序逻辑部分，它是在 103 行使用"process"声明了一个 pid_proc 实现，驱动时钟为 clk，在上升沿更新了寄存器 ui1 和 e1 的值，它们分别代表了 $\widetilde{e}[\bar{k}-1]$ 和 $\widetilde{u}_i[k-1]$。

6.6.2 Verilog 实例

下面是使用 Verilog 语言编写的 PID 模块。

```
 1   module PID(clk,Kp,Ki,Kd,e,u);
 2
 3       input clk;
 4
 5       input signed [2:0]  Kp;        //  [3,3]
 6       input signed [3:0]  Ki;        //  [4,-3]
 7       input signed [2:0]  Kd;        //  [3,6]
 8
 9       input signed    [8:0] e;            //  [9,0]
10       output signed   [10:0] u;      //  [11,0]
11
12       reg signed  [8:0] e1;          //  [9,0]
13
14       wire signed [5:0] up;          //  [6,3]
15
16       wire signed [13:0] ui;         //  [14,-3]
17       reg signed  [13:0] ui1;        //  [14,-3]
18       wire signed [6:0] wi;          //  [7,-3]
19
20       wire signed [6:0] ud;          //  [7,6]
21       wire signed [8:0] wd;          //  [9,0]
22
23       wire signed [16:0] upd;        //  [17,-3]
24       wire signed [13:0] upid;       //  [14,-3]
25       wire signed [10:0] ux;         //  [11,0]
26
27       // ****************************************
28       // Combinational part
29       // ****************************************
30       saturated_multiplier    Kp_mult (e,Kp,up,,);
31           defparam Kp_mult.n=9, Kp_mult.p=3, Kp_mult.m=6;
32
33       saturated_multiplier    Ki_mult (e,Ki,wi,,);
34           defparam    Ki_mult.n=9, Ki_mult.p=4, Ki_mult.m=7;
35
36       saturated_adder Ki_add  (ui1,wi,ui,,1'b1);
37           defparam Ki_add.n=14, Ki_add.p=7, Ki_add.m=14;
38
39       saturated_adder Kd_sub  (e,e1,wd,,1'b0);
```

```
40          defparam    Kd_sub.n=9, Kd_sub.p=9, Kd_sub.m=9;
41
42      saturated_multiplier    Kd_mult (wd,Kd,ud,,);
43          defparam Kd_mult.n=9, Kd_mult.p=3, Kd_mult.m=7;
44
45      saturated_adder upd_add ({up,6'b0},{ud,9'b0},upd,1'b1);
46          defparam upd_add.n=12, upd_add.p=16, upd_add.m=17;
47
48      saturated_adder upid_add    (upd,ui,upid,,1'b1);
49          defparam    upid_add.n=17, upid_add.p=14, upid_add.m=14;
50
51      assign ux   =   upid[13:3];
52      assign u    =   (ux[10]==1'b1)  ?   11'b0   :   ux;
53
54      //  ****************************************
55      //  Sequential part
56      //  ****************************************
57      always  @(posedge clk)
58          begin
59              ui1 <=  ui;
60              e1  <=  e;
61          end
62
63  endmodule
```

和 VHDL 例子一样，PID 模块使用了两个饱和算法模块，即饱和加法器 saturated_ adder 和饱和乘法器 saturated_ multiplier，如插图 B. 13 所示。这个模块也是将组合逻辑部分和时序逻辑部分分开，57 行代码在上升沿时触发开始执行 always 语句。

6.7 要点总结

1）实施步骤包含①补偿器系数的比例缩放和量化；②使用有限精度的定点算法实现。上述步骤不可避免地会改变理想环路特性，所以选择适当的量化精度使其误差忽略不计。

2）控制器的实现步骤和控制器的结构有关。本章中，考虑了三种 PID 结构，分别称之为并联型、直接型和级联型。

3）补偿器系数的量化必须根据补偿器的灵敏度设置，这直接关系到环路增益的相对误差。典型约束条件为：在期望穿越频率处的环路增益误差和低频环路增益误差。一旦对补偿器的灵敏度函数设置了恰当的约束条件，就能确定补偿器系数需要的分辨率。

4）在定点算法环境下实现控制规律包括，针对所选择的结构确定每个二进制数的分辨率和比例尺度。为此，主要任务是确定每个信号的动态范围，即硬件动态范围是字长应该足够大，以达到如下目的：①在整个工作范围内，信号不发生饱和；②使用足够细分辨度表示信号却又未引发相关的量化误差。在评估这些限制时，估算控制器恶劣的动态响应是非常重要的。

第7章 数字控制的自整定

在标准设计流程中，假设系统和控制器的参数均为已知量，基于功率变换器的模型设计控制环路。由此设计的系统，其闭环动态性能必然对系统运行条件、参数的容差及其漂移十分敏感。另外，寄生参数的建模十分困难，同时也找不到一个精确的负载模型，使其能够适应所有工况。通常在最坏情况下设计模拟补偿器，并用运算放大器与片上或片外的 *RC* 网络的组合来实现，使得控制环路很难在特定工况达到最优控制，更不可能适应规定的各种运行条件。一个能够处理宽范围变化、具有鲁棒性能力控制的系统，往往会因其设计裕量过于保守而导致系统的性能下降。此外，对于一个新的工况，需要反复多次设计才能取得满意的效果。

随着数字控制器的灵活性和可编程性的增加，人们有机会使用智能控制算法改善系统的动态响应和鲁棒性，以至于允许工作点及其参数的大范围变化。数字自整定是一个有别于传统设计方法的新技术，其含义是系统依据其动态响应自动整定控制器的参数。一个理想的数字控制器是一个“即插即用”单元，它可以识别功率变换器和负载的关键特性，具有自校正功能，并使之满足预设的或用户设置的功能。除了经典的可调控制器外，自适应整定技术会依据系统参数变化不断调节补偿器的参数，以保持控制环路性能。此外，单个控制器集成电路可以应付变换器的各种参数变化，甚至可以应付不同拓扑结构的变换器。因此，大大提高了控制器适应范围、简化了设计过程、减少了对生产工艺过程的依赖性。目前，实际数字自整定控制算法及其实现技术[81-101]已经取得了很大进展，也是目前研究的热点问题。

在本章中，7.1 节对数字自整定做了简要介绍；7.2 节对可编程的 PID 结构进行概述；7.3 节和 7.4 节中介绍了两种自整定技术，其中 7.3 节介绍了如何通过注入数字扰动信号实现整定，7.4 节介绍了如何基于继电器反馈实现整定；7.5 节总结了整定实现中的关键问题；7.6 节总结了要点。

7.1 自整定技术简介

“自整定”有如下三层含义：

1）单步整定。单步整定的目标是以最初的“安全”条件为基准，校准控制系统，但只能进行单次整定或在特定工作点上整定。这里“安全”条件的含义是只能保证其稳定性，但不能保证其动态性能。

2）性能跟踪。适时的重复整定步骤保持对参数变化的跟踪，而这些变化是由于工作点变化或者元器件参数漂移造成的。

3）自适应整定。在整个系统运行过程中整定一直连续运行。

文献中提出的许多自整定技术采用的方法非常类似于著名的手动 PID 整定办法，如 Ziegler – Nichols 方法。这些方法都要基于对被控对象的观察或测试。首先根据测试识别出有限个例如两个或三个关键的被控对象参数，接着根据预设的整定公式，使用这些参数校正控制器的增益。如果系统允许增加其复杂度，可以通过将频率分析能力嵌入到数字控制器中，可以辨识出非参数形式的变换器的频率响应[79,80,180 - 184]。一旦确定了变换器的频率特性，PID 自动整定在频域中完成相应的设计约束设计（如穿越频率、相位和增益裕度等）[96]。

不管采用何种具体方法，“识别”和“整定”是任何数字整定器执行的两个基本操作。识别/整定步骤可以在整定过程的两个不同阶段执行，或者嵌入到主整定环路中使之反复地减小设定的整定误差。设定的整定误差和整定器的实现有关。

整定过程不可避免地对功率变换器产生扰动，使得变换器的工作点围绕稳态工作点来回波动。在整定期间，闭环系统或开环系统都使用“安全的”低频带控制器使系统保持工作点。在本章讨论的方法中，变换器一直处于反馈控制。这种闭环整定系统的优点是整定期间输出电压的调节功能不受影响。另一方面，也要采取预防措施不要对系统产生剧烈的扰动，所以需要权衡调整精度和负载运行的关系。

文献探讨了闭环整定中对功率变换器扰动的两种方法：

1）极限环。在第5章中讨论的极限环通常为不期望的稳态干扰。在本章中可以有目的地诱发极限环，使变换器的工作点附近产生小信号扰动[81,83,84,86 - 90]。极限环的频率和幅度含有辨识目标的相关信息。通常在数字环路中有意地插入强非线性环节来诱发极限环。7.4 节中讨论的继电器反馈整定器就是其中的一种。

2）自整定系统可产生数字扰动信号并将其叠加至控制命令上[81,91 - 93,95 - 97,101]。因为自整定器可以调节数字扰动的频率、幅度和波形，所以相对于基于极限环的方法，该方法总体上更可靠，提供了更广泛的使用可能。另一方面，实现时往往更加复杂。7.3 节讨论了其中的一种技术。

整定总是依赖于可编程补偿器结构，允许实时调节补偿器参数，即例如 PID 补偿器的 PID 增益。7.2 节对可编程 PID 结构做了简要概述。

7.2　可编程的 PID 结构

将第6章基本的 PID 结构的固定增益模块用全数字乘法代替，即可得到基本 PID 结构的可编程形式。在数字控制自整定中最常使用的是并联实现和级联实现的 PID 结构，这两种结构具体见第6章。在这些结构中，显而易见，调整 PID 的增益可以影响 PID 的频域特性。但是，在数字控制自整定中，因为系数 b_0、b_1 和 b_2 的改变对 PID 的增益和零点的影响表现得比较复杂，所以直接实现并不具有吸引力。

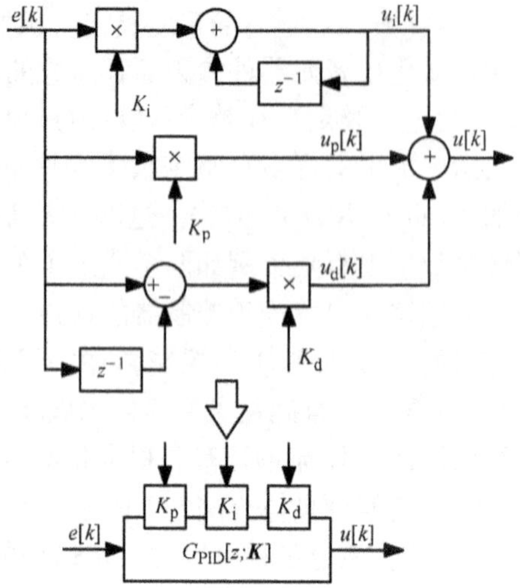

图 7.1 （上图）可编程并联形式的 PID（下图）示意框图

图 7.1 为可编程并联形式的 PID 实现形式。在低频、中频和高频部分的响应可通过改变 K_i、K_p 和 K_d 的值实现。例如，图 7.2 实例为比例增益 $\check{K}_p$ 从额定值的 50% 调节到 200% 时，数字 PID 频率特性的变化。改变 $\check{K}_p$ 可以明显地改变中频段的幅值频率特性。因为 $\check{K}_p$ 影响 PID 零点位置，所以相位响应受到 $\check{K}_p$ 的强烈影响。图 7.3 中说明了微分增益对同一个 PID 频率响应的影响。高频处的幅度响应的变化和 $\check{K}_d$ 成比例。然而，我们观察到高频段的相位响应也受影响。经过上述观察得到一个一般性结论：PID 中的任何一个参数都影响着补偿器的幅度和相位响应。因此，自整定系统的设计者必须意识到 PID 实现时参数的相互作用。

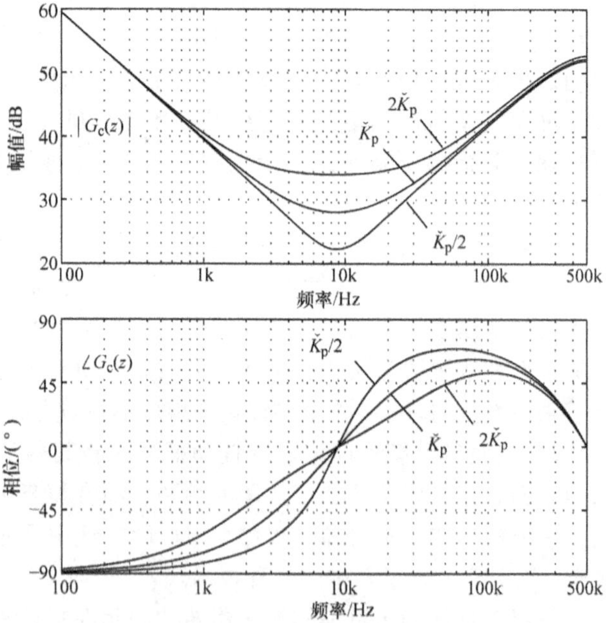

图 7.2 当比例发生变化时 PID 传递函数的伯德图

当自整定器需要直接访问补偿器零点和总增益时，级联结构是有用的。在第 6 章中谈到的级联形式中，c_{z_1} 或 c_{z_2} 影响 PID 频率响应的低频部分。假设 PID 传递函数的级联形式为

$$G_{\mathrm{PID}}(z;\boldsymbol{c}) = K\frac{(1+c_{z_1}z^{-1})(1+c_{z_2}z^{-1})}{1-z^{-1}} \tag{7.1}$$

低频特性的渐近线形式可以改写为（低频时假设 $z=1$）

$$G_{\mathrm{PID}}(z;\boldsymbol{c}) \overset{\text{低频}}{\approx} K\frac{(1+c_{z_1})(1+c_{z_2})}{1-z^{-1}} \tag{7.2}$$

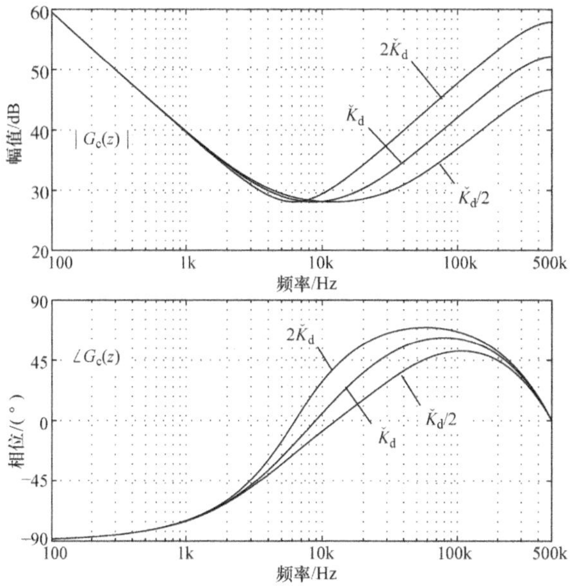

图 7.3　在微分增益变化时 PID 传递函数的伯德图

可以看出，c_{z_1}或c_{z_2}的改变影响低频渐近线。c_{z_1}和c_{z_2}的调整的会影响闭环稳定性，这通常是我们不希望看到的。使用下面级联结构可以避免这种相互作用：

$$G_{\mathrm{PID}}(z;\boldsymbol{\kappa}) \triangleq \frac{K_{\mathrm{i}}}{1-z^{-1}}(1-\kappa_1+\kappa_1 z^{-1})(1-\kappa_2+\kappa_2 z^{-1}), \boldsymbol{\kappa} \triangleq [K_{\mathrm{i}}, \kappa_1, \kappa_2]^{\mathrm{T}} \quad (7.3)$$

其低频渐近形式为

$$G_{\mathrm{PID}}(z;\boldsymbol{\kappa}) \overset{\text{低频}}{\approx} \frac{K_{\mathrm{i}}}{1-z^{-1}} \quad (7.4)$$

在该形式中，总增益和积分增益相同，而 z 平面中的 PID 零点位于

$$z_{1,2} = -\frac{\kappa_{1,2}}{1-\kappa_{1,2}} \quad (7.5)$$

这种可编程级联结构如图 7.4 所示。

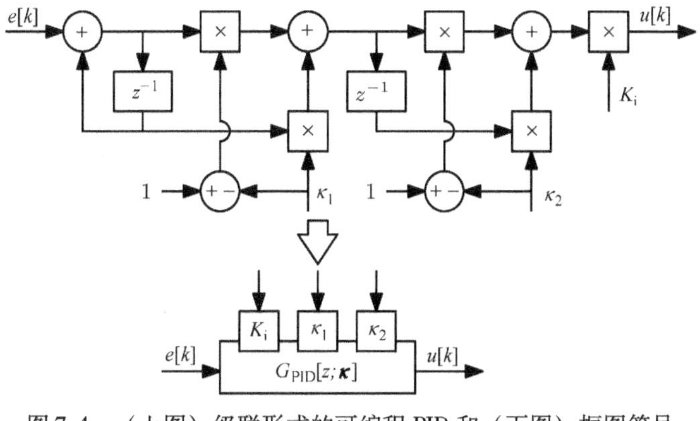

图 7.4　（上图）级联形式的可编程 PID 和（下图）框图符号

另一个有用的可编程结构如图 7.5 所示混合实现形式，在这种形式中，积分项和比例微分项并联，比例微分项采用级联形式实现：

$$G_{\mathrm{PID}}(z;\boldsymbol{h}) \triangleq \frac{K_{\mathrm{i}}}{1-z^{-1}} + K_{\mathrm{PD}}(1-\kappa+\kappa z^{-1}), \boldsymbol{h} \triangleq [K_{\mathrm{i}}, K_{\mathrm{PD}}, \kappa]^{\mathrm{T}} \tag{7.6}$$

当 $\kappa=0$ 时，该结构退化成为并联的 PI 结构。直接改变 PD 的增益 K_{PD} 和零点时，可得到完整的 PID 形式。

可编程性不可避免地导致数字补偿器硬件复杂性的增加。通过 HDL 综合工具可将固定系数的乘法高度优化为二进制移位和加法的组合。可编程结构实际的复杂性取决于数字乘法器所需的位数。随后的问题是如何保证自整定系统的鲁棒性，即可实现的 PID 传递函数的范围极限有多宽。

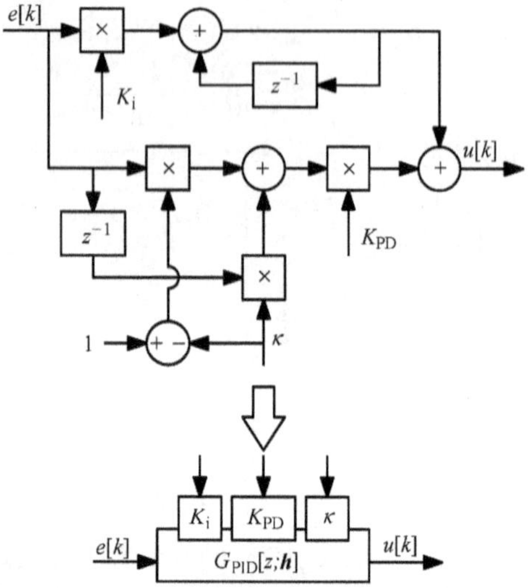

图 7.5 （上图）混合形式的可编程 PID 和（下图）框图符号

7.3 通过注入数字扰动信号实现自整定

图 7.6 给出了注入式自整定方法的一般框图。自整定系统将数字扰动信号 $u_{\mathrm{pert}}[k]$ 注入至反馈回路，并叠加到 PID 输出 $u_y[k]$ 上。因此，调制器的总体控制命令是

$$u_x[k] \triangleq u_y[k] + u_{\mathrm{pert}}[k] \tag{7.7}$$

同时监测了注入点之前和之后的信号 $u_y[k]$ 和 $u_x[k]$。可以注意到，注入信号 $u_{\mathrm{pert}}[k]$，监视 $u_y[k]$ 和 $u_x[k]$ 的方法类似于 Middlebrook 的环路增益测量方法[78]，即通过评估在注入频率点 $u_y[k]$ 和 $u_x[k]$ 之间的幅频与相频关系获取系统环路增益。

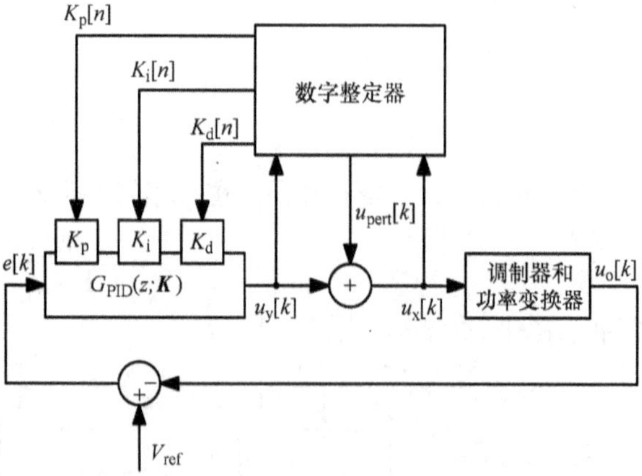

图 7.6 注入式数字扰动的自整定方法框图

整定过程不断调整补偿器增益，直到在 $u_x[k]$ 和 $u_y[k]$ 的交流分量之间建立正确的幅度和相位关系。因为这些取决于注入频率处的系统环路增益，所以该方法可以用于整定预定义的带宽 ω_c 和相位差 φ_m。如果系统环路增益为 $T(z)$，则调整的目标可以表示为

$$\boxed{T(e^{j\omega_c T_s}) = -e^{j\varphi_m}} \tag{7.8}$$

式（7.8）的复数约束转化为对PID补偿器的两个实数约束。因此，注入式自整定方法的基本版本采用双参数调整，也就是其仅能够确定三个PID参数中的两个，而剩余的一个在调整过程期间必须保持不变。这里有两个不同的方法：

1）PD整定。此为本节的其余部分中详细地考虑的情况。在这种情况下，积分增益 K_i 被设置为安全值并且在调整过程期间保持不变。自整定器确定比例和微分增益 K_p 和 K_d，以便得到期望的穿越频率和相位裕度。

2）PI整定。这种情况假定PI补偿足以安全地控制变换器。自整定器确定积分和比例增益 K_i 和 K_p，以便得到所需的穿越频率和相位裕度，而微分增益被设置为 $K_d = 0$。

除了前面概述的基本方法之外，还可以采用注入式自整定方法来处理更复杂的情况，例如：

1）先自整定积分增益 K_i，旨在提高低频段增益，然后使用PD整定相位。

2）在PD整定时将微分增益设置为非常小的值（这意味着实际上不需要微分作用来补偿系统），可以在PD整定之后有条件地执行PI整定。

在下文中，通过常用的公式概述了注入式自整定方法的操作原理，然后详细介绍了PD自整定器的实现。

7.3.1 工作原理

令 $u_{pert}[k]$ 为数字正弦波，频率为 ω_p，振幅非常小为 $\hat{u}_m$：

$$u_{pert}[k] \triangleq \hat{u}_m \sin(\omega_p k T_s + \varphi_p) \tag{7.9}$$

假设闭环系统对于扰动 $u_{pert}[k]$ 信号的响应是线性的，小信号交流分量 $\hat{u}_x[k]$ 和 $\hat{u}_y[k]$ 出现在 u_x 和 u_y 中，且频率为 ω_p：

$$\begin{aligned} u_x[k] &= U + \hat{u}_x[k] = U + \hat{u}_{x,m}\sin(\omega_p k T_s + \varphi_x) \\ u_y[k] &= U + \hat{u}_y[k] = U + \hat{u}_{y,m}\sin(\omega_p k T_s + \varphi_y) \end{aligned} \tag{7.10}$$

式中，U 是由未扰动的反馈回路确定的控制命令的稳态值。

由于系统的激励信号的频率是单一的，假设该激励信号的系统响应是线性的，那么自整定器的工作原理可用相量分析来描述。下式中，$\vec{a}$ 表示对应于交流振荡信号 $a[k]$ 的相量：

$$\begin{aligned} a[k] &= a_m \sin(\omega k T_s + \varphi_a) \\ \vec{a} &\triangleq a_m e^{j\varphi_a} \end{aligned} \tag{7.11}$$

相量 $\vec{a}$ 是在复平面中的表示向量的复数。

式（7.7）变为

$$\hat{u}_x[k]=\hat{u}_y[k]+u_{\text{pert}}[k] \tag{7.12}$$

因此，相量表达式为

$$\begin{matrix} \vec{u}_x & = & \vec{u}_y & + & \vec{u}_{\text{pert}} \\ \triangleq \hat{u}_{x,\text{m}}\text{e}^{\text{j}\varphi_y} & & \triangleq \hat{u}_{y,\text{m}}\text{e}^{\text{j}\varphi_x} & & \triangleq \hat{u}_{\text{m}}\text{e}^{\text{j}\varphi_\text{p}} \end{matrix} \tag{7.13}$$

因此，$\vec{u}_x$ 和$\vec{u}_y$ 之间的相量关系为

$$\boxed{\frac{\vec{u}_y}{\vec{u}_x}=-T(\text{e}^{\text{j}\omega_\text{p}T_\text{s}})} \tag{7.14}$$

上述关系是该方法的理论基础。如果以这样的方式调整 PID 增益，使得①相量$\vec{u}_x$ 和$\vec{u}_y$ 具有相等的幅度，并且②$\vec{u}_x$ 滞后$\vec{u}_y$ 达 φ_m 度，则

$$\boxed{\vec{u}_x=\vec{u}_y\text{e}^{-\text{j}\varphi_\text{m}}} \tag{7.15}$$

由式（7.14）可得

$$\frac{\vec{u}_y}{\vec{u}_x}=\text{e}^{\text{j}\varphi_\text{m}}=-T(\text{e}^{\text{j}\omega_\text{p}T_\text{s}})\Rightarrow\boxed{T(\text{e}^{\text{j}\omega_\text{p}T_\text{s}})=-\text{e}^{\text{j}\varphi_\text{m}}} \tag{7.16}$$

其对应于式（7.8）中的 $\omega_\text{p}=\omega_\text{c}$。换句话说，条件［式（7.15）］是整定目标的等效表达式。

另一方面，在整定过程期间，如果不满足式（7.15），且根据$\hat{u}[k]$和 $\hat{u}_y[k]$之间的振幅和相位误差决定如何调整 PID 参数。尤其是：

1）必须根据$|\vec{u}_x|>|\vec{u}_y|$或者$|\vec{u}_x|<|\vec{u}_y|$决定带宽增加或减少。

2）必须根据$\vec{u}_x$ 滞后$\vec{u}_y$ 小于或大于 φ_m 度调整 ω_p 处的环路相位增加或减少。

假设整定目标［式（7.15）］中将整定误差 $\vec{\varepsilon}$ 定义为$\vec{u}_x$ 和$\vec{u}_y$ 之间相量差值，则

$$\boxed{\vec{\varepsilon}\triangleq\vec{u}_x-\vec{u}_y\text{e}^{-\text{j}\varphi_\text{m}}} \tag{7.17}$$

作为相量，整定误差 $\vec{\varepsilon}$ 表示了相位裕度和穿越频率的误差。我们使用图 7.7a 相量图更好地理解整定过程中的一般情况。现在假设相位裕度误差为零，得到图 7.7b 的相量图。φ_m 延迟相量$\vec{u}_y\text{e}^{-\text{j}\varphi_\text{m}}$平行于$\vec{u}_x$，但是因为穿越频率不等于 ω_p，所以幅值不同。还要注意如何使得 $\vec{\varepsilon}$ 与$\vec{u}_x$ 平行。接下来，图 7.7c 表示了当穿越频率误差为零，但是存在相位裕量误差时，$\vec{u}_y\text{e}^{-\text{j}\varphi_\text{m}}$和$\vec{u}_x$仍然不一致。整定误差 $\vec{\varepsilon}$ 基本上正交于$\vec{u}_x$。一旦相位裕度和穿越频率误差都得到校正，相量图变为如图 7.7d 所示。

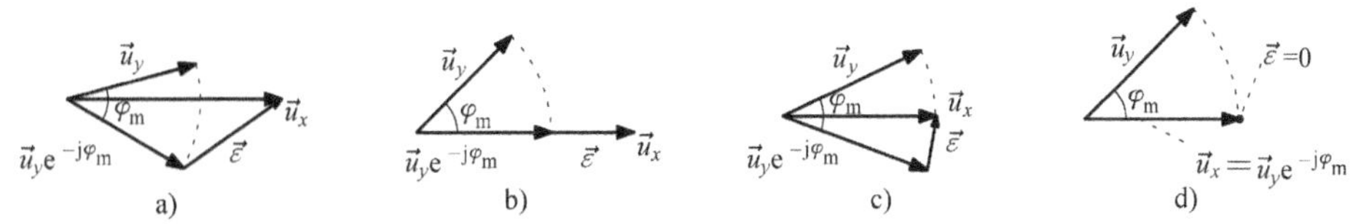

图 7.7　相量图：a）整定过程期间；b）相位裕度零误差；c）穿越频率零误差；d）整定后

从上述讨论中，可以看出整定误差可以为与$\vec{u}_x$ 平行的分量$\vec{\varepsilon}_{\parallel}$ 和与$\vec{u}_x$ 正交的分量$\vec{\varepsilon}_{\perp}$。正交分量$\vec{u}_x$ 和$\vec{u}_{x\perp}$ 平行，其中$\vec{u}_{x\perp} \triangleq -\mathrm{j}\,\vec{u}_x$：

$$\vec{\varepsilon}=\vec{\varepsilon}_{\parallel}+\vec{\varepsilon}_{\perp} \tag{7.18}$$

这种分解如图 7.8 所示，其意义可以描述如下：

1）$\vec{\varepsilon}_{\parallel}$ 可以认为主要来自于穿越频率的误差。整定 $\vec{\varepsilon}_{\parallel}=0$ 表示调整环路的穿越频率。

2）另一方面，$\vec{\varepsilon}_{\perp}$ 可以主要与相位裕度误差有关。因此，整定$\vec{\varepsilon}_{\perp}=0$ 表示整定回路的相位裕度。

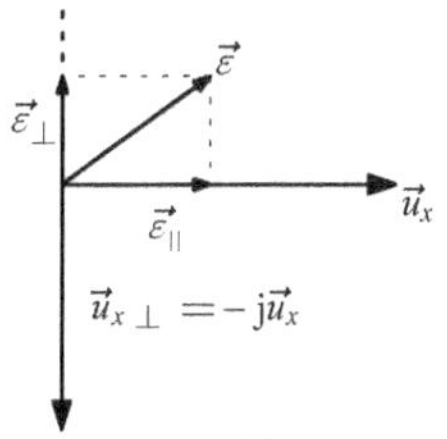

图 7.8　将整定误差 $\vec{\varepsilon}$ 分解成平行于$\vec{u}_x$ 的分量$\vec{\varepsilon}_{\parallel}$ 和垂直于$\vec{u}_x$ 的分量$\vec{\varepsilon}_{\perp}$

这些结论允许使用两个反馈回路，即校正$\vec{\varepsilon}_{\parallel}$ 的穿越频率整定回路和校正$\vec{\varepsilon}_{\perp}$ 的相位裕度整定回路构建自整定器。

在介绍自整定器框图之前，还需讨论的问题是，如何构造与$\vec{\varepsilon}_{\parallel}$ 和$\vec{\varepsilon}_{\perp}$ 成比例的信号。插图 7.1 介绍了一种常见方式以及相关信号的向量投影。

插图 7.1　信号的投影及其向量表示

用两个相量 $\vec{a}$ 和 $\vec{b}$ 表示两个时域正弦振荡信号 $a[k]$ 和 $b[k]$：

$$\begin{aligned}\vec{a}&\leftrightarrow a[k]=a_\mathrm{m}\sin(\omega kT_\mathrm{s}+\varphi_\mathrm{a})\\ \vec{b}&\leftrightarrow b[k]=b_\mathrm{m}\sin(\omega kT_\mathrm{s}+\varphi_\mathrm{b})\end{aligned} \tag{7.19}$$

时域信号的相乘得到

$$\begin{aligned}p_{\parallel}[k]&\triangleq a[k]\times b[k]=a_\mathrm{m}\sin(\omega kT_\mathrm{s}+\varphi_\mathrm{a})\times b_\mathrm{m}\sin(\omega kT_\mathrm{s}+\varphi_\mathrm{b})\\ &=\frac{a_\mathrm{m}b_\mathrm{m}}{2}(\cos(\varphi_\mathrm{b}-\varphi_\mathrm{a})-\cos(2\omega kT_\mathrm{s}+\varphi_\mathrm{a}+\varphi_\mathrm{b}))\end{aligned} \tag{7.20}$$

直流项为

$$\bar{p}_{\parallel}\triangleq\frac{a_\mathrm{m}b_\mathrm{m}}{2}\cos(\varphi_\mathrm{b}-\varphi_\mathrm{a})=\frac{b_\mathrm{m}}{2}\underbrace{a_\mathrm{m}\cos(\varphi_\mathrm{b}-\varphi_\mathrm{a})}_{\vec{a}\text{沿着}\vec{b}\text{的分量}} \tag{7.21}$$

包含与 $\vec{a}$ 沿着 $\vec{b}$ 的投影成比例的因子。类似地，$a[k]$乘以延迟 90°的 $b[k]$，即 $b_{\perp}[k]$，得

$$\begin{aligned} p_{\perp}[k] &\triangleq a[k]\times b_{\perp}[k] = a_{\mathrm{m}}\sin(\omega kT_{\mathrm{s}}+\varphi_{\mathrm{a}})\times b_{\mathrm{m}}\sin\left(\omega kT_{\mathrm{s}}+\varphi_{\mathrm{b}}-\frac{\pi}{2}\right) \\ &= -a_{\mathrm{m}}\sin(\omega kT_{\mathrm{s}}+\varphi_{\mathrm{a}})\times b_{\mathrm{m}}\cos(\omega kT_{\mathrm{s}}+\varphi_{\mathrm{b}}) \\ &= \frac{a_{\mathrm{m}}b_{\mathrm{m}}}{2}\left(\sin(\varphi_{\mathrm{b}}-\varphi_{\mathrm{a}})-\sin(2\omega kT_{\mathrm{s}}+\varphi_{\mathrm{a}}+\varphi_{\mathrm{b}})\right) \end{aligned} \tag{7.22}$$

其直流项

$$\bar{p}_{\perp} \triangleq \frac{a_{\mathrm{m}}b_{\mathrm{m}}}{2}\sin(\varphi_{\mathrm{b}}-\varphi_{\mathrm{a}}) = \frac{b_{\mathrm{m}}}{2}\underbrace{a_{\mathrm{m}}\sin(\varphi_{\mathrm{b}}-\varphi_{\mathrm{a}})}_{\tilde{a}\text{沿着}\tilde{b}_{\perp}\triangleq -\mathrm{j}\tilde{b}\text{的分量}} \tag{7.23}$$

包含与 $\vec{a}$ 在 $\vec{b}$ 正交方向的分量成比例的因子。

总之，上述时域乘法提取了 $a[k]$ 对 $b[k]$ 的同向和正交方向的分量，该分量为时域乘积的直流分量。另一方面，式（7.20）和式（7.22）中的第二项表示频率 ω 的 2 倍的振荡信号，表示为分解时的扰动信号。

最后，请注意

$$\bar{p}_{\parallel} \triangleq \frac{a_{\mathrm{m}}b_{\mathrm{m}}}{2}\cos(\varphi_{\mathrm{b}}-\varphi_{\mathrm{a}}) \text{和} \ \bar{p}_{\perp} \triangleq \frac{a_{\mathrm{m}}b_{\mathrm{m}}}{2}\sin(\varphi_{\mathrm{b}}-\varphi_{\mathrm{a}}) \tag{7.24}$$

可以被认为是以下复数的实部和虚部：

$$\begin{aligned} \frac{\vec{a}^{*}\times\vec{b}}{2} &= \frac{a_{\mathrm{m}}b_{\mathrm{m}}}{2}\mathrm{e}^{\mathrm{j}(\varphi_{\mathrm{b}}-\varphi_{\mathrm{a}})} \\ &= \frac{a_{\mathrm{m}}b_{\mathrm{m}}}{2}\left(\cos(\varphi_{\mathrm{b}}-\varphi_{\mathrm{a}})+\mathrm{j}\sin(\varphi_{\mathrm{b}}-\varphi_{\mathrm{a}})\right) \\ &= \bar{p}_{\parallel}+\mathrm{j}\bar{p}_{\perp} \end{aligned} \tag{7.25}$$

式中，$\vec{a}^{*}$ 表示相量 $\vec{a}$ 的复共轭。

7.3.2 PD 自整定的实现

PD 自整定系统的框图如图 7.9 所示，其中采用并联形式的可编程 PID 补偿器。首先，通过从 $u_x[k]$ 和 $u_y[k]$ 减去控制时的稳态值 U 消除了直流分量。因为信号固有的滤波特性，使得积分项对于扰动 $u_{\mathrm{pert}}[k]$ 信号不敏感，所以实际上，可以将控制作用的积分项 $u_{\mathrm{i}}[k]$ 当作 U。接下来，使用两个延迟模块来生成 $\hat{u}_y[k]$ 延迟 φ_{m} 的信号 $\hat{u}_{y,\varphi_{\mathrm{m}}}[k]$ 和 $\hat{u}_x[k]$ 延迟 90°的信号 $\hat{u}_{x\perp}[k]$。然后在时域中计算整定误差 $\varepsilon[k]$ 为

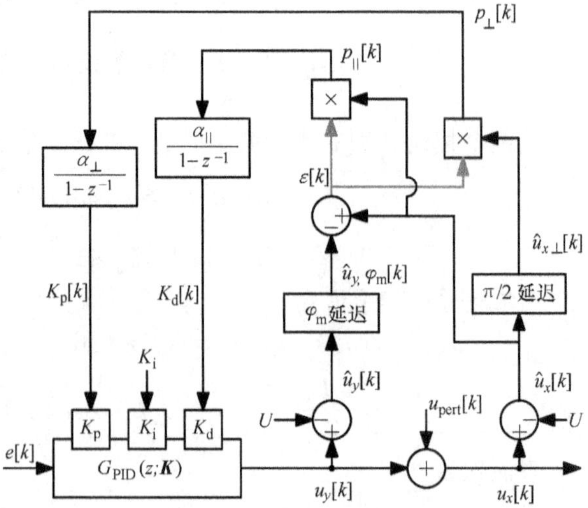

图 7.9 PD 自整定方法的框图

$$\varepsilon[k] \triangleq \hat{u}_x[k] - \hat{u}_{y,\varphi_m}[k] \tag{7.26}$$

这是式（7.15）对应的时域表达式。当存在 $\varepsilon[k]$时，可计算时域乘积 $p_{\parallel}[k]$和 $p_{\perp}[k]$得

$$p_{\parallel}[k] \triangleq \varepsilon[k] \times \hat{u}_x[k]$$
$$p_{\perp}[k] \triangleq \varepsilon[k] \times \hat{u}_{x\perp}[k] \tag{7.27}$$

从插图7.1看出，$p_{\parallel}[k]$的直流分量$\bar{p}_{\parallel}$与$\vec{\varepsilon}_{\parallel}$有关，而$p_{\perp}[k]$的直流分量$\bar{p}_{\perp}$与$\vec{\varepsilon}_{\perp}$有关。在前面讨论的基础上，将$\bar{p}_{\parallel}$强制为零，完成对穿越频率的整定。类似地，将$\bar{p}_{\perp}$强制为零，完成对为相位裕量$\varphi_m$的整定。

在这里讨论的PD整定中，积分增益K_i保持固定，同时调节比例和微分增益K_p和K_d，强迫$\vec{\varepsilon}=0$。这是通过在整定回路中插入两个积分补偿器来实现的，其中由于$p_{\parallel}[k]$和$p_{\perp}[k]$积累产生了K_d和K_p：

$$\begin{aligned} K_d[k] &= \alpha_{\parallel} p_{\parallel}[k] + K_d[k-1] \\ K_p[k] &= \alpha_{\perp} p_{\perp}[k] + K_p[k-1] \end{aligned} \tag{7.28}$$

式中，系数$\alpha_{\parallel}>0$和$\alpha_{\perp}>0$决定整定回路的速度及其稳定性。

使用K_d来调整$\vec{\varepsilon}_{\parallel}=0$的原因是因为$K_d$对高频PID增益有重大影响，并直接影响环路增益的穿越频率。另一方面，K_p主要通过移动PD零点来影响高频相位响应。因此，通过作用于K_p来实现相位裕度调整$\vec{\varepsilon}_{\perp}=0$。

式（7.28）整定控制规律正确地实现了负反馈调整：

1）穿越频率中的负误差意味着正的$\vec{\varepsilon}_{\parallel}$（即与$\vec{u}_x$同向）。整定时，正$\vec{\varepsilon}_{\parallel}$决定了$K_d$的增加，也决定了穿越频率的增加。

2）相位裕度中的负误差意味着负的$\vec{\varepsilon}_{\perp}$（与$\vec{u}_{x\perp}$方向相反）。整定时，负的$\vec{\varepsilon}_{\perp}$决定了$K_p$的减小，这使得PD零点往低频移动，从而增加了相位。

负反馈中的整定积分器迫使$p_{\parallel}[k]$和$p_{\perp}[k]$的直流分量为零，即迫使系统$\vec{\varepsilon}=0$。观察到在乘积$p_{\parallel}[k]$和$p_{\perp}[k]$中存在的2倍ω_p处的振荡项使得在$K_p[k]$和$K_d[k]$之上存在一定的小幅振荡。由于整定环路通常比变换器的调整环路慢得多，整定积分器滤除了$2\omega_p$分量。

φ_m延迟以及90°延迟的实现可以通过简单的数字滤波来执行。首先回想一下，对应于一个开关周期步长对应的相位延迟由算子z^{-1}描述。另一方面，在0和一个开关周期步长之间的分数延迟，可以通过使用下式实现：

$$F_a(z) \triangleq 1 - a + az^{-1}, \quad 0 \leqslant a \leqslant 1 \tag{7.29}$$

图7.10为a各种值时$F_a(z)$的伯德图。相位延迟随a增加，$a=0$时，相位延迟为零；$a=1$时，相位延迟一个开关周期。参数a和期望旋转相位$\varphi=\angle F_a(e^{j\omega T_s})$在扰动频率$\omega_p$处的关系为

$$a = \frac{\tan\varphi}{(1-\cos(\omega_p T_s))\tan\varphi - \sin(\omega_p T_s)} \approx \frac{\tan|\varphi|}{\omega_p T_s} \tag{7.30}$$

式中，当扰动频率小于等于开关频率的1/10时可取得较好的近似结果。

当需要实现的延迟为在N和$N+1$个开关周期步长之间时，可以简单地将N步长延迟z^{-N}与设计适当的分数延迟$F_a(z)$相级联：

$$F(z) \triangleq z^{-N}F_a(z) = z^{-N}(1-a+az^{-1}) \quad (7.31)$$

该解决方案可以使得信号无衰减且将信号延迟指定时间。此外，每当所需的延迟正好是开关周期的T_s的整数倍时，上述表达式可退化为一个纯N阶延迟，且$a=0$。

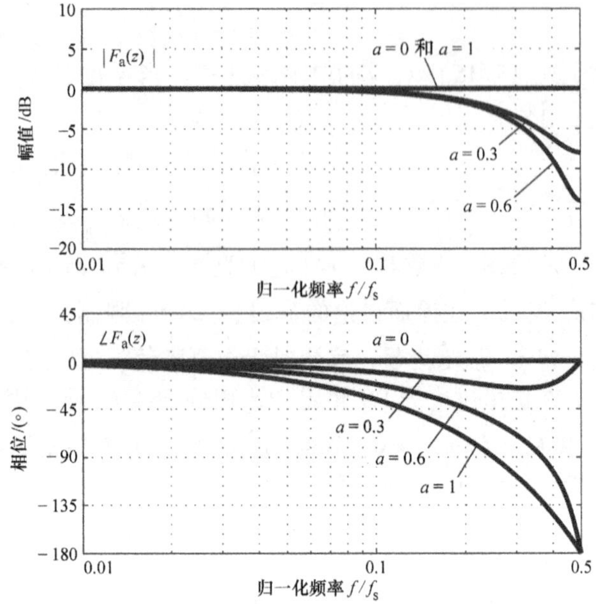

图 7.10　不同的a值时$F_a(z)$的伯德图

7.3.3　仿真实例

在前面章节中介绍电压模式控制的同步降压变换器实例中增加注入式PD整定方法，用仿真技术验证其性能。作为首先进行的仿真测试，假设功率变换器的参数为额定值，但是比例和微分补偿器增益的初始值仅为其目标值的20%。根据式(6.50)有

$$\check{K}_p = \frac{24.76}{5} \approx 4.95$$
$$\check{K}_i = 0.5961$$
$$\check{K}_d = \frac{190.5}{5} \approx 38.1 \quad (7.32)$$

回顾第4章，期望设计目标为：实现穿越频率100kHz和相位裕度45°。在初始值修改的情况下，控制环路的带宽和相位裕度都严重受损，如图7.11的环路增益伯德图所示。整定过程结束后，恢复原有的指标。在图7.12中，对比了整定前后

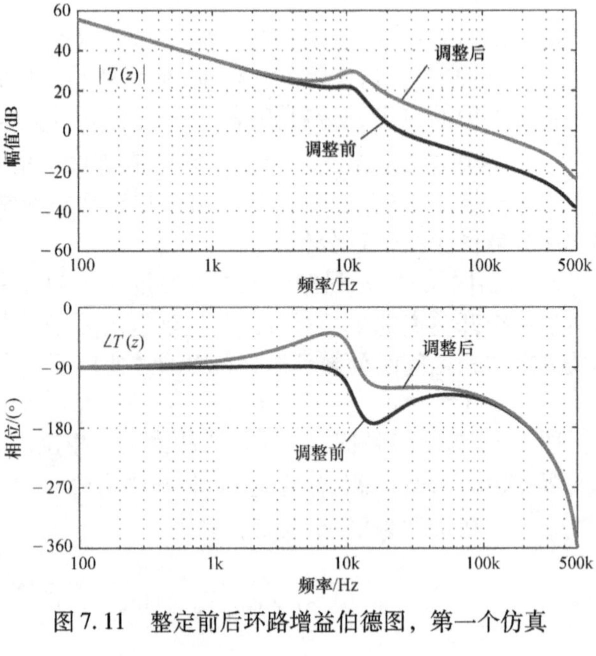

图 7.11　整定前后环路增益伯德图，第一个仿真

负载从 0A 到 5A 阶跃时的闭环响应，说明了整定器能够实现高性能的控制环路。

图 7.13 为整定过程中 PID 增益的时域波形。整定器在$t=0$时开始工作，并快速向整定目标调整补偿器的增益。整定过程开始时的输出电压和电感电流波形如图 7.14 所示。在整定过程中，信号$u_x[k]$和$u_y[k]$的波形如图 7.15 所示。

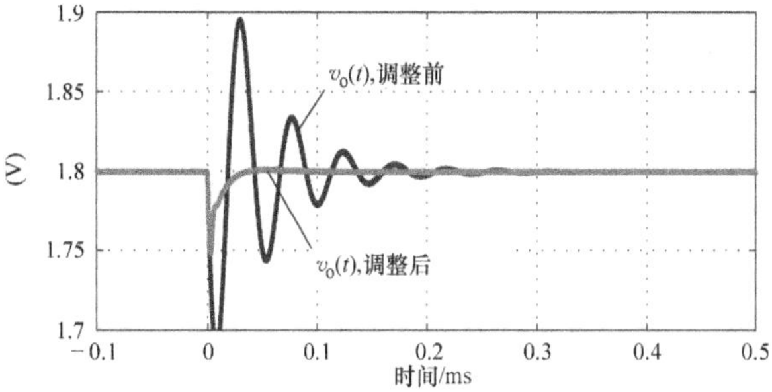

图 7.12　整定前后负载从 0A 到 5A 阶跃响应，第一个仿真

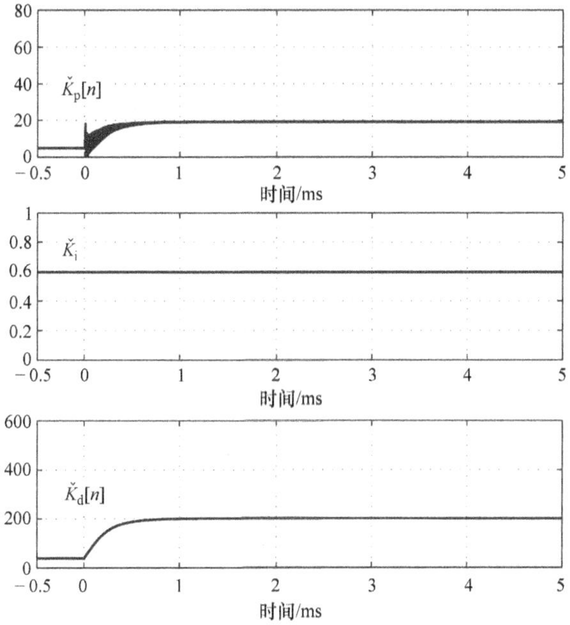

图 7.13　整定过程中 PID 增益的时域波形，第一个仿真

第二个仿真中，假设整定过程开始时的初始条件为由第 6 章所确定的额定补偿值。但是功率变换器中的输出电容是设计过程中假定值的 2 倍：

$$C'=2\times C=2\times 200\mu\text{F}=400\mu\text{F} \tag{7.33}$$

较大的输出滤波电容意味着：相对于设计的假设而言，实际具有较低的谐振频率。考虑高于谐振频率时环路的斜率约为 −20dB/dec，实际的穿越频率仅为原有设计目标穿越频率 100kHz 的一半。在实际应用中通常遇到这种工况，变换器的负载为容性负载，容性不确定[⊖]。

[⊖] point of load (POL) power——点负载电源，专门针对个别特定器件（点负载）供电的电源模块（通常是 DC - DC）。由于供电对象专一，所以其性能能更好地与对象匹配。空间位置上，POL 电源模块应紧靠相应负载放置。——译者注

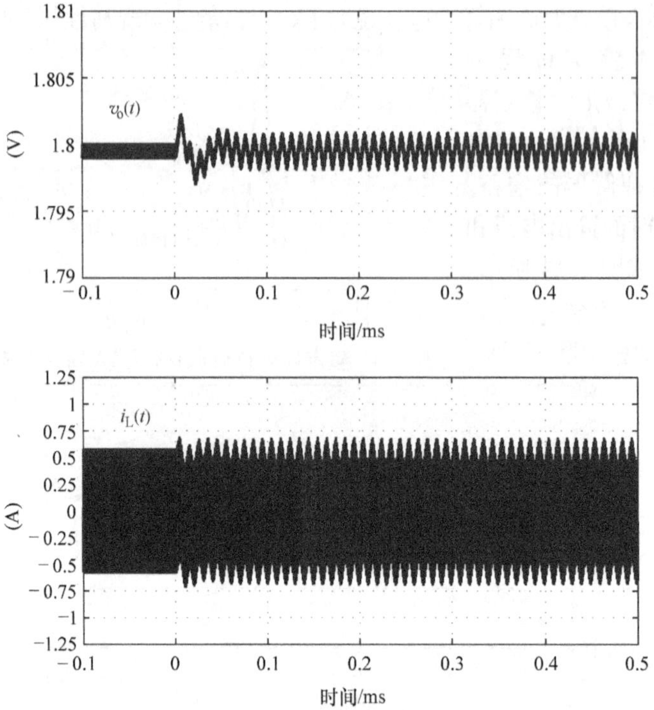

图 7.14 整定过程中的输出电压和电感电流，第一个仿真

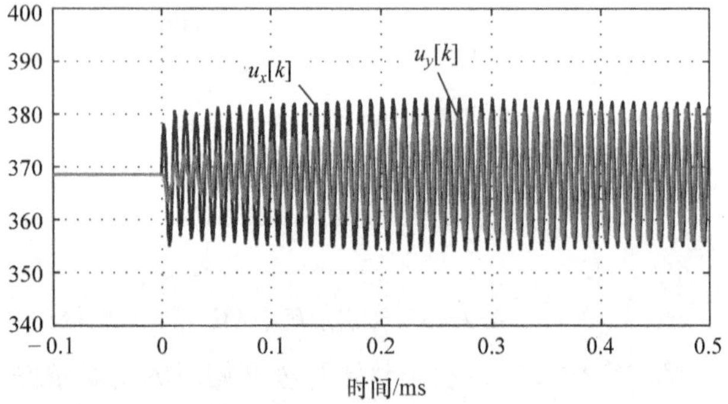

图 7.15 整定过程中的 $u_x[k]$ 和 $u_y[k]$，第一个仿真

整定过程如图 7.16 所示。微分增益整定到初始值的大约 2 倍，用来补偿控制对象的较低的增益。同时，增加比例增益，减小 PID 在 100kHz 处的相位。根据图 7.3 可以容易地理解这种行为，因为它清楚地表明：K_d 增加的副作用使得 PID 相位增加。整定器通过增加 K_p 来抵消这种影响，减小了 PID 超前动作，如图 7.2 所示。这个例子展示了 PID 增益对补偿器幅频响应和相位响应的影响。

整定前后系统的环路增益伯德图如图 7.17 所示。图 7.18 为整定前后负载从 0A 跃变至 5A 时闭环系统的输出电压。可以注意到：当输出滤波电容值不确定时整定器能够改善动态响应。

7.3.4 PD 自整定环路的小信号分析

如 7.3.2 节所述，图 7.9 所示的参数 $\alpha_{\parallel}$ 和 $\alpha_{\perp}$ 在 PD 自整定器中影响整定过程的

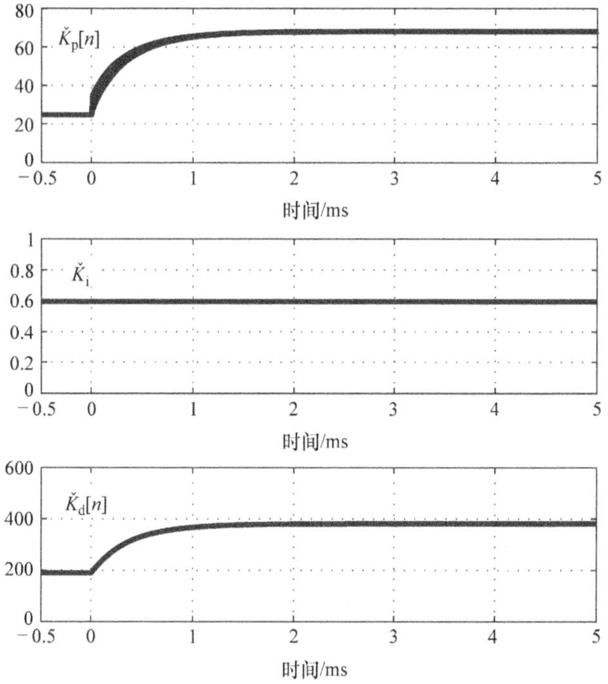

图 7.16　整定过程中 PID 增益，第二个仿真

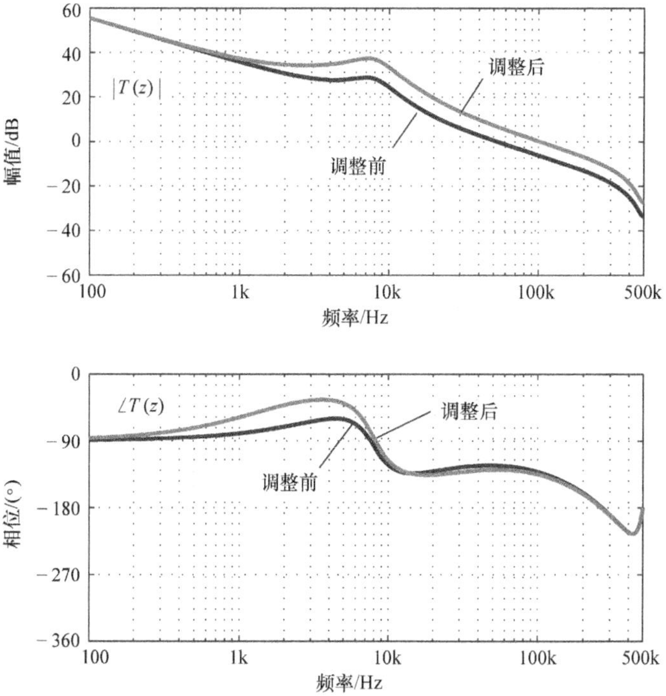

图 7.17　整定前后环路增益伯德图，第二个仿真

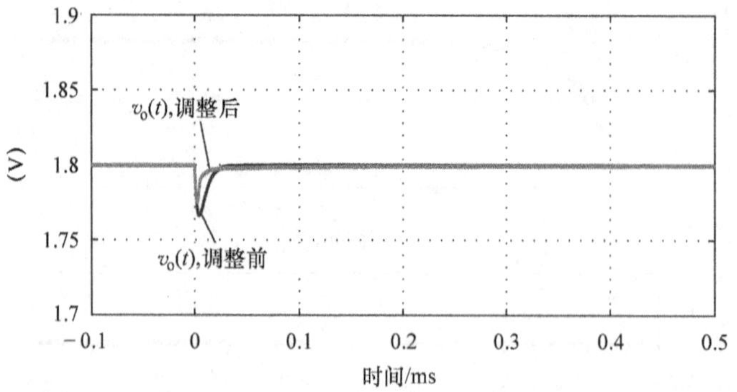

图 7.18　负载从 0A 到 5A 阶跃变化时，整定前后的闭环输出波形，第二个仿真

动态响应。可以理解，更大的 $\alpha_{\parallel}$ 和 $\alpha_{\perp}$ 导致更快的整定，但是需要定量的分析以便正确地设计整定环路。本节重点介绍 PD 整定环路的动态特性的小信号分析。

参考图 7.19，在 7.3.2 节中描述的自整定系统是个多反馈系统，具有两个反馈路径，一个反馈路径用于整定 K_d，另一个反馈路径用于整定 K_p。

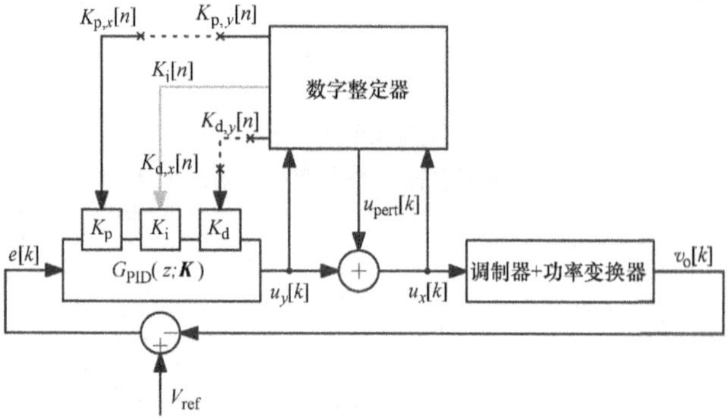

图 7.19　确定自整定环路增益

重要的是先弄清楚“小信号分析”对于图 7.9 的自整定系统意味着什么。如图 7.19 所示，理想情况下，自整定反馈必须在 K_d 和 K_p 处断开，并且将（$K_{d,x}$，$K_{p,x}$）和（$K_{d,y}$，$K_{p,y}$）定义为“信号对”。小信号分析的最终目标是理解 $K_{d,x}$ 和 $K_{p,x}$ 上的小信号扰动（$\hat{K}_{d,x}$，$\hat{K}_{p,x}$）如何在多环路反馈系统中传播并在相应 $K_{d,y}$ 和 $K_{p,y}$ 上形成扰动（$\hat{K}_{d,y}$，$\hat{K}_{p,y}$）。在确定这种依赖关系时，将出现以下两个问题：

1）已知乘积 $p_{\parallel}$ 和 $p_{\perp}$ 不仅包含直流分量，而且包含 2 倍于扰动频率 ω_p 的振荡分量。为了进行小信号分析，只有低频分量 $\bar{p}_{\parallel}[n]$ 和 $\bar{p}_{\perp}[n]$ 的小扰动变化是相关的，忽略与振荡分量相关的任何信息。这类似于将整定回路的动态特性做平均。

2）因为注入了输入扰动 $u_{pert}[k]$，$\hat{u}_x[k]$ 和 $\hat{u}_y[k]$ 的振荡频率为 ω_p，所以扰动小信号（$\hat{K}_{d,x}$，$\hat{K}_{p,x}$）改变 $\hat{u}_x[k]$ 和 $\hat{u}_y[k]$ 之间的幅值/相位关系。我们采用信号分析 $\vec{u}_x$ 和 $\vec{u}_y$ 之间的缓慢变化的相量关系是准确的。非常类似于使用动态相量分析谐

振变换器。

考虑到上述情况，图7.20中为自整定环路的小信号框图。与前面章节中的做法类似，环路被细分为其未补偿的动态特性和其补偿器的动态特性。$K_{d,x}$和$K_{p,x}$上的小信号扰动（$\hat{K}_{d,x}$，$\hat{K}_{p,x}$）对$\bar{p}_{\parallel}$和$\bar{p}_{\perp}$上的小信号扰动（$\hat{\bar{p}}_{\parallel}$，$\hat{\bar{p}}_{\perp}$）的影响决定了未补偿环路增益$T_{dd,u}(z)$、$T_{dp,u}(z)$、$T_{pd,u}(z)$和$T_{pp,u}(z)$：

$$\begin{bmatrix} \hat{\bar{p}}_{\parallel}(z) \\ \hat{\bar{p}}_{\perp}(z) \end{bmatrix} = \begin{bmatrix} -T_{dd,u}(z) & -T_{dp,u}(z) \\ -T_{pd,u}(z) & -T_{pp,u}(z) \end{bmatrix} \begin{bmatrix} \hat{K}_{d,x}(z) \\ \hat{K}_{p,x}(z) \end{bmatrix} \tag{7.34}$$

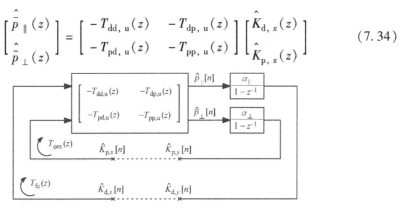

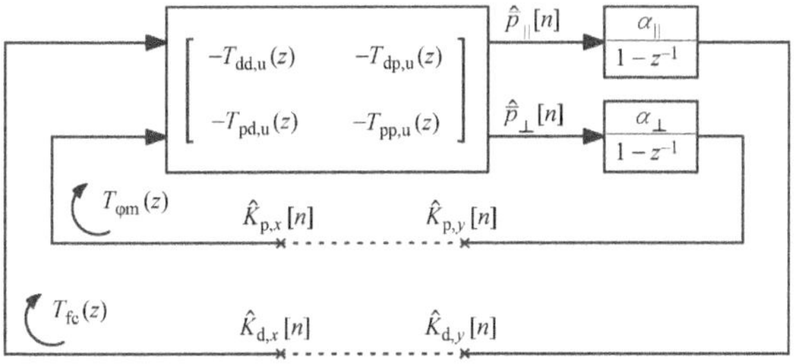

图7.20 自整定环路的小信号框图

下面将显示，未补偿的环路增益实际上是与频率无关的。因此，整定过程的整个动态由积分补偿器确定。为了看到这一点，首先导出整定误差$\vec{\varepsilon}$和系统环路增益$T(z)$之间的相量关系。根据式（7.17）和式（7.14）：

$$\vec{\varepsilon} = \vec{u}_x - \vec{u}_y \mathrm{e}^{-\mathrm{j}\varphi_m} = \vec{u}_x(1 + \mathrm{e}^{-\mathrm{j}\varphi_m} T(\omega_p; K_d, K_p)) \tag{7.35}$$

式中，$T(\omega_p; K_d, K_p)$表示环路增益$T(z)$在$z=\mathrm{e}^{\mathrm{j}\omega_p T_s}$处的值，并且其中明确表示了$T(z)$对$K_d$和$K_p$的依赖性。此外，由注入方程［式（7.13）和式（7.14）］，得出结论：

$$\vec{u}_x = \vec{u}_y + \vec{u}_{pert} = \vec{u}_{pert} - T(\omega_p; K_d, K_p)\vec{u}_x \Rightarrow \vec{u}_x = \frac{\vec{u}_{pert}}{1 + T(\omega_p; K_d, K_p)} \tag{7.36}$$

联立上述结果，得

$$\vec{\varepsilon} = \frac{1 + \mathrm{e}^{-\mathrm{j}\varphi_m} T(\omega_p; K_d, K_p)}{1 + T(\omega_p; K_d, K_p)} \vec{u}_{pert} \tag{7.37}$$

这是补偿器增益K_d和K_p与整定误差相量$\vec{\varepsilon}$之间的非线性关系。

接下来，因为$\vec{\varepsilon}$和$\bar{p}_{\parallel}$和$\bar{p}_{\perp}$有关，所以先确定$\vec{\varepsilon}$。由式（7.27）可知，这些信号分别通过$\varepsilon[k]$与$\hat{u}_x[k]$和$\hat{u}_{x\perp}[k]$相乘而得。根据式（7.25），可得

$$\frac{\vec{\varepsilon}^* \times \vec{u}_x}{2} = \frac{\vec{\varepsilon}^*}{2} \times \frac{\vec{u}_{pert}}{1 + T(\omega_p; K_d, K_p)} \tag{7.38}$$

该复数中$\bar{p}_{\parallel}$和$\bar{p}_{\perp}$分别作为其实部和虚部。将上述方程与式（7.37）联立，得到

$$\frac{\vec{\varepsilon}^* \times \vec{u}_x}{2}=\frac{(1+e^{j\varphi_m}T(\omega_p;K_d,K_p))|\vec{u}_{pert}|^2}{2|1+T(\omega_p;K_d,K_p)|^2}\triangleq f(K_d,K_p) \tag{7.39}$$

含实数量 K_d 和 K_p 的复函数 f 表示了补偿器增益和 $\bar{p}_{\parallel}$、$\bar{p}_{\perp}$ 之间的非线性关系，如图 7.21 所示：

$$\bar{p}_{\parallel}=\Re[f(K_d,K_p)]$$
$$\bar{p}_{\perp}=\Im[f(K_d,K_p)] \tag{7.40}$$

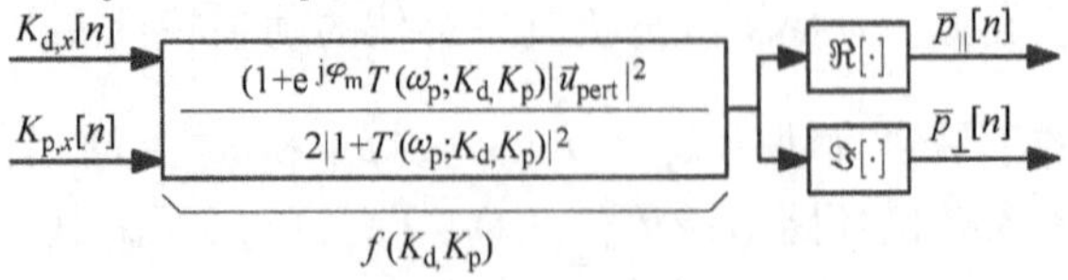

图 7.21 （K_d，K_p）和（$\bar{p}_{\parallel}$，$\bar{p}_{\perp}$）之间的非线性关系框图

将上述等式针对 K_d 和 K_p 做线性化处理，得到四个未补偿的小信号环路增益，如图 7.20 所示：

$$\begin{bmatrix} -T_{dd,u}(z) & -T_{dp,u}(z) \\ -T_{pd,u}(z) & -T_{pp,u}(z) \end{bmatrix} \triangleq \begin{bmatrix} \dfrac{\partial\Re[f]}{\partial K_d} & \dfrac{\partial\Re[f]}{\partial K_p} \\ \dfrac{\partial\Im[f]}{\partial K_d} & \dfrac{\partial\Im[f]}{\partial K_p} \end{bmatrix} \tag{7.41}$$

式中，偏导数目的在于评估给定稳态工作点时整定器的特性。正如预期，因为推导出的非线性模型表示了各个向量之间的静态关系，它们之间并不存在复杂动态关系，所以未补偿的环路增益为常数。尽管采用了近似分析才获得了上述结果，但是对于精确的小信号分析和整定回路的设计而言，上述结论是可以接受的。

根据这样推导出来的未补偿环路增益，现在考虑设计自整定环路的补偿问题。一种方法是将自整定环路视为双输入、双输出的系统，并同时对 K_d 和 K_p 设计补偿。在下文中，我们采用了一种简化的方法，类似于在第 4 章中同步降压变换器的多环控制器的设计方法。更精确地说，快速的内环调整 K_p 用于相位裕度整定；较慢的外环调整 K_d 用于穿越频率整定。这样选择的基本原理是调整相位裕度足够快，保证稳定的相位裕度，同时可以慢慢地调整穿越频率。

当 K_d 环路开环时，相位裕度整定环路的补偿环路增益为

$$\boxed{T_{\varphi_m}(z)\triangleq\frac{\alpha_{\perp}}{1-z^{-1}}T_{pp,u}} \tag{7.42}$$

选择 $\alpha_{\perp}$ 得到期望的内环穿越频率。

一旦在相位裕度整定环路中插入了积分补偿器，则 $\hat{K}_{p,x}=\hat{K}_{p,y}$，$K_d$ 的动态的方程变为

$$\begin{aligned} \hat{K}_{d,y}(z) &= -T_{dd,u}\hat{K}_{d,x}(z)-T_{dp,u}\hat{K}_{p,x}(z) \\ \hat{K}_{p,x}(z)=\hat{K}_{p,y}(z) &= -\frac{T_{pd}(z)}{1+T_{\varphi_m}(z)}\hat{K}_{d,x}(z) \end{aligned} \tag{7.43}$$

其中

$$T_{pd}(z)\triangleq\frac{\alpha_{\perp}}{1-z^{-1}}T_{pd,u} \tag{7.44}$$

因此，未补偿的穿越频率整定环路的动态特性为

$$T_{f_c,\mathrm{u}}(z)=-\frac{\hat{K}_{\mathrm{d},y}(z)}{\hat{K}_{\mathrm{d},x}(z)}=T_{\mathrm{dd},\mathrm{u}}-\frac{T_{\mathrm{dp},\mathrm{u}}T_{\mathrm{pd}}(z)}{1+T_{\varphi_{\mathrm{m}}}(z)} \tag{7.45}$$

穿越频率整定环路的补偿增益为

$$T_{f_c}(z)=\frac{\alpha_{\parallel}}{1-z^{-1}}T_{f_c,\mathrm{u}}(z) \tag{7.46}$$

7.3.3 节中的仿真测试中的 PD 整定器的 $T_{\varphi_{\mathrm{m}}}(z)$和 $T_{f_c}(z)$的伯德图如图 7.22 所示。

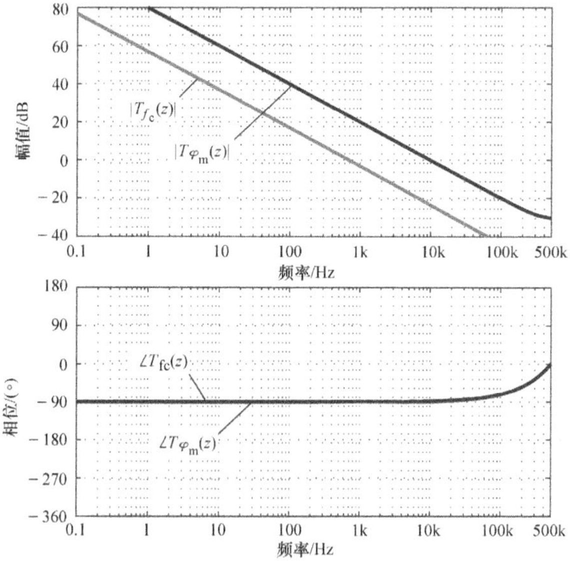

图 7.22 穿越频率整定环路和相位裕度整定环路的伯德图

虽然本节的内容是针对 PD 整定情况而提出的，但是整定环路的小信号分析的方法通常也适用于其他注入式整定情况和其他 PID 实现。

7.4 基于继电器反馈的数字自整定

在有关文献中很早就提出了 PID 补偿器的继电器反馈调节，使用该方法可以自动识别所谓的“极限周期”被控对象。“极限周期”定义为：使用适当的、较大的比例补偿器使得闭环系统到达 0 相位裕度时，系统出现的周期振荡[85,83]。根据“极限周期”的定义，频域内的，Ziegler - Nichols 方法提供了一种选择补偿器参数的首选方法[82,85,127]。近来提出的继电器反馈整定将该方法扩展至用于识别任意频率的过程响应。

本节讨论数字式继电器反馈的运行原理，以及使用文献中提出的方法将其用至 DC - DC 开关功率变换器的数字整定。这里基于参考文献［89］中描述的方法实现。

参考文献［90］讨论了采用改进的继电器反馈获得鲁棒性更强的穿越频率整定方法。

7.4.1 工作原理

继电器是瞬时非线性的，实现函数为 $e_r = f_r(e)$：

$$e_r = f_r(e) = \begin{cases} +A_r & e>0 \\ -A_r & e\leqslant 0 \end{cases} \tag{7.47}$$

式中，A_r 为继电器幅度且 $A_r > 0$。当其插入到现有的反馈环路中时，继电器的强非线性将触发极环振荡，其振荡频率和幅值与被控对象有关，可将振荡频率和幅值的信息用于整定。

为了使所研究的理论具有普遍意义，考虑图 7.23 中描绘的反馈系统，其中继电器模块已经插入至补偿器 $G_c(z)$ 的前面。在下文中，假定 $G_c(z)$ 总是包含积分动作。此外，滤波器 $F(z)$ 插入在补偿器和功率变换器之间。

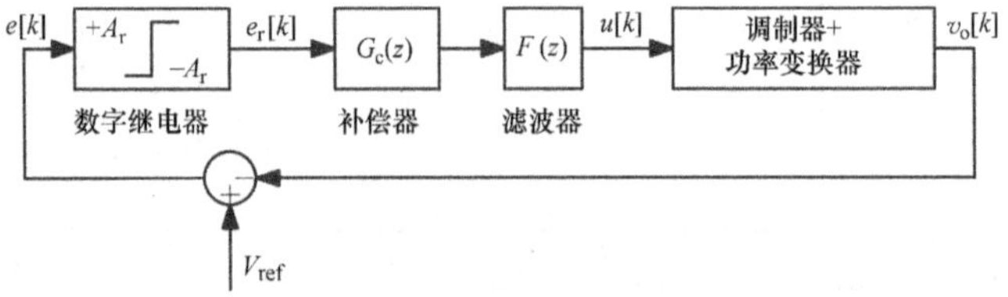

图 7.23 带数字继电器的反馈回路框图

由于继电器模块的存在，图 7.23 中所示的系统以特定频率 f_{osc} 振荡。对于这种振荡的存在的直观解释是，由于 $G_c(z)$ 中存在的积分作用，信号 $e_r[k]$ 在时域上平均值为零。如果误差非零，继电器模块将输出正或负信号，并且迫使 $G_c(z)$ 不满足该条件。由式（7.47）可知，继电器输出 $e_r[k]$ 的瞬时值不为零，因此，令 $e_r[k]$ 平均值为零唯一的方式是：继电器输入 $e[k]$ 在零附近周期性地振荡。假设由于功率变换器的低通滤波特性，这种振荡基本上是正弦的，则继电器块输出信号 $e_r[k]$ 是幅度为 $+A_r$ 和频率为 f_{osc} 的方波。在非线性系统的术语中，由于继电器非线性在系统中出现的振荡是极限环的另一个典型例子。

处于这种极限周期时频率必须满足下式要求：

$$\underbrace{\angle G_c(f_{osc})}_{f_{osc}\text{处}G_c(z)\text{相移}} + \underbrace{\angle T_u(f_{osc})}_{f_{osc}\text{处}T_u(z)\text{ 相移}} + \underbrace{\angle F(f_{osc})}_{f_{osc}\text{处}F(z)\text{相移}} = -\pi \tag{7.48}$$

式中，$T_u(z)$ 通常表示变换器的未补偿的小信号传递函数。观察到继电器模块对环路相位响应没有影响，因为 $e_r[k]$ 的基波分量与 $e[k]$ 同相。

借助于描述函数的理论，这种定性的解释可以更加规范并且富有说服力。

例如，继电器函数式（7.47），当输出端仅仅观察到基波分量时，描述函数的静态非线性特性描述了输入的正弦信号在幅值和相位的非线性传递过程。继电器即式（7.47）的描述函数是

$$\boxed{\Psi(a_{osc}) \triangleq \frac{4A_r}{\pi a_{osc}}} \tag{7.49}$$

式中，a_{osc}表示在$e[k]$的振幅。式（7.49）简单地表示了$e_r[k]$的基波分量振幅$4A_r/\pi$和$e[k]$的输入振幅a_{osc}之间的关系。数量$\Psi(a_{osc})$是实数，意味着继电器模块引入了零相移。

利用定义的描述函数，可得非线性环路增益$T_{NL}(z;\ a_{osc})$为

$$T_{NL}(z;\ a_{osc}) \triangleq \Psi(a_{osc})T(z)F(z) \tag{7.50}$$

式中，$T(z)=G_c(z)T_u(z)$是在前面章节中考虑的常规的小信号环路增益。振荡条件表示为

$$\boxed{1+T_{NL}(z;\ a_{osc})=0} \tag{7.51}$$

我们称之为一阶谐波平衡方程[185]，其可以解释为线性反馈系统中 Barkhausen 振荡条件的一般形式。由式（7.51）得到相位平衡方程［式（7.48）］和幅度平衡方程

$$\frac{4A_r T_{f_{osc}} F_{f_{osc}}}{\pi a_{osc}}=1 \tag{7.52}$$

式中，$F_{f_{osc}}$和$T_{f_{osc}}$为$F(z)$和$T(z)$在f_{osc}处的幅度。幅度平衡方程表明，继电器增益即$\Psi(a_{osc})$，使得非线性环路增益幅度等于1。如果将继电器模块从系统中去掉，振荡将衰减。此外，振幅a_{osc}由$F(z)$和$T(z)$在f_{osc}处的幅度响应确定。

7.4.2 数字式继电器反馈的实现

上述等式是使用继电器反馈实现整定的基础。假设补偿器采用可编程 PID 形式，且为级联连接形式，如式（7.3）所示：

$$G_c(z)=G_{PID}(z;\ \boldsymbol{\kappa})=\frac{K_i}{1-z^{-1}}(1-\kappa_1+\kappa_1 z^{-1})(1-\kappa_2+\kappa_2 z^{-1}) \tag{7.53}$$

两个补偿零点$z_{1,2}$位于

$$z_{1,2}=-\frac{\kappa_{1,2}}{1-\kappa_{1,2}} \tag{7.54}$$

可以看出，只要满足$\kappa_{1,2}\leqslant 0$，则$0\leqslant z_{1,2}<1$。

整定方法共分为三步[89]：

1）整定z_1至变换器的谐振频率处；

2）整定z_2以达到所需的相位裕量；

3）整定总体 PID 增益K_i以达到期望的穿越频率。

整定阶段反馈结构框图如图7.24所示。

阶段1：整定z_1

初始状态，$\kappa_1=\kappa_2=0$，则

$$G_{PID}(z;\ \boldsymbol{\kappa})=\frac{K_i}{1-z^{-1}} \tag{7.55}$$

此外，令K_i足够小保证安全的、低带宽的补偿变换器。如果从系统中移除滤波块($F(z)=1$)，因为$\angle G_{PID}(f_{osc})\approx -\pi/2$，则相位平衡方程变为

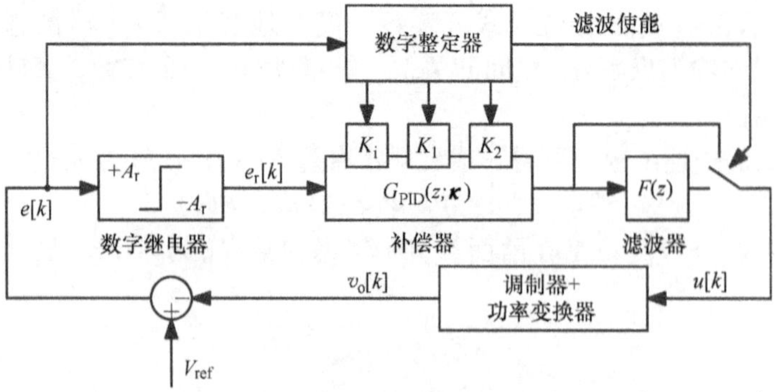

图 7.24 整定阶段的反馈环路框图

$$\angle G_{PID}(f_{osc}) + \angle T_u(f_{osc}) = -\pi$$
$$\Rightarrow \angle T_u(f_{osc}) = -\pi - \angle G_{PID}(f_{osc}) = -\frac{\pi}{2} \tag{7.56}$$

对于降压变换器，当从控制端到输出端的相位响应等于 $-\pi/2$ 时，该频率非常接近变换器 LC 滤波器的谐振频率 f_0，也就是说

$$f_{osc} \approx f_0 \tag{7.57}$$

即当系统出现极限环时，可以确认该振荡频率为变换器谐振频率。根据这一点可以识别变换器的谐振频率。

在数字系统中，可以利用简单的计数器测量振荡频率。计数器的计数频率为开关频率 f_s。在测量过程开始时复位，然后自由计数，直至计数值达到预设的 N 的振荡周期。可从误差信号 $e[k]$ 过零点处或从 $e_r[k]$ 的符号变化检测振荡周期。当采用一个小的滞回窗口放置在继电器模块之前时，可以抑制抖动噪声进入采样回路，这提高了采样的鲁棒性。如果 N_s 是在测量结束时的计数器的计数值，则

$$N_s T_s = N T_{osc} \Rightarrow \frac{f_s}{f_{osc}} = \frac{N_s}{N} \tag{7.58}$$

用下面公式说明如何选择 κ_1 值才能使 PID 第一个零点与变换器谐振频率相对应：

$$\begin{aligned}(1-\kappa_1+\kappa_1 z^{-1})\big|_{z=e^{j\omega T_s}} &= 1-\kappa_1+\kappa_1 e^{-j\omega T_s}\\ &\approx 1-\kappa_1+\kappa_1(1-j\omega T_s)\\ &= 1-j\kappa_1\omega T_s\end{aligned} \tag{7.59}$$

这表明

$$\omega_{z1} \approx -\frac{f_s}{\kappa_1} \tag{7.60}$$

这作为估算频率的计算公式。结合式（7.58）与上述结果，选择

$$\boxed{\kappa_1 \leftarrow -\frac{1}{2\pi}\frac{f_s}{f_{osc}} = -\frac{1}{2\pi}\frac{N_s}{N}} \tag{7.61}$$

如预期的那样，迫使 $\omega_{z_1} \approx 2\pi f_{osc}$。观察到，对于整定器而言，$2\pi N$ 是已知的，

所以上述过程可以简化为用第一步的测量结果 N_s 比例缩放后存储至 κ_1 中。

阶段2：z_2 的整定

放置PID第二个零点保证预期穿越频率处的相位裕度 φ_m。更精确地讲，z_2 的放置使得环路线性部分在目标频率 f_c 处的相位等于 $-\pi+\varphi_m$，或者说

$$\angle T(f_c)=\angle G_{PID}(f_c)+\angle T_u(f_c)=-\pi+\varphi_m \tag{7.62}$$

将上述关系式代入相位平衡方程［式（7.48）］，并假设 $f_c=f_{osc}$，有

$$-\pi+\varphi_m+\angle F(f_c)=-\pi\Rightarrow\angle F(f_c)=-\varphi_m \tag{7.63}$$

解释如下：如果滤波器 $F(z)$ 在穿越频率 f_c 处的滞后角度为 φ_m，即继电器反馈环路引入了 φ_m 滞后，如果整定 z_2 使得 $f_{osc}=f_c$，则式（7.62）相位裕度约束条件满足。

上述思想实现如下：首先选择 κ_2 的初始值，保持 κ_1 为之前整定阶段中式（7.61）确定的值。接下来，使用搜索算法调整 κ_2 直到 $f_{osc}=f_c$。搜索算法的一种如图7.25的流程图所示，为二分法搜索方法。z_2 在振荡发生时的振荡频率处提升的相位补偿了滤波器滞后的相位，所以降低 ω_{z2} 导致 f_{osc} 的增加。相反，增加 ω_{z2} 导致 f_{osc} 的降低。图7.25的流程图采用这个原理，任何 κ_2 的正向变化将PID的零点频率 ω_{z2} 往高频段移动；任何 κ_2 的负向变化将PID的零点频率 ω_{z2} 往低频段移动；如图7.25所示，当表示 κ_2 上搜索界限和下搜索界限 $\kappa_{2,h}$ 和 $\kappa_{2,l}$ 相差小于预定量 δ 时，表示整定过程结束。

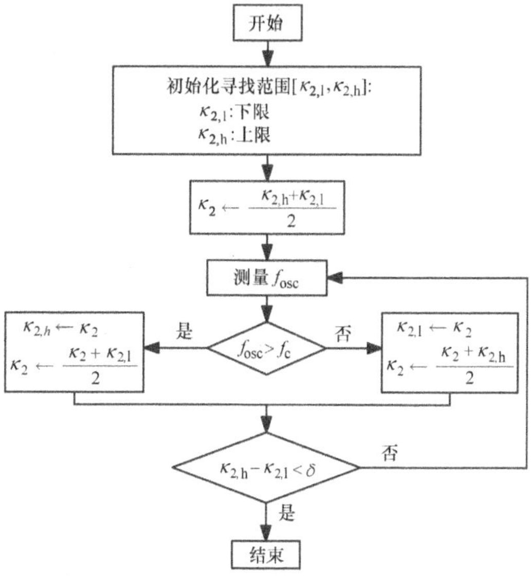

图7.25　κ_2 的二分法搜索流程图

这里要注意的一个要点是：上述频率搜索依赖于 $T(z)F(z)$ 的相位响应的单调性。如果被控对象的相位响应随频率增加而不是单调减小，则继电器引起的极限环频率间隔是不稳定的。继电器整定器不能达到其对应频率，这一点影响了该方法的有效性。

阶段3：K_i 的整定

κ_1 和 κ_2 都已经确定了，现在需要确定PID的增益 K_i 使之达到期望的穿越频率。测量振荡信号的幅值 a_{osc}，如果计算时的精度足够高，可以直接通过比例缩放因子调整 K_i。考虑整定 z_2 后幅值平衡方程，如式（7.52）所示，当系统振荡时，且 $f_{osc}=f_c$，有

$$\frac{4A_r}{\pi a_{osc}}T_{f_{osc}}F_{f_{osc}}=1\Rightarrow T_{f_{osc}}=\frac{\pi a_{osc}}{4A_rF_{f_{osc}}} \tag{7.64}$$

所以，如果测量出了 a_{osc}，根据幅值平衡方程可以计算出期望的穿越频率的周期 $T_{f_{osc}}$。该值的倒数乘以比例缩放因子 K_i 得到期望的整定值：

$$\boxed{K_i \leftarrow \frac{4A_r F_{f_{osc}}}{\pi a_{osc}} \times K_i} \tag{7.65}$$

移除继电器模块和滤波器，$T_{f_{osc}}=1$。

7.4.3 仿真实例

同步降压变换器采用继电器反馈整定的仿真结果如图7.26～图7.29所示。在$t=0$时开始整定，此时闭环系统处于初始条件，低频带积分补偿器调节系统的输出电压。一旦整定开始，整定器进入了阶段1，系统开始振荡，且振荡频率与变换器的谐振频率非常接近。在这种条件下，测量10次振荡间隔时间，如前所述，完成 z_1 的整定。接着进入阶段2，κ_2 经过连续数次调整使得系统的振荡频率为 $f_{osc} \approx f_c \approx 100\text{kHz}$。当第二阶段结束时，线性环路增益在 f_c 处的相位滞

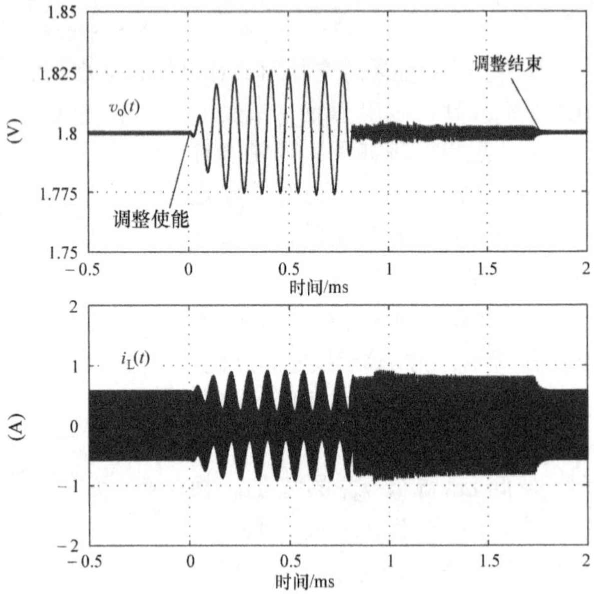

图7.26 整定过程中的输出电压和电感电流

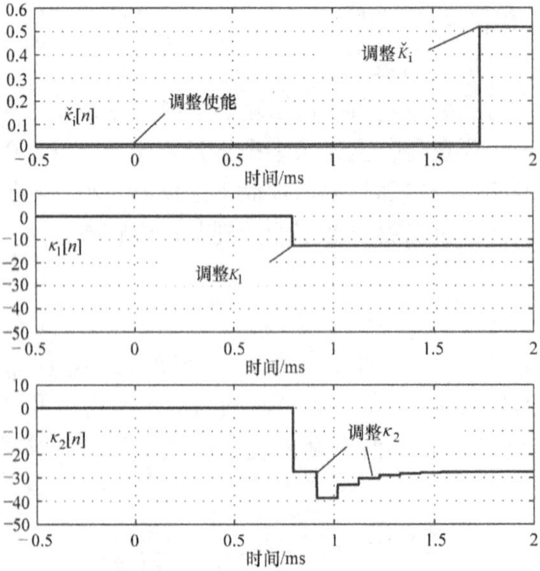

图7.27 整定过程中的PID增益

后为 $-\pi+\varphi_m=-180°+45°=-135°$。如图 7.29 所示，线性环路增益 $T(z)$ 在不同整定阶段的伯德图。在阶段 2 中还测量了振荡幅值 a_{osc}，在阶段 3 中使用该值计算 PID 增益 K_i 使得穿越频率 f_c 在期望的 100kHz 处。

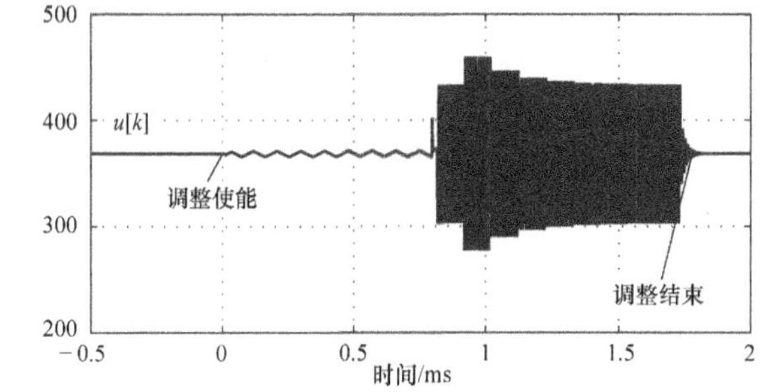

图 7.28　整定过程中的控制命令

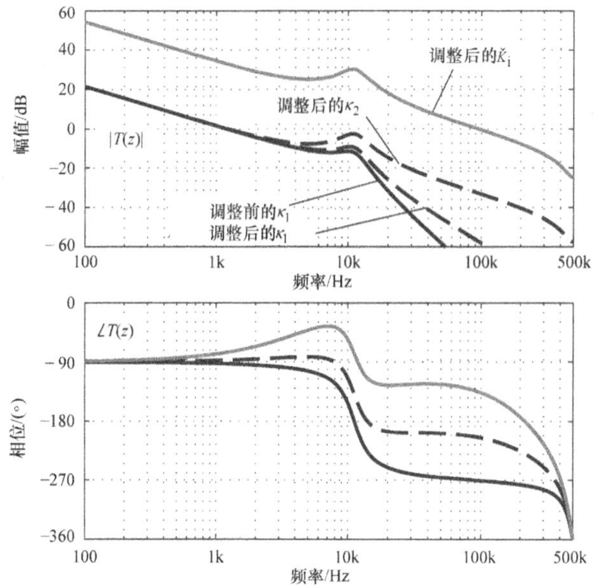

图 7.29　线性环路增益 $T(z)$ 在不同整定阶段的伯德图

7.5　实现问题

上述章节中介绍了两种不同的数字整定方法的工作原理。在实际数字整定的实现中，还需要仔细地考虑很多问题，下面简单地介绍一下：

1）输出电压扰动。在辨识方法研究中不可避免地要对被控对象产生扰动。通常，必须限制扰动值到可接受的程度，这样既可以防止有可能破坏负载的工作状况并且可以保证变换器的正常工作。在注入方法中，输出电压的振荡幅值和扰动量 $u_{pert}[k]$ 的幅值直接相关，所以输出电压的振荡幅值可以通过控制 $\hat{u}_m$ 来实现。例如，参考文献［183］引入了注入幅值控制器监视稳定裕度。该方法的基本原理和本章提出的注入式整定器原理类似。在继电器反馈整定中，通过控制继电器的幅值可以减小振荡幅值，但是我们也观察到：减小 a_{osc} 可能影响第三阶段整定时穿越频率的精度。参考文献［90］提出了改进的继电器反馈整定方法，该方法具有较强的鲁棒性和可更加精确整定穿越频率。

2）扰动信号。7.3 节提出的注入式方法采用了正弦信号扰动 $u_{pert}[k]$。在复杂性较低的数字实现中，产生一个预定幅值和频率的正弦信号可能会存在一些问题。基于这个原因，该方法在实际实现中，采用易于实现的方波信号扰动 $u_{pert}[k]$[92,93,95,97]。方波扰动信号对系统作用时并不是单一频率（基波及谐波），这样整定过程中的向量分析和整定过程的动态分析不在恰当。尤其是由于时域乘法的存在使得扰动谐波相互调制造成了整定误差。

3）量化效应。因为在数字整定器中存在信号幅值量化，所以会引起整定误差。注入式方法中，在数字控制器中，信号 u_x 和 u_y 通常具有较高的分辨率。除非是扰动信号的幅值 $\hat{u}_m$ 减小至非常小，否则这些信号的量化误差通常不会带来问题。另一方面，基于继电器反馈的方法中牵扯到测量数字误差信号 $e[k]$ 的幅值 a_{osc}，其分辨率是由 A/D 转换器决定的。因此，当工作时输出电压扰动信号非常小时，基于继电器反馈的整定器的精度会剧烈下降。

7.6 要点总结

1）自整定技术定义为数字控制器通过在线辨识环路动态特性实时调节其参数的能力。整定的方法有单步长整定、性能跟踪和自适应整定。

2）辨识和整定是数字整定器的两个基本步骤。既按先后顺序执行，也可以嵌入整定环路，迭代调整补偿器的参数。辨识几个相关参数还是变换器的频率特性取决于整定方法。

3）在整定步骤中，根据系统的结构，可以对开环系统或者闭环系统进行整定。在本章中，只介绍了闭环整定方法，其中功率变换器一直处于反馈控制。

4）辨识时，有许多方法去扰动系统。数字扰动信号由数字控制系统自身产生，并且强制加载至控制命令上。许多整定方法也依赖于人为的触发系统的极限环振荡。

5）在线调整补偿器的增益需要可编程补偿器结构，因为在并联实现结构和级联实现结构中，可以很容易地调整补偿器在中频段和高频段频率特性，同时不改变低频段的特性。因此，在整定过程中不能损害系统的基本要求——稳定性。

6）注入式整定方法中，数字扰动叠加在控制命令端，同时整定器监视注入点前后的信号。通过确定适合的幅值和相位关系，整定反馈环路使之达到期望的穿越频率和相角裕度。在基本形式中，主要针对两个参数进行整定，常使用 PD 或 PI 结构。

7）在继电器整定时，环路中引入强的非线性环节触发了极限环产生了扰动。极限环振荡的频率和幅值信息包含了被控对象的信息，整定器使用这些信息使之达到期望的穿越频率和相位裕度。

附　录

附录 A　离散时间线性系统和 Z 变换

本附录简要介绍了离散时间系统和 Z 变换。首先基于恒定系数差分方程理论介绍了离散时间系统的性质。然后介绍了 Z 变换，它是一种在频域中分析离散时间系统的工具。

A.1　差分方程

在下文中，考虑线性、因果和时不变离散时间系统，单个输入信号 $u[k]$ 和单个输出信号 $y[k]$。这样的线性系统可用线性、常系数差分方程来描述：

$$\boxed{y[k] = \sum_{i=1}^{N} a_i y[k-i] + \sum_{i=0}^{M} b_i u[k-i]} \tag{A.1}$$

假设系数 a_i 和 b_i 是实数，并且 $a_N \neq 0$ 和 $b_M \neq 0$。

在 $k \geqslant 0$ 的条件下，根据输入信号 $u[k]$，$k \geqslant 0$，$y[k]$ 的初始条件 $-N \leqslant k \leqslant -1$ 以及 $u[k]$ 的初始条件 $-M \leqslant k \leqslant -1$，可唯一确定输出信号 $y[k]$。

$$\begin{aligned} y[-1] &= y_{-1} \\ y[-2] &= y_{-2} \\ &\cdots \\ y[-N] &= y_{-N} \end{aligned} \tag{A.2}$$

$$\begin{aligned} u[-1] &= u_{-1} \\ u[-2] &= u_{-2} \\ &\cdots \\ u[-M] &= u_{-M} \end{aligned} \tag{A.3}$$

[例 A.1.1]　考虑一阶系统（$N=1$，$M=0$）：

$$y[k] = ay[k-1] + bu[k] \tag{A.4}$$

式中，广义输入信号为 $u[k]$ 且初始条件为 $y[-1] = y_{-1}$。首先，通过式（A.4）可以推导出输出信号 $y[k]$ 的前几个采样值：

$$\begin{array}{c|c|c}
k & u[k] & y[k] \\
\hline
-1 & 0 & y_{-1} \\
0 & u[0] & ay_{-1}+bu[0] \\
1 & u[1] & a^2y_{-1}+abu[0]+bu[1] \\
2 & u[2] & a^3y_{-1}+a^2bu[0]+abu[1]+bu[2] \\
\cdots & \cdots & \cdots
\end{array} \tag{A.5}$$

$y[k]$的一般表达式为

$$y[k]=a^{k+1}y_{-1}+\sum_{i=0}^{k}u[i]ba^{k-i} \tag{A.6}$$

通常因为系统是线性的，所以总响应 $y[k]$可以表示为强制响应 $y_f[k]$和自由响应$y_o[k]$的线性叠加，即

$$y[k]=y_f[k]+y_o[k] \tag{A.7}$$

其中：

1）强迫响应 $y_f[k]$是：在 $k\geqslant 0$ 和初始条件全为 0，即 $y_{-1}=\cdots y_{-N}=0$ 和 $u_{-1}=\cdots u_{-M}=0$ 时，输入 $u[k]$的系统响应。

2）自由响应 $y_o[k]$是：在零输入条件，即对于所有 $k\geqslant 0$，$u[k]=0$，以及系统初始条件作用时系统响应。

A.1.1 强迫响应

任何因果输入信号 $u[k]$可以被表示为离散脉冲的线性叠加：

$$u[k]=\sum_{i=0}^{+\infty}u[i]\delta[k-i],\quad k\geqslant 0 \tag{A.8}$$

其中

$$\delta[k]=\begin{cases}1, & k=0\\ 0, & k\neq 0\end{cases} \tag{A.9}$$

表示单位离散脉冲，有时称为克罗内克 δ（Kronecker delta）。在线性系统中，输入 $u[k]$的强迫响应可以用脉冲响应 $h[k]$叠加而成。$h[k]$是输入信号是单位离散脉冲时系统的响应。系统对 $u[k]$的强制响应的表达式是脉冲响应的叠加：

$$\boxed{y_f[k]=\sum_{i=0}^{k}u[i]h[k-i]=\sum_{i=0}^{k}h[i]u[k-i]} \tag{A.10}$$

注意，系统因果关系意味着对所有 $k<0$，$h[k]=0$。式（A.10）所示的表达式称之为 $h[k]$和 $u[k]$之间的离散卷积。

［例 A.1.2］ 例 A.1.1 中的一级系统的脉冲响应为

$$h[k]=ba^k,\quad k\geqslant 0 \tag{A.11}$$

因此，系统强迫响应输出为

$$y_f[k]=\sum_{i=0}^{k}u[i]h[k-i]=\sum_{i=0}^{k}u[i]ba^{k-i} \tag{A.12}$$

它是系统总响应即式（A.6）的第二项。

A.1.2　自由响应

考虑系统的特征方程

$$\boxed{z^N - a_1 z^{N-1} - a_2 z^{N-2} - \cdots a_{N-1} z - a_N = 0},\quad z \in \mathbb{C} \tag{A.13}$$

假设具有 N_{r} 个实根 p_i 和 N_{c} 对复共轭根 $r_i\mathrm{e}^{\pm \mathrm{j}\theta_i}$：

$$p_i,\ i=1,\ \cdots,\ N_{\mathrm{r}} \tag{A.14}$$

$$r_i e^{\pm \mathrm{j}\theta_i},\ r_i > 0,\ i=1,\ \cdots,\ N_{\mathrm{c}} \tag{A.15}$$

为简单起见，假设所有的根都是单根，也就是说，特征方程根的多重性等于1。根据高斯代数基本定理，$N = N_{\mathrm{r}} + 2N_{\mathrm{c}}$。

当 $M \leqslant N$ 时，系统自由响应是系统模的线性组合：

$$\boxed{y_{\mathrm{o}}[k] = \sum_{i=1}^{N_{\mathrm{r}}} A_i p_i^k + \sum_{i=1}^{N_{\mathrm{c}}} (B_i r_i^k \cos k\theta_i + \tilde{B}_i r_i^k \sin k\theta_i)} \tag{A.16}$$

式中，由 N 个实数系数 A_i、B_i 和 $\tilde{B}_i$，根据初始条件强加至 $y_{\mathrm{o}}[k]$ 中前 N 个值，可求解上述系数：

$$\begin{aligned}
y_{\mathrm{o}}[0] &= \sum_{i=1}^{N} a_i y_{\mathrm{o}}[0-i] + \sum_{i=0}^{M} b_i u[0-i] \\
y_{\mathrm{o}}[1] &= \sum_{i=1}^{N} a_i y_{\mathrm{o}}[1-i] + \sum_{i=0}^{M} b_i u[1-i] \\
\cdots &= \cdots \\
y_{\mathrm{o}}[N-1] &= \sum_{i=1}^{N} a_i y_{\mathrm{o}}[N-1-i] + \sum_{i=0}^{M} b_i u[N-1-i]
\end{aligned}$$

显然上述等式的右边的值都根据初始条件得到。

当 $M > N$ 时，自由响应是系统模的线性组合加初始有限长度序列：

$$\boxed{y_{\mathrm{o}}[k] = \sum_{i=0}^{M-N-1} q_i \delta[k-i] + \sum_{i=1}^{N_{\mathrm{r}}} A_i p_i^k + \sum_{i=1}^{N_{\mathrm{c}}} (B_i r_i^k \cos k\theta_i + \tilde{B}_i r_i^k \sin k\theta_i)} \tag{A.17}$$

式中，系数 q_i 是初始条件的函数。通常，根据初始条件唯一确定 M 个任意常数：

$$\begin{aligned}
y_{\mathrm{o}}[0] &= \sum_{i=1}^{N} a_i y_{\mathrm{o}}[0-i] + \sum_{i=0}^{M} b_i u[0-i] \\
y_{\mathrm{o}}[1] &= \sum_{i=1}^{N} a_i y_{\mathrm{o}}[1-i] + \sum_{i=0}^{M} b_i u[1-i] \\
\cdots &= \cdots \\
y_{\mathrm{o}}[M-1] &= \sum_{i=1}^{N} a_i y_{\mathrm{o}}[M-1-i] + \sum_{i=0}^{M} b_i u[M-1-i]
\end{aligned}$$

[例 A.1.3]　例 A.1.1 的一阶系统的特征方程

$$z - a = 0 \tag{A.18}$$

其对应的模为 a^k。因此，系统的自由解的形式为

$$y_o[k] = Aa^k \tag{A.19}$$

令 $y_o[0] = ay_o[-1] = ay_{-1}$，可得 $A = ay_{-1}$，所以可得下式为式（A.6）的第一项：

$$y_o[k] = a^{k+1}y_{-1} \tag{A.20}$$

［例 A.1.4］ 由系统

$$y[k] = a_1y[k-1] + b_0u[k] + b_1u[k-1] + b_2u[k-2] \tag{A.21}$$

式中，$M=2$ 和 $N=1$。因此，自由响应由有限长度的初始序列（因为 $M-N_{-1}=0$，所以长度为 1）和与系统的模 a_1^k 成比例的项相加而成。首先考虑自由响应中的有限个抽样值：

k	$u[k]$	$y[k]$
-2	u_{-2}	$-$
-1	u_{-1}	y_{-1}
0	0	$a_1y_{-1} + b_1u_{-1} + b_2u_{-2}$
1	0	$a_1(a_1y_{-1} + b_1u_{-1} + b_2u_{-2}) + b_2u_{-1}$
2	0	$a_1{}^2(a_1y_{-1} + b_1u_{-1} + b_2u_{-2}) + b_2a_1u_{-1}$
…	…	…

（A.22）

除非 $k=0$，否则通用的输出信号 $y[k]$ 可表示为

$$y[k] = \left(a_1y_{-1} + b_1u_{-1} + b_2u_{-2} + \frac{b_2}{a_1}u_{-1}\right)a_1^k \tag{A.23}$$

当 $k=0$ 时，必须从上述表达式中减去 $-\frac{b_2}{a_1}u_{-1}$。通常，对于 $k\geqslant 0$，可得式（A.17）的一般表达式

$$y[k] = -\frac{b_2}{a_1}u_{-1}\delta[k] + \left(a_1y_{-1} + b_1u_{-1} + b_2u_{-2} + \frac{b_2}{a_1}u_{-1}\right)a_1{}^k \tag{A.24}$$

A.1.3 脉冲响应和系统的模

可以看出，当 $M<N$ 时，脉冲响应是系统模的线性叠加：

$$h[k] = \sum_{i=1}^{N_r} A_i p_i^k + \sum_{i=1}^{N_c}(B_i r_i^k \cos k\theta_i + \tilde{B}_i r_i^k \sin k\theta_i) \tag{A.25}$$

式中，系数 A_i、B_i 和 $\tilde{B}_i$ 由 a_i 和 b_i 确定。

另一方面，当 $M\geqslant N$ 时，将出现长度为 $M-N+1$ 的初始序列

$$h[k] = \sum_{i=0}^{M-N} c_i\delta[k-i] + \sum_{i=1}^{N_r} A_i p_i^k + \sum_{i=1}^{N_c}(B_i r_i^k \cos k\theta_i + \tilde{B}_i r_i^k \sin k\theta_i) \tag{A.26}$$

式中，系数 c_i 也是 a_i 和 b_i 的函数。

如果 $N=0$，系统响应只是输入信号的函数，脉冲响应有唯一有限长度序列。这种系统被称为有限脉冲响应系统（FIR）。其他情况下，系统被称为无限脉冲响应（IIR）。

A.1.4 模的渐进特性

每个系统模式都是 p_i^k 或 $r_i^k \sin(k\theta_i+\phi)$ 类型的序列。因此，每个模式在 $k\to+\infty$ 时，本质上取决于 $|p_i|$ 或 r_i 大于、等于或小于 1。假设特征方程的所有的根都是单根，得出以下结论：

1）模 p_i^k 是特征方程的根为实根时相关联的类型，当 $|p_i|<1$ 时，对于 $k\to+\infty$ 收敛到零。$|p_i|>1$ 时，不收敛。在 $|p_i|=1$ 的条件下，若 $p_i=1$，序列是固定值；若 $p_i=-1$，序列为振荡模式，且振荡频率为奈奎斯特频率。当 $p_i<0$ 时，无论收敛与否，都会出现振荡特性。与特征方程的根为实根时相关的特性如图 A.1 所示。

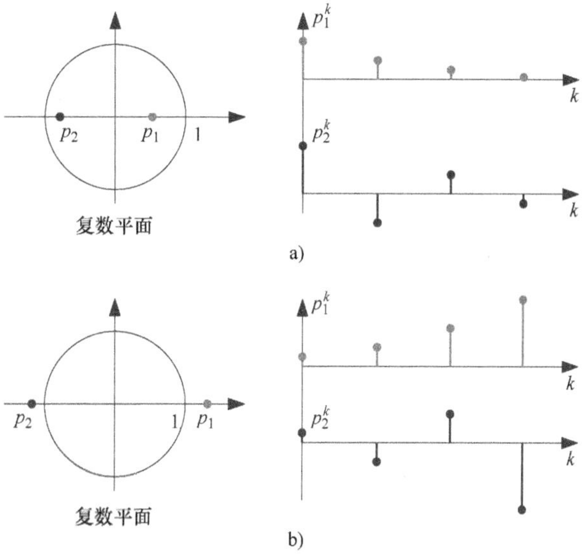

图 A.1 与特征方程实根相关的特性：a）收敛和 b）不收敛

2）模 $r_i^k \text{sim}(k\theta_i+\phi)$ 是特征方程的根为复数根时相关联的类型，当 $|r_i|<1$ 时，对于 $k\to+\infty$ 收敛到零，否则当 $|r_i|>1$ 时，不收敛。当 $r=1$ 时，处于振荡模式，其归一化后的角频率等于极点的相位。与特征方程的根为复数根时相关的特性如图 A.2 所示。

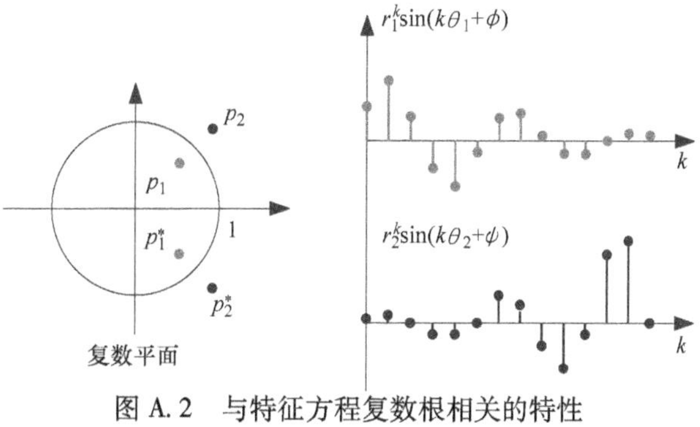

图 A.2 与特征方程复数根相关的特性

对于收敛模式而言，其衰减到零的速率取决于其对应的根的绝对值到单位圆的距离。例如

$$|p_i^k| = e^{k\ln|p_i|} = e^{-\frac{\ln\frac{1}{|p_i|}}{T}kT} \tag{A.27}$$

表明等效时间常数为 $\tau=\dfrac{T}{\ln\dfrac{1}{|p_i|}}$，时间常数越大，$|p_i|$ 的值越接近 1。

A.1.5 更多实例

［**例 A.1.5**］ 考虑例 A.1.1 所示一阶离散系统的离散阶跃响应，且幅值为 U：

$$u[k]=U,\ k\geqslant 0 \tag{A.28}$$

利用式（A.10），可得

$$y_f[k] = \sum_{i=0}^{k} h[i]U = bU\sum_{i=0}^{k} a^i = bU\frac{1-a^{k+1}}{1-a}, \ a \neq 1 \tag{A.29}$$

因此

$$y_f[k] = \frac{b}{1-a}U - \frac{ba^{k+1}}{1-a}U, a \neq 1 \tag{A.30}$$

当$|a|<1$时，系统的模是收敛的。在本例中，第一项是通常表示为稳态响应，而第二项是瞬态响应。

[**例 A.1.6**]　离散积分器。系统

$$y[k] = y[k-1] + K_i u[k] \tag{A.31}$$

是一个特殊的一阶系统，其中 $a=1$ 和 $b=K_i$。在每个采样步长中，输出信号的变化值与瞬时输入信号成正比。这个系统的脉冲响应为离散时间阶跃信号，幅值为 K_i。

$$h[k] = K_i, \ k \geq 0 \tag{A.32}$$

[**例 A.1.7**]　离散时间微分器。下式所示系统的输出正比于输入信号两个相邻步长之间的差值：

$$y[k] = K_d(u[k] - u[k-1]) \tag{A.33}$$

这种系统的脉冲响应是

$$h[k] = K_d(\delta[k] - \delta[k-1]) \tag{A.34}$$

因此，离散时间微分器是 FIR 系统。

A.2　Z 变换

A.2.1　定义

离散时间信号 $h[k]$的 Z 变换为

$$\boxed{Z[h] \triangleq \sum_{k=0}^{+\infty} h[k]z^{-k}}, \quad z \in \mathbb{C} \tag{A.35}$$

由式可知，上述求和收敛于复函数 $H(z)$，对于集合 D 而言，该函数是全纯函数。

$$D = \{z \in \mathbb{C}: |z| > R, \ R \in \mathbb{R}^+\} \tag{A.36}$$

[**例 A.2.1**]　因果指数序列 $h[k]=ba^k$，$k \geq 0$。其 Z 变换为

$$H(z) = \sum_{k=0}^{+\infty} ba^k z^{-k} = b\sum_{k=0}^{+\infty}(az^{-1})^k \tag{A.37}$$

即等于公共项 $q=az^{-1}$ 的几何和。当且仅当$|q|<1$时，其和收敛，即当且仅当$|z|>a$时，各项的和为

$$H(z) = \frac{b}{1-az^{-1}}, \ |z| > a \tag{A.38}$$

例 A.1.6 中的离散时间积分器的冲激响应的 Z 变换为

$$H(z) = \frac{K_i}{1-z^{-1}}, |z| > 1 \tag{A.39}$$

A.2.2　性质

Z 变换的主要性质总结如下：

1）线性。如果$h_1[k]$和$h_2[k]$是两个序列，则$h[k]=\mu h_1[k]+\lambda h_2[k]$，$\mu$，$\lambda\in\mathbb{R}$，其对应的$Z$变换为

$$H(z)=\mu H_1(z)+\lambda H_2(z),z\in D_1\cap D_2 \tag{A.40}$$

式中，D_1和D_2分别是$H_1(z)$和$H_2(z)$的收敛域。

2）延迟特性。给定因果序列$h[k]$，即当$k<0$时，值都为0，$h[k-k_0]$的Z变换为

$$\begin{aligned}Z[h[k-k_0]] &= \sum_{k=0}^{+\infty}h[k-k_0]z^{-k}\\ &= \sum_{k'=-k_0}^{+\infty}h[k']z^{-(k'+k_0)}\\ &= z^{-k_0}\sum_{k'=0}^{+\infty}h[k']z^{-k'}\\ &= z^{-k_0}H(z)\end{aligned} \tag{A.41}$$

算子z^{-1}表示延迟一个采样周期。

非因果序列的延迟特性为

$$\begin{aligned}Z[h[k-k_0]] &= \sum_{k=0}^{+\infty}h[k-k_0]z^{-k}\\ &= \sum_{k'=-k_0}^{+\infty}h[k']z^{-(k'+k_0)}\\ &= z^{-k_0}\sum_{k'=-k_0}^{-1}h[k']z^{-k'}+z^{-k_0}\sum_{k'=0}^{+\infty}h[k']z^{-k'}\\ &= z^{-k_0}\sum_{k=-k_0}^{-1}h[k]z^{-k}+z^{-k_0}H(z)\end{aligned} \tag{A.42}$$

3）离散卷积特性。设$h[k]$和$u[k]$的Z变换分别为$H(z)$和$u(z)$，收敛域分别为D_{h}和D_{u}。令$y[k]$为$h[k]$和$u[k]$的离散卷积，即

$$y[k]=\sum_{i=0}^{k}h[k-i]u[i] \tag{A.43}$$

$y[k]$的Z变换的收敛域为$D_{\mathrm{y}}\subset D_{\mathrm{h}}\cap D_{\mathrm{u}}$：

$$y(z)=H(z)u(z) \tag{A.44}$$

4）初值定理。任何因果序列$h[k]$的初始值$h[0]$等于当$z\to+\infty$时$h[k]$的Z变换值

$$\lim_{z\to+\infty}H(z)=h[0] \tag{A.45}$$

5）终值定理。令序列$h[k]$的Z变换为$H(z)$，如果下式的极点在单位圆内：

$$(1-z^{-1})H(z) \tag{A.46}$$

则

$$\lim_{z\to 1}(1-z^{-1})H(z)=\lim_{k\to +\infty}h[k] \tag{A.47}$$

6）Z 反变换。令序列 $h[k]$ 的 Z 变换为 $H(z)$，D 为其收敛域，则

$$h[k]=\frac{1}{2\pi j}\oint_C H(z)z^{k-1}\mathrm{d}z \tag{A.48}$$

式中，C 是为逆时针围绕原点的闭合曲线，且 C 属于 D。

A.3 传递函数

根据式（A.10），当输入为 $u(z)$ 时，系统强迫响应 $y_{\mathrm{f}}(z)$ 的 Z 变换可表示为

$$y_{\mathrm{f}}(z)=H(z)u(z) \tag{A.49}$$

式中，传递函数 $H(z)$ 是系统冲激响应函数 $h[k]$ 的 Z 变换。通过将式（A.1）中的第一项和第二项进行 Z 变换，可以将 $H(z)$ 用系统差分方程的系数表示出来：

$$\boxed{H(z)=\frac{b_0+b_1z^{-1}+\cdots+b_{M-1}z^{-M+1}+b_Mz^{-M}}{1-a_1z^{-1}-a_2z^{-2}-\cdots-a_{N-1}z^{-N+1}-a_Nz^{-N}}} \tag{A.50}$$

假设 $H(z)$ 的分子和分母没有公共根，那么传递函数的非零极点就是系统特征方程的根。

假设所有的极点都是单极点且 $M<N$，用部分分式展开法 $H(z)$ 可表示为

$$H(z)=\sum_{i=1}^{N_{\mathrm{r}}}\frac{A_i}{1-p_iz^{-1}}+\sum_{i=1}^{N_{\mathrm{c}}}\frac{B_i-r_i(B_i\cos\theta_i-\tilde{B}_i\sin\theta_i)z^{-1}}{1-2r_i\cos\theta_iz^{-1}+r_i^2z^{-2}} \tag{A.51}$$

式中，p_i 表示实数极点，共有 N_{r} 个，$r_i\mathrm{e}^{\pm \mathrm{j}\theta_i}$ 表示共轭复极点，共有 $2N_{\mathrm{c}}$ 对。上述对应式（A.25）的 Z 变换。

如果 $M\geqslant N$，将出现有限初始序列对应的 Z 变换项

$$H(z)=\sum_{i=0}^{M-N}c_iz^{-i}+\sum_{i=1}^{N_{\mathrm{r}}}\frac{A_i}{1-p_iz^{-1}}+\sum_{i=1}^{N_{\mathrm{c}}}\frac{B_i-r_i(B_i\cos\theta_i-\tilde{B}_i\sin\theta_i)z^{-1}}{1-2r_i\cos\theta_iz^{-1}+r_i^2z^{-2}} \tag{A.52}$$

[例 A.3.1] 例 A.1.7 中离散时间微分器的传递函数可表达为

$$H(z)=K_{\mathrm{d}}(1-z^{-1}) \tag{A.53}$$

A.3.1 稳定性

根据给定传递函数的极点和系统的模之间的关系，可得出以下结论：

1）当且仅当所有极点都严格位于单位圆内部时，系统才是渐近稳定的。

$$\begin{aligned}|p_i|&<1,\ \forall i=1,\cdots,N_{\mathrm{r}}\\ |r_i|&<1,\ \forall i=1,\cdots,N_{\mathrm{c}}\end{aligned} \tag{A.54}$$

2）只要有一个极点位于单位圆外部，系统就是不稳定的。

3）如果除个别极点在单位圆上，所有极点都在单位圆内，则系统是临界稳定的。

A.3.2 频率响应

令 $H(z)$ 是渐近稳定系统的传递函数，输入信号为

$$u[k]=\mathrm{e}^{\mathrm{j}k\theta} \tag{A.55}$$

系统的强迫响应包括瞬态响应和稳态响应$y_{ss}[k]$。当$k\rightarrow+\infty$时，瞬态响应趋近于零，其表达式如下：

$$y_{ss}[k]=|H(\mathrm{e}^{\mathrm{j}\theta})|\mathrm{e}^{\mathrm{j}(k\theta+\angle H(\mathrm{e}^{\mathrm{j}\theta}))} \tag{A.56}$$

因此，离散时间系统的频率响应等于在单位圆$z=\mathrm{e}^{\mathrm{j}\theta}$处系统传递函数$H(z)$的值。

对于临界稳定系统，假设$\mathrm{e}^{\mathrm{j}\theta}$没有对应于系统的一个极点，强制响应仍然和式（A.56）相同，只是瞬时响应是有限值但不会收敛。

A.4　状态空间表达式

与连续时间系统相同，离散时间系统的状态空间表达式可以在时域和频域中表示。状态空间中线性、时不变、因果的离散时间系统的表达式为

$$\boxed{\begin{aligned}\boldsymbol{x}[k+1]&=\boldsymbol{A}\boldsymbol{x}[k]+\boldsymbol{B}u[k]\\ y[k]&=\boldsymbol{C}\boldsymbol{x}[k]+Fu[k]\end{aligned}} \tag{A.57}$$

式中，$\boldsymbol{x}$表示状态向量；u和y分别是系统的输入和输出；矩阵$\boldsymbol{A}$、$\boldsymbol{B}$和$\boldsymbol{C}$为$\mathbb{R}^{n\times n}$、$\mathbb{R}^{n\times 1}$、$\mathbb{R}^{1\times n}$型矩阵；n是状态变量的数量。另外，如本附录所讲，对于单输入、单输出系统，$\boldsymbol{F}$是标量。

当系统的初始状态$\boldsymbol{x}[0]$及其输入$u[k]$已知，当$k\geqslant 0$时整个系统响应是唯一的：

k	$u[k]$	$\boldsymbol{x}[k+1]$	$y[k]$
0	$u[0]$	$\boldsymbol{A}\boldsymbol{x}[0]+\boldsymbol{B}u[0]$	$\boldsymbol{C}\boldsymbol{x}[0]+Fu[0]$
1	$u[1]$	$\boldsymbol{A}^2\boldsymbol{x}[0]+\boldsymbol{A}\boldsymbol{B}u[0]+\boldsymbol{B}u[1]$	$\boldsymbol{C}\boldsymbol{A}\boldsymbol{x}[0]+\boldsymbol{C}\boldsymbol{B}u[0]+Fu[1]$
2	$u[2]$	$\boldsymbol{A}^3\boldsymbol{x}[0]+\boldsymbol{A}^2\boldsymbol{B}u[0]+\boldsymbol{A}\boldsymbol{B}u[1]+\boldsymbol{B}u[2]$	$\boldsymbol{C}\boldsymbol{A}^2\boldsymbol{x}[0]+\boldsymbol{C}\boldsymbol{A}\boldsymbol{B}u[0]+\boldsymbol{C}\boldsymbol{B}u[1]+Fu[2]$
…	…	…	…

（A.58）

通常，对于$k\geqslant 0$，有

$$\begin{aligned}\boldsymbol{x}[k+1]&=\boldsymbol{A}^{(k+1)}\boldsymbol{x}[0]+\sum_{i=0}^{k}\boldsymbol{A}^{k-i}\boldsymbol{B}u[i]\\ y[k]&=\boldsymbol{C}\boldsymbol{A}^{k}\boldsymbol{x}[0]+\sum_{i=0}^{k-1}\boldsymbol{C}\boldsymbol{A}^{k-i-1}\boldsymbol{B}u[i]+Fu[k]\end{aligned} \tag{A.59}$$

后一表达式中可以很容易区分系统的自由响应$y_o[k]$和强迫响应$y_f[k]$：

$$\begin{aligned}y_o[k]&=\boldsymbol{C}\boldsymbol{A}^{k}\boldsymbol{x}[0]\\ y_f[k]&=\sum_{i=0}^{k-1}\boldsymbol{C}\boldsymbol{A}^{k-i-1}\boldsymbol{B}u[i]+Fu[k]\end{aligned} \tag{A.60}$$

系统的强迫响应可以写成如下形式：

$$y_f[k]=\sum_{i=0}^{k}h[k-i]u[i] \tag{A.61}$$

$$h[k]=\begin{cases}F, & k=0\\ \boldsymbol{CA}^{k-1}\boldsymbol{B}, & k\geq 1\end{cases} \tag{A.62}$$

式中，$h[k]$是系统的脉冲响应。式（A.62）为$h[k]$和系统状态空间矩阵的关系。

在z域中，式（A.57）变为

$$\begin{aligned} z\boldsymbol{x}(z)-z\boldsymbol{x}[0]&=\boldsymbol{Ax}(z)+\boldsymbol{B}u(z)\\ y(z)&=\boldsymbol{Cx}(z)+Fu(z)\end{aligned} \tag{A.63}$$

因此可得

$$\boxed{y(z)=z\boldsymbol{C}(z\boldsymbol{I}-\boldsymbol{A})^{-1}\boldsymbol{x}[0]+(\boldsymbol{C}(z\boldsymbol{I}-\boldsymbol{A})^{-1}\boldsymbol{B}+F)u(z)} \tag{A.64}$$

令$\boldsymbol{x}[0]=0$，系统的传递函数可表示为

$$H(z)\triangleq\frac{y_{\mathrm{f}}(z)}{u(z)}=\boldsymbol{C}(z\boldsymbol{I}-\boldsymbol{A})^{-1}\boldsymbol{B}+F \tag{A.65}$$

附录B 定点算法和HDL编码

本附录介绍了在有限精度算术环境中数的表示，然后着重讨论二进制补码表示和采用硬件描述语言（HDL）VHDL和Verilog－HDL的定点算法代码。

B.1 截断操作和截断误差

在有限精度计算系统中，可以使用有限位表示任何给定信号。可以被表示的数是在算术系统中能够精确表示的数，这些数在实数轴上形成了一个离散子集$\tilde{\mathcal{I}}$，离散子集$\tilde{\mathcal{I}}$为实数连续集$\mathcal{I}$的子集。

首先需要澄清如何用$\tilde{c}\in\tilde{\mathcal{I}}$中的元素近似表达给定值，该给定值为$c\in\mathcal{I}$中的元素。为此，回想一下，对于严格大于1的给定整数b，每一个非零实数c都可以被唯一地写为

$$\boxed{c=\pm\mathcal{S}_{\mathrm{b}}(c)\times b^{\mathcal{E}_{\mathrm{b}}(c)}} \tag{B.1}$$

式中，b被称为基或者基数；$\mathcal{E}_{\mathrm{b}}(c)$是一个整数，称为$c$的指数，定义了该数额数量级；$\mathcal{S}_{\mathrm{b}}(c)$是$1\leqslant\mathcal{S}_{\mathrm{b}}(c)<b$的实数，被称为$c$的有效位。

例如：

$$\begin{aligned}\frac{3}{8}&=3.75\times10^{-1}[\text{基数 10 表示}(b=10)]\\ &=3\times8^{-1}[\text{基数 8 表示}(b=8)]\\ &=1.5\times2^{-2}[\text{基数 2 表示}(b=2)]\end{aligned} \tag{B.2}$$

式（B.1）称为指数表示法，其表明：为了定义$\tilde{c}$，可以截断或舍入$\mathcal{S}_{\mathrm{b}}(c)$至给定位数。例如，考虑数字$\pi=3.1415926535$。在基数10表示法中，$\mathcal{E}_{10}(\pi)=0$和$\mathcal{S}_{10}(\pi)=\pi$。然后考虑$\pi$的连续近似，其中有效数被四舍五入至前$n$位：

$$
\begin{aligned}
&\tilde{\pi}=3\times10^{0} \quad (1\ 位数近似)\\
&\tilde{\pi}=3.1\times10^{0} \quad (2\ 位数近似)\\
&\tilde{\pi}=3.14\times10^{0} \quad (3\ 位数近似)\\
&\tilde{\pi}=3.141\times10^{0} \quad (4\ 位数近似)\\
&\tilde{\pi}=3.1416\times10^{0} \quad (5\ 位数近似)\\
&\tilde{\pi}=3.14159\times10^{0} \quad (6\ 位数近似)\\
&\cdots
\end{aligned} \tag{B.3}
$$

将 c 舍入到其前 n 个有效位的操作被表示为

$$\boxed{\tilde{c}=\mathcal{Q}_n[c]} \tag{B.4}$$

上文中定义 b 为基数。符号可以通过调整相应的指数消除小数点“.”：

$$
\begin{aligned}
&\mathcal{Q}_1[\pi]=3\times10^{0} \quad (1\ 位数近似)\\
&\mathcal{Q}_2[\pi]=31\times10^{-1} \quad (2\ 位数近似)\\
&\mathcal{Q}_3[\pi]=314\times10^{-2} \quad (3\ 位数近似)\\
&\mathcal{Q}_4[\pi]=3141\times10^{-3} \quad (4\ 位数近似)\\
&\mathcal{Q}_5[\pi]=31416\times10^{-4} \quad (5\ 位数近似)\\
&\mathcal{Q}_6[\pi]=314159\times10^{-5} \quad (6\ 位数近似)\\
&\cdots
\end{aligned} \tag{B.5}
$$

根据上述初步考虑，n 位、数字为 b 的有限精度算术系统中，可表示的数的形式为

$$\boxed{\tilde{c}=\pm w\times b^{q}} \tag{B.6}$$

式中，基数 b 是等于或大于 2 的整数；无符号数 w 是非负整数，用 n 位基数为 b 的数表示：

$$w=(d_{n-1}d_{n-2}\cdots d_1d_0)_b \triangleq \sum_{i=0}^{n} d_i\times b^{i}, d_i\in\{0,1,\cdots,b-1\} \tag{B.7}$$

指数 q 是一个整数，根据算术系统，该整数有或没有显式的编码。

c 和它的近似值 $\mathcal{Q}_n[c]$ 之间的绝对和相对舍入误差表示为

$$
\begin{aligned}
&d_nc\triangleq\mathcal{Q}_n[c]-c(绝对舍入误差)\\
&\delta_nc\triangleq\frac{d_nc}{c}=\frac{\mathcal{Q}_n[c]-c}{c}(相对误差)
\end{aligned} \tag{B.8}
$$

B.2　浮点和定点算术系统

在有限精度系统中对给定数进行编码涉及①截断的有效数字和②指数 q 的表示。可以通过使用一个附加位来表示符号用以处理有符号数。

算术形式中的指数 q 被明确编码，这种形式称为浮点算术系统。例如，考虑一个基数为 10 的系统中有一个有效数字为 2 位，有符号指数为 1 位的数。其表示的

数的范围从 $01_{10}\times10^{-9}$ 到 $99_{10}\times10^{9}$，涵盖近 20 个 10 倍频，相对舍入误差不大于约 4.7%。因此，浮点运算的主要优点是能够跨越几个数量级，同时在整个所表示范围内保持有限的相对舍入误差。标准 IEEE Std 754™ –2008[176] 定义了许多浮点格式。例如，在 IEEE 二进制 32 格式中，总共 32 个位可用，1 位为符号编码位，8 位为指数编码位，剩余的 23 位为有效位。所表示范围涵盖大约 83 个 10 倍频。

因为每次操作之前和之后都需要对操作数进行解码和编码，所以浮点系统的实现涉及沉重的计算开销，即使是基础运算也不例外。此外，必须采用标准化唯一地表示数。例如，在 3 位数系统中，$\tilde{c}=8.2$ 可以表示为 $082_{10}\times10^{-1}$ 或 $820_{10}\times10^{-2}$。通过要求 $100\leqslant w<1000$，可以使其表示成为唯一的。更一般地，在 n 位基数 b 的系统中，要求 $b^{n-1}\leqslant w<b^{n}$。

由于其复杂性，现在在大多数微处理器和高端数字信号处理器（DSP）中采用专用浮点单元（FPU）实现浮点运算。另一方面，低成本的 DSP 和微控制器中并不支持浮点运算，在这些芯片中如果需要浮点计算时通常使用软件模拟完成计算。一般来说，由于成本和复杂性的限制，在许多嵌入式系统应用中，包括本书中考虑的数字控制器，避免了浮点运算。

指数未被明确编码的格式称为定点算术系统。任何给定的量仅由带符号的有效位数表示，而指数保持固定，因此不需要编码。定点数的计算可以更加快速和有效地进行。事实上，很容易发现：在定点环境中的算术运算的本质是整数之间的算术运算。此外，数的表示是唯一的，和使用格式有关，其具有或不具有唯一的编码形式。这种简单表示的缺点是在使用相同位数的情况下，相对于浮点编码而言，定点的相对误差要大得多，或者等效地说，需要更长的字长来实现相同的精度。作为与前述实例相比较，假设两个整数数字表示 10^{2} 标度上的量，可表示的数的范围从 $01_{10}\times10^{2}$ 到 $99_{10}\times10^{2}$，仅为 2 个 10 倍频。最坏情况时的相对舍入误差等于 50%。

B.3 二进制补码（B2C）的定点表示

在本书中，考虑了基数为 2 的定点系统，其中有符号有效位数以 B2C 表示。B2C 的基数为 2，可对正数和负数编码，并且可唯一地表示零值。在今天的微控制器、DSP 和微处理器中，它有许多吸引人的功能，使它很容易成为最常用的整数运算系统。它可表示的数字形式是

$$\boxed{x=w\times2^{q}} \tag{B.9}$$

式中，带符号数 w 为 n 位二进制数，采用 B2C 编码：

$$\begin{aligned} w &= (b_{n-1}b_{n-2}\cdots b_1b_0)_{\bar{2}} \\ &\triangleq -b_{n-1}\times2^{n-1}+\sum_{i=0}^{n-2}b_i\times2^{i},\ b_i\in\{0,1\} \end{aligned} \tag{B.10}$$

一次指数 q 固定，不需要明确的硬件编码。

位 b_{n-1} 和 b_0 称为最高有效位（MSB）和最低有效位（LSB）。除此之外，MSB b_{n-1}

也被称为符号位，因为当且仅当 $w<0$ 时，它等于1；其他情况下它都等于0。

由 n 位 B2C 字涵盖的范围为

$$\underbrace{-2^{n-1}}_{w_{\min}} \leqslant w \leqslant \underbrace{2^{n-1}-1}_{w_{\max}} \qquad (B.11)$$

式中，$w_{\max}$和 $w_{\min}$表示正数最大值和负数最小值。例如，由 3 位 B2C 字表示的整数范围从 -4 到 +3。如图 B.1 所示，B2C 可以被认为用圆表示：如果正数最大值加 1 即得到了负数最小值。

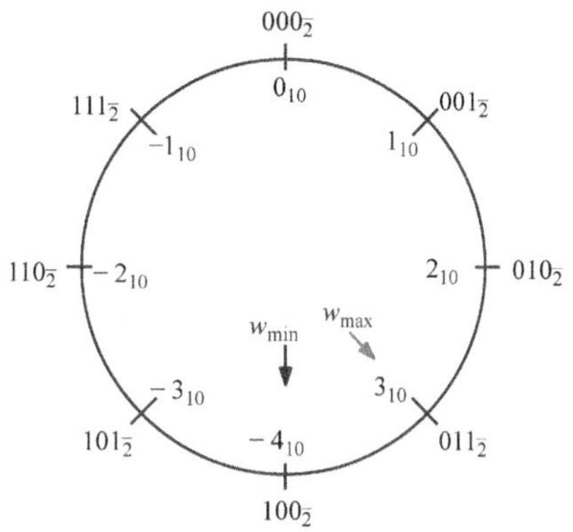

图 B.1 3 位 B2C 计算系统的圆形表示

插图 B.1—B2C 使用 Matlab 进行截断

在该插图中给出了实现给定量 x 截断后的 n 位 B2C 编码$\mathcal{Q}_n[x]$的 Matlab 函数：

```
function [wk,dx]    =    Qn(x,n)

x1   =   x;

neg      =    (x<0);
x        =    abs(x);

E    =   floor(log2(x));
F    =   2^(log2(x)-E);
q    =   E-(n-2);
wd   =   round(F*2^(n-2));
if  (wd==1)
    wd   =    round(F*2^(n-3));
    q    =    q+1;
end;

if  (neg)
    xq   =    -wd*2^q;
    s    =    ['1',dec2bin(-wd+2^(n-1),n-1)];
    wd   =    -wd;
else
    xq   =    wd*2^q;
    s    =    ['0',dec2bin(wd,n-1)];
end;

wk.xq    =    xq;
wk.w     =    wd;
wk.q     =    q;
wk.n     =    n;
wk.s     =    s;
dx       =    xq-x1;

return;
```

上述函数的输入量为 x，目标字长为 n。它的输出 wk 和 dx 是

1）wk：B2C 编码的结构体。其存在以下域定义：

① wk. xq：截断后的数$\mathcal{Q}_n[x]$；
② wk. w：用 B2C 表示 x 时的有效位 w；
③ wk. q：用 B2C 表示 x 时的比例尺度 q；
④ wk. n：位数；
⑤ wk. s：n 位 B2C 字 w 的二进制字符串形式。
2）dx：绝对截断误差 $d_n x$。
例如：[wk,dx] = Qn(pi,5)将产生：

```
wk =

    xq: 3.2500
     w: 13
     q: -2
     n: 5
     s: '01101'


dx =

    0.1084
```

或者

$$\mathcal{Q}_5[\pi] = 01101_{\bar{2}} \times 2^{-2} = 13_{10} \times 2^{-2} = 3.25_{10} \tag{B.12}$$

B.4 信号表示

参考式（B.9），通用信号 x 可用字 w 和比例尺度 2^q 表示。现在引入一个在第 6 章中广泛使用的符号，这使得 x 和 w 之间的关系更加明确，不需要每次都重写式（B.9）。

定义

$$\boxed{[x]_q^n \triangleq w} \tag{B.13}$$

使得 x 和 w 之间的关系变为

$$x = [x]_q^n \times 2^q \tag{B.14}$$

换句话说，$[x]_q^n$ 是唯一表示信号 x 的 n 位 B2C 字，其 LSB 的权重等于 2^q。在某种意义上讲，这种符号强调由 B2C 字表示的信号 x 而不是字本身表示 x。例如：图 B.2 所示，采用 5 位数以及比例尺度 2^3 表示信号 x，使用了信号的 B2C 字符号 $w = [x]_3^5$。

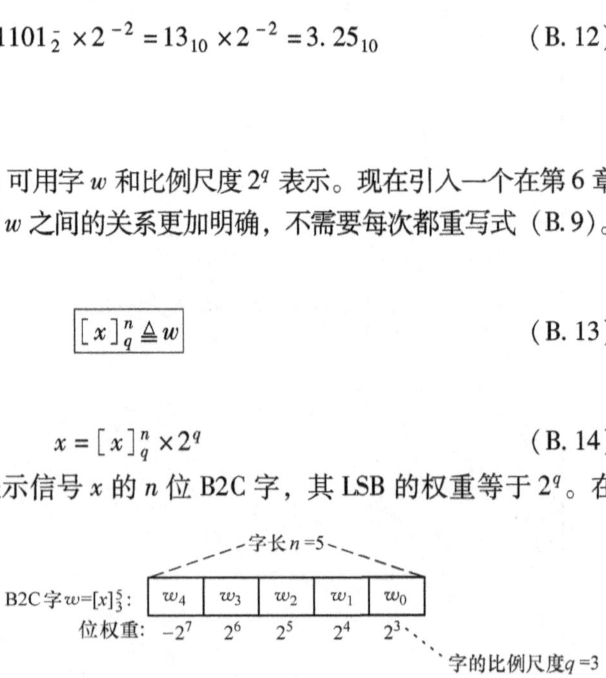

图 B.2 信号的 B2C 字符号 $w = [x]_3^5$

B.5 B2C 数的操作以及 HDL 实例

本节总结了基于 B2C 编码最常见的算术和位操作，以及 VHDL 或 Verilog 中的相应编码[173,174,177,178]。

就 VHDL 而言，它采用 IEEE 标准 VHDL 合成包文档[172]中标准化的数据类型和包。该标准提供了几乎任何综合工具能支持的数据类型、算术和逻辑运算符。B2C 数通过 NUMERIC_STD 包中定义的有符号数据类型表示，NUMERIC_STD 包依赖于 IEEE 定义包 STD_LOGIC_1164[171]。因此，对于本书中的所有 VHDL 实例，假定采用以下库文件配置：

```
library IEEE;
use IEEE.STD_LOGIC_1164.ALL;
use IEEE.NUMERIC_STD.ALL;
```

然后可以将信号 x 表示为 n 位字 $[x]_q^n$ 定义为

```
signal x : signed(n-1 downto 0);          --  [n,q]
```

观察到 $[x]_q^n$ 的比例尺度 q 没有被编码并且保持隐式，所以使用了定点算术表示。因此为了改善代码的可读性，使用注释 -- [n, q]，其描述 x 的位数和比例尺度。

Verilog 语言的定义和可综合结构参考文档见参考文献［175，178］。对于操作 B2C 字，采用有符号的 Verilog 数据类型，并且提前定义了 $[x]_q^n$：

```
wire signed [n-1:0] x;          //  [n,q]
```

本节中描述的所有二进制和算术运算在硬件中的实现都为纯粹的组合逻辑函数。因此，它们被编码为并行语句（在 VHDL 实例中）或连续赋值语句（在 Verilog 实例中）。回想一下，VHDL 并行语句的基本语法使用 < = 运算符：

```
y   <=  x;                    --  Concurrent statement
```

其中 x 和 y 是两个 VHDL 信号。另一方面，Verilog 连续赋值基本语法：

```
assign y = x;            //  Continuous assignment
```

其中 x 和 y 被声明为有符号线信号（wire signed）。

B.5.1 符号扩展

当将二进制数的位数从 n 扩展到 $n+k$ 时，将 MSB 的符号位扩展至 k 个。之所以这样写的原因是符号位总是可以写为

$$-b_{n-1}\times 2^{n-1} = -b_{n-1}\times 2^{n} + b_{n-1}\times 2^{n-1} \tag{B.15}$$

这允许任意地扩展符号位而不改变所表示的值。

例如，如果

$$\begin{aligned} w &= [x]_q^5 = 10010_{\bar{2}} = -14_{10} \\ r &= [y]_q^5 = 00111_{\bar{2}} = 7_{10} \end{aligned} \tag{B.16}$$

是两个 5 位 B2C 数，将它们扩展至 5 位 +3 位 =8 位：

$$w' = [x]_q^8 = 11110010_{\bar{2}} = -14_{10}$$
$$r' = [y]_q^8 = 00000111_{\bar{2}} = 7_{10} \tag{B.17}$$

可以轻松验证。

在信号的符号中，1 位符号扩展简单地表示为

$$[x]_q^{n+1} \leftarrow [x]_q^n \tag{B.18}$$

更一般的表示 k 位符号扩展，为

$$[x]_q^{n+k} \leftarrow [x]_q^n,\ (k \geqslant 0) \tag{B.19}$$

我们观察到：符号扩展没有改变信号。

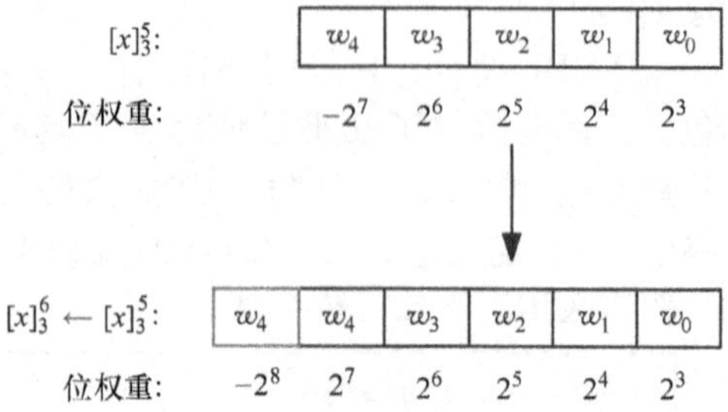

图 B.3　符号扩展 $[x]_3^6 \leftarrow [x]_3^5$

例如，图 B.3 为 $[x]_3^6 \leftarrow [x]_3^5$ 的图形表示。

B.5.2　对齐

如果 $q=l$，则两个 B2C 字 $[x]_q^n$ 和 $[y]_l^p$ 对齐了，即它们在相同的比例尺度上表示信号 x 和 y。在诸如加法、减法或比较算术运算之前通常需要对齐。例如，如果

$$x = 01001_{\bar{2}} \times 2^2 = 36_{10}$$
$$y = 10_{\bar{2}} \times 2^0 = -2_{10} \tag{B.20}$$

是 2 位和 5 位两个信号，则它们的对齐表示为

$$x = 0100100_{\bar{2}} \times 2^0 = 36_{10}$$
$$y = 10_{\bar{2}} \times 2^0 = -2_{10} \tag{B.21}$$

式中，所表示的值不变，x 的符号与 y 的符号具有相同比例尺度，但 x 具有更多的位。因此，需要扩展具有最大比例尺度的数的 LSB 位。

$[x]_2^5 = 01001_{\bar{2}}$ 的 2 位 LSB 扩展得 $[x]_0^7 = 0100100_{\bar{2}}$，在信号符号表示为

$$[x]_0^7 \leftarrow [x]_2^5 \tag{B.22}$$

一般来说，给定 $[x]_q^n$，可以增加字长并相应地减小标度，而不改变所表示的信号：

$$[x]_{q-k}^{n+k} \leftarrow [x]_q^n,\ (k \geqslant 0) \tag{B.23}$$

即对应于前述的 LSB 扩展操作。

基于这种观察，如果 $[x]_q^n$ 和 $[y]_l^p$ 字长不同，权重不同，其中 $q > l$，将 $[x]_q^n$ 与 $[y]_l^p$ 对齐，位数 n 增加 $(q-l)$，比例尺度变为 l，即

$$[x]_l^{n+q-l} \leftarrow [x]_q^n,\ (q > l) \tag{B.24}$$

图 B.4 所示为 $[x]_2^6 \leftarrow [x]_3^5$ LSB 的扩展。

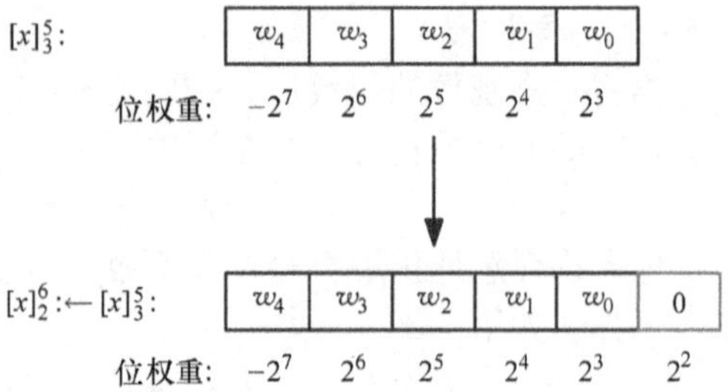

图 B.4　1 位 LSB 扩展 $[x]_2^6 \leftarrow [x]_3^5$

插图 B.2—VHDL 符号扩展和对齐

$[x]_q^n$ 的符号扩展使用 VHDL 连接运算符&，则：

```
signal x     : signed(n-1 downto 0);
signal x_ext : signed(n downto 0);
```

对 x 进行 1 位符号扩展：

```
x_ext <= x(n-1)&x;
```

类似地，关于对齐，对 x 的 LSB 进行 1 位扩展：

```
x_ext <= x&'0';
```

插图 B.3—Verilog 符号扩展和对齐

以类似的方式，将 n 位 wire 信号 x 的符号扩展到（$n+1$）位，所有信号都声明为有符号位，在 Verilog 中使用连接运算符 {}：

```
wire signed [n-1:0] x;
wire signed [n:0] x_ext;
assign x_ext = {x[n-1],x};
```

关于对齐，对 x 的 LSB 进行 1 位扩展：

```
wire signed [n-1:0] x;
wire signed [n:0] x_ext;
assign x_ext = {x,1'b0};
```

无论操作对象怎样，连接后的结果都是无符号数，所以通常必须小心连接有符号数[178]。因为 {x [n-1], x} 或 {x, 1'b0} 不需要进行符号扩展，所以上述表示语句运行正确，但是暗含的数据类型转换已经发生。如果需要可以直接调用算术符号 $signed。例如上述低 1 位的扩展可表示为：

```
assign  x_ext = $signed({x,1'b0});
```

B.5.3　符号取反

在 n 位 B2C 系统中，除了最小负数外，每一个数都有相反数。因此，当改变 n 位 B2C 数的符号时，需要（$n+1$）位。

在操作上，首先将 n 位字 w 的符号扩展至 $n+1$ 位，然后逐位取反。例如，如果 $w=0110_{\bar{2}}=6_{10}$，则 -6_{10}的计算方法为

$$\begin{aligned} w &= 0110_{\bar{2}} && \text{（原始字）} \\ &\to 00110_{\bar{2}} && \text{（信号扩展）} \\ &\to 11001_{\bar{2}} && \text{（逐位取反）} \\ &\to 11010_{\bar{2}} = -6_{10} && \text{（增加 } 00001_{\bar{2}}\text{）} \end{aligned} \tag{B.25}$$

在信号符号中，符号取反表示为

$$[-x]_q^{n+1} \leftarrow -[x]_q^n \tag{B.26}$$

插图 B.4—VHDL 符号取反

定义

```
signal x     : signed(n-1 downto 0);     --  [n,q]
signal x_ext : signed(n downto 0);       --  [n+1,q]
signal z     : signed(n downto 0);       --  [n+1,q]
```

首先，扩展 x 的符号位，然后采用在包 NUMERIC _ STD 中定义的“-”单目运算符：

```
x_ext <= x(n-1)&x;
z     <= -x_ext;
```

插图 B.5—Verilog 符号取反

首先，扩展 x 的符号位，然后采用“-”单目运算符：

```
wire signed [n-1:0] x;                //  [n,q]
wire signed [n:0]   x_ext;            //  [n+1,q]
wire signed [n:0] z;                  //  [n+1,q]
assign  x_ext = {x[n-1],x};
assign  z     = -x_ext;
```

其中 z 是 $(n+1)$ 位信号。

B.5.4 LSB 和 MSB 截断

截断即去除 n 位 B2C 字中一个或多个 LSB 或 MSB 破坏原有表示的数。在位操作时经常使用截断。在信号符号中，1 位 LSB 截断表示为

$$[y]_{q+1}^{n-1} \leftarrow [x]_q^n \tag{B.27}$$

一般来说，当且仅当$[x]_q^n$ 的 LSB 为零时，$y=x$，即当且仅当 x 是 2^q 的倍数时。否则，$y=x-2^q$。

更一般地，当且仅当 x 是 2^{q+k}的倍数时，将$[x]_q^n$ 的第 k 个 LSB 截断表示为

$$[y]_{q+k}^{n-k} \leftarrow [x]_q^n,\ (0 \leqslant k \leqslant n-1) \tag{B.28}$$

且 $y=x$。图 B.5 给出了 1 位 LSB 截断$[y]_4^4 \leftarrow [x]_3^5$ 的图形表示。

另一方面，1 位 MSB 截断表示为

$$[y]_q^{n-1} \leftarrow [x]_q^n \tag{B.29}$$

并且更一般地对于 k 位 MSB 截断，具有

$$[y]_q^{n-k} \leftarrow [x]_q^n,\ (0 \leqslant k \leqslant n-1) \tag{B.30}$$

图 B.6 所示为 1 位 MSB 截断$[y]_3^4 \leftarrow [x]_3^5$ 的图形表示。

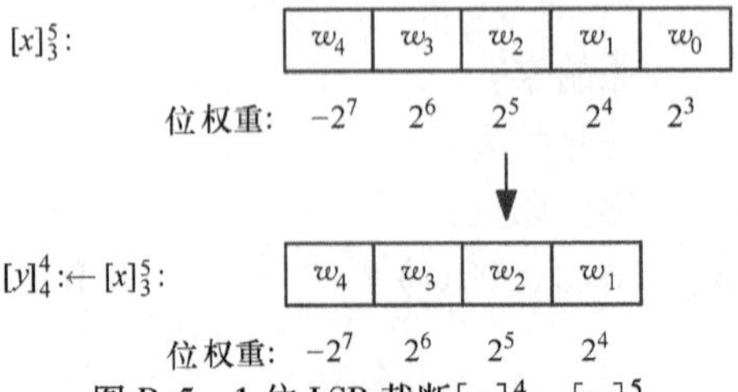

图 B.5　1 位 LSB 截断$[y]_4^4 \leftarrow [x]_3^5$

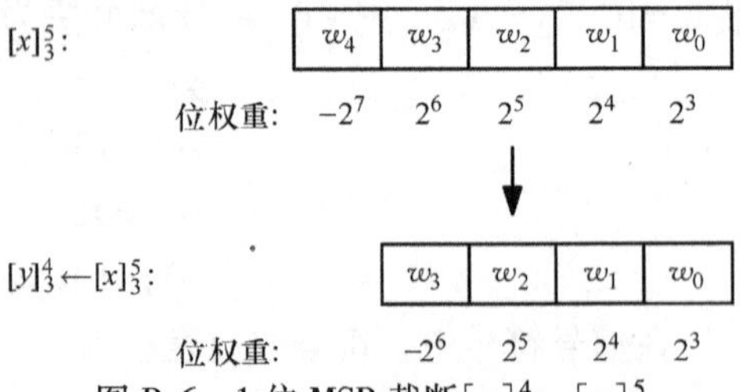

图 B.6　1 位 MSB 截断$[y]_3^4 \leftarrow [x]_3^5$

插图 B.6—VHDL 截断 B2C 数

在 VHDL 中,实现信号 x 的截断非常简单,只需将恰当的 x 部分赋值给较小长度的信号即可。1 位 LSB 截断,将 x 和 y 定义为

```
signal  x : signed(n-1 downto 0);    --  [n,q]
signal  y : signed(n-2 downto 0);    --  [n-1,q+1]
```

然后将 x 截断,代码为

```
y <= x(n-1 downto 1);
```

插图 B.7—Verilog 截断 B2C 数

1 位 LSB 截断的 Verilog 结构类似于 VHDL:

```
wire signed [n-1:0] x;       //  [n,q]
wire signed [n-2:0] y;       //  [n-1,q+1]
assign  y = x[n-1:1];
```

其中 y 是($n-1$)位 Verilog 信号。注意,与连接运算符一样,部分选择结果是无符号的,与操作数无关,即使部分选择指定整个向量[175]。换句话说,赋值右侧的 x[n-1:1]是无符号类型。然而，由于 x [n-1: 1] 无符号扩展，又转化变回有符号数，所以上述语句运行是正确的。如果需要，可以直接调用算术符号 $signed:

```
assign  y = $signed(x[n-1:1]);
```

B.5.5　加法和减法

两个 n 位 B2C 数相加需要用一个（$n+1$）位字表示。例如，在 3 位 B2C 系统中，数字范围为 $-4_{10}\sim+3_{10}$，其元素可能的和的范围在 $-8_{10}\sim+6_{10}$之间。

处理扩展范围需要最简单的方式是将加数符号位进行提前扩展，然后完成两个 B2C 数之间的加法，这与普通基数为 2 的加法规则相同。例如：

$$\begin{aligned} w &= [x]_q^3 = 011_{\bar{2}} = 3_{10} \\ r &= [y]_q^3 = 111_{\bar{2}} = -1_{10} \end{aligned} \tag{B.31}$$

是两个 3 位加法，然后它们的和用 4 位数表示：

$$\begin{array}{cccc} 0011_{\bar{2}} & + & & 3_{10} & + \\ 1111_{\bar{2}} & = & 即 & -1_{10} & = \\ 0010_{\bar{2}} & & & 2_{10} & \end{array} \tag{B.32}$$

以类似的方式，可以用 $n+1$ 位表示两个 n 位 B2C 数的减法。之前定义的 w 和 r 之间的差可以等效为 w 与 $-r$ 的 B2C 数相加。根据前面部分的讨论可得两者相加之和。首先对 r 进行符号扩展，随后对 r 取反加 1：

$$-r = 0000_{\bar{2}} + 0001_{\bar{2}} = 0001_{\bar{2}} \tag{B.33}$$

因此，$w-r$ 变为

$$\begin{array}{cccc} 0011_{\bar{2}} & + & & 3_{10} & + \\ 0000_{\bar{2}} & + & \text{即} & 0_{10} & + \\ 0001_{\bar{2}} & = & & 1_{10} & = \\ 0100_{\bar{2}} & & & 4_{10} & \end{array} \tag{B.34}$$

在信号符号中，两个 n 位数之间的加法或减法存储到一个（$n+1$）位的数中，可用下式表示：

$$[x \pm y]_q^{n+1} \leftarrow [x]_q^n \pm [y]_q^n \tag{B.35}$$

注意，只要两个加数对齐，操作才有意义。如果不是，则需要提前对齐。

当两个加数对齐但具有不同长度分别为 n 和 p 时，它们的和或者差总是可以用一个($\max(n,p)+1$)位的数来表示：

$$[x \pm y]_q^{\max(n,\,p)+1} \leftarrow [x]_q^n \pm [y]_q^p \tag{B.36}$$

插图 B.8—VHDL 中 B2C 数的加法

两个对齐的数$[x]_q^n$ 和$[y]_q^p$ 可以用 VHDL 编码如下。考虑信号声明：

```
signal x : signed(n-1 downto 0);           --  [n,q]
signal y : signed(p-1 downto 0);           --  [p,q]
signal z : signed(max(n,p) downto 0);      --  [max(n,p)+1,q]
```

在上述代码中，假定定义了函数 max 返回其两个参数中的最大者。x 和 y 之间的加法，首先对两个信号进行符号扩展，然后使用“+”操作，将两个符号数相加并存储在 z 中：

```
z <= (x(n-1)&x)+(y(p-1)&y);
```

注意，在 NUMERIC_STD 包中定义了运算符“+”，计算结果的长度为被操作数的最大长度[172]。因此，上述并行语句的两边具有相同的长度。

用运算符“-”完成两个 B2C 数的减法，如前所述，运算符“-”自动实现有符号数的减法。以上得出的关于加法操作的认识和观点同样适用于减法操作。

插图 B.9—Verilog 中 B2C 数的加法

两个对齐的字$[x]_q^n$ 和$[y]_q^p$ 可以用 Verilog 编码如下。考虑信号声明：

```
wire    signed   [n-1:0] x;         //  [n,q]
wire    signed   [p-1:0] y;         //  [p,q]
wire    signed   [max(n,p):0] z;    //  [max(n+p)+1,q]
```

和 VHDL 中的一样，x 和 y 之间的加法首先进行符号扩展，然后使用操作符“+”，将两个符号数相加并存储在 z 中：

```
wire signed [n:0] x_ext = {x[n-1],x};
wire signed [p:0] y_ext = {y[p-1],y};
assign z              = x_ext + y_ext;
```

以类似的方式使用 Verilog 运算符“-”完成减法运算。

B.5.6 乘法

n 位 B2C 数与 p 位 B2C 数的乘积可以由（$n+p$）位 B2C 数准确表示。特殊地，当两个 n 位数相乘时用（$2n$）位数来存储乘积。例如，在 3 位 B2C 系统中，其元素之间的乘积可能的范围在 -12_{10} 和 $+16_{10}$ 之间。

在信号符号中，两个数之间的乘法，并存储到输出数中，可用下式表示：

$$[xy]_{q+l}^{n+p} \leftarrow [x]_q^n \times [y]_l^p \quad (B.37)$$

加法和乘法的框图符号如图 B.7 所示。应当注意，乘法改变原有数的比例尺度。

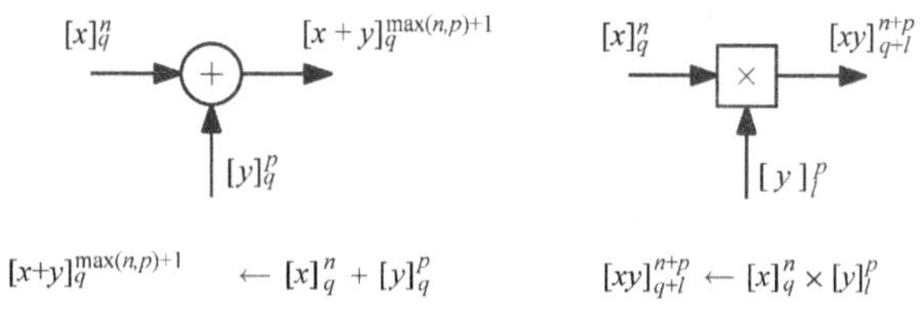

图 B.7 用于加法和乘法的框图符号

插图 B.10—B2C 数的 VHDL 乘法

两个 B2C 数的 VHDL 乘法可以简单地通过有符号数“ * ”运算来实现。令：

```
signal x : signed(n-1 downto 0);      --  [n,q]
signal y : signed(p-1 downto 0);      --  [p,l]
signal z : signed(n+p-1 downto 0);    --  [n+p,q+l]
```

上述分别表示长度为 n、p 和 $n+p$ 的 B2C 数的信号。x 和 y 之间的 B2C 乘法简单地表示为：

```
z <= x*y;
```

插图 B.11—B2C 数的 Verilog 乘法

两个 B2C 数的 Verilog 乘法可以简单地通过有符号数“ * ”运算来实现。令：

```
wire   signed  [n-1:0] x;       //  [n,q]
wire   signed  [p-1:0] y;       //  [p,l]
wire   signed  [n+p-1:0] z;     //  [n+p,q+l]
```

上述分别表示长度为 n、p 和 $n+p$ 的 B2C 数的信号。x 和 y 之间的 B2C 乘法简单地表示为：

```
assign z = x*y;
```

B.5.7 溢出检测和饱和运算

如果结果［式（B.34）］存储在 3 位数中，则会出现溢出，因为不可能在 3 位 B2C 系统中表示 4_{10}。简单地将（3+1）位结果的 MSB 去掉，将产生 $100_{\bar{2}} = -4_{10}$。

给定一个（$n+1$）位的 B2C 数 $w=[x]_q^{n+1}$，我们对 x 是否可以用 n 位表示感兴趣，通常需要进行溢出检测。可以以多种方式实现溢出检测。如果

$$w=[x]_q^{n+1}=(w_n \cdots w_0)_{\bar{2}} \quad (B.38)$$

是一般的（$n+1$）位 B2C 数，则当且仅当 w 的两个 MSB 不同时：

$$\mathrm{OV} = w_n \mathrm{XOR} w_{n-1} \tag{B.39}$$

即当 OV = 0 时，截断 MSB 不改变所表示的数。可以证明，在求和情况下，如式（B.34）所示，上述判据可以检测是否存在溢出。

将上述结果可以推广到（$n+l$）位的数：

$$w[x]_q^{n+1} = (w_{n+l-1} \cdots \omega_0)_{\bar{2}} \tag{B.40}$$

当且仅当 w 中的 $l+1$ 个 MSB 相同时，则数 w 可以精确地存储在 n 位数中：

$$\mathrm{OV} = \mathrm{NOT}(w_{n+l-1} = w_{n+l-2} = \cdots = w_{n-1}) \tag{B.41}$$

当发生溢出时，要根据系统中 B2C 的实现算法进行处理。可以频繁地将溢出结果限制在最大的正数或最小的负数。在这种饱和算术中，式（B.34）的结果将是$011_{\bar{2}} = 3_{10}$，3 是在 3 位 B2C 系统中的正数。

一般来说，饱和赋值表示要对 l 个 MSB 进行截断：

$$[y]_q^n \Leftarrow [x]_q^{n+l} \tag{B.42}$$

上述赋值可解释如下：当右边的结果发生溢出时，左边被赋予可用 n 位表示的最大的正数或最小的负数（取最大的正数还是最小的负数和溢出方向有关）。如果没有发生溢出，则结果完成 MSB 截断。例如，有符号数取反的饱和运算表示为

$$[z]_q^n \Leftarrow -[x]_q^n \tag{B.43}$$

而用于饱和加/减和乘法的符号为

$$[z]_q^m \Leftarrow [x]_q^n \pm [y]_q^p (m \leqslant \max(n, p)) \tag{B.44}$$

和

$$[z]_{q+l}^m \Leftarrow [x]_q^n \times [y]_l^p (m < n+p) \tag{B.45}$$

用于饱和的加法和乘法运算的框图符号如图 B.8 所示。

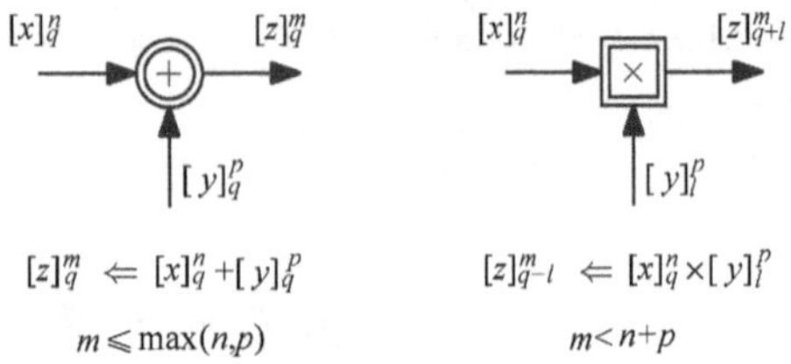

图 B.8　饱和的加法和乘法运算的框图符号

插图 B.12—使用 VHDL 实现饱和加法和乘法

饱和的加法器的 VHDL 代码如下。首先考虑实体声明：

```
entity saturated_adder is
    generic (
        n, p, m : integer                          --  m <= max(n,p)+1
        );

    port (
        x        : in signed(n-1 downto 0);  --  [n,q]
        y        : in signed(p-1 downto 0);  --  [p,q]
        z        : out signed(m-1 downto 0); --  [m,q]
        OV       : out std_logic;
        op       : in std_logic
        );
end saturated_adder;
```

实体 `saturated_adder` 分别对两个输入信号 `x` 和 `y`（n 位和 p 位）进行操

作，并且将其和限制在 m 位 z，其中 $m \leqslant \max(n, p)+1$。输入符号指定了实际上是加法运算（如果 op = '1'）还是减法运算（如果 op = '0'）。输出标志位 OV 表示是否超出了 m 位数表示范围。

饱和的加法器的实现如下：

```
1  architecture saturated_adder_arch of saturated_adder is
2
3      function MAX(LEFT, RIGHT: INTEGER) return INTEGER is
4      begin
5        if LEFT > RIGHT then return LEFT;
6        else return RIGHT;
7           end if;
8      end;
9
10     signal zx       :   signed(max(n,p) downto 0);
11     signal OVi      :   std_logic;
12     constant wmax   :   signed(m-2 downto 0)    :=  (others=>'1');
13     constant wmin   :   signed(m-2 downto 0)    :=  (others=>'0');
14
15 begin
16
17     zx      <=   (x(n-1)&x) + (y(p-1)&y) when op='1' else
18                  (x(n-1)&x) - (y(p-1)&y);
19
20     overflow_detect :   process(zx)
21         variable temp   :   std_logic;
22         begin
23             temp    :=  '0';
24             for I in m to max(n,p) loop
25                 if ((zx(I) xor zx(m-1))='1') then
26                     temp    :=  '1';
27                 end if;
28             end loop;
29             OVi <=  temp;
30         end process;
31
32     z   <=  ('0'&wmax)  when    OVi='1' AND zx(max(n,p))='0'   else
33             ('1'&wmin)  when    OVi='1' AND zx(max(n,p))='1'   else
34             zx(m-1 downto 0);
35
36     OV  <=OVi;
37
38 end saturated_adder_arch;
```

在前面的例子中，溢出检测在第 20 行定义的“overflow_detect”过程中完成。

饱和的乘法器的实体声明是：

```
entity saturated_multiplier is
    generic (
        n, p, m :   integer      --   m<=n+p
        );

    port (
        x       :   in signed(n-1 downto 0);          --   [n,q]
        y       :   in signed(p-1 downto 0);          --   [p,1]
        z       :   out signed(m-1 downto 0);         --   [m,q+1]
        OV      :   out std_logic
        );
end saturated_multiplier;
```

在这种情况下，饱和的乘积的字长为 m 且 $m \leqslant n+p$。实现上述实体的代码为：

```
architecture saturated_multiplier_arch of saturated_multiplier is

    signal zx        :   signed(n+p-1 downto 0);
    signal OVi       :   std_logic;
    constant wmax    :   signed(m-2 downto 0)   :=   (others=>'1');
    constant wmin    :   signed(m-2 downto 0)   :=   (others=>'0');

begin

    zx      <=   x*y;

    overflow_detect :   process(zx)
        variable temp    :   std_logic;
        begin
            temp     :=   '0';
            for I in m to n+p-1 loop
                if ((zx(I) xor zx(m-1))='1') then
                    temp     :=   '1';
                end if;
            end loop;
            OVi <=   temp;
        end process;

    z   <=   ('0'&wmax)   when    OVi='1' AND zx(n+p-1)='0'   else
             ('1'&wmin)   when    OVi='1' AND zx(n+p-1)='1'   else
             zx(m-1 downto 0);

    OV   <=OVi;

end saturated_multiplier_arch;
```

插图 B.13—使用 Verilog 实现饱和加法和乘法

根据前面的 VHDL 实例，饱和的加法器的 Verilog 代码如下：

```
1  module saturated_adder(x,y,z,OV,op);
2
3      function integer max;
4          input integer left, right;
5          if (left>right)
6              max = left;
7          else
8              max = right;
9      endfunction
10
11     parameter n;
12     parameter p;
13     parameter m;                    //  Assuming m <= max(n,p)+1
14     parameter mx = max(n,p)+1;
15
16     input   signed [n-1:0]  x;
17     input signed [p-1:0]    y;
18     output reg signed   [m-1:0]     z;
19     input op;
20
21     output reg OV;
22
23     wire signed [n:0]   xx = {x[n-1],x};
24     wire signed [p:0]   yx = {y[p-1],y};
25     wire signed [mx-1:0]    zx;
26
27     assign zx = (op==1'b1) ? xx+yx : xx-yx;
28
29     reg temp;
30     integer I;
31     always @(zx)
32         begin
33             temp = 1'b0;
34             for (I=m;I<=mx-1;I=I+1)
35                 begin
36                     if ((zx[I]^zx[m-1])==1'b1)
37                         temp = 1'b1;
38                 end
39             OV = temp;
40         end
41
42     always @(OV,zx)
43         case (OV)
44             1'b0:   z = zx[m-1:0];
45             1'b1:
46                 begin
47                     if (zx[mx-1]==1'b0)
48                         z = {1'b0,{(m-1){1'b1}}};
49                     else
50                         z = {1'b1,{(m-1){1'b0}}};
51                 end
52         endcase
53
54 endmodule
```

第 42 行中定义的 always 语句中包含的 for 循环实现了溢出检查。

类似地，饱和的乘法器的 Verilog 代码是：

```
module saturated_multiplier(x,y,z,OV);

    parameter n;
    parameter p;
    parameter m;                    //  Assuming m <= n+p

    input   signed [n-1:0]  x;           //  [n,q]
    input   signed [p-1:0]  y;           //  [p,1]
    output  reg [m-1:0] z;               //  [m,q+1]

    output reg OV;

    wire signed [n+p-1:0]   zx;
    assign zx = x*y;

    reg temp;
    integer I;
    always @(zx)
        begin
            temp = 1'b0;
            for (I=m;I<=n+p-1;I=I+1)
                begin
                    if ((zx[I]^zx[m-1])==1'b1)
                        temp = 1'b1;
                end
            OV = temp;
        end

    always @(OV,zx)
        case (OV)
            1'b0:   z = zx[m-1:0];
            1'b1:
                begin
                    if (zx[n+p-1]==1'b0)
                        z = {1'b0,{(m-1){1'b1}}};
                    else
                        z = {1'b1,{(m-1){1'b0}}};
                end
        endcase

endmodule
```

附录 C 规则采样脉冲宽度调制器的小信号相位滞后

2.5.2 节介绍了在数字控制器中常用的规则采样 PWM（USPWM）的小信号延迟。调制延迟占据数字控制变换器中的总环路延迟很大比重。本附录提供了表 2.1 中式（2.27）结果的证明。

C.1 后沿调制器

关于后沿规则采样调制器（IE－USPWM）的严格证明最初在参考文献［126］中推导。自然采样 PWM 和规则采样 PWM 的频谱的计算见参考文献［186］。

图 C.1 为后沿规则采样调制器的主要波形。输入调制信号 $u[k]$ 的采样周期 T_s 等于开关周期，并假设在每个开关周期的开始处更新。

在稳态运行中，输入调制信号为恒定值 U，调制器的输出 $c_s(t)$ 是方波信号且占空比为

$$D=\frac{U}{N_r} \tag{C.1}$$

式中，N_r 为载波幅值。

现在考虑在 U 上叠加正弦扰动 $\hat{u}[k]$：

$$u[k]=U+\hat{u}[k]=U+\hat{u}_m\sin(\omega kT_s+\varphi) \tag{C.2}$$

其在输出 PWM 波形中产生相应的扰动 $\hat{c}(t)$：

$$c(t)=c_s(t)+\hat{c}(t) \tag{C.3}$$

假设扰动频率 ω 和开关速率 ω_s 是近似相等的：

$$\frac{\omega_s}{\omega}=\frac{f_s}{f}=\frac{T}{T_s}=\frac{N}{L},\ L,\ N\in\mathbb{Z}^+ \tag{C.4}$$

该假设等效于假设 $\hat{u}[k]$ 是周期的且周期为 $T_p=NT_s=LT$。尽管不是非常严格，但是这种假设允许使用傅里叶级数和求和而不是变换和积分来推导整个过程。此外，考虑到有理数集合$\mathbb{Q}$ 在实数集合 R 的分布密度，f_s/f 的值可以使用任意近似的分数式子来表示。图 C.1 所示为 $N=20$、$L=1$ 的情况。

要确定的小信号频率响应 $G_{\mathrm{PWM,\ TE}}(\mathrm{j}\omega)$ 被定义为：小信号极限条件下，扰动频率 ω 处的傅里叶分量 $c(\omega)$ 和 $u(\omega)$ 的比值[126,187]：

$$\boxed{G_{\mathrm{PWM,\ TE}}(\mathrm{j}\omega)\triangleq\lim_{\hat{u}_m\to 0}\frac{c(\omega)}{u(\omega)}} \tag{C.5}$$

$c(\omega)$ 的时域对应波形如图 C.1 所示，且用 $\hat{d}(t)$ 表示。

根据定义（C.2）可直接推导 $u(\omega)$，得

$$u(\omega)=\frac{\hat{u}_m}{2j}\mathrm{e}^{\mathrm{j}\varphi} \tag{C.6}$$

另一方面，可通过 $c(t)$ 的傅里叶分析来估算 $c(\omega)$。在第 k 个开关间隔期间，调制信号 $c(t)$ 定义为

$$c(t)=\begin{cases}1,\ kT_s<t<kT_s+d[k]T_s\\0,\ kT_s+d[k]T_s<t<(k+1)T_s\end{cases} \tag{C.7}$$

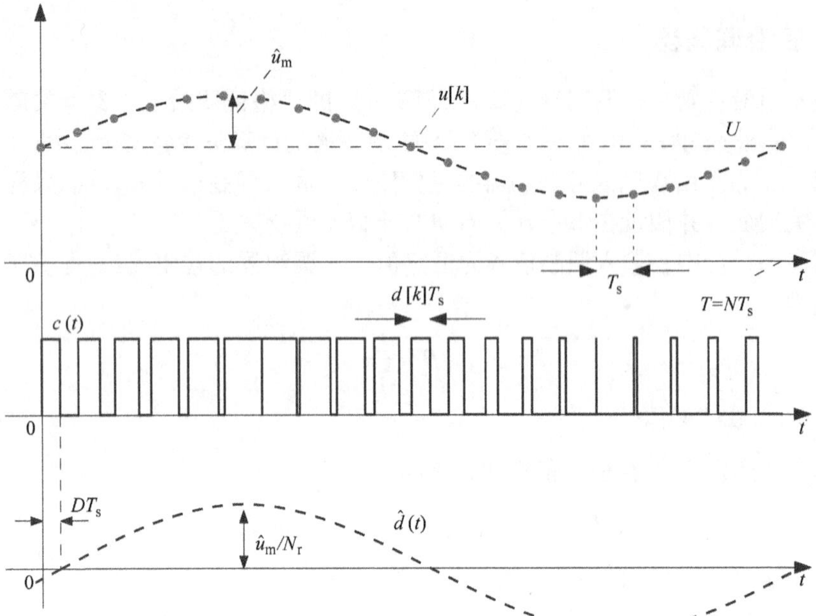

图 C.1 $N=20$、$L=1$ 的后沿规则采样调制器的波形

式中，占空比 $d[k]=u[k]/N_r$。观察到 $c(t)$ 与 $u[k]$ 具有相同周期，且等于 $T_p=NT_s=LT$，因此展开后，可得

$$c(t)=\sum_{n=-\infty}^{+\infty}c(n\omega_p)e^{jn\omega_p t} \tag{C.8}$$

式中，$\omega_p=2\pi/T_p$，$c(n\omega_p)$ 是 c 的傅里叶展开的系数：

$$c(n\omega_p)=\frac{1}{T_p}\int_0^{T_p}c(\tau)e^{-jn\omega_p\tau}d\tau \tag{C.9}$$

当 $f=L/T_p=Lf_p$ 时，可计算 $c(t)$ 的 L 次谐波分量[⊖]

$$c(\omega)=c(L\omega_p)=\frac{1}{T_p}\int_0^{T_p}c(\tau)e^{-jL\omega_p\tau}d\tau=\frac{1}{NT_s}\int_0^{NT_s}c(\tau)e^{-j\omega\tau}d\tau \tag{C.10}$$

上述积分表达式可用每个开关周期项的和来表示：

$$c(\omega)=\frac{1}{NT_s}\sum_{k=0}^{k=N-1}\int_{kT_s}^{(k+1)T_s}c(\tau)e^{-j\omega\tau}d\tau \tag{C.11}$$

由式（C.7）可得

$$c(\omega)=\frac{1}{NT_s}\sum_{k=0}^{k=N-1}\int_{kT_s}^{(k+d[k])T_s}e^{-j\omega\tau}d\tau \tag{C.12}$$

计算积分可得

⊖ 可以看到，当 $\hat{u}_m\to0$，在 $[0,\ \omega_s/2]$ 区间中，只有 L 次傅里叶分量谐波是非零的。

$$c(\omega)=\frac{1}{NT_s}\sum_{k=0}^{k=N-1}\left[\frac{e^{-j\omega\tau}}{-j\omega}\right]_{\tau=kT_s}^{\tau=(k+d[k])T_s}$$

$$=\frac{1}{j\omega NT_s}\sum_{k=0}^{k=N-1}e^{-j\omega kT_s}(1-e^{-j\omega d[k]T_s}) \tag{C.13}$$

这是大信号的精确结果。

此时，将含有 $d[k]$的指数项用 $d=D$ 处的一阶泰勒近似来代替，且 $\hat{d}\triangleq d-D$：

$$e^{-j\omega dT_s}\approx e^{-j\omega DT_s}+\left.\frac{\partial e^{-j\omega dT_s}}{\partial d}\right|_{d=D}(d-D)$$

$$=e^{-j\omega DT_s}-j\omega T_s e^{-j\omega DT_s}\hat{d} \tag{C.14}$$

将这种近似代入式（C.13）中得到

$$c(\omega)=\frac{1}{j\omega NT_s}\sum_{k=0}^{k=N-1}e^{-j\omega kT_s}(1-e^{-j\omega DT_s}(1-j\omega T_s\hat{d}[k])) \tag{C.15}$$

将上述结果写成两项的和，并分别检查：

$$c(\omega)=\frac{1}{j\omega NT_s}(1-e^{-j\omega DT_s})\sum_{k=0}^{k=N-1}e^{-j\omega kT_s}$$

$$+\frac{1}{j\omega NT_s}j\omega T_s e^{-j\omega DT_s}\sum_{k=0}^{k=N-1}e^{-j\omega kT_s}\hat{d}[k] \tag{C.16}$$

因为 ω 不是 ω_s 的整数倍，所以第一项消失：

$$\sum_{k=0}^{k=N-1}e^{-j\omega kT_s}=0 \tag{C.17}$$

因此，$c(\omega)$的表达式简化为

$$c(\omega)=\frac{e^{-j\omega DT_s}}{N}\sum_{k=0}^{k=N-1}e^{-j\omega kT_s}\hat{d}[k] \tag{C.18}$$

根据式（C.2）和 $d[k]=u[k]/N_r$，得出

$$\hat{d}[k]=\frac{\hat{u}_m}{N_r}\sin(k\omega T_s+\varphi)=\frac{\hat{u}_m}{N_r}\left(\frac{e^{j(\omega kT_s+\varphi)}-e^{-j(\omega kT_s+\varphi)}}{2j}\right) \tag{C.19}$$

由上式推导出

$$u[\omega]=\frac{e^{-j\omega DT_s}}{N}\frac{\hat{u}_m}{2jN_r}e^{j\varphi}\sum_{k=0}^{k=N-1}(1-e^{-2j(\omega kT_s+\varphi)}) \tag{C.20}$$

因为 ω 不是 $\omega_s/2$ 的整数倍，所以假设求和项消失：

$$\sum_{k=0}^{k=N-1}e^{-2j\omega kT_s} \tag{C.21}$$

$c(\omega)$的表达式化简为

$$c(\omega)=\frac{\mathrm{e}^{-\mathrm{j}\omega DT_{\mathrm{s}}}}{N_{\mathrm{r}}}\frac{\hat{u}_{\mathrm{m}}}{2\mathrm{j}}\mathrm{e}^{\mathrm{j}\varphi} \tag{C.22}$$

最后，根据式（C.5）、式（C.6）和式（C.22）可得到我们想要的结果：

$$\boxed{G_{\mathrm{PWM,\ TE}}(\mathrm{j}\omega)=\frac{1}{N_{\mathrm{r}}}\mathrm{e}^{-\mathrm{j}\omega DT_{\mathrm{s}}}} \tag{C.23}$$

式（C.23）在$0<\omega<\omega_{\mathrm{s}}/2$范围内有效。如所预期的，这种频率响应表明传输延迟$t_{\mathrm{DPWM}}=DT_{\mathrm{s}}$。结果就是表2.1中后沿规则采样调制器的内容。

作为最后的结论，根据1.6节的式（1.87），占空比$d(t)$决定了变换器的平均动态特性，其仅仅是$c(\omega)$的基波分量：

$$d(t)=\underbrace{\frac{U}{N_{\mathrm{r}}}}_{D}+\underbrace{\frac{\hat{u}_{\mathrm{m}}}{N_{\mathrm{r}}}\sin(\omega(t-DT_{\mathrm{s}})+\varphi)}_{\hat{d}(t)} \tag{C.24}$$

C.2 前沿调制器

上述计算针对的是后沿调制器，其推导过程也可轻松地应用至前沿调制器的推导中。用式（C.25）替换（C.7）：

$$c(t)=\begin{cases}0,\ kT_{\mathrm{s}}<t<kT_{\mathrm{s}}+(1-d[k])T_{\mathrm{s}}\\1,kT_{\mathrm{s}}+(1-d[k])T_{\mathrm{s}}<t<(k+1)T_{\mathrm{s}}\end{cases} \tag{C.25}$$

式（C.25）为后沿调制器中$c(t)$和$d[k]$的关系。通过这种修改，我们发现调制器小信号频率响应为

$$\boxed{G_{\mathrm{PWM,\ TE}}(\mathrm{j}\omega)=\frac{1}{N_{\mathrm{r}}}\mathrm{e}^{-\mathrm{j}\omega(1-D)T_{\mathrm{s}}}} \tag{C.26}$$

式中，表明小信号传输延迟为$t_{\mathrm{DPWM}}=(1-D)T_{\mathrm{s}}$。结果就是表2.1中前沿规则采样调制器的内容。

C.3 对称调制器

对于对称调制器而言，$c(t)$对$d[k]$的关系表示为

$$c(t)=\begin{cases}0,\ kT_{\mathrm{s}}<t<kT_{\mathrm{s}}+(1-d[k])\dfrac{T_{\mathrm{s}}}{2}\\1,kT_{\mathrm{s}}+(1-d[k])\dfrac{T_{\mathrm{s}}}{2}<t<kT_{\mathrm{s}}+(1+d[k])\dfrac{T_{\mathrm{s}}}{2}\\0,kT_{\mathrm{s}}+(1+d[k])\dfrac{T_{\mathrm{s}}}{2}<t<(k+1)T_{\mathrm{s}}\end{cases} \tag{C.27}$$

将式（C.7）替换为式（C.27），可以导出对称调制器的小信号频率响应。

有一种快速的方法推导对称调制器的频率响应。使用该方法的前提条件是必须知道小信号结果［式（C.23）］。该方法是将对称调制看作两个后沿调制的组合，

如图 C.2 所示。对称的载波信号 $r(t)$ 被分解成两个后沿载波信号 $r_1(t)$ 和 $r_2(t)$，载波信号与调制信号 $u[k]$ 相比较得到调制信号 $c_1(t)$ 和 $c_2(t)$。然后可得对称调制信号 $c(t)$ 为

$$c(t)=c_1(t)-c_2(t) \tag{C.28}$$

由于前述等式的线性特性，可得

$$G_{\mathrm{PWM,\,Sym}}(\mathrm{j}\omega)=G_{\mathrm{PWM,\,1}}(\mathrm{j}\omega)-G_{\mathrm{PWM,\,2}}(\mathrm{j}\omega) \tag{C.29}$$

式中，$c_1(t)$ 和 $c_2(t)$ 的频率响应为 $G_{\mathrm{PWM,\,1}}(\mathrm{j}\omega)$ 和 $G_{\mathrm{PWM,\,2}}(\mathrm{j}\omega)$。这些表达式都可以通过式（C.23）推导出来。推导之前必须注意：

1）$r_1(t)$ 和 $r_2(t)$ 的斜率绝对值等于 $2N_\mathrm{r}/T_\mathrm{s}$。但是在标准后沿调制中，载波斜率为 $N_\mathrm{r}/T_\mathrm{s}$。所以，这两个调制的静态小信号增益是标准后沿调制时静态小信号增益的一半。

2）因为 $c_2(t)$ 的占空比随着调制信号增加而减小，所以 $G_{\mathrm{PWM,2}}(\mathrm{j}\omega)$ 的静态微分增益为负。

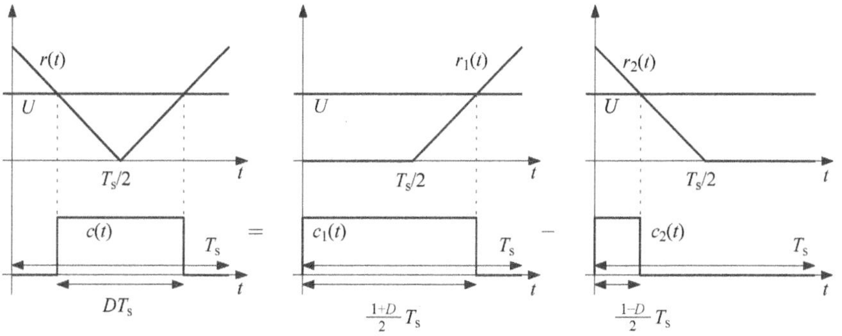

图 C.2　对称调制分解为两个后沿调制

明确了上述说明，式（C.29）变为

$$\begin{aligned}G_{\mathrm{PWM,\,Sym}}(\mathrm{j}\omega)&=\frac{1}{2N_\mathrm{r}}\mathrm{e}^{-\mathrm{j}\omega\frac{1+D}{2}T_\mathrm{s}}-\left(-\frac{1}{2N_\mathrm{r}}\right)\mathrm{e}^{-\mathrm{j}\omega\frac{1+D}{2}T_\mathrm{s}}\\&=\frac{1}{2N_\mathrm{r}}\left(\mathrm{e}^{\mathrm{j}\omega D\frac{T_\mathrm{s}}{2}}+\mathrm{e}^{\mathrm{j}\omega D\frac{T_\mathrm{s}}{2}}\right)\mathrm{e}^{-\mathrm{j}\omega\frac{T_\mathrm{s}}{2}}\end{aligned} \tag{C.30}$$

因此

$$\boxed{G_{\mathrm{PWM,\,Sym}}(\mathrm{j}\omega)=\frac{1}{N_\mathrm{r}}\cos\left(\frac{\omega DT_\mathrm{s}}{2}\right)\mathrm{e}^{-\mathrm{j}\omega\frac{T_\mathrm{s}}{2}}} \tag{C.31}$$

结果就是表 2.1 中对称规则采样调制器的内容。式（C.31）中的小信号传输延迟为 $t_{\mathrm{DPWM}}=T_\mathrm{s}/2$，其与工作点无关。

参 考 文 献

[1] R. W. Erickson and D. Maksimović, *Fundamentals of Power Electronics*, 2nd ed. Springer, 2001.

[2] J. Kassakian, M. Schlecht and G. Verghese, *Principles of Power Electronics*, 1st ed. Addison-Wesley, 1991.

[3] P. Krein, *Elements of Power Electronics*, 1st ed. Oxford University Press, 1997.

[4] N. Mohan, T. Undeland and W. Robbins, *Power Electronics: Converters, Applications, and Design*, 3rd ed. John Wiley & Sons, Inc., 2002.

[5] M. H. Rashid, *Power Electronics: Circuits, Devices and Applications*, 3rd ed. Prentice-Hall, 2004.

[6] G. F. Franklin, J. D. Powell and A. Emami-Naeni, *Feedback Control of Dynamic Systems*, 6th ed. Prentice-Hall, 2010.

[7] G. F. Franklin, J. D. Powell and M. L. Workman, *Digital Control of Dynamic Systems*, 3rd ed. Prentice-Hall, 1998.

[8] A. V. Oppenheim, A. V. Schafer and J. R. Buck, *Discrete-Time Signal Processing*, 2nd ed. Prentice-Hall, 1999.

[9] PMBus. PMBusTM: Power Management Defined [Online]. Available: http://pmbus.org/ (accessed 17 October 2014).

[10] R. V. White and D. Durant, "Understanding and using PMBus data formats," in *Proceedings of the 21st IEEE Applied Power Electronics Conference and Exposition (APEC)*, Mar. 2006.

[11] D. Freeman and B. McDonald, "Parameterization for power solutions," in *Proceedings of the 12th IEEE Workshop on Control and Modeling for Power Electronics (COMPEL)*, Jun. 2010, pp. 1–6.

[12] D. Maksimović, R. Zane and R. W. Erickson, "Impact of digital control in power electronics," in *Proceedings of the 16th IEEE International Symposium on Power Semiconductor Devices*, May 2004, pp. 13–22.

[13] D. Maksimović, R. Zane and L. Corradini, "Advances in digital control for high-frequency switched-mode power converters," *Power Electron. Mon.*, vol. 44, no. 12, pp. 2–19, Dec. 2010, serial no. 217, sponsored by Xi'an Power Electronics Research Institute, China.

[14] S. Buso and P. Mattavelli, *Digital Control in Power Electronics*, 1st ed. Morgan & Claypool, 2006.

[15] J. Morroni, A. Dolgov, M. Shirazi, R. Zane and D. Maksimović, "Online health monitoring in digitally controlled power converters," in *Proceedings of IEEE Power Electronics Specialists Conference (PESC)*, Jun. 2007, pp. 112–118.

[16] B. Mather, D. Maksimović and I. Cohen, "Input power measurement techniques for single-phase digitally controlled PFC rectifiers," in *Proceedings of the 24th IEEE Applied Power Electronics Conference and Exposition (APEC)*, 2009, pp. 767–773.

[17] S. Buso, P. Mattavelli, L. Rossetto and G. Spiazzi, "Simple digital control improving dynamic performance of power factor preregulators," *IEEE Trans. Power Electron.*, vol. 13, no. 5, pp. 814–823, Sept. 1998.

[18] U. Meyer-Baese, *Digital Signal Processing with Field Programmable Gate Arrays*, 3rd ed. Springer, 2007.

[19] S. Brown and Z. Vranesic, *Fundamentals of Digital Logic with Verilog Design*, 1st ed. McGraw-Hill, 2003.

[20] A. M. Wu, X. Jinwen, D. Marković and S. R. Sanders, "Digital PWM control: application in voltage regulation modules," in *Proceedings of the 30th IEEE Power Electronics Specialists Conference (PESC)*, vol. 1, Jul. 1999, pp. 77–83.

[21] B. J. Patella, "Implementation of a high frequency, low-power digital pulse width modulation controller chip," Master's thesis, University of Colorado at Boulder, Dec. 2000.

[22] B. J. Patella, A. Prodić, A. Zirger and D. Maksimović, "High-frequency digital PWM controller IC for DC-DC converters," *IEEE Trans. Power Electron.*, vol. 18, no. 1, pp. 438–446, Mar. 2003.

[23] A. Prodić and D. Maksimović, "Design of a digital PID regulator based on look-up tables for control of high-frequency DC-DC converters," in *Proceedings of the 8th IEEE Workshop on Computers in Power Electronics (COMPEL)*, Jun. 2002, pp. 18–22.

[24] A. Syed, E. Ahmed and D. Maksimović, "Digital PWM controller with feed-forward compensation," in *Proceedings of the 19th IEEE Applied Power Electronics Conference and Exposition (APEC)*, vol. 1, 2004, pp. 60–66.

[25] A. Prodić, D. Maksimović and R. W. Erickson, "Digital controller chip set for isolated DC power supplies," in *Proceedings of the 18th IEEE Applied Power Electronics Conference and Exposition (APEC)*, vol. 2, Feb. 2003, pp. 866–872.

[26] A. V. Peterchev, J. Xiao and S. R. Sanders, "Architecture and IC implementation of a digital VRM controller," *IEEE Trans. Power Electron.*, vol. 18, no. 1, pp. 356–364, Jan. 2003.

[27] J. Xiao, A. V. Peterchev, J. Zhang and S. Sanders, "A 4μA quiescent current dual-mode digitally controlled buck converter IC for cellular phone applications," *IEEE J. Solid-State Circuits*, vol. 39, no. 12, pp. 2342–2348, Dec. 2004.

[28] A. V. Peterchev, "Digital pulse-width modulation control in power electronic circuits: theory and applications," Ph.D. dissertation, University of California at Berkeley, 2005.

[29] K. Wang, N. Rahman, Z. Lukić and A. Prodić, "All-digital DPWM/DPFM controller for low-power DC-DC converters," in *Proceedings of the 21st IEEE Applied Power Electronics Conference and Exposition (APEC)*, Mar. 2006.

[30] J. Zhang and S. R. Sanders, "A digital multi-mode multi-phase IC controller for voltage regulator application," in *Proceedings of the 22nd IEEE Applied Power Electronics Conference and Exposition (APEC)*, Mar. 2007, pp. 719–726.

[31] Z. Lukić, N. Rahman and A. Prodić, "Multibit Σ-Δ PWM digital controller IC for DC-DC converters operating at switching frequencies beyond 10 MHz," *IEEE Trans. Power Electron.*, vol. 22, no. 5, pp. 1693–1707, Sept. 2007.

[32] A. Parayandeh and A. Prodić, "Programmable analog-to-digital converter for low-power DC-DC smps," *IEEE Trans. Power Electron.*, vol. 23, no. 1, pp. 500–505, Jan. 2008.

[33] T. Takayama and D. Maksimović, "Digitally controlled 10 MHz monolithic buck converter," in *Proceedings 10th IEEE Workshop on Computers in Power Electronics (COMPEL)*, Jul. 2006, pp. 154–158.

[34] L. Corradini, A. Costabeber, P. Mattavelli and S. Saggini, "Parameter-independent time-optimal digital control for point-of-load converters," *IEEE Trans. Power Electron.*, vol. 24, no. 10, pp. 2235–2248, Oct. 2009.

[35] L. Corradini, E. Orietti, P. Mattavelli and S. Saggini, "Digital hysteretic voltage-mode control for DC-DC converters based on asynchronous sampling," *IEEE Trans. Power Electron.*, vol. 24, no. 1, pp. 201–211, Jan. 2009.

[36] D. Maksimović and R. Zane, "Small-signal discrete-time modeling of digitally controlled PWM converters," *IEEE Trans. Power Electron.*, vol. 22, no. 6, pp. 2552–2556, Nov. 2007.

[37] A. V. Peterchev and S. R. Sanders, "Quantization resolution and limit cycling in digitally controlled PWM converters," *IEEE Trans. Power Electron.*, vol. 18, no. 1, pp. 301–308, Jan. 2003.

[38] H. Peng, A. Prodić, E. Alarcon and D. Maksimović, "Modeling of quantization effects in digitally controlled DC-DC converters," *IEEE Trans. Power Electron.*, vol. 22, no. 1, pp. 208–215, Jan. 2007.

[39] W. W. Burns and T. G. Wilson, "A state-trajectory control law for DC-to-DC converters," *IEEE Trans. Aerosp.*, vol. AES-14, no. 1, pp. 2–20, Jan. 1978.

[40] D. Biel, L. Martinez, J. Tenor, B. Jammes and J.-C. Marpinard, "Optimum dynamic performance of a buck converter," in *Proceedings of IEEE International Symposium on Circuits and Systems (ISCAS)*, vol. 1, 1996, pp. 589–592.

[41] G. Feng, E. Meyer and Y. F. Liu, "High performance digital control algorithms for DC-DC converters based on the principle of capacitor charge balance," in *Proceedings of the 37th IEEE Power Electronics Specialists Conference (PESC)*, 2006, pp. 1–7.

[42] G. Feng, E. Meyer and Y. F. Liu, "A new digital control algorithm to achieve optimal dynamic performance in DC-to-DC Converters," *IEEE Trans. Power Electron.*, vol. 22, no. 4, pp. 1489–1498, 2007.

[43] E. Meyer and Y. F. Liu, "A quick capacitor charge balance control method to achieve optimal dynamic response for buck converters," in *Proceedings of the 38th IEEE Power Electronics Specialists Conference (PESC)*, 2007, pp. 1549–1555.

[44] E. Meyer and Y. F. Liu, "A practical minimum time control method for buck converters based on capacitor charge balance," in *Proceedings of the 23rd IEEE Applied Power Electronics Conference and Exposition (APEC)*, 2008, pp. 10–16.

[45] E. Meyer, Z. Zhang and Y. F. Liu, "An optimal control method for buck converters using a practical capacitor charge balance technique," *IEEE Trans. Power Electron.*, vol. 23, no. 4, pp. 1802–1812, 2008.

[46] E. Meyer, D. Wang, L. Jia and Y. F. Liu, "Digital charge balance controller with an auxiliary circuit for superior unloading transient performance of buck converters," in *Proceedings of the 25th IEEE Applied Power Electronics Conference and Exposition (APEC)*, 2010, pp. 124–131.

[47] W. Fang, Y. J. Qiu, X. Liu and Y. F. Liu, "A new digital capacitor charge balance control algorithm for boost DC/DC Converter," in *Proceedings of the 2nd IEEE*

Energy Conversion Conference and Exposition (ECCE), 2010, pp. 2035–2040.

[48] X. Liu, L. Ge, W. Fang and Y. F. Liu, "An algorithm for buck-boost converter based on the principle of capacitor charge balance," in *Proceedings of the 6th IEEE Conference on Industrial Electronics and Applications (ICIEA)*, 2011, pp. 1365–1369.

[49] L. Jia, D. Wang, Y. F. Liu and P. C. Sen, "A novel analog implementation of capacitor charge balance controller with a practical extreme voltage detector," in *Proceedings of the 26th IEEE Applied Power Electronics Conference and Exposition (APEC)*, 2011, pp. 245–252.

[50] E. Meyer, Z. Zhang and Y. F. Liu, "Digital charge balance controller to improve the loading/unloading transient response of buck converters," *IEEE Trans. Power Electron.*, vol. 27, no. 3, pp. 1314–1326, 2012.

[51] L. Jia and Y. F. Liu, "Voltage-based charge balance controller suitable for both digital and analog implementations," *IEEE Trans. Power Electron.*, vol. 28, no. 2, pp. 930–944, 2013.

[52] A. Costabeber, L. Corradini, S. Saggini and P. Mattavelli, "Time-optimal, parameters-insensitive digital controller for DC-DC buck converters," in *Proceedings of the 39th IEEE Power Electronics Specialists Conference (PESC)*, 2008, pp. 1243–1249.

[53] L. Corradini, A. Costabeber, P. Mattavelli and S. Saggini, "Time optimal, parameters-insensitive digital controller for VRM applications with adaptive voltage positioning," in *Proceedings of the 11th IEEE Workshop on Control and Modeling for Power Electronics (COMPEL)*, 2008, pp. 1–8.

[54] V. Yousefzadeh, A. Babazadeh, R. Ramachandran, E. Alarcon, L. Pao and D. Maksimović, "Proximate time-optimal digital control for synchronous buck DC-DC converters," *IEEE Trans. Power Electron.*, vol. 23, no. 4, pp. 2018–2026, Jul. 2008.

[55] G. Pitel and P. Krein, "Minimum-time transient recovery for DC-DC converters using raster control surfaces," *IEEE Trans. Power Electron.*, vol. 24, no. 12, pp. 2692–2703, Dec. 2009.

[56] A. Babazadeh and D. Maksimović, "Hybrid digital adaptive control for fast transient response in synchronous buck DC-DC converters," *IEEE Trans. Power Electron.*, vol. 24, no. 4, pp. 2625–2638, Nov. 2009.

[57] L. Corradini, A. Babazadeh, A. Bjeletić and D. Maksimović, "Current-limited time-optimal response in digitally-controlled DC-DC converters," *IEEE Trans. Power Electron.*, vol. 25, no. 11, pp. 2869–2880, Nov. 2010.

[58] A. Costabeber, P. Mattavelli and S. Saggini, "Digital time-optimal phase shedding in multiphase buck converters," *IEEE Trans. Power Electron.*, vol. 25, no. 9, pp. 2242–2247, Sept. 2010.

[59] A. Radić, Z. Lukić, A. Prodić and R. H. de Nie, "Minimum-deviation digital controller IC for DC-DC switch-mode power supplies," *IEEE Trans. Power Electron.*, vol. 28, no. 9, pp. 4281–4298, Sept. 2013.

[60] J. M. Galvez, M. Ordonez, P. Luchino and J. E. Quaicoe, "Improvements in boundary control of boost converters using the natural switching surface," *IEEE Trans. Power Electron.*, vol. 26, no. 11, pp. 3367–3376, Nov. 2011.

[61] L. Corradini, P. Mattavelli, E. Tedeschi and D. Trevisan, "High-bandwidth multisampled digitally controlled DC-DC converters using ripple compensation," *IEEE Trans. Ind. Electron.*, vol. 55, no. 4, pp. 1501–1508, Apr. 2008.

[62] L. Corradini and P. Mattavelli, "Modeling of multisampled pulse width modulators for digitally controlled DC-DC converters," *IEEE Trans. Power Electron.*, vol. 23, no. 4, pp. 1839–1847, Jul. 2008.

[63] Z. Lukić, A. Radić, A. Prodić and S. Effler, "Oversampled digital controller IC based on successive load-change estimation for DC-DC converters," in *Proceedings of the 25th IEEE Applied Power Electronics Conference and Exposition (APEC)*, Feb. 2010, pp. 315–320.

[64] S. Saggini, D. Trevisan, P. Mattavelli and M. Ghioni, "Synchronous-asynchronous digital voltage-mode control for DC-DC converters," *IEEE Trans. Power Electron.*, vol. 22, no. 4, pp. 1261–1268, Jul. 2007.

[65] Z. Zhao and A. Prodić, "Continuous-time digital controller for high-frequency DC-DC converters," *IEEE Trans. Power Electron.*, vol. 23, no. 2, pp. 564–573, Mar. 2008.

[66] S. Saggini, M. Ghioni and A. Geraci, "An innovative digital control architecture for low-voltage high-current DC-DC converters with tight voltage regulation," *IEEE Trans. Power Electron.*, vol. 19, no. 1, pp. 210–218, Jan. 2004.

[67] S. Saggini, P. Mattavelli, M. Ghioni and M. Redaelli, "Mixed-signal voltage-mode control for DC-DC converters with inherent analog derivative action," *IEEE Trans. Power Electron.*, vol. 23, no. 3, pp. 1485–1493, May 2008.

[68] J. Li, F. C. Lee and Y. Qiu, "New digital control architecture eliminating the need for high resolution DPWM," in *Proceedings of the 37th IEEE Power Electronics Specialists Conference (PESC)*, 2007, pp. 814–819.

[69] J. Li and F.C. Lee, "Digital current mode control architecture with improved performance for DC-DC converters," in *Proceedings of the 23rd IEEE Applied Power Electronics Conference and Exposition (APEC)*, 2008, pp. 1087–1092.

[70] K. Y. Cheng, F. Yu, F. C. Lee and P. Mattavelli, "Digital enhanced V2-type constant on-time control using inductor current ramp estimation for a buck converter with low-ESR capacitors," *IEEE Trans. Power Electron.*, vol. 28, no. 3, pp. 1241–1252, Mar. 2013.

[71] H. Hu, V. Yousefzadeh and D. Maksimović, "Nonuniform A/D quantization for improved dynamic responses of digitally controlled DC-DC converters," *IEEE Trans. Power Electron.*, vol. 23, no. 4, pp. 1998–2005, Jul. 2008.

[72] A. Soto, P. Alou and J. A. Cobos, "Nonlinear digital control breaks bandwidth limitations," in *Proceedings of the 21st IEEE Applied Power Electronics Conference and Exposition (APEC)*, Mar. 2006, pp. 724–730.

[73] A. Prodić, D. Maksimović and R. W. Erickson, "Dead-zone digital controllers for improved dynamic response of low harmonic rectifiers," *IEEE Trans. Power Electron.*, vol. 21, no. 1, pp. 173–181, Jan. 2006.

[74] X. Zhang, Y. Zhang, R. Zane and D. Maksimović, "Design and implementation of a wide-bandwidth digitally controlled 16-phase converter," in *Proceedings of the 10th IEEE Workshop on Computers in Power Electronics (COMPEL)*,

2006, pp. 106–111.
[75] Y. Zhang, X. Zhang, R. Zane and D. Maksimović, "Wide-bandwidth digital multi-phase controller," in *Proceedings of the 36th IEEE Power Electronics Specialists Conference (PESC)*, Jun. 2006, pp. 1–7.
[76] A. Stupar, Z. Lukić and A. Prodić, "Digitally-controlled steered-inductor buck converter for improving heavy-to-light load transient response," in *Proceedings of IEEE Power Electronics Specialists Conference (PESC)*, Jun. 2008, pp. 3950–3954.
[77] S. S. Ahsanuzzaman, A. Parayandeh, A. Prodić and D. Maksimović, "Load-interactive steered-inductor DC-DC converter with minimized output filter capacitance," in *Proceedings of the 25th IEEE Applied Power Electronics Conference and Exposition (APEC)*, Feb. 2010, pp. 980–985.
[78] R. D. Middlebrook, "Measurement of loop gain in feedback systems," *Int. J. Electron.*, vol. 38, no. 4, pp. 485–512, 1975.
[79] B. Miao, R. Zane and D. Maksimović, "System identification of power converters with digital control through cross-correlation methods," *IEEE Trans. Power Electron.*, vol. 20, no. 5, pp. 1093–1099, Sept. 2005.
[80] M. Shirazi, J. Morroni, A. Dolgov, R. Zane and D. Maksimović, "Integration of frequency response measurement capabilities in digital controllers for DC-DC converters," *IEEE Trans. Power Electron.*, vol. 23, no. 5, pp. 2524–2535, Sept. 2008.
[81] M. Shirazi, R. Zane, D. Maksimović, L. Corradini and P. Mattavelli, "Auto-tuning techniques for digitally-controlled point-of-load converters with wide range of capacitive loads," in *Proceedings of the 22nd IEEE Applied Power Electronics Conference and Exposition (APEC)*, 2007, pp. 14–20.
[82] J. G. Ziegler and N. B. Nichols, "Optimum settings for automatic controllers," *Trans. ASME*, vol. 64, pp. 759–768, 1942.
[83] K. Åström and T. Hägglund, "Automatic tuning of simple regulators with specifications on phase and amplitude margins," *Automatica*, vol. 20, no. 5, pp. 645–651, 1984.
[84] A. Leva, "PID autotuning algorithm based on relay feedback," *IEE Proc. Control Theory Appl.*, vol. 140, no. 5, pp. 328–338, Sept. 1993.
[85] K. Åström and B. Wittenmark, *Adaptive Control*, 2nd ed. Addison-Wesley, 1995.
[86] W. Stefanutti, P. Mattavelli, S. Saggini and M. Ghioni, "Autotuning of digitally controlled buck converters based on relay feedback," in *Proceedings of the 36th IEEE Power Electronics Specialists Conference (PESC)*, 2005, pp. 2140–2145.
[87] Z. Zhao, A. Prodić and P. Mattavelli, "Şelf-programmable PID compensator for digitally controlled SMPS," in *Proceedings of the 10th IEEE Workshop on Computers in Power Electronics (COMPEL)*, Jul. 2006, pp. 112–116.
[88] Z. Zhao, A. Prodić and P. Mattavelli, "Limit-cycle oscillations based auto-tuning system for digitally controlled DC-DC power supplies," *IEEE Trans. Power Electron.*, vol. 22, no. 6, pp. 2211–2222, Nov. 2007.
[89] W. Stefanutti, P. Mattavelli, S. Sagginia and M. Ghioni, "Autotuning of digi-

tally controlled buck converters based on relay feedback," *IEEE Trans. Power Electron.*, vol. 22, no. 1, pp. 199–207, Jan. 2007.

[90] L. Corradini, P. Mattavelli and D. Maksimović, "Robust relay-feedback based autotuning for DC-DC converters," in *Proceedings of the 38th IEEE Power Electronics Specialists Conference (PESC)*, 2007, pp. 2196–2202.

[91] W. Stefanutti, S. Saggini, E. Tedeschi, P. Mattavelli and P. Tenti, "Simplified model reference tuning of PID regulators of digitally controlled DC-DC converters based on crossover frequency analysis," in *Proceedings of the 38th IEEE Power Electronics Specialists Conference (PESC)*, 2007, pp. 785–791.

[92] W. Stefanutti, S. Saggini, L. Corradini, E. Tedeschi, P. Mattavelli and D. Trevisan, "Closed-loop model-reference tuning of PID regulators for digitally controlled DC-DC converters based on duty-cycle perturbation," in *Proceedings of the 33th IEEE Conference of the Industrial Electronics Society (IECON)*, Nov. 2007, pp. 1553–1558.

[93] L. Corradini, P. Mattavelli, W. Stefanutti and S. Saggini, "Simplified model reference-based autotuning for digitally controlled SMPS," *IEEE Trans. Power Electron.*, vol. 23, no. 4, pp. 1956–1963, Jul. 2008.

[94] Z. Lukić, Z. Zhao, S. Ahsanuzzaman and A. Prodić, "Self-tuning digital current estimator for low-power switching converters," in *Proceedings of the 23rd IEEE Applied Power Electronics Conference and Exposition (APEC)*, Feb. 2008, pp. 529–534.

[95] J. Morroni, R. Zane and D. Maksimović, "Design and implementation of an adaptive tuning system based on desired phase margin for digitally controlled DC-DC converters," *IEEE Trans. Power Electron.*, vol. 24, no. 2, pp. 559–568, Feb. 2009.

[96] M. Shirazi, R. Zane and D. Maksimović, "An autotuning digital controller for DC-DC power converters based on on-line frequency response measurement," *IEEE Trans. Power Electron.*, vol. 24, no. 11, pp. 2578–2588, Nov. 2009.

[97] J. Morroni, L. Corradini, R. Zane and D. Maksimović, "Adaptive tuning of switched-mode power supplies operating in discontinuous and continuous conduction modes," *IEEE Trans. Power Electron.*, vol. 24, no. 11, pp. 2603–2611, Nov. 2009.

[98] Z. Lukić, S. Ahsanuzzaman, A. Prodić and Z. Zhao, "Self-tuning sensorless digital current-mode controller with accurate current sharing for multi-phase DC-DC converters," in *Proceedings of the 24th IEEE Applied Power Electronics Conference and Exposition (APEC)*, Feb. 2009, pp. 264–268.

[99] S. Moon, L. Corradini and D. Maksimović, "Accurate mode boundary detection in digitally controlled boost power factor correction rectifiers," in *Proceedings of the 2nd IEEE Energy Conversion Conference and Exposition (ECCE)*, 2010, pp. 1212–1217.

[100] S. Moon, L. Corradini and D. Maksimović,, "Auto-tuning of digitally controlled boost power factor correction rectifiers operating in continuous conduction mode," in *Proceedings of the 12th IEEE Workshop on Control and Modeling for Power Electronics (COMPEL)*, 2010, pp. 1–8.

[101] S. Moon, L. Corradini and D. Maksimović, "Autotuning of digitally controlled

boost power factor correction rectifiers," *IEEE Trans. Power Electron.*, vol. 26, no. 10, pp. 3006–3018, Oct. 2011.

[102] V. Yousefzadeh and D. Maksimović, "Sensorless optimization of dead times in DC-DC converters with synchronous rectifiers," *IEEE Trans. Power Electron.*, vol. 21, no. 4, pp. 994–1002, Jul. 2006.

[103] S. H. Kang, D. Maksimović and I. Cohen, "Efficiency optimization in digitally controlled Flyback DC-DC converters over wide ranges of operating conditions," *IEEE Trans. Power Electron.*, vol. 27, no. 8, pp. 3734–3748, Aug. 2012.

[104] F. Z. Chen and D. Maksimović, "Digital control for improved efficiency and reduced harmonic distortion over wide load range in boost PFC rectifiers," in *Proceedings of the 24th IEEE Applied Power Electronics Conference and Exposition (APEC)*, 2009, pp. 760–766.

[105] F. Z. Chen and D. Maksimović,, "Digital control for efficiency improvements in interleaved boost PFC rectifiers," in *Proceedings of the 25th IEEE Applied Power Electronics Conference and Exposition (APEC)*, 2010, pp. 188–195.

[106] F. Z. Chen and D. Maksimović, "Digital control for improved efficiency and reduced harmonic distortion over wide load range in boost PFC rectifiers," *IEEE Trans. Power Electron.*, vol. 25, no. 10, pp. 2683–2692, Oct. 2010.

[107] W. Feng, F. C. Lee, P. Mattavelli and D. Huang, "A universal adaptive driving scheme for synchronous rectification in LLC resonant converters," *IEEE Trans. Power Electron.*, vol. 27, no. 8, pp. 3775–3781, Aug. 2012.

[108] O. Trescases, G. Wei, A. Prodić and W.T. Ng, "Predictive efficiency optimization for DC-DC converters with highly dynamic digital loads," *IEEE Trans. Power Electron.*, vol. 23, no. 4, pp. 1859–1869, Jul. 2008.

[109] A. Parayandeh, C. Pang and A. Prodić, "Digitally controlled low-power DC-DC converter with instantaneous on-line efficiency optimization," in *Proceedings of the 24th IEEE Applied Power Electronics Conference and Exposition (APEC)*, 2009, pp. 159–163.

[110] A. Parayandeh and A. Prodić, "Digitally controlled low-power DC-DC converter with segmented output stage and gate charge based instantaneous efficiency optimization," in *Proceedings of the 1st IEEE Energy Conversion Conference and Exposition (ECCE)*, 2009, pp. 3870–3875.

[111] S. Effler, M. Halton and K. Rinne, "Efficiency-based current distribution scheme for scalable digital power converters," *IEEE Trans. Power Electron.*, vol. 26, no. 4, pp. 1261–1269, Apr. 2011.

[112] Z. Lukić, Z. Zhenyu, A. Prodić and D. Goder, "Digital controller for multi-phase DC-DC converters with logarithmic current sharing," in *Proceedings of IEEE Power Electronics Specialists Conference (PESC)*, Jun. 2007, pp. 119–123.

[113] A. Parayandeh, B. Mahdavikkhah, S. S. Ahsanuzzaman, A. Radić and A. Prodić, "A 10 MHz mixed-signal CPM controlled DC-DC converter IC with novel gate swing circuit and instantaneous efficiency optimization," in *Proceedings of the 3rd IEEE Energy Conversion Conference and Exposition (ECCE)*, 2011, pp. 1229–1235.

[114] A. V. Peterchev and S. R. Sanders, "Digital multimode buck converter control with loss-minimizing synchronous rectifier adaptation," *IEEE Trans. Power Electron.*, vol. 21, no. 6, pp. 1588–1599, Nov. 2006.

[115] W. Al-Hoor, J. Abu-Qahouq, L. Huang, C. Ianello, W. Mikhael and I. Batarseh, "Multivariable adaptive efficiency optimization digital controller," in *Proceedings of IEEE Power Electronics Specialists Conference (PESC)*, Jun. 2008, pp. 4590–4596.

[116] S. H. Kang, H. Nguyen, D. Maksimović and I. Cohen, "Efficiency characterization and optimization in flyback DC-DC converters," in *Proceedings of the 2nd IEEE Energy Conversion Congress and Exposition (ECCE)*, 2010, pp. 527–534.

[117] S. H. Kang, D. Maksimović and I. Cohen, "On-line efficiency optimization in Flyback DC-DC converters over wide ranges of operating conditions," in *Proceedings of the 26th IEEE Applied Power Electronics Conference and Exposition (APEC)*, Feb. 2011, pp. 1417–1424.

[118] G. W. Wester, "Low-frequency characterization of switched DC-DC converters," Ph.D. dissertation, California Institute of Technology, May 1972.

[119] S. M. Ćuk, "Modelling, analysis, and design of switching converters," Ph.D. dissertation, California Institute of Technology, Nov. 1976.

[120] R. D. Middlebrook and S. Ćuk, "A general unified approach to modeling switching-converter power stages," *Int. J. Electron.*, vol. 42, pp. 521–550, Jun. 1977.

[121] S. Ćuk and R. D. Middlebrook, "A general unified approach to modeling switching DC-to-DC converters in discontinuous conduction mode," in *Proceedings of IEEE Power Electronics Specialists Conference (PESC)*, 1977, pp. 36–57.

[122] D. Maksimović and S. Ćuk, "A unified analysis of PWM converters in discontinuous modes," *IEEE Trans. Power Electron.*, vol. 6, no. 3, pp. 476–490, 1991.

[123] J. Sun, D. M. Mitchell, M. F. Greuel, P. T. Krein and R. M. Bass, "Averaged modeling of PWM converters operating in discontinuous conduction mode," *IEEE Trans. Power Electron.*, vol. 16, no. 1, pp. 482–492, Jul. 2001.

[124] Vatché Vorpérian, "Simplified analysis of PWM converters using model of PWM switch Part I: continuous conduction mode," *IEEE Trans. Aerosp. Appl.*, vol. 26, no. 3, pp. 490–496, May 1990.

[125] A. R. Brown and R. D. Middlebrook, "Sampled-data modeling of switching regulators," in *Proceedings of IEEE Power Electronics Specialists Conference (PESC)*, 1981, pp. 349–369.

[126] R. D. Middlebrook, "Predicting modulator phase lag in PWM converter feedback loops," in *Proceedings of the 8th Int. Solid-State Power Conversion Conference (POWERCON)*, Apr. 1981.

[127] K. Åström and T. Hägglund, *PID Controllers: Theory, Design, and Tuning*, 2nd ed. The Instrumentation, Systems, and Automation Society, 1995.

[128] D. J. Packard, "Discrete modeling and analysis of switching regulators," Ph.D.

dissertation, California Institute of Technology, Nov. 1976.

[129] C.-C. Fang and E. Abed, "Sampled-data modeling and analysis of the power stage of PWM DC-DC converters," *Int. J. Electron.*, vol. 88, no. 3, pp. 347–369, Mar. 2001.

[130] C.-C. Fang, "Sampled-data poles and zeros of buck and boost converters," in *Proceedings of IEEE International Symposium on Circuits and Systems (ISCAS)*, vols. 2 and 3, May 2001, pp. 731–734.

[131] D. M. Van de Sype, K. De Gusseme, F. M. L. L. De Belie, A. P. Van den Bossche and J. A. Melkebeek, "Small-signal z-domain analysis of digitally controlled converters," *IEEE Trans. Power Electron.*, vol. 21, no. 2, pp. 470–478, Mar. 2006.

[132] V. Yousefzadeh, M. Shirazi and D. Maksimović, "Minimum phase response in digitally controlled boost and flyback converters," in *Proceedings of the 22nd IEEE Applied Power Electronics Conference and Exposition (APEC)*, Feb. 2007, pp. 865–870.

[133] F. Krismer and J. Kolar, "Accurate small-signal model for the digital control of an automotive bidirectional dual active bridge," *IEEE Trans. Power Electron.*, vol. 24, no. 12, pp. 2756–2768, Dec. 2009.

[134] J. Hefferon, *Linear Algebra*, 2012. [Online]. Available: http://joshua.smcvt.edu/linearalgebra/ (accessed 17 October 2014).

[135] S. Bibian and J. Hua, "High performance predictive dead-beat digital controller for DC power supplies," *IEEE Trans. Power Electron.*, vol. 17, no. 3, pp. 420–427, May 2002.

[136] J. Chen, A. Prodić, R. W. Erickson and D. Maksimović, "Predictive digital current programmed control," *IEEE Trans. Power Electron.*, vol. 18, no. 1, pp. 411–419, Jan. 2003.

[137] H. Peng and D. Maksimović, "Digital current-mode controller for DC-DC converters," in *Proceedings of the 20th IEEE Applied Power Electronics Conference and Exposition (APEC)*, vol. 2, Mar. 2005, pp. 899–905.

[138] B. Mather, B. Ramachandran and D. Maksimović, "A digital PFC controller without input voltage sensing," in *Proceedings of the 22nd IEEE Applied Power Electronics Conference and Exposition (APEC)*, 2007, pp. 198–204.

[139] B. Mather and D. Maksimović, "A simple digital power factor correction rectifier controller," *IEEE Trans. Power Electron.*, vol. 26, no. 1, pp. 9–19, Jan. 2011.

[140] V. M. Lopez, F. J. Azcondo, A. de Castro and R. Zane, "Universal digital controller for boost CCM power factor correction stages based on current rebuilding concept," *IEEE Trans. Power Electron.*, vol. 29, no. 7, pp. 3818–3829, Jul. 2014.

[141] D. Costinett, R. Zane and D. Maksimović, "Discrete time modeling of output disturbances in the dual active bridge converter," in *Proceedings of the 29th IEEE Applied Power Electronics Conference and Exposition (APEC)*, Mar.

2014.
[142] J. Öhr, "Anti-windup and control of systems with multiple input saturations – tools, solutions and case studies," Ph.D. dissertation, Uppsala University, 2003.
[143] S. Saggini, W. Stefanutti, D. Trevisan, P. Mattavelli and G. Garcea, "Prediction of limit-cycles oscillations in digitally controlled DC-DC converters using statistical approach," in *Proceedings of the 31st Annual Conference of IEEE Industrial Electronics Society (IECON)*, Nov. 2005, pp. 561–566.
[144] W. Stefanutti, P. Mattavelli, S. Saggini and G. Garcea, "Energy-based approach for predicting limit cycle oscillations in voltage-mode digitally-controlled DC-DC converters," in *Proceedings of the 21st IEEE Applied Power Electronics Conference and Exposition (APEC)*, Mar. 2006, pp. 1148–1154.
[145] B. Mather and D. Maksimović, "Quantization effects and limit cycling in digitally controlled single-phase PFC rectifiers," in *Proceedings of the 39th IEEE Power Electronics Specialists Conference (PESC)*, 2008, pp. 1297–1303.
[146] M. Bradley, E. Alarcon and O. Feely, "Analysis of limit cycles in a PI digitally controlled buck converter," in *2012 IEEE International Symposium on Circuits and Systems (ISCAS)*, May 2012, pp. 628–631.
[147] M. Bradley, E. Alarcon and O. Feely, "Design-oriented analysis of quantization-induced limit cycles in a multiple-sampled digitally controlled buck converter," *IEEE Trans. Circuits Syst. Regul. Pap.*, vol. 61, no. 4, pp. 1192–1205, Apr. 2014.
[148] A. Syed, E. Ahmed, D. Maksimović and E. Alarcon, "Digital pulse width modulator architectures," in *Proceedings of the 35th IEEE Power Electronics Specialists Conference (PESC)*, vol. 6, 2004, pp. 4689–4695.
[149] A. Dancy and A. Chandrakasan, "Ultra low power control circuits for PWM converters," in *Proceedings of the 28th IEEE Power Electronics Specialists Conference (PESC)*, vol. 1, Jun. 1997, pp. 21–27.
[150] A. Dancy, R. Amirtharajah and A. Chandrakasan, "High-efficiency multiple-output DC-DC conversion for low-voltage systems," *IEEE Trans. VLSI Syst.*, vol. 8, no. 3, pp. 252–263, Jun. 2000.
[151] E. O'Malley and K. Rinne, "A programmable digital pulse width modulator providing versative pulse patterns and supporting switching frequencies beyond 15 MHz," in *Proceedings of the 19th IEEE Applied Power Electronics Conference and Exposition (APEC)*, vol. 1, 2004, pp. 53–59.
[152] R. F. Foley, R. C. Kavanagh, W. P. Marnane and M. G. Egan, "An area-efficient digital pulsewidth modulation architecture suitable for FPGA implementation," in *Proceedings of the 20th IEEE Applied Power Electronics Conference and Exposition (APEC)*, vol. 3, Mar. 2005, pp. 1412–1418.
[153] V. Yousefzadeh, T. Takayama and D. Maksimović, "Hybrid DPWM with digital delay-locked loop," in *Proceedings of the 10th IEEE Workshop on Computers in Power Electronics (COMPEL)*, Jul. 2006, pp. 142–148.
[154] S. C. Huerta, A. De Castro, O. Garcia and J. A. Cobos, "FPGA-based digital pulse-width modulator with time resolution under 2 ns," *IEEE Trans. Power Electron.*, vol. 23, no. 6, pp. 3135–3141, Nov. 2008.
[155] L. S. Ge, Z. X. Chen, Z. J. Chen and Y. F. Liu, "Design and implementa-

tion of a high resolution DPWM based on a low-cost FPGA," in *Proceedings of IEEE Energy Conversion Congress and Exposition (ECCE)*, Sept. 2010, pp. 2306–2311.

[156] D. Costinett, M. Rodriguez and D. Maksimović, "Simple digital pulse width modulator under 100 ps resolution using general-purpose FPGAs," *IEEE Trans. Power Electron.*, vol. 28, no. 10, pp. 4466–4472, Oct. 2013.

[157] T. Carosa, R. Zane and D. Maksimović, "Implementation of a 16 phase digital modulator in a 0.35μm process," in *Proceedings of the 10th IEEE Workshop on Computers in Power Electronics (COMPEL)*, 2006, pp. 159–165.

[158] T. Carosa, R. Zane and D. Maksimović, "Scalable digital multiphase modulator," *IEEE Trans. Power Electron.*, vol. 23, no. 4, pp. 2201–2205, Jul. 2008.

[159] M. Scharrer, M. Halton, T. Scanlan and K. Rinne, "FPGA-based multi-phase digital pulse width modulator with dual-edge modulation," in *Proceedings of the 25th IEEE Applied Power Electronics Conference and Exposition (APEC)*, Feb. 2010, pp. 1075–1080.

[160] A. De Castro and E. Todorovich, "High resolution FPGA DPWM based on variable clock phase shifting," *IEEE Trans. Power Electron.*, vol. 25, no. 5, pp. 1115–1119, May 2010.

[161] L. Corradini, A. Bjeletić, R. Zane and D. Maksimović, "Fully digital hysteretic modulator for DC-DC switching converters," *IEEE Trans. Power Electron.*, vol. 26, no. 10, pp. 2969–2979, Oct. 2011.

[162] D. Navarro, O. Lucia, L.A. Barragan, J.I. Artigas, I. Urriza and O. Jimenez, "Synchronous FPGA-based high-resolution implementations of digital pulse-width modulators," *IEEE Trans. Power Electron.*, vol. 27, no. 5, pp. 2515–2525, May 2012.

[163] Y. Qiu, J. Li, M. Xu, D. S. Ha and F. C. Lee, "Proposed DPWM scheme with improved resolution for switching power converters," in *Proceedings of the 22nd IEEE Applied Power Electronics Conference and Exposition (APEC)*, 2007, pp. 1588–1593.

[164] J. Li, Y. Qiu, Y. Sun, B. Huang, M. Xu, D. S. Ha and F. C. Lee, "High resolution digital duty cycle modulation schemes for voltage regulators," in *Proceedings of the 22nd IEEE Applied Power Electronics Conference and Exposition (APEC)*, 2007, pp. 871–876.

[165] R. Schreirer and G. C. Temes, *Understanding Delta-Sigma Data Converters*. Wiley-IEEE Press, 2004.

[166] M. Norris, L. Platon, E. Alarcon and D. Maksimović, "Quantization noise shaping in digital PWM converters," in *Proceedings of the 38th IEEE Power Electronics Specialists Conference (PESC)*, Jun. 2008, pp. 127–133.

[167] R. J. Van De Plaasche, *CMOS Integrated Analog-To-Digital and Digital-To-Analog Converters*, 2nd ed. Kluwer Academic Publishers, 2003.

[168] C. Kranz, "Complete digital control method for PWM DCDC boost converter," in *Proceedings of the 34th IEEE Power Electronics Specialists Conference (PESC)*, vol. 2, Jun. 2003, pp. 951–956.

[169] B. Mather and D. Maksimović, "Single comparator based A/D converter for output voltage sensing in power factor correction rectifiers," in *Proceedings of*

the 1st IEEE Energy Conversion Conference and Exposition (ECCE), 2009, pp. 1331–1338.

[170] M. Rodriguez, V. M. Lopez, F. J. Azcondo, J. Sebastian and D. Maksimović, "Average inductor current sensor for digitally controlled switched-mode power supplies," *IEEE Trans. Power Electron.*, vol. 27, no. 8, pp. 3795–3806, Aug. 2012.

[171] "IEEE Standard Multivalue Logic System for VHDL Model Interoperability (Std_logic_1164)," *IEEE Std 1164-1993*, Mar. 1993.

[172] "IEEE Standard VHDL Synthesis Packages," *IEEE Std 1076.3-1997*, Aug. 2002.

[173] "IEEE Standard VHDL Language Reference Manual," *IEEE Std 1076-2002*, May 2002.

[174] "IEEE Standard for VHDL Register Transfer Level (RTL) Synthesis," *IEEE Std 1076.6-2004*, Oct. 2004.

[175] "IEEE Standard for Verilog® Hardware Description Language," *IEEE Std 1364-2005*, Apr. 2006.

[176] "IEEE Standard for Floating-Point Arithmetic," *IEEE Std 754-2008*, Aug. 2008.

[177] P. J. Ashenden, *The Designer's Guide to VHDL*, 2nd ed. Morgan Kaufmann Publishers, 2002.

[178] "Verilog® Register Transfer Level Synthesis," *IEC 62142-2005 First edition 2005-06 IEEE Std 1364.1*, 2005.

[179] S. Palnitkar, *Verilog HDL – A Guide to Digital Design and Synthesis*, 2nd ed. Prentice-Hall, 2001.

[180] B. Miao, R. Zane and D. Maksimović, "A modified cross-correlation method for system identification of power converters with digital control," in *Proceedings of the 35th IEEE Power Electronics Specialists Conference (PESC)*, vol. 5, 2004, pp. 3728–3733.

[181] B. Miao, R. Zane and D. Maksimović, "Practical on-line identification of power converter dynamic responses," in *Proceedings of the 20th IEEE Applied Power Electronics Conference and Exposition (APEC)*, vol. 1, 2005, pp. 57–62.

[182] B. Miao, R. Zane and D. Maksimović, "Automated digital controller design for switching converters," in *Proceedings of the 36th IEEE Power Electronics Specialists Conference (PESC)*, 2005, pp. 2729–2735.

[183] J. Morroni, R. Zane and D. Maksimović, "An online stability margin monitor for digitally controlled switched-mode power supplies," *IEEE Trans. Power Electron.*, vol. 24, no. 11, pp. 2639–2648, Nov. 2009.

[184] M. M. Peretz and S. Ben-Yaakov, "Time-domain identification of pulse-width modulated converters," *IET Power Electron.*, vol. 5, no. 2, pp. 166–172, Feb. 2012.

[185] H. K. Khalil, *Nonlinear Systems*, 3rd ed. Prentice-Hall, 2002.

[186] Z. Song and D. V. Sarwate, "The frequency spectrum of pulse width modulated signals," *Signal Processing*, vol. 83, no. 10, pp. 2227–2258, 2003.

[187] R. D. Middlebrook, "Describing function properties of a magnetic pulse-width modulator," in *Proceedings of IEEE Power Processing and Electronics Specialists Conference*, 1972.